Luca de Meo

Autos *mi amore!*

Eine Reise durch die unglaubliche Welt des Automobils von A-Z

Mit Zeichnungen von Alain Bouldouyre

De Meo lässt uns teilhaben an seiner persönlichen Leidenschaft für das Thema Automobil. Der langjährige Renault-CEO blickt zurück auf Marken, Modelle und Menschen, die nicht nur seinen Weg geprägt haben.
- auto motor und sport

Anekdoten zum genüsslichen Durchblättern
- Le Figaro

Kein schnödes Auto-Wörterbuch, sondern ein kurzweiliger Trip durch die jüngere Automobilgeschichte, garniert mit überraschenden Gastbeiträgen.
- Motor Klassik

Dass ein großer Industriekapitän – egal aus welcher Branche – sich die Zeit nimmt, um zu erklären, wie sehr er die Produkte liebt, die er herstellt, hat etwas Beruhigendes.
- Ouest France

De Meo zeigt, wie sehr uns das Auto geprägt hat, bis hin zu dem Punkt, dass man den Trabant mit der DDR gleichsetzt und die Ente mit Frankreich.
- Radio France

Ein Buch für Auto-Liebhaber
Ich hoffe, ihr habt genauso viel Freude beim Lesen, wie ich beim Schreiben hatte

Impressum/Inhalt

Einbandgestaltung: Sven Rauert unter Verwendung eines Fotos aus dem Archiv des Autors

ISBN: 978-3-613-04797-6

Die Originalausgabe erschien 2024 unter dem Titel
Dictionnaire amoureux de l'automobile
© Éditions Plon,92, avenue de France, 75013 Paris

Copyright © by Motorbuch Verlag,
Postfach 103743, 70032 Stuttgart
Ein Unternehmen der
Paul Pietsch Verlage GmbH & Co. KG

1. Auflage 2025

Sie finden uns im Internet unter
www.motorbuch-verlag.de

Deutsche Bearbeitung und Übersetzung: Joachim Kuch
Lektorat/Redaktion: Martin Gollnick
Innengestaltung: Sven Rauert
Druck und Bindung:
GGP Media GmbH, 07381 Pößneck, Printed in Germany

INHALT

VORWORT

Mein allerschönstes Weihnachtsgeschenk war jenes, das mein Leben verändert hat und mich dazu brachte, eine Karriere in der Automobilbranche anzustreben. Ich war damals erst sieben Jahre alt, aber nach jenem Erlebnis hat nichts mehr vermocht, mich von meinem Entschluss abzubringen. Es ist Ende Dezember 1973 in Abidjan an der Elfenbeinküste, wo sich meine Familie niedergelassen hat. Ich bin ein kleiner Junge, der bereits für Autos schwärmt. Um mir eine Freude zu machen, hat mein Vater für mich eine Mitfahrt in einem Lancia Fulvia arrangiert, dem Wagen des bekannten italienischen Rennfahrers Arnaldo Cavallari. Dieser bereitet sich auf die Teilnahme an der Bandama-Rallye vor, eine Veranstaltung, die zu jener Zeit eine ganze Reihe von hochrangigen Rallyefahrern lockt. Cavallari und seine Teamkollegen übernachten in unserem Haus, da mein Vater gute Beziehungen zum Fiat-Konzern unterhält, zu dem die Marke Lancia gehört. Während und kurz nach dieser Fahrt bin ich immer noch ganz außer mir vor Aufregung. Ich erlebe einen Traum, der seinen Höhepunkt erfährt, als mir der Fahrer ein signiertes Foto des Autos gibt, mit dem er fährt. Ich habe es bis heute aufbewahrt. Daraufhin beginne ich, ständig Autos zu zeichnen, eine Angewohnheit, die mich nie wieder losgelassen hat. Ich träume davon, Designer zu werden, weil ich fälschlicherweise denke, dass sie es sind, die die Autos herstellen. Eines ist aber sicher, mein Kinderwunsch hat sich erfüllt: Ich habe nur in einer einzigen Branche gearbeitet – in der Automobilbranche.

Nach meinem Studium an der Bocconi Management School in Mailand habe ich einen Job nach dem anderen bei den größten europäischen Konzernen und in mehreren Ländern angenommen. Ich habe bei Renault gelernt, bevor ich zu Toyota Europe gegangen bin – erste Stationen auf einem Weg zum Manager. Im Jahr 2002, im Alter von 35 Jahren, habe ich das Fiat-Universum betreten, denn die Personalvermittler waren auf mich aufmerksam geworden. Ich bin glücklich, zum industriellen Flaggschiff meines Landes zu gehören, auch wenn es sich in einer schweren Krise befindet. Meine erste Stelle ist die des Generaldirektors von Lancia. Ich bin kaum angekommen, als etwas Ungewöhnliches passiert. Ich bin gerade dabei, einen Stapel Briefe und Dokumente für mich zu sichten und zu bearbeiten, als mich meine Assistentin auf die Halle aufmerksam macht, in der die Rennwagensammlung der Marke verstaubt. Neugierig geworden, werfe ich meinen Zeitplan über den Haufen, um mir diese Autos anzusehen, welche die Geschichte von Lancia geschrieben haben. Auf dem Weg dorthin überlege ich bereits, ob man sie in einem Museum zur Geltung bringen könnte. Als ich dort ankomme, bin ich total begeistert. Einige der Modelle sind wahre Wunderwerke, wie der Stratos, einer meiner Lieblingsflitzer. Plötzlich sehe ich im hinteren Teil der Halle einen Fulvia. Ich habe eine Vorahnung und gehe näher heran. Mein Herz beginnt sehr schnell zu schlagen. Unglaublich! Das ist es wirklich, das Auto von Arnaldo Cavallari, in das ich als Kind eingestiegen bin. So sehen wir uns wieder! Das ist mindestens ein Wink des Schicksals.

In gewisser Weise fühle ich mich in meiner Auffassung bestärkt, dass ein guter Stern über mir wacht. Zu diesem Zeitpunkt ist mein Antrieb eher die Leidenschaft als der Ehrgeiz. Aber diese Leidenschaft wird Berge versetzen und mir in jeder Phase meiner Karriere helfen: Sie hat mich mit außergewöhnlichen Persönlichkeiten aus der Welt des Motorsports zusammengebracht. Von ihnen habe ich gelernt und mich weiterentwickelt.

Der erste ist Sergio Marchionne, der in meinem Land eine wahre Berühmtheit ist, weil er es geschafft hat, sowohl Fiat in Italien als auch Chrysler in den USA zu sanieren. Er wagte es, mir die Leitung von Fiat anzuvertrauen, dem Flaggschiff des Konzerns der Familie Agnelli. An seiner Seite leitete ich den erfolgreichen Relaunch des legendären Cinquecento.

Der zweite ist der Ingenieur Ferdinand Piëch in Deutschland. Dieses Mitglied der Porsche-Familie hat die Marke Audi groß gemacht. Bei Volkswagen, wo er Präsident war, habe ich vor allem gelernt, zu ermessen, wie wichtig es ist, sich für alle technischen Details eines neuen Autos zu interessieren. Ich sah, wie er stundenlang unter der sengenden Sonne in der Kalahari-Wüste in Südafrika beobachtete, wie sich die Gummis von Autos ausdehnten. Er war auch in der Lage, mit einem Tesla zu einem Treffen von Managern vorzufahren, um sie über die Innovationen der Konkurrenz aufzuklären!

Der dritte im Bunde ist Jean-Dominique Senard. Der ehemalige Chef des weltweit führenden Reifenherstellers Michelin, den er in ausgezeichneter Form hinterließ, hatte die Kühnheit, den Vorsitz von Renault zu einem Zeitpunkt zu übernehmen, als der französische Konzern in eine tiefe Krise stürzte. Sein Feingefühl, seine Höflichkeit, seine Großzügigkeit, seine Vision von Führung und Management haben mich dazu bewogen, mich der Herausforderung zu stellen und die Sanierung dieser Institution zu leiten. Wäre er nicht da gewesen, hätte ich diese gefährliche Aufgabe nicht angenommen.
In jeder Phase meines Berufslebens, das mich in viele verschiedene Länder eintauchen ließ, habe ich mir ein solides Wissen über die Automobilbranche angeeignet. Dieses Wissen nähre ich ständig: Meine Neugier treibt mich an, immer mehr zu erfahren. Über die berühmtesten Modelle ebenso wie über die Ingenieure, Mechaniker und Unternehmer, die jedes Risiko auf sich nahmen, um ihre Ideen zu verwirklichen. Meine Absicht ist es, in diesem »Lexikon der automobilen Leidenschaft« zu zeigen, wie reich diese Geschichte an Höhepunkten, erstaunlichen Anekdoten und manchmal unbekannten Initiativen ist, die den Lauf der Dinge verändert haben. Eine Reise in die Vergangenheit, die vom Aufstieg der modernen Welt erzählt.
Das Auto ist manchmal Gegenstand von Kritik. Aber es bleibt das Herzstück unseres Lebens und ist unumstößlich. Es verkörpert die Freiheit, in den Urlaub oder zum Einkaufen zu fahren, wann und wo man will. Seine Bedeutung macht es zum Gegenstand endloser Debatten sowohl in den Gängen der Macht als auch auf den Fernsehbildschirmen und an den Theken der Bistros, die den Charme Frankreichs ausmachen. Auf allen Ebenen wird gerne über Geschwindigkeitsbegrenzungen diskutiert, über den Zustand der Straßen und Brücken, die Baustellen, die Staus verursachen, über Mautgebühren, Kreisverkehre und die Verkehrswende.
Die Automobilindustrie entstand Ende des 19. Jahrhunderts durch den Willen sehr starker Persönlichkeiten, deren Namen auch heute noch oft präsent sind. Sie hat es verstanden, sich nach den akutesten Krisen wie Kriegen, der Depression der 1930er Jahre oder Ölkrisen wieder zu erholen. Sie

mobilisiert eine Fülle von Berufen und Kompetenzen, die in ihr zusammenlaufen! Mehr denn je ist sie der Motor unseres industriellen Schicksals. Damit ein Auto in Serie produziert werden kann, müssen die ausgefeiltesten Technologien ihre Robustheit und Wettbewerbsfähigkeit unter Beweis stellen. Der Umstieg auf Elektroantriebe, der mit einer zunehmenden Bedeutung von Software und künstlicher Intelligenz bei der Entwicklung neuer Fahrzeuge einhergeht, ist ein weiterer Beweis dafür. Die Automobilindustrie bleibt eine Zukunftsbranche, die die den Fortschritt vorantreibt und vor allem den Wert, den sie schafft, stets mit anderen Akteuren der Wirtschaft teilt.

Teilen: Das war der Grund für meinen Wunsch, dieses Buch nicht allein zu schreiben. Zunächst begleitete mich ein erfahrener Journalist, Rémy Dessarts, bei dieser für mich neuen Übung. Seine investigative Arbeit, um unbekannte Informationen aufzuspüren, vergessene historische Dokumente ans Licht zu bringen oder fesselnde Zeugenaussagen wiederzugeben, war ausschlaggebend für die erfolgreiche Durchführung dieses Projekts. Zweitens wollte ich, dass eine Gemeinschaft von Persönlichkeiten, die durch ihre Leidenschaft für das Automobil vereint sind, daran beteiligt wird. Eine Gemeinschaft, die sich von der Tech-Branche (Google, BlaBlaCar) über den Motorsport und die Musik bis hin zu meinen Kollegen aus der Automobilindustrie (Michelin, Porsche, Volkswagen etc.) erstreckt. Firmenchefs, Motorsportmanager, ehemalige Rennfahrer, Werbefachleute, Kreative oder Designer haben so ihren Beitrag geleistet. Wie schön ist es zum Beispiel, die 24 Stunden von Le Mans im Cockpit von Jacky Ickx zu erleben, sich mit Maurice Lévy an die Werbespots zu erinnern, die ihre Zeit geprägt haben, zu erfahren, dass Jim Farley, der Chef von Ford, sich seinen ersten Mustang im Alter von 14 Jahren gekauft hat, oder mit Jean-Michel Jarre zu verstehen, was Musik und Autos verbindet. Ob sie nun ihre Geschichte erzählen oder ihre Sicht auf den Beruf darlegen, diese großen Unterschriften zeigen, dass dieses Abenteuer vor allem ein kollektives ist. Eine große, sehr internationale Familie hat sich also bei dieser Gelegenheit zusammengefunden, um das Automobil zu feiern. Ich bin stolz darauf, einer von ihnen zu sein.

1, 2, 3 ...

2 CV

»Deuche«, »Döschwo«, »doche«, »deux-pattes«, »Gartenstuhl mit Sonnenschirm«, »Schnecke aus Eisen« (England), »2 poils« (Belgien), »Due Cavalli« (Italien) oder auch »Ente« (Deutschland) ... kein Auto in der Geschichte hat so viele Spitznamen erhalten wie der 2 CV. Ein Indiz dafür, dass die »Sardinenbüchse« (noch ein anderer Kosename) wirklich zur Familie gehörte. Genauer gesagt, zu den Familien, denn der kleine Citroën war weit verbreitet: vom Landwirt bis zum Landarzt, vom Angestellten bis zur Nonne in Kornette, vom Jungverheirateten bis zum Handwerker. Man musste schon mit einem goldenen Löffel im Mund geboren sein, um als Franzose nie in einen 2 CV zu steigen.

Die Zahlen lügen nicht: 5,1 Millionen verkaufte Exemplare und eine zweiundvierzigjährige Karriere. Eine etwas verrückte Geschichte, die jedoch sehr aufschlussreich im Hinblick auf die Herausforderungen und Errungenschaften der Automobilindustrie ist. Sie beginnt im Jahr 1936. Citroën stand kurz vor dem Bankrott und war gerade von Michelin aufgekauft worden. Der Chef, Pierre Boulanger, der von der Firma aus Clermont-Ferrand in die Geschäftsleitung berufen worden war, hatte einen klaren Kopf: Er wollte ein kleines, einfaches und rustikales Volksauto zum niedrigstmöglichen Preis. Codename: TPV, für »très petite voiture« (sehr kleines Auto). Er gab eine umfangreiche Marktstudie in Auftrag, bei der 10.000 Autofahrer befragt wurden – damals eine Premiere. Sein Lastenheft war kurz und bündig: »Ein Auto, das zwei Bauern in Holzschuhen, 50 kg Kartoffeln oder ein Fass mit einer Höchstgeschwindigkeit von 60 km/h transportieren kann, [...] das von einer Fahranfängerin problemlos bedient werden kann. Sein Komfort muss einwandfrei sein: Die Körbe mit Eiern, die hinten transportiert werden, müssen unbeschädigt ankommen. Und schließlich möchte ich Sie darauf hinweisen, dass sein Aussehen keine Rolle spielt.« Und das alles zu einem Preis, der dreimal niedriger war als der des Traction Avant.

Man musste schon sehr visionär sein, um sich eine solche Demokratisierung in einer Zeit vorzustellen, in der das Auto noch immer ein Luxusobjekt war. Wieder einmal ein Beweis dafür, dass große Erfolge oft durch

große Brüche zustande kommen. Und mit Großmäulern, wenn Sie mir den Ausdruck gestatten. So wie André Lefebvre (der spätere Vater der DS), der an die Spitze des Projekts gestellt wurde. Mit ihm wurden die ikonoklastischsten Ideen auf den Tisch gelegt, mit dem Ziel, so effizient wie möglich zum geringsten Preis zu arbeiten. Ein Hauch von Low-Cost-Auto vor der Zeit.
Viel Rippenblech also, um die Karosserie zu versteifen und die extreme Dünne des Metalls – sechs Zehntelmillimeter – zu kompensieren, was ein Garant für Leichtigkeit und Kosteneinsparungen war. Ein einziger Schraubentyp, der fast überall verwendet wurde. Kein Armaturenbrett, sondern ein Fahrradtacho, der auch die mechanischen Scheibenwischer antrieb. Darunter ein Rädchen, um die Wischer im Stand zu betätigen. Ein kleiner Motor mit 375 cm^3 und 9 SAE-PS. Nur ein Scheinwerfer (der zweite wurde wenige Monate vor der Markteinführung fürstlich bewilligt). Ein Stoffdach, das bis zur hinteren Stoßstange reichte. Nicht zum Sonnenbaden, sondern um Gewicht zu sparen. Sitze und Rückbänke im Stil eines Feldbettes oder eines Gartenstuhls.

Manchmal ging die Originalität zu weit. Bei der Federung zum Beispiel baute das Konstruktionsbüro ein Gaswerk mit Drehstäben, Gummiblöcken, vertikalen oder horizontalen Federn und einer Hydropneumatik ein. Es wurde wieder aufgegeben. Aber was solls, der Entwurf quoll über von neuen Ideen, und darunter waren auch einige zündende.
1939 fuhren die ersten Prototypen, gefolgt von einer Vorserie von 250 Exemplaren. Doch mit dem Kriegsausbruch kam alles zum Stillstand. Die Pkws wurden bis auf eine Handvoll zerstört, die im Testzentrum in La Ferté-Vidame (Eure-et-Loir) oder im Keller des Citroën-Entwicklungsbüros in der Rue du Théâtre im 15. Pariser Arrondissement versteckt wurden. Während der Besatzung bekamen die Deutschen Wind von dem Projekt und verlangten Zugang dazu. Sie boten sogar an, im Gegenzug die Pläne für ihr »allerkleinstes Auto«, den späteren Käfer, zu zeigen. Pierre Boulanger lehnte dies ab. Mutig wie er war, leitete er im Geheimen die weiteren Studien für den zukünftigen 2 CV. So konnte das Projekt nach der Befreiung sofort und mit hoher Geschwindigkeit wieder aufgenommen werden.

1948 war der Entwurf für den Automobilsalon bereit, zur Serienreife gebracht unter absoluter Geheimhaltung bis zum letzten Moment. So sehr, dass das TPV-Projekt in der öffentlichen Wahrnehmung als »noch nicht gesehen« missverstanden wurde. Die Spannung war also gewaltig, als am ersten Tag der Messe der Chef theatralisch die Plane entfernte, unter der der Star des Tages bislang verborgen gewesen war. Und dann das: Ungläubiges Staunen über dieses unwahrscheinliche Gefährt! Eine Art »Regenschirm auf vier Rädern«, Minimalismus auf die Spitze getrieben. Viele Beobachter hielten es sogar für einen Scherz. Ein niederländischer Journalist machte sich über dieses »hässliche Entlein« lustig. Ein amerikanischer Kollege fragte: »Wird der Dosenöffner mitgeliefert?« Und das Publikum? War begeistert! Zum ersten Mal bekammen die Familien ein normales Auto mit vier vollwertigen Sitzen vor Augen, das ohne Scham zu seinem Nutzwertaspekt stand und nichts anderes sein wollte als ein braver Alltagsbegleiter. Und das zu einem unglaublichen Preis von 185.000 Francs, 96.000 Francs weniger als das bis dato günstigste Modell auf dem Markt, der Renault 4 CV. Zwar hielt die Marke mit dem Doppelwinkel dieses Versprechen nicht und verkaufte ihre ersten Modelle dann für 228.000 Francs; doch das waren immerhin 19 % weniger als der Preis für ihren Rivalen.
Der Erfolg war phänomenal. Sogar übermäßig, denn die Produktion hielt nicht Schritt. Bis Ende 1949 waren nur 876

Exemplare gebaut worden. Die Wartezeit betrug sechs Jahre. Um die Wartezeit etwas zu verkürzen, musste man nachweisen, dass man unbedingt einen 2 CV benötigte. Die fantasievollsten Bewerbungen kamen von Landwirten, Krankenschwestern, Landpfarrern ... Frankreich war zweifelsohne dabei, sich in den 2 CV zu verlieben. Man liebte leidenschaftlich seine hervorragende Straßenlage. Seine leicht zu bedienende Gangschaltung. Seine schaukelige Federung, die sich jedoch gerade auf den schlechten Straßen der Nachkriegszeit als sehr komfortabel erwies. Seine Robustheit. Seine einfache Wartung. Seine praktischen Aspekte: »Er trägt, er nimmt, er transportiert alles«, heißt es in der Werbung. Und schließlich sein freundliches Gesicht, seine sympathische, für alle zugängliche und spielerische Seite, die den

bürgerlichen Autos eine Nase drehte. Diese kleine Seite der »sozialen Rache« wurde in Gérard Ourys Kultfilm *Louis, das Schlitzohr* (Originaltitel: *Le Corniaud*) verewigt. Bourvil fährt am Steuer seines 2 CV und wird von Louis de Funès und seinem Rolls-Royce Silver Cloud gerammt. Zusammenstoß der Karosserien, Zusammenstoß der Kulturen. Doch natürlich bekommt der tapfere Bourvil am Ende seine Rache.
Was seine Schwächen angeht, so wurden ihm viele verziehen. Sein anämischer 9-PS-SAE-Motor, der 1954 auf 12 PS und erst viele Jahre später auf 26 PS gebracht wurde. Die Ente ist das einzige Auto der Welt, dessen Leistung sich im Laufe seiner Karriere verdreifacht hat ... Dass sie bei jedem Anfahren ruckelte, weil die Kardanwellen keine Gleichlaufgelenke hatten. Die »Selbstmördertüren«. Die nach oben klappenden Fensterhälften in den Vordertüren, die ständig auf den Arm fielen. Die Tankanzeige: Man musste einen Messstab aus dem Tank ziehen, um den Füllstand zu sehen. Der Kofferraum war mit einem einfachen Tuch verschlossen. Seine einzige Farbe: Grau. Angesichts der Kritik verhielt sich die Marke mit dem Doppelwinkel (»Chevrons«) ziemlich dickfellig, manche würden sagen, ein bisschen unverschämt: Sie verbesserte ihr Auto ab Anfang der 1960er Jahre nur tröpfchenweise. Wozu Geld ausgeben, dachte sich wohl die Geschäftsleitung des Herstellers, wenn die Verkaufszahlen so gut sind? Natürlich wurde der Wagen im Laufe der Jahre ein wenig angepasster. Aber nicht so sehr. Der Aufstieg in die Oberklasse sollte durch die Dyane erfolgen, die 1967 auf den Markt kam. Diese schaffte jedoch nie den Durchbruch und verschwand 1983 aus dem Katalog. Lange vor dem 2 CV, der sich wirklich gut hielt und von dem immer mehr Sonderserien erschienen: »Charleston«, »Spot«, »Sausss Ente«, »007« (James Bond) ...
Bis zu jenem 27. November 1990, als das letzte Exemplar um 16.30 Uhr aus der portugiesischen Fabrik in Mangualde rollte. Seitdem träumen viele Manager der Automobilindustrie nur davon, die Zauberformel für ein Auto zu finden, das wie der 2 CV ohne größere Modifikationen mehr als vier Jahrzehnte überstehen kann, ohne dabei sein Wesen zu verändern.

A

Abarth, Karl

Es war ein Österreicher, der die Italiener auf den Geschmack von schnellen Flitzern brachte, von kleinen, leistungsstarken Autos mit großer Beschleunigung.
Ein bisschen so, wie es Amédée Gordini in Frankreich machte. Karl – oder auch »Carlo« – Abarth starb 1979. Er hat der Geschichte der italienischen Automobilindustrie seinen Stempel aufgedrückt. Er war ein genialer Tuner, ein leidenschaftlicher Motorsportler, der immer bereit war, sich selbst hinter das Steuer eines Prototypen zu setzen, um einen Rekord zu brechen. Zugleich machte er die Leistungssteigerung beim Alltagswagen populär und verkaufte diese Tuningsätze auch an Privatfahrer – zusammen mit der Möglichkeit, durch Modifikationen an der Abgasanlage den Auspuffsound satter und voller klingen zu lassen. Er hat mit zahlreichen Autoherstellern zusammengearbeitet und für diese Hochleistungsmodelle entwickelt. Er baute auch unter eigenem Markennamen kleine Flitzer mit atemberaubenden Formen, die heute beliebte Sammlerstücke sind. Insgesamt hat er 115 Modelle entworfen: Eigenkonstruktionen, Varianten bestehender Großserienmuster und auch Einzelstücke.
Sein Leben ist ein Roman, der einen großen Teil des 20. Jahrhunderts zwischen seiner Heimat Österreich und Italien, wo er zur Legende wurde, umspannt. Karl Abarth wird 1908 in Wien im Zeichen des Skorpions, der später das Logo seiner Marke werden sollte, als Sohn eines Vaters mit italienischen Wurzeln geboren. Bereits im Alter von acht Jahren begeistert sich der junge Karl für alles, was rollt. Er liebt es, sich in Werkstätten umzuschauen. Mit elf Jahren zeigt sich bereits seine Berufung: Bevor er gegen ältere Konkurrenten in einem Rollerrennen antritt, kommt er auf die Idee, seine Räder mit Lederriemen zu umwickeln. Dadurch kann er mehr Kraft auf die Straße bringen, wird schneller und gewinnt. Etwas später, mit 15 Jahren, tritt er einem Motorradclub bei und nimmt an seinen ersten Rennen teil. Danach geht er ein erstes Mal nach Italien und arbeitet in der Mailänder Firma Carrozzeria Castagna, die unter anderem Komponenten für Zweiräder herstellt.
Danach kehrt er nach Österreich zurück, wo er bei Motor Thun anheuert, einem lokalen Motorradhersteller. Er engagiert sich

stark im Bau von Wettbewerbsmaschinen. Er geht Risiken ein. Sogar ein bisschen zu viel: 1933 verletzt er sich auf der Rennstrecke von Linz schwer. Während seiner langen Genesungszeit entwickelt er einen innovativen Seitenwagen, mit dem er 1934 den Orient-Express auf der 1375 Kilometer langen Strecke von Wien nach Ostende herausfordern will. Mit seinem Seitenneiger gewinnt er dieses ungewöhnliche Langstreckenrennen und beginnt, sich einen Ruf zu erarbeiten. Er kehrt nach Italien zurück, wo er sich mit einem gewissen Anton Piëch, dem Schwiegersohn von Ferdinand Porsche, dem Gründer der gleichnamigen Marke, anfreundet. Nebenbei heiratet er die Sekretärin seines neuen Freundes. Abarth arbeitet damals in einem italienischen Büro an Projekten für neue Autos, die vom Knowhow der deutschen Marke profitieren. Er entwirft 22 Porsche-Rennwagen ... aber der Gedanke an eine Rückkehr auf die Motorradrennstrecke lässt ihn nicht los. 1938 bittet ihn die Mussolini-Regierung, für Italien zu fahren. Freudig sagt er zu, stürzt aber 1939 in Ljubljana erneut und verletzt sich so schwer, dass er in Slowenien ins Krankenhaus eingeliefert werden muss. Dort überrascht ihn der Kriegsausbruch. Während des Kriegs bleibt er in Slowenien und arbeitet in der Fabrik von Ignaz Vok.

In dieser Zeit hat er sich eine hohe Kompetenz als technischer Ingenieur angeeignet. Ein entscheidender Vorteil, als die Automobilindustrie nach Kriegsende in eine starke Wachstumsphase eintritt. Karl Abarth will ein Stück vom Kuchen abhaben. Er sprudelt nur so über vor Ideen. Im Jahr 1949 fällt er mehrere Entscheidungen, die seinen weiteren Lebensweg prägen: Er nimmt die italienische Staatsbürgerschaft an, benennt sich um in »Carlo« und gründet in Meran in Südtirol, unweit der österreichischen Grenze, ein eigenes Unternehmen. Bei dieser Gelegenheit schließt er sich mit Armando Scagliarini, dem Vater eines jungen Rennfahrers, zusammen. Das Ziel der beiden besteht zunächst darin, in begrenzter Stückzahl Autos für den Rennsport herzustellen. Im Jahr 1950 holt ein Abarth 204A, der von Tazio Nuvolari gefahren wird, einen ersten Sieg für einen Abarth-Wagen. Neben diesem Sieg bei einem Bergrennen in Sizilien beginnen die Geschäfts-

partner aber auch mit der Produktion von leistungssteigernden Komponenten wie Ventilen, Auspuffanlagen sowie Sportschalthebeln.
Es dauert nicht lange, bis sich das junge Unternehmen Fiat dem transalpinen Meister der Branche annähert. 1951 zieht Abarth nach Turin um, der Hochburg des Herstellers und dem neuralgischen Zentrum der Automobilindustrie des Landes. Das Unternehmen beginnt mit der Herstellung von Prototypen für den Giganten aus dem Piemont, baut zum Beispiel den Abarth 1500 Biposto, eine Studie mit unglaublichem Aussehen. Sie steht 1952 auf der Turiner Messe und macht Abarth auf einen Schlag berühmt: Das junge Unternehmen arbeitet von nun an mit der neuen Generation italienischer Designer zusammen wie Pinin Farina, Zagato, Bertone oder Ghia und feilt zugleich an seinem Ruf als Tuningschmiede, indem es vorhandene Motoren wie den 1900er Vierzylinder von Alfa Romeo aufmotzt. Dieser wird in das von Ghia entworfene Abarth Alfa 2000 Coupé eingebaut, das 1954 auf dem Markt erscheint und einschlägt wie eine Bombe.
Aber es ist natürlich Fiat und die

Einführung des 600, mit dem »der Skorpion« in neue Dimensionen vorstößt. Die von ihm entwickelten Tuning-Versionen vervielfachen die Siege. Dasselbe gilt für den 500, den »Cinquecento«, und seine Varianten Abarth 595 und 695. Zu dieser Zeit geht Carlo Abarth wieder auf Rekordjagd. Seine spezialkarossierten und hochgezüchteten Wagen brechen mehrfach in ihren Klassen den Rekord für die meisten in 24 Stunden zurückgelegten Kilometer sowie für die schnellsten 500 und 1000 Kilometer.
In den 1960er Jahren denkt er in immer größeren Dimensionen. Der Abarth 850 TC heimst Siege auf den Rennstrecken der

ganzen Welt ein. Im Jahr 1966 entwickelt Carlo Abarth sogar einen großen V12-Motor mit 610 PS, der die 24 Stunden von Le Mans gewinnen könnte. Dieses Rennen wird mit Spannung erwartet, alle Scheinwerfer richten sich auf das große Duell zwischen Ford und Ferrari. Carlo Abarth ist von der medialen Aufmerksamkeit begeistert und will dabei sein. Leider aber zwingt ihn eine von der Fédération Internationale de l'Automobile (FIA) auferlegte Regeländerung, die den Hubraum der Motoren begrenzt, dazu, das Projekt aufzugeben. Sein Rennengagement verschlingt aber immer mehr Geld. Das wird ein immer größeres Problem, er verkauft sein Unternehmen schließlich 1971 an Fiat, bleibt aber zunächst noch an der Spitze des Unternehmens. Unter seiner Ägide erfolgt die Premiere des kleinen Autobianchi A112 Abarth im selben Jahr auf der Turiner Messe.

Der Wagen wird ein schöner Erfolg, doch Carlo hat an Elan verloren, seine Triebfeder ist gebrochen. Weniger frei und den Konzernzwängen unterworfen, verlässt er schließlich sein Unternehmen und auch Italien, um sich in Wien niederzulassen, wo er am 24. Oktober 1979 stirbt. Sehr bald darauf verschwanden die Abarth-Modelle aus dem Sortiment von Fiat. Die Führungskräfte in Turin wollten nicht in den Motorsport investieren. Und sie sprachen sich gegen die Entwicklung entsprechender Marken innerhalb des Konzerns aus. Abarth wurde zu einer Ausstattungslinie, die man für einige Modellen wie den Fiat Tipo anbot. Ein Fehler, wie ich finde. Übrigens änderte sich alles, als ich 2002 in das Unternehmen kam. Ich wurde zum Direktor der Marken Lancia, Fiat und Alfa Romeo ernannt. Ich wollte Abarth wiederbeleben und sagte Sergio Marchionne, dem Geschäftsführer des Konzerns, dass ich den Rennstall kaufen wolle. Ich brachte ihn in einem Gebäude der Fabrik in Mirafiori unter. Da die Entscheidung gefallen war, an der italienischen Rallye-Meisterschaft teilzunehmen, bauten wir einen neuen Abarth-Firmensitz um die Garage herum, in der die Rallye-Autos aufgebaut wurden. Ich hatte sogar Karl Abarths dritter Ehefrau sein Büro mit Telefon und allen Geräten abkauft. Nur am Rande sei vermerkt, dass die Regel galt: Man durfte den Raum für Besprechungen nutzen, aber

man durfte nicht in Abarths Sessel sitzen!
Der eigentliche Aufschwung kam 2008 im Segment der sportlichen Stadtautos. So entstand der Abarth 695; inzwischen gibt es sogar eine leistungsstarke, aber zu 100 Prozent elektrische Version des Fiat 500. Diese Initiativen beweisen, dass Marken mit einem besonderen Charakter nie aussterben.
Was bleibt von Abarth übrig? Ein sehr starkes Logo, ein Skorpion, der Gefahr signalisiert. Aber ich erinnere mich vor allem an die sportlichen und industriellen Heldentaten des Genies Carlo Abarth. Ein ebenso berühmter wie schweigsamer Mann. Seine Interviews in den Medien waren selten. »Es gibt eine gewisse Befriedigung, wenn man mit einem bescheidenen Schrägheckmodell größere und teurere Autos demütigt«, amüsierte er sich, als er von jenen Kleinwagen sprach, die er aufgemotzt hatte. Wie er es auszudrücken pflegte: Der Skorpion zögerte nicht, zuzustechen!

Agnelli (Familie)

Wenn man zehn Familien nennen müsste, die die Weltwirtschaft mitgestaltet haben, würden die Agnellis mit Sicherheit dazugehören. Innerhalb von fünf Vierteljahrhunderten haben sie Fiat und – über dieses große Automobilunternehmen hinaus – Italien zu einer Wirtschaftsmacht auf diesem Planeten gemacht.
Dominant auf dem heimischen Markt und aggressiv weit über seine Grenzen hinaus, ist das Turiner Unternehmen beispielsweise mit Fabriken in Brasilien, China, Polen und Russland weltweit vertreten. John Philip Jacob Elkann (Jahrgang 1976), der derzeitige Chef des Turiner Familienkonzerns und Vertreter der vierten Agnelli-Generation, steuert über die Familienholding Exor ein mächtiges und diversifiziertes Imperium. In der Automobilbranche ist er der größte Anteilseigner der Stellantis-Gruppe, die durch die Fusion mit dem französischen PSA-Konzern entstand. Die Marken Chrysler, Jeep, Fiat, Alfa Romeo und Lancia sind nun in dieser Gruppe untergebracht, deren Rechtssitz sich in den Niederlanden befindet. Aber er nimmt auch direkt Einfluss auf das Juwel Ferrari, das aus der Umlaufbahn von Fiat herausgelöst wurde. Im Medienbereich

kontrolliert er die Tageszeitungen *La Repubblica* und *La Stampa* und ist zum Hauptaktionär der renommierten Wochenzeitung *The Economist* geworden. Im Luxusbereich hält er 24 % des französischen Schuhherstellers Christian Louboutin und 82 % des chinesischen Designerlabels Shang Xia. Außerdem ist er Eigentümer und Manager des Fußballvereins Juventus Turin. Schließlich hat er in mehrere große internationale Unternehmen investiert wie Philips, das Institut Mérieux und CNH Industrial (Investitionsgüter für die Landwirtschaft und das Baugewerbe). Der Gesamtwert seiner Vermögenswerte nähert sich 40 Milliarden Euro. Das reicht, um jedes Jahr den zahlreichen Nachkommen von Giovanni Agnelli, dem Gründer des Unternehmens im Jahr 1899, ein hübsches Dividendensümmchen zu überweisen, denn sie alle sind Aktionäre der Exor-Holdinggesellschaft. Nur wenige Dynastien haben die Jahrhunderte so wohl bestallt überdauert! Die Agnelli-Saga beginnt in Villar Perosa, einer kleinen Stadt im Piemont, die 80 Kilometer von Turin entfernt liegt. Dort wird Giovanni am 13. August 1866 geboren. Zunächst dachte er an eine militärische Laufbahn, aber seine Leidenschaft für Mechanik lenkte seine Schritte hin zu ersten industriellen Abenteuern. Im Jahr 1896 ließ er sich in Turin nieder. Zunächst vermarktete er Dreiräder mit De-Dion-Bouton-Motor, bevor er mit sieben Partnern in den Bau von Eisenbahnen einstieg. Diese gemeinschaftlich gegründete Firma wurde 1899 zur »Fabbrica Italiana Automobili Torino« und später zu – Fiat. Es war die Zeit, in der die ersten Automobile in ganz Europa auftauchten. Carl Benz hatte 1886 in Deutschland den Weg bereitet. Die Brüder Louis, Fernand und Marcel Renault sowie Ettore Bugatti taten es ihm 1898 und 1899 in Frankreich nach. Fiat brachte 1899 seinen ersten eigenen

Wagen heraus, den Fiat 3,5 HP. Giovanni Agnelli, der von einem Team hochkarätiger Ingenieure unterstützt wurde, entwickelte schnell jene Erfolgsrezepte, die sein Unternehmen bis weit in das 20. Jahrhundert hinein an der Spitze der Automobilindustrie halten sollten. Er entwickelte eine Vielzahl von Automodellen und investierte in hochmoderne Fabriken, die sich an den besten Vorbildern aus den USA orientierten, insbesondere an den Produktionsanlagen von Ford. Der zwischen 1916 und 1923 in Turin errichtete mehrstöckige Industriekomplex Lingotto (ein Gebäude in Form eines Barrens) mit einer einen Kilometer langen Teststrecke auf dem Dach ist bis heute einer der größten der Welt. Er knüpfte aber auch schon früh gute Beziehungen zur politischen Führung Italiens, was im Ersten Weltkriegs reiche Dividende abwarf: Fiat lieferte wichtiges Material für die italienische Armee. Unter der Herrschaft von Benito Mussolini, der 1922 an die Macht kam, wurde Giovanni Agnelli 1923 zum Senator ernannt, sein Unternehmen erhielt zahlreiche öffentliche und militärische Aufträge. Doch Agnelli dachte weiter und errichtete ein Firmenimperium, um nicht nur vom Automobilgeschäft abhängig zu sein. Mit seinen ersten Gewinnen diversifizierte er schon früh. So gründete er beispielsweise eine Bank, um Autokäufern Finanzdienstleistungen anzubieten. Er engagierte sich in zahlreichen Branchen wie dem Einzelhandel (La Rinascente), Versicherungen, Straßen- und Schienenverkehr, Textilien, Zement, Verteidigung oder Luftfahrt. Unersättlich, kaufte er 1923 den Fußballverein seiner Stadt, Juventus Turin, und 1924 die Tageszeitung *La Stampa* auf. Anfang der 1930er Jahre gründete er sogar den Skiort Sestriere. Die italienische Wirtschaft – das war er!

Der Tod seiner beiden Kinder Aniceta (1928) und Edoardo (1935) war hingegen mehr als ein schwerer persönlicher Schicksalsschlag, denn nun fehlte ein unmittelbarer Nachfolger, nachdem er 1945 von einer Lungenentzündung niedergestreckt wurde. Er hatte gerade wieder die Verantwortung über sein Firmenimperium zurückerhalten, das ihm wegen seiner Nähe zum Regime kurzzeitig weggenommen worden war.

Sein 24-jähriger Enkel Giovanni, Edoardos Sohn, war noch nicht alt oder auch reif genug, um Fiat

zu steuern. Daher übernahm ein enger Freund des Verstorbenen das Amt, Vittorio Valletta, der seit 1928 Generaldirektor des Unternehmens war. Er sollte bis 1966 Präsident bleiben. Dieser diskrete Mann spielte eine wichtige Rolle beim Wiederaufbau der durch den Krieg beschädigten Industrieanlagen und bei der Demokratisierung des Automobils in Italien. So brachte er beispielsweise 1957 den legendären Fiat 500 auf den Markt. Die Zahl der jährlich von dem Turiner Unternehmen hergestellten Autos stieg von 425.000 auf 1,7 Millionen. Valletta gilt heute als der Manager der glücklichen Zeiten, der »Goldenen 30 Jahre«.
Von einem Giovanni zum anderen: Als Valletta in den wohlverdienten Ruhestand geht (mit 83 Jahren!), betritt der inzwischen 45-jährige Giovanni Agnelli endlich die Bühne. Mit dem Spitznamen »Gianni« ist er Teil des Jetsets. Man sieht ihn oft in der Boulevardpresse. In den USA ist er mit Jackie und John Kennedy eng befreundet. Das hindert ihn jedoch nicht daran, sich mit vollem Einsatz an die Spitze des Konzerns zu setzen. Unter seiner Führung wird Fiat globaler: Fabriken werden auf allen Kontinenten eröffnet. Um das operative Geschäft zu steuern, ernennt er starke Manager wie Cesare Romiti, der den Spitznamen »il Duro« (der Harte) trägt. Dies verschafft ihm Zeit, um sich in seinem Land zu engagieren. 1974 wird er zum Präsidenten der Confindustria, dem italienischen Arbeitgeberverband, gewählt. »L'Avvocato«, wie er längst schon genannt wird, ist eine der Verkörperungen des globalen Kapitalismus am Ende des 20. Jahrhunderts. Sein Netzwerk ist weltumspannend und reicht von Gaddafi bis zu Kissinger, einem engen persönlichen Freund. Dank dieses Einflusses wird er zu einer Art Außenminister. Sein Leben ist hektisch. Er steht früh auf, reist mit dem Hubschrauber oder dem Jet und fährt immer selbst mit seinem Ferrari von Turin nach Mailand. Dabei macht er keine Abstriche und frönt seinen Leidenschaften, er begeistert sich mehr denn je für Kultur und Kunst, kauft sich die schönsten Werke, investiert in Weinberge und Luxusimmobilien. Sein einziges Zugeständnis an seine hektische Lebensweise ist ein zwanzigminütiges Nickerchen nach dem Mittagessen.
Inzwischen leidet jedoch die

Automobilindustrie. Die Ölkrisen sind nicht spurlos an ihr vorbeigegangen.
Fiat stürzt in eine schwere Krise, die durch fragwürdige Modellentscheidungen und immer wiederkehrende Qualitätsprobleme noch verschärft wird. Die Zahl der Beschäftigten sinkt innerhalb weniger Jahre von 200.000 auf 120.000. Die sozialen Spannungen nehmen zu und belasten das Unternehmen. Die Gewerkschaften sind stark und aktiv. Einen Wendepunkt indessen markiert der 12. Oktober 1980 in Turin, als die Fiat-Verwaltung auf die Straße geht, um das Ende eines seit 35 Tagen andauernden Arbeiterstreiks zu fordern. Dieser »Marsch der Vierzigtausend« leitet die Wende ein, und zehn Jahre später, 1990, ist Fiat noch immer der größte Autoproduzent in Europa. Doch der Riese steht auf tönernen Füßen. Der Niedergang der Marke auf ihrem Heimatmarkt beginnt. Die letzten Jahre von Gianni Agnelli an der Spitze des Konzerns sind daher schwierig. Wenige Monate vor seinem Tod am 24. Januar 2003 muss der Konzern bei den Banken um Kredite bitten, um die Liquidität zu sichern. Sein jüngerer Bruder Umberto folgt dem »L'Avvocato« an der Firmenspitze, stirbt aber bereits im Jahr 2004. Luca Cordero di Montezemolo, der Präsident von Ferrari, übernimmt vorübergehend die Leitung des Konzerns, bevor 2010 John Elkann, der Enkel des »Avvocato«, die Zügel in die Hand nimmt. Gianni Agnelli persönlich hat ihn noch (auf Kosten seiner Tochter) als Thronfolger installiert und ihn in den Vorstand von Fiat berufen, als er gerade einmal 21 Jahre alt war. Er ist Ingenieur und Absolvent des Polytechnikums Turin, wurde in New York geboren und besitzt die doppelte Staatsbürgerschaft, ist also sowohl Italiener als auch Amerikaner. Vor allem aber versteht er sich hervorragend mit Sergio Marchionne, der 2004 zum CEO von Fiat ernannt worden war, die Bilanzen des Unternehmens sanierte und sich als Manager von Chrysler auf der anderen Seite des Atlantiks auszeichnete. Nun ist es an Elkann, seine Seite im Buch der Agnelli-Legende zu schreiben.

Alfa Romeo

Alfa Romeos haben einige der schönsten Seiten in der Geschichte der Automobilindustrie geschrieben. Sammler wissen das. Dutzende von Modellen sind das Objekt ihrer Spekulationen. Der Wert der Fahrzeugsammlung des Alfa-Romeo-Museums in Arese bei Mailand wurde schon auf mehrere hundert Millionen Euro geschätzt, als ich während meiner Fiat-Jahre zwischen 2002 und 2009 das Kommando über die Marke hatte.

Bevor die Marke in die Krise geriet, erlebte sie also ein langes goldenes Zeitalter. Alles begann im Jahr 1906. Kennen Sie Alexandre Darracq? Dieser unbekannte Franzose war, ohne es zu wollen, der Geburtshelfer von Alfa Romeo. Als Hersteller von Fahrrädern (unter dem Markennamen »Gladiator«) schloss er sich 1897 mit Raoul Perpère zusammen, um in den Bau von Automobilen einzusteigen. Das Unternehmen »Perpère-Darracq SA« begann schnell, mit Peugeot und Renault zu konkurrieren. Außerdem begann man, neue Absatzmärkte in Europa zu erschließen. 1906 beschloss Darracq, ein Montagewerk in Neapel zu errichten, um auf dem italienischen Markt Fuß fassen zu können. Dieser war aber durch Schutzzölle abgeschottet.

Geplant war daher zunächst eine klassische Montageproduktion, die in Süditalien montierten Autos sollten aus Komponenten entstehen, die aus Frankreich geliefert werden. Doch die Rechnung ging nicht auf, denn Neapel war zu weit entfernt und die Transportwege zu lang.

Darum beschloss Darracq bereits 1907, diese Fabrik nach Portello, nördlich von Mailand, zu verlegen. Ohne großen Erfolg. Die Verkäufe schleppten sich dahin. 1909 ging die italienische Tochter der »Automobiles Darracq« in Liquidation. Sie wurde aber 1910 von einem lombardischen Industriellen übernommen, der sie in »Anonima Lombarda de Fabbrica di Automobili« (ALFA) umbenannte. Das Unternehmen verpflichtete Giuseppe Merosi, einen Ingenieur, der bereits in mehreren Unternehmen der Branche gearbeitet hatte. Sein erstes Baby war der Alfa 24 HP, ein Auto mit einem 42 PS starken Vierzylinder-Motor, der es bereits auf 100 km/h beschleunigte. Auf dieser Basis entwickelte Merosi auch einen kleinen Lastwagen. Der junge Hersteller stieg auch in den Rennsport ein und errang 1913 seinen ersten Sieg beim Rennen Parma–Poggio. Doch der Automobilmarkt stürzte wegen des Ersten Weltkriegs in den Keller. Die überwunden ge-

glaubten finanziellen Schwierigkeiten kehrten zurück. Es war ein anderer Ingenieur, Nicola Romeo, der dem Unternehmen wieder auf die Beine half. Er wurde der Chef des Unternehmens und benannte es 1918 in »Alfa Romeo« um.
In den 1920er Jahren brachte die Marke mehrere Personenkraftwagen wie den 6C auf den Markt. Am meisten tat sie sich jedoch bei Autorennen hervor. Im Jahr 1923 feierte sie im wichtigsten Rennen der damaligen Zeit, der Targa Florio, einen Doppelsieg mit einem Modell, das inzwischen Kultstatus erlangt hatte: dem von Giuseppe Merosi entworfenen Alfa Romeo RL. Auf den unebenen sizilianischen Straßen war Ugo Sivocci drei Minuten schneller als ein gewisser Antonio Ascari, der spätere Formel-1-Star der frühen 1950er Jahre, der in letzter Minute mechanische Probleme bekam. Vor dem Start hatte der Sieger ein vierblättriges Kleeblatt auf seine rote Karosserie gemalt. Leider starb Sivocci einige Monate später bei einem Unfall während des Großen Preises von Monza. Dieses Mal fehlte das Kleeblatt auf seiner Karosserie. Um ihn zu ehren, machte das Mailänder Unternehmen das Kleeblatt zum ständigen Emblem seiner Autos, sowohl solchen für die Rennstrecken wie auch jenen für die Straßen.
Diese Epoche wird jedoch von einer weiteren erstaunlichen Geschichte geprägt: Alfa Romeo diente Enzo Ferrari als Sprungbrett. Der in Modena geborene Ferrari wurde 1920 als Fahrer angeheuert und gewann bis 1924 zahlreiche Rennen. 1929 beschloss er, unterstützt von Alfa Romeo, in seiner Heimatstadt eine eigene Firma zu gründen, die »Aktiengesellschaft Scuderia Ferrari« als Rennsportabteilung von Alfa Romeo. Es ist ein scheinbar ideales Szenario: Ferrari hat bereits ein Händchen dafür, die besten Techniker und Fahrer zu verpflichten. Gleichzeitig wird er zum Sportdirektor von Alfa Romeo ernannt. Das sich aufbäumende Pferd, das er ab 1931 auf den Autos anbringt, springt also für das Kleeblatt! Doch die Flitterwochen dauern nicht sehr lange. Die Ausläufer der Krise von 1929 schwächen das Unternehmen sehr. Vor allem auch, weil ihr wichtigster Manager, Nicola Romeo, bereits 1928 seinen Posten aufgegeben hat und in die Politik an die Seite Mussolinis wechselte. 1933 übernimmt der italienische Staat die Kontrolle über Alfa Romeo.

Alfa Romeo-Arna 1983

Das Unternehmen gibt den Motorsport auf und beliefert auch Enzo Ferrari nicht mehr mit Fahrzeugen. Ferrari hält sich zunächst damit über Wasser, Rennwagen aus früheren Jahren aufzupeppen und zu verbessern. Bis 1940, als er sich ganz von Alfa Romeo trennt und den Sprung in die Selbständigkeit vollzieht. Der Rest ist bekannt.

Während der Kriegsjahre mussten die Alfa Romeo-Werke militärische Ausrüstungsgegenstände produzieren. Erst 1950 kam es mit Einführung der Limousine 1900 zum großen Comeback der immer noch verstaatlichten Marke. Es folgten der 1900 TI im Jahr 1952 und vor allem die Giulietta im Jahr 1954. Von letzterer wurden 100.000 Exemplare verkauft. Gleichzeitig kehrte Alfa Romeo auf die Rennstrecke zurück und gewann 1950 und 1951 die ersten beiden Formel-1-Weltmeisterschaften mit Giuseppe Farina und Juan Manuel Fangio. Die goldenen Jahre begannen. Mehrere Kultmodelle wie der Duetto Spider, die Giulia Sprint GT oder der Montreal, die von Pininfarina oder Bertone entworfen wurden, kamen nacheinander auf den Markt. Kurz vor der ersten Ölkrise änderte das Unternehmen jedoch abrupt seinen Kurs, schwenkte um auf eine Massenproduktion und eröffnete eine Fabrik in Neapel. Der Alfasud, der 1972 vom Band lief, war mit einer

Million verkaufter Exemplare zwar ein großer kommerzieller Erfolg. Doch im Hintergrund begann damit der Abstieg, denn dieses Auto von bestenfalls mittlerer Qualität verwässerte das Image der Marke. Das Streben nach mehr Volumen bedeutete den Verzicht auf technische Optionen wie den Heckantrieb – Stärken, für die das Unternehmen bisher gestanden hatte.
Der Tiefpunkt wurde zehn Jahre später mit der Produktion des Arna erreicht, einem wenig attraktiven Auto, das aus einer Zusammenarbeit mit dem japanischen Unternehmen Nissan entstand. Er sollte eine Antwort auf den Erfolg des Golf von Volkswagen sein und kombinierte eine japanische Karosserie mit einer italienischen Mechanik. Aber es hätte genau umgekehrt sein sollen! Der kommerzielle Misserfolg war bitter, zumal die Kunden den Alfa 33 bevorzugten, der fast gleichzeitig im selben Segment auf den Markt kam und technische Merkmale des Alfasud aufwies. Das war zu viel für den italienischen Staat, der nun die Notbremse zog: Er nahm die Schwierigkeiten von Alfa Romeo zur Kenntnis und drückte den maroden Betrieb Fiat aufs Auge. Der Turiner Konzern übernahm die Marke 1986. In der ersten Zeit traf er die richtigen Entscheidungen. Bereits 1987 brachte er den sehr schönen Alfa 164 auf den Markt, der die gleiche Plattform wie der Fiat Croma, der Lancia Thema und der Saab 9000 nutzte. Zwei Jahre später folgte der nächste Coup: Das Coupé SZ und das Cabriolet RZ erschienen. Diese Autos hatten aggressive Formen und eine bemerkenswerte Leistung: Sie erreichten eine Geschwindigkeit von bis zu 245 km/h. Journalisten, die sie testeten, bezeichneten sie als Monster. Doch in den Fiat-Jahren erschienen auch mehrere Limousinen, die sich nur schwer auf dem Markt behaupten konnten. Die Modelle 147 und 156, die beiden von Walter De Silva entworfenen »Autos des Jahres«, waren außergewöhnlich schön, aber keine echten Alfa Romeos, da es ihnen meiner Meinung nach an technischer Substanz mangelte.
Um die Wahrheit zu sagen, glaube ich nicht, dass man mit dem Fahrgestell einer anderen Marke – in diesem Falle Fiat – einen echten Alfa Romeo bauen kann. Außerdem ist die DNA der Marke sehr stark mit dem Verbrennertriebwerken verbunden, mit Sechszylindermotoren

zum Beispiel. Der Elektroantrieb könnte also die Diskrepanz zu ihrer glorreichen Geschichte noch verstärken. Der Kampf um die Sanierung des Kleeblatts wird nicht leicht zu gewinnen sein. Aber noch ist alles möglich. Ein Hoffnungsschimmer: Die Marke kann immer noch sehr schöne Autos bauen. Ein Beispiel ist der wunderschöne 33 Stradale, der im Sommer 2023 vorgestellt wurde. Von diesem Supersportwagen wurden nur dreiunddreißig Exemplare hergestellt. Was für eine Bombe!

ALPINE

Sehr oft kommen einem die besten Ideen, wenn einem die Mittel fehlen. Das ist die große Lehre aus dem Abenteuer Alpine. Die Marke, die seit 1973 zur Renault-Gruppe gehört, wurde weit weg von Paris mit nur einem Ziel aufgebaut: preiswerte, leichte und sportliche Autos zu bauen, die sich in allen Wettbewerben behaupten können. Was sie auch geschafft haben. Dank ihres Leistungsgewichts konnten sie bei Rallyes oder beim 24-Stunden-Rennen von Le Mans weitaus leistungsstärkere Autos hinter sich lassen. Dieser Vorteil gewinnt in einer Zeit, in der man an Material sparen und auf elektrische Energie umsteigen muss, an Bedeutung. Meiner Meinung nach ist Alpine unglaublich modern. Um es mit den Worten des Schriftstellers Milan Kundera zu sagen: Sie verkörpert die »nachhaltige Leichtigkeit des Seins«. Voraussetzung ist natürlich, dass wir jetzt emotionale Modelle entwerfen, keine Kühlschränke auf Rädern!
Autos ohne Persönlichkeit zu bauen, war nicht die Art von Jean Rédélé, der 1955 die Marke Alpine gründete. Diese visionäre Persönlichkeit hat die Geschichte der Sportwagen in Frankreich maßgeblich geprägt. Dabei verließ er nie seine Heimat, die Normandie. Er wurde 1922 geboren und tauchte schon früh in die Welt des Automobils ein. Und das aus gutem Grund: Sein Vater war Renault-Händler in Dieppe. Während des Zweiten Weltkriegs machte er sein Abitur und strebte eine Beamtenkarriere an: Er wollte oberster Verwaltungsbeamter in einem Arrondissement werden. Daher studierte er an der renommierten »Ecole des hautes études commerciales«, wo er 1946 seinen Diplom-Abschluss machte. Im Anschluss daran absolvierte er ein

Praktikum bei Renault, trat danach aber nicht in den Staatsdienst ein, sondern übernahm die Werkstatt seinen Vaters, was ihn mit 24 Jahren zum jüngsten Autohändler des Landes machte. Sein Ding war der Motorsport, seiner Meinung nach »der beste Prüfstand für Serienmodelle«, denn: »Sieg ist das beste Verkaufsargument«.
In den frühen 1950er Jahren war das marktbeherrschende Auto Renaults 4 CV, der im Oktober 1946 auf dem Automobilsalon vorgestellt worden war. Rédélé beschloss, im Januar 1950 mit einem speziell vorbereiteten Renault-Wagen an der Rallye Monte Carlo teilzunehmen. Das Ergebnis war nicht gerade berauschend. Durch den starken Schneefall gebremst, gelangten Rédélé und sein Teamkollege Delforge im Ziel zu spät an. Doch einige Monate später gewann er die Rallye Dieppe vor einer ganzen Armada von weitaus stärkeren Autos.
Dieses gute Ergebnis veranlasste die Régie Renault, ihm bei der Rallye Monte Carlo 1951 einen 4 CV in Rennversion, den 1063, anzuvertrauen. Diesmal lief es viel besser, denn er wurde Vierter in seiner Klasse und 44. in der Gesamtwertung, die von einem

Delahaye 175S gewonnen wurde. Danach folgte eine Reihe von weiteren guten Leistungen. Beim Straßenmarathon Lüttich–Rom–Lüttich und bei der Tour de France für Automobile stand er auf dem Siegertreppchen. Um noch schneller zu werden, versuchte er, seine Autos umzubauen. So entwickelte er mit einem Freund, der ebenfalls Renault-Händler war, ein neues Fünfganggetriebe. 1952 gewann sein so getunter 4 CV beinahe das 24-Stunden-Rennen von Le Mans in seiner Klasse. In einem nächsten Schritt bestellte er bei einem italienischen Karosseriebauer einen leichteren »Renault spéciale«. Mit diesem Wagen unterstrich er sein Talent als Rennfahrer und gewann Wettbewerbe in Europa. Und jeder Sieg bestärkte ihn in seiner Überzeugung, selbst Autos bauen zu können. Später erinnerte er sich: »Durch meine Rennen wurde mir klar, dass französische Maschinen durchaus konkurrenzfähig waren. Nachdem ich mich auf allen Straßen Frankreichs und Navarras ausgetobt hatte, nachdem ich auf den wichtigsten Rennstrecken mit von der Serie abgeleiteten Autos gefahren war, war ich überzeugt, dass man in Frankreich sehr gute Sportwagen bauen könnte, sofern die Karosserie entsprechend sportlich gestaltet würde und die Aufhängung wie auch die Mechanik entsprechend angepasst. Ich baute 1952 mein erstes Auto, es gab vier oder fünf Prototypen. Und 1955 wurde die Firma Alpine mit anfangs sehr beschränkten Mitteln gegründet.« Warum nannte er sie Alpine? »Die Idee kam mir beim Fahren«, erklärte er. »Am meisten Spaß hatte ich, als ich mit meinem Renault 4 CV durch die Alpen fuhr. Also beschloss ich, meine zukünftigen Autos ›Alpine‹ zu nennen. Meine Kunden sollten dieses Fahrvergnügen am Steuer des Autos, das ich bauen wollte, erleben.«

Die ersten Modelle tragen seinen Namen, Jean Rédélé 22, Jean Rédélé 23, Jean Rédélé 24 usw. Sie werden von einem kleinen Team motivierter Techniker hergestellt. Jean Rédélé ist ein echter Kapitän, der es versteht, die Talente zu vereinen. Das Geschäft in Dieppe weitet sich natürlich durch die Zusammenarbeit mit Renault aus. Die Régie liefert ihm Serienteile und verkauft ihm Motoren. Und vertreibt seine Autos ab 1966 in ihren Autohäusern. Von diesem Arrangement profitieren selbstverständlich beide Partner: Die sportliche Leistung der Alpine zahlte sich für die von Jean Rédélé als »Grande Dame« bezeichnete Alpine aus. Tatsächlich erreichte Alpine ab Ende der 1960er Jahre in den Disziplinen, an denen sie teilnahm, die Weltspitze. Die berühmten A110-Berlinetten waren bei Rallyes ein Hit. Im Jahr 1971 erzielten sie bei der berühmten Rallye Monte Carlo einen Dreifachsieg und gewannen den Europameistertitel der Konstrukteure. Auch bei den 24 Stunden von Le Mans war Alpine mit dem A110 und dem A210, einer verlängerten Version des ersten Modells, erfolgreich. Zwischen 1964 und 1970 holten sie in der Mayenne zahlreiche Trostpreise. Im Jahr 1969 belegten sie sogar die Plätze neun und zehn in der Gesamtwertung, die von der

großen Auseinandersetzung zwischen Ford und Ferrari geprägt war.
Jean Rédélé erreicht alle seine Ziele, eines nach dem anderen. Er hält die Fahne Frankreichs hoch. Als Zeichen seiner Anerkennung verbringt General de Gaulle sogar mehr Zeit an seinem Stand auf dem Autosalon als an dem der Régie. Das macht den Gründer stolz. Leider bewahrt das Gewinnen im Wettbewerb nicht vor wirtschaftlichen Schwierigkeiten. Und auch nicht vor sozialen Spannungen. Die Vereinbarungen von Grenelle [die den sozialen Unruhen vom Mai 1968 ein Ende setzten – Anm. d. Übers.] führten zu einem starken Anstieg der Löhne, welcher die Produktion in Frankreich verteuerte. Und im Jahr 1972 schwächte ein großer Streik das Unternehmen. Renault kam ihm zu Hilfe und wurde Mehrheitsaktionär – das Ende einer Ära. Jean Rédélé bleibt noch bis 1978 an Bord, macht gute Miene zum bösen Spiel. Er bedauert aber, dass nun andere das Sagen in seiner Firma haben. Als er seinen Hut nimmt, geht er aber mit der Garantie, dass die Arbeitsplätze in der Fabrik in Dieppe, seinem Lebenswerk, fünfzehn Jahre lang gesichert sein werden.
In den Händen von Renault schaltet Alpine in den Überlebensmodus. Viele Jahre lang gibt es nur wenige Neuheiten. Der 2002 vorgestellte A610 scheint der letzte echte Alpine zu sein. Um den Standort zu retten, produziert das Unternehmen sogar Autos für die Spezialitätenabteilung »Renault Sport«. Ein schwacher Trost.
Doch schon 2006 trägt sich Carlos Ghosn, der neue Generaldirektor von Renault, mit dem Gedanken, unter dem noch immer bekannten Markennamen »Alpine« Fahrzeuge der Oberklasse anzubieten. Aber erst 2012 wird beim Großen Preis von Monaco ein Prototyp vorgestellt, der »A110-50« heißt, eine Hommage an das 50-jährige Jubiläum der berühmten Flunder aus den 1960er Jahren. Mit ihrem sportlichen, sehr aggressiven Look lässt sie die Hoffnung der »Alpinisten« wieder aufleben. Die »A110« getaufte Serienversion kommt schließlich im Dezember 2016 auf den Markt. Mit 2000 verkauften Einheiten im Jahr 2018 und 4000 im Jahr 2019 ist sie ein voller Erfolg. Die Modellpalette wird um eine S-Version erweitert. Ein SUV-Projekt ist in Planung.
Als ich an die Spitze von Renault kam, beschloss ich, diese schöne

Marke wiederzubeleben. Ich setzte die Trikolore auf die Formel-1-Autos, denen ich den Namen »Alpine« gab. Ich machte sie zu einem eigenständigen Unternehmen. Sie knüpfte an das Konzept an, das ihren Erfolg in den 1960er und 1970er Jahren ausmachte, nämlich leichte und leistungsfähige Sportwagen zu bauen. Die Umstellung auf Elektroautos ist eine Gelegenheit, neue, mutige Modelle auf den Markt zu bringen.
Und zu beweisen, dass der Geist von Jean Rédélé noch immer im Unternehmen gegenwärtig ist.

ANGEBEREI

Erstaunliches Geständnis der brasilianischen Fußballlegende Raí Souza Vieira de Oliveira in einer Fernsehsendung im Oktober 2023: Als er zwischen 1993 und 1998 bei Paris Saint Germain spielte, nahm der Stürmerstar oft den Pendlerzug nach Croissy-sur-Seine, wenn er vom Training kam. Er wollte im Herzen von Paris einen Französischkurs besuchen. Eines Tages wagte es ein Fahrgast, der ihn erkannt hatte, ihn zu fragen: »Haben Sie kein Auto?« Kann man sich diese Szene heute vorstellen? Für einen Spieler, der etwas auf sich hält, ist es heute geradezu Pflicht, aufzufallen. Der kürzeste Weg zu diesem Ziel führt über ein atemberaubendes Auto, das nur in Kleinstserie gebaut wird, 500 oder 800 PS hat und mehr als eine halbe Million Euro kostet. Theater, Protz und Tralala: So lautet das Mantra der Stadiongötter, deren Wert direkt an den Preis und die spektakulären Leistungswerte ihrer PS-Monster gekoppelt zu sein scheint. Lionel Messi lässt es mit seinem Supersportwagen Pagani Zonda Tricolore, dessen Wert auf über 1,3 Millionen Euro geschätzt wird, mit seinem Maserati Stradale, seinem Mercedes SLS AMG oder seinem Cadillac Escalade krachen. Christiano Ronaldo kann ihm mit seinem Bugatti Chiron, Veyron und Centodieci (für 8 Millionen), seinem McLaren Senna und seinem Rolls-Royce Cullinan das Wasser reichen. Auch nicht schlecht, der Rennstall von Karim Benzema: Bugatti Veyron Pur-Sang (für 2,5 Millionen), Lamborghini Urus, Huracan Spyder, Porsche 911 Turbo ... Problemlos mithalten kann Antoine Griezmann mit Rolls-Royce Wraith, McLaren 675LT und Ferrari F12 Berlinetta. Und was ist

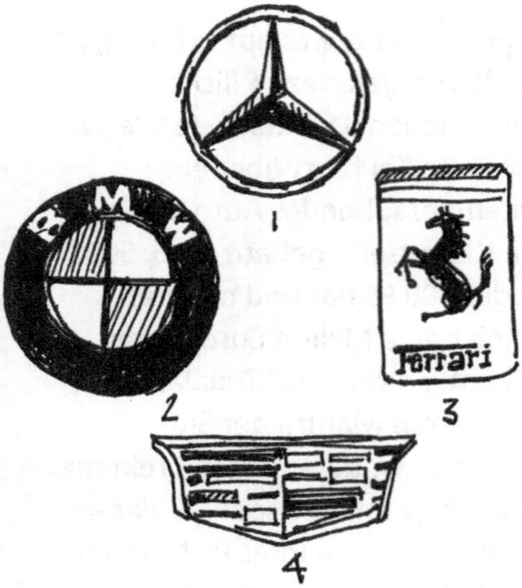

mit Kylian Mbappé? Man sieht ihn in einem Ferrari, dessen Wert auf fast 500.000 Euro geschätzt wird. Auf der Beifahrerseite, denn der Crack aus Bondy hat keinen Führerschein. Ein Chauffeur ist Pflicht.

Egal, diese Flitzer sind nicht für den Alltag gemacht, sondern um am Rande des Trainings, in Luxusvillen, vor angesagten Nachtlokalen und auf Instagram-Accounts zu paradieren. Diese Meister der Selbstinszenierung haben ihre Lieblingsmarken, so die Händlerwebsite Autodoc, die zur Fußball-Weltmeisterschaft 2022 eine Rangliste der Hit-Marken erstellt hat. Mercedes, an der Spitze, entscheidet das Spiel eindeutig für sich. Auf den Plätzen folgen Audi, Land Rover, Ferrari, Bentley, Lamborghini, Porsche, BMW und Aston Martin. Interessant ist auch die Hitliste nach Modellen. Unangefochtene Favoriten sind der Bentley Continental (24 der Fußballstars besitzen einen), der Range Rover Sport (20), der Lamborghini Gallardo (8), der Porsche Panamera Turbo S (8) und der Audi R8 (7) ... Es gibt in den Garagen der Superstars fünf Bugatti Veyron, acht Ferrari 458, vier Ferrari Berlinetta, vier Lamborghini Aventador ...

Die Faszination der Fußballstars für große Motoren findet ihre Entsprechung in der Faszination der Rapper für Luxusschlitten. Das muss niemanden überraschen. Zwischen Rap und Fußball gibt es eine lang andauernde Liebesbeziehung. Die beiden Welten treffen sich, vermischen sich und beeinflussen sich. Und Gott weiß, dass der Rap von schönen Autos lebt. *Jul* aus Marseille nennt in fast 115 Titeln – das ist Weltrekord – eine Automarke, davon 34 Mal Audi. An zweiter Stelle steht der deutsche Rapper *Kollegah* mit 112 Titeln, von denen 37 auf Mercedes entfallen. Die Marke mit dem Stern ist übrigens mit 1180 Nennungen bei Rappern aus allen Kontinenten am beliebtesten. Sie liegt knapp vor

BMW. Ferrari (844 Nennungen), Cadillac (824), Lamborghini und Bentley folgen auf den weiteren Plätzen. Porsche belegt nur den elften Platz. Insgesamt werden Automarken häufiger genannt als die Prestigemarken Gucci, Rolex, Louis Vuitton, Fendi und andere. Als ob der große, möglichst protzig aufgemotzte Wagen das absolut Größte wäre. Soziologen und Luxusspezialisten haben dafür eine Erklärung parat: »Rapper und Fußballer kommen aus Problemvierteln und sehr armen Familien. Wenn sie als junge Menschen zu Reichtum kommen, erfüllen sie sich einen Teil ihrer Träume, indem sie sich diese Marken kaufen, die ihnen kurz zuvor noch verwehrt waren.« Dann lassen sie es richtig krachen. Untereinander herrscht eine ausgesprochen große Rivalität, ausgetragen über scharfe, sehr sexualisierte Clips, die Bezug nehmen auf den Digga oder ihre geilen Karren. *SDM* und *Booba* feiern Audi: »Elle m'appelle Daddy, elle croit que j'vais lui passer l'anneau, la faire monter dans l'quatre anneaux.[1]« *SCH* antwortet mit Ferrari: »Féfé sur les Champs, pas loué, pas loué.« *Gims* wiederum hält's mit Lamborghini: »'ghini, 'ghini, Lambo', ouais, ça sent l'cramé.[2]« *Benab* hingegen ist Audi-Fan: »En RS3, la conduite est violente / Je fume la beuh, j'ai les palettes au volant.[3]«

Die meisten Marken, die in den provozierenden Clips der Rapper zu sehen sind, kommentieren das nicht weiter und sehen das oft als unerwünschte Form der Werbung. Lediglich Ferrari hat den Verkauf seiner Modelle an Stars, die allzu protzig agieren, untersagt. Darunter der Sänger Justin Bieber und der Rapper *50 Cent*. Letzterer hatte seine »Fefe« mit Champagner gewaschen.

ATTENTATE

»Es ist nichts.« Diese Worte werden dem sterbenden Heinrich IV. zugeschrieben, nachdem er am 14. Mai 1610 im Herzen von

1 SDM feat, Booba, »Daddy«, aus dem Album »Ocho« (Bramsito et Trent 700, 2021). Übersetzung: Sie nennt mich Daddy, sie denkt, ich stecke ihr den Ring an und lasse sie in die vier Ringe steigen.
2 SCH, »Champs-Élysées«, aus dem Album »A7« (Myd, Aurélien Mazin et Kore, 2015). Übersetzung: Féfé (Ferrari) auf den Champs, nicht gemietet, nicht gemietet.
2 Gims feat. JUL et SCH, »GJS«, aus dem Album» L'Empire de Méroé« (Boumidjal, 2021). Übersetzung: 'ghini, 'ghini, Lambo', ja, es riecht verbrannt.
3 Benab feat. Timal, »RS3«, aus dem Album »Au clair de la lune« (Koston et Bersa, 2020). Übersetzung: Im RS3 ist das Fahren gewalttätig / Ich rauche Gras, ich habe die Schaltwippen am Lenkrad.

Paris von François Ravaillac erstochen worden war. Die königliche Kutsche stand in der engen Rue de la Ferronnerie, die von einem Karren blockiert wurde. Kurz zuvor hatte der Mörder die Wache überlistet, war aufgesprungen, hatte sich auf der Nabe eines Hinterrads abgestützt und dem berühmten Fahrgast zwei heftige Messerstiche zugefügt. »Es ist nichts passiert.« Der gute »König des Huhns im Topf« ließ sein Land in einem prekären Gleichgewicht zurück. Und er zeigte, dass ein rollendes Objekt, sei es auch noch so prunkvoll und von bewaffneten Schlägertypen begleitet, ein leichtes Ziel ist.
Das von Ravaillac verübte Attentat ging als das erste in einem Fahrzeug verübte Attentat in die Geschichte ein.
Aber keineswegs als das letzte: Das Auto wurde zu einem der bevorzugten Tatorte. Die Liste ist lang. Hier einige Auszüge, um die Vielfalt der Vorgehensweisen zu veranschaulichen, vom Messer bis zur Bombe, vom Poststuhl bis zur gepanzerten Limousine.
In Anlehnung an Ravaillac schoss im Jahr 1622 im Herzen Madrids ein gedungener Mörder mit einer Armbrust auf den Grafen von Villamediana, der in seiner Kutsche saß. Da dieser ein Favorit der spanischen Königin war, verdächtigte man den königlichen Gemahl, den Mord in Auftrag gegeben zu haben.
Einige Jahrzehnte später wurde die Wagenkolonne des polnischen Exilkönigs von Schüssen getroffen. Es gab keine Opfer.
1737, am Abend des 5. Januar, griff ein gewisser Damiens, ein arbeitsloser Diener, Ludwig XV. mit einem Messer an, als dieser in seine Kutsche Richtung Trianon stieg. Der Vorfall war nicht schwerwiegend. Am 13. September 1758 verließ der König von Portugal das Haus seiner Geliebten, um zu seinem provisorischen Palast zurückzukehren. Bumm! Er wurde in seiner Postkutsche durch Schüsse leicht verletzt. Am 24. Dezember 1800 fuhr Napoleon Bonaparte mit großer Begleitung samt Eskorte in vier Berlinen durch die Straßen von Paris zur Oper. In der Rue Saint-Nicaise versperrte ein kleiner Karren den Weg, die Eskorte schob ihn zur Seite und der Kutscher kurvte geschickt um ihn herum. Einen Augenblick später explodierte der Karren mit extremer Wucht und erschütterte das ganze Viertel. Der Erste Konsul war unversehrt, aber rund zehn Passanten wurden getötet

und etwa dreißig verletzt.
Von diesem Zeitpunkt an häuften sich solche Anschläge. Doch wurden die Mächtigen der Welt dadurch vorsichtiger? Ganz und gar nicht. Aber sie entwickelten eine gewisse Paranoia, so wird zumindest behauptet. Heute wie damals reisen sie nicht ohne Leibwächter, Späher, Vorkoster, Doppelgänger ... Doch sobald sie in ein Fahrzeug steigen, sei es ein Pferde- oder ein Motorwagen, legen sie seltsamerweise eine erstaunliche Leichtfertigkeit an den Tag. Unbändige Lust, sich dem Volk zu zeigen? Glaube an ihre beglückende Ausstrahlung? Eine Portion Unbedachtheit? Es könnte ein bisschen von allem gewesen sein. Schauen Sie sich Königin Victoria an. Während ihrer langen Regierungszeit (1837–1901) wurden sieben Anschläge oder Attentatsversuche auf sie verübt. Einer davon ereignete sich am 29. Mai 1842, als die Herrscherin in einer Kutsche durch den Hyde Park fuhr. Ein Mann näherte sich, um zu schießen. Die Waffe jedoch versagte und er flüchtete. Am nächsten Tag fuhr die Königin stoisch die gleiche Strecke. Der Angreifer war wieder da und schoss wirklich! Es gab keine Verletzten, und die Polizei, die auf der Lauer lag, nahm ihn fest.
Eine Mischung aus Phlegma und Tapferkeit war es wohl auch, die den jugoslawischen König am 9. Oktober 1934 bei seiner Ankunft in Marseille, der ersten Etappe einer offiziellen Reise durch Frankreich, begleitete. Die internationale Lage, insbesondere auf dem Balkan, war damals sehr angespannt, und die Hinweise auf mögliche Attentatspläne verdichteten sich. Diese Warnungen waren so konkret, dass das Umfeld des Monarchen versuchte, ihn dazu zu bringen, auf öffentliche Auftritte zu verzichten. Stattdessen akzeptierte Alexander I. das von den französischen Behörden ausgeklügelte Programm, das eine Fahrt auf der Canebière in einem offenen Delage beinhaltete.
Trotz der großen Anzahl an Ordnungskräften war die riesige und begeisterte Menschenmenge nur schwer zu bändigen. Das Auto fuhr langsam, mit 8 km/h. Die Spannung stieg. Bereute der König nun, dass er sich zwei Stunden zuvor geweigert hatte, seine kugelsichere Stahlweste unter der Uniform zu tragen, mit der Begründung, dass sie seine Haltung behindert hätte? Zu spät: Ein Mann, der später als bulgarischer Nationalist beschrie-

ben wird, tauchte mit einer Mauser-Pistole in der Hand auf. Er gab in rascher Folge mehrere Schüsse ab und tötete den König sowie den französischen Außenminister Louis Barthou.

Auch John Fitzgerald Kennedy hatte eine Art Vorahnung, als er am 22. November 1963 in Dallas landete. Er und seine Mitarbeiter wussten, dass sie auf feindlichem Boden landeten. Texas, ein ehemaliger konföderierter Staat, der für die Aufrechterhaltung der Sklaverei gekämpft hatte, verzieh ihm sein Engagement gegen die Rassentrennung nicht. Der junge Präsident fragte sich sogar, ob die Etappe nicht abgesagt werden sollte. Doch nur keine Sorge! Das Besuchsprogramm konnte fortgesetzt werden, wies aber gravierende Sicherheitsmängel auf. Der Lincoln des Präsidenten war zwar gepanzert. Kennedy entschloss sich aber, im offenen Wagen zu fahren, das Stahldach wurde ebenso abgenommen wie die Kunststoffscheiben entfernt. Nach seinen Anweisungen sollte das schwere Fahrzeug langsam fahren (17,5 km/h zum Zeitpunkt der Schüsse). Erschwerend kam hinzu, dass über ein hydraulisches System der Rücksitz um 30 Zentimeter in der Höhe verstellt werden konnte. Ein perfektes Ziel also.

Einer der Biografen Kennedys, der Journalist Philippe Labro, berichtete: »Wenn er in einer offenen Limousine paradierte, pflegte er zu seiner Frau Jackie zu sagen: ›Von diesem Fenster aus hätte ein Typ auf uns schießen können.‹« Der Präsident war sich also über die Risiken im Klaren und wusste, dass er im Auto wie auf einem Präsentierteller herumfuhr. Aber er befand sich im permanenten Wahlkampf und hatte ein Image als Schürzenjäger und »tough guy«, als »harter Kerl«, zu verteidigen. Schwäche zu zeigen oder das Programm zu ändern war für ihn daher keine Option.

Wie beim Kennedy-Mord wären auch bei einigen anderen Attentaten, bei denen das Auto eine Rolle spielte, schwindelerregende Uchronien, also alternative Verläufe der Weltgeschichte, denkbar. Was wäre gewesen, wenn sich der 35. Präsident der Vereinigten Staaten im letzten Moment noch einmal besonnen und beschlossen hätte, nicht komplett offen zu fahren? Gut möglich, dass er dann nicht getötet worden wäre und der Lauf der Geschichte sich geändert hätte. Hätte der Fahrer von Erzherzog Franz Ferdinand von Österreich am 28. Juni 1914 in Sarajevo nicht die falsche Route gewählt und wäre statt geradeaus nach rechts in eine kleine Straße abgebogen, hätte er nicht anhalten und rückwärtsfahren müssen, um auf die geplante Strecke zurückzufinden. Und der serbische Nationalist Gavrilo Princip hätte nicht die Möglichkeit gehabt, auf den in einem Gräf & Stift Typ 28/32 Cabrio sitzenden Thronfolger zu feuern. Und der Erste Weltkrieg wäre nicht ein paar Wochen später ausgerufen worden. Was wäre gewesen, wenn das Coupé von Zar Alexander II. am 13. März 1881 in St. Petersburg etwas schneller gefahren und nicht von der Bombe des Nihilisten Grinevitski getroffen worden wäre? Der Kaiser wäre an diesem Tag nicht gestorben, sondern hätte seine ehrgeizigen Reformen fortgesetzt, wie die Abschaffung der Leibeigenschaft, die Verkürzung des Militärdienstes von 25 auf sechs Jahre, die Anerkennung der Gleichheit aller Untertanen vor dem Gesetz usw. Der Thron wäre dann nicht an seinen Nachfolger, den sehr konservativen Alexander III. gefallen, der die Modernisierung des archaischen Russlands blockierte. Und die Revolution von 1917 hätte vielleicht nicht

stattgefunden.
Wie bei allen Regeln gibt es auch hier Ausnahmen. Und vorsichtige VIPs, die mit dem Auto unterwegs sind, gibt es natürlich auch. Auf König Louis-Philippe zum Beispiel wurden 18 Mordanschläge verübt. Einer davon ereignete sich im Jahr 1846, als er mit seiner Familie im Jagdwagen durch den Park von Fontainebleau fuhr. Der Mann, der sich selbst den Titel »König der Franzosen« gab, ließ seine Kutsche daraufhin bald mit Blech verstärken. Die gleiche Vorsicht galt für Napoleon III., der an Überfälle gewöhnt war. Der schlimmste erfolgte am 14. Januar 1858, durchgeführt vom italienischen Revolutionär Orsini. Drei starke Bomben wurden gegen die kaiserliche Prozession geworfen, die sich auf dem Weg zur Oper befand. Der Anschlag scheiterte, doch es gab Opfer unter der berittenen Garde und Passanten stürzten zu Tode: Insgesamt 12 Tote und 156 Verletzte. Napoleon III. und seine Frau kamen dank der Eisenplatten, die im Boden und in den Seiten ihres Wagens angebracht waren, unverletzt davon.
Die Fahrzeug-Panzerung steckte damals noch in ihren Kinderschuhen. Später sollte sie zu großer Blüte gelangen, auch dank der amerikanischen Unterwelt, die der Polizei in Sachen Autos immer einen Schritt voraus war. Al Capone zum Beispiel vertraute nur seinem grünschwarzen Cadillac Town Sedan, der von 1360 Kilogramm schweren Stahlplatten geschützt wurde. Als Antrieb diente ein V8-Motor mit 5,6 Litern Hubraum. Als nützliches Extra ließ sich die Heckscheibe kippen, um einen Verfolger bequem ins Visier nehmen zu können. Die meisten großen Gangster schützten sich später durch die Anschaffung eines gepanzerten Fahrzeugs. Nicht jedoch Jacques Mesrine. Der Mann, der nach einer Reihe brutaler Raubüberfälle zu Frankreichs Staatsfeind Nummer eins geworden war, starb am 2. November 1979 an der Porte de Clignancourt vor einer Ampel wartend in einem BMW 528i, als die Teams von Kommissar Broussard das Feuer auf ihn eröffneten. Sein Wagen war ein serienmäßiger BMW, den er wenige Tage zuvor gebraucht in einem Autohaus in Clichy gekauft hatte. Die Polizei, hieß es, habe Mesrine hingerichtet, anstatt versucht, ihn zu verhaften. Sie antwortete sinngemäß: »Er war in einem Auto verletzlicher. Ihn in

seinem Wohnhaus oder auf der Straße festnehmen zu wollen, hätte zu Kollateralschäden geführt.« Das Auto hat als Tatort noch lange nicht ausgedient …

AUDI

In Deutschland waren es Ingenieure, die die Automobilindustrie geprägt haben. Die Geschichte von Audi belegt das eindrucksvoll. Zwei Männer, August Horch zu Beginn des 20. Jahrhunderts und Ferdinand Piëch in den Jahren zwischen 1972 und 1993 spielten eine Schlüsselrolle bei der Entstehung der Marke. Der erste gründete das Unternehmen im Juli 1909, der zweite machte es Ende des 20. Jahrhunderts zu einem Oberklasse-Champion. Sie lebten in zwei verschiedenen Epochen, aber ihre Gemeinsamkeiten sind auffallend. Angefangen bei ihrer Leidenschaft für Innovationen und vor allem ihrem starken Charakter, der ihnen dabei half, ihre Ideen zu verwirklichen, manchmal auch gegen die Meinung ihrer eigenen Umgebung. Dies ist in der Geschichte der Industrie nicht selten der Fall.

Alles beginnt Ende des 19. Jahrhunderts. Nach seinem Abschluss an der Technischen Hochschule Mittweida tritt August Horch 1896 zunächst bei Carl Benz in Mannheim ein, voller Ideen und Enthusiasmus. Als er sich nicht durchsetzen kann, beschließt er, sein eigenes Unternehmen zu gründen, die »A. Horch & Co«, und stellt 1900 sein erstes Auto vor, das von einem Einzylinder-Frontmotor angetrieben wird: Eine Revolution zu dieser Zeit. Er führt zahlreiche Innovationen ein, wie z. B. die Entwicklung eines Kardanwellen-Antriebssystems. Außerdem macht er die Motoren leichter und verwendet erstmals Leichtmetall-Legierungen.

Im Jahr 1907 stellt Horch 94 Fahrzeuge her. Aber seine starke Persönlichkeit stört. Von seinem Vorstand in die Wüste geschickt und mit anderen Führungskräften des Unternehmens, überworfenverlässt er 1909 mit einer bescheidenen Abfindung von 20.000 Mark in der Tasche die von ihm gegründete Firma. Doch er wagt sofort einen Neuanfang und gründet ein weiteres Unternehmen in Zwickau. Er möchte diese zunächst »August Horch Automobil Werke« nennen. Für die Justiz, die von seinen ehemaligen Kollegen eingeschaltet wird, ist dies jedoch unmöglich: Er muss auf die Verwendung seines Namens verzichten und einen anderen Markennamen finden. In diesem Moment kommt ihm die Idee zu Audi. Das lateinische Verb »audire« ist die Übersetzung von »hören, horchen«, und die Befehlsform lautet im Lateinischen »audi« und im Deutschen: »Horch«! Kleine Geschichte am Rande: Der Sohn eines Mitarbeiters [anderen Quellen zufolge war es August Horchs Sohn – Anm. d. Übers.], der noch zur Schule ging, kam auf diese Idee, nachdem er einer langen Brainstorming-Sitzung beigewohnt hatte, die in der Wohnung seiner Eltern stattfand. Der neue Autohersteller sollte also »Audi Werke« heißen.

Zwischen 1911 und 1914 baute Audi Autos, die sich durch den Gewinn zahlreicher Automobilwettbewerbe auszeichneten. Den Anfang machte der berühmte österreichische Alpencup, ein Langstreckenrennen über 2400 km, das drei Mal von einem Audi C-Type gewonnen wurde. 1920 wechselte August Horch vom Vorstand in den Audi-Aufsichtsrat und begann, auf politischer Ebene zu wirken, während die ursprünglichen Horch-Werke von einer anderen Firma übernommen wurden. Doch auch bei Audi lief es nicht rund, die Weltwirtschaftskrise 1929 stürzte die deutsche Automobilindustrie in eine Rezession. Auf Druck der Banken schlossen sich die vier in Sachsen ansässigen Automobilhersteller Horch, Audi, DKW und Wanderer zur Auto Union AG zusammen. Die vier Ringe wurden zu diesem Zeitpunkt als Markenzeichen eingeführt, um diese Zwangsvereinigung zu symbolisieren. Bei dieser Gelegenheit wurde jedem der Unternehmen ein bestimmtes Marktsegment zugewiesen.

Nach dem Zweiten Weltkrieg hatte die Auto Union aufgehört zu existieren. Das Audi-Management setzte sich nach Westdeutschland ab und gründete die Auto Union GmbH mit Werken in Düsseldorf wie auch in Ingolstadt. Doch 1958 steckte das Unternehmen, das noch immer Zweitaktautos baute, in großen Schwierigkeiten und wurde von Daimler-Benz übernommen, das auf Expansionskurs war. In dieser Zeit begann die Entwicklung von Viertaktmodellen, während im ehemaligen Audi-Werk in Zwickau die Trabant-Produktion vorbereit werden sollte.
1965 kaufte Volkswagen die Auto Union. Ziel war es, neben Volkswagen eine Marke mit konventionelleren Fahrzeugen in das Portfolio aufzunehmen und durch den Erwerb des Werks Ingolstadt zusätzliche Produktionskapazitäten zu erhalten. Außerdem war eine Höherpositionierung der Marke angestrebt. Der erste Schritt 1969 bestand darin, anstelle des bisher verwendeten Markennamens »Auto Union« den seit 1945 nicht mehr aktiven Namen »Audi« zu nutzen und durch den Zusammenschluss mit der ebenfalls in Schwierigkeiten geratenen Marke NSU mit Sitz in Neckarsulm die »Audi NSU AG« zu formen. Und die industriellen Anstrengungen auf das Werk im bayerischen Ingolstadt zu konzentrieren. Doch um diese gewagte Operation erfolgreich durchzuführen, brauchte man einen Kapitän.
Prädestiniert dafür war Ferdinand Piëch. Der österreichische Ingenieur, der an der renommierten Technischen Hochschule in Zürich studiert hatte, ist der Enkel von Ferdinand Porsche. Daher war es für ihn selbstverständlich, 1963 im Alter von 26 Jahren bei Porsche einzusteigen. Dort hat er Wunder vollbracht: Als Leiter des Rennsportprogramms entwickelte Piëch außergewöhnliche Rennwagen wie den 908 im Jahr 1968 und den 917 im Jahr 1969, die sich schnell auf den Rennstrecken durchsetzten. Im Familienunternehmen jedoch eckte er an. Sein Onkel Ferry Porsche, der bis dahin sehr stark in die sportlichen Aktivitäten involviert gewesen war, fühlte sich brüskiert, insbesondere als sein Neffe ihm 17 Exemplare des 917 präsentierte, die ohne Porsches Billigung hergestellt worden waren. Diese Eigenmächtigkeit grenzte an Majestätsbeleidigung.
Piëch ist 33 Jahre alt, als ihm klar wird, dass ihm die Türen in die

Chefetage bei Porsche verschlossen bleiben werden. Es ist nicht bekannt, ob er verdrängt wird oder ob er aus eigener Initiative geht, doch er verlässt Porsche im Streit. Doch er ist ein viel zu begnadeter Ingenieur, als dass die deutsche Automobilindustrie auf ihn verzichten könnte: Volkswagen nutzt die Gelegenheit und holt ihn 1972 als Entwickler zu Audi nach Ingolstadt. Er weiß es noch nicht, aber damit beginnt er seinen spektakulären Aufstieg zur Macht im deutschen Konzern. Ingolstadt wird zu seinem ersten Königreich. 1975 wird er zum Technischen Direktor ernannt und als solcher in den Vorstand des Unternehmens berufen.
Später, im Jahr 1988, wird er dessen Vorsitzender. Eine gerechte Belohnung: Seine Innovationen brachten Audi schnell an die Spitze. Das erste Beispiel: Die von ihm 1980 erfundene Allradtechnologie namens »quattro« wird ein Riesenerfolg, zunächst im Motorsport: Audi gewinnt zwischen 1981 und 1987 mehrere Rallye-Weltmeistertitel. Dann folgt der ganz große Durchbruch: Innerhalb von vierzig Jahren werden 10,5 Millionen Autos mit diesem Allradantrieb verkauft. Piëch hat, ganz einfach gesagt, den Allrad-Personenwagen international etabliert! Die zweite große Innovation: Er setzt den sehr sparsamen und extrem leistungsstarken Dieselmotor durch, den TDI, der in Europa zum Standard werden sollte. Das Einspritzsystem, auch »Common Rail« genannt, wurde ursprünglich von Fiat entwickelt, das seine Patente an den deutschen Zulieferer Bosch weiterverkaufte. In Zusammenarbeit mit Bosch hebt der Techniker von Audi die Diesel-Technologie auf ein neues, bis dahin nie für möglich gehaltenes Niveau. Auf der Modellseite werden der Audi 80 und der Audi 100, das aerodynamischste Auto auf dem Markt, sehr schnell zu Bestsellern.
In Ingolstadt arbeitet Piëch völlig autonom von der Konzernmutter Volkswagen. Er kontrolliert alles, testet jede technische Neuerung selbst und setzt sich für eine einwandfreie Qualität ein. Der einzige Wermutstropfen: Seine mitunter rücksichtslosen Managementmethoden lassen ihn oft als Despoten erscheinen. Er lässt sich durch nichts aufhalten. Unermüdlich setzt er sich für Ideen ein, die manche Experten als absurd bezeichnen. Doch diese Risikobereitschaft zahlt sich letztendlich aus. Meiner Meinung nach hat Piëch Audi zu einer Art

Tesla des Verbrennerzeitalters gemacht. Denn Audi ist einzigartig unter den großen Marken und hat sich unter Piëch von Grund auf neu erfunden. Wer hätte sich Anfang der 1970er Jahre vorstellen können, dass sie dauerhaft mit den beiden anderen Stars der deutschen Oberklasse, BMW und Mercedes, konkurrieren würde?
1993 wurde Piëch zum Chef von Volkswagen berufen, das sich seit 1991 in einer schweren Krise befand. Er formte aus dem Krisenkandidaten einen weltweit agierenden Automobilgiganten, in dem er unangefochten herrschte. Dabei achtete er darauf, dass Audi immer einen besonderen Platz einnahm. Denn es war sein Baby. Ein sehr schönes Baby.

Augen (von Sophia Loren)

Im 504 steckt alles, was ich an Peugeot bewundere. Eine Kultur der Tradition, ein selbstbewusster Klassizismus ... und ein unvermutetes Körnchen Verrücktheit, ein kühner Schachzug, der das Auto aus der Masse heraushebt. Der 504 stammte aus gutem Hause und wurde auch gut verkauft, immerhin über vier Millionen Exemplare. Und das verdankte er unter anderem seinem letztend-

lich zwar erfolgreichen, doch unkonventionellen Design. Der Höhepunkt ist die trapezförmige Frontpartie mit abgeschrägten Scheinwerfern. Wie ein verstörender, durchdringender Blick. Der an ... Sophia Loren erinnert, natürlich.
Die Schauspielerin, die seit ihrer berühmten Striptease-Szene in Vittorio De Sicas *Gestern, heute und morgen* ein Sexsymbol des italienischen Kinos war, befand sich damals auf dem Höhepunkt ihres Ruhmes. Dieser kühne Vergleich der Frontgestaltung mit der Augenpartie der Loren wird dem Stardesigner Sergio Pininfarina zugeschrieben. Das war sehr fair, denn Pininfarina hatte zwar den gesamten 504 entworfen, nur eben mit Ausnahme der Frontpartie, die aus dem Peugeot-Entwicklungsbüro stammte.
Eine erstaunliche Geschichte, die – wenn es überhaupt noch eines Beleges bedurft hätte – die Vorteile von Wettbewerb und Konkurrenz beweist. Pininfarina war seit 1955 und der Einführung des 403 für die Firma in Sochaux tätig. Es war also nur natürlich, dass sein Atelier mit der Entwicklung des Nachfolgers des 404 beauftragt wurde. Dem gegenüber stand das hauseigene Peugeot-Designbüro, das von Paul Bouvot geleitet wurde. Ihn unterstützte übrigens ein gewisser Gérard Welter, der später mit dem 205 von sich reden machen sollte. Das französische Team schlug ein klassisches, ja sogar banales Design vor, mit Ausnahme des Kühlergrills, der modern, dynamisch und sehr typisch war und mit Scheinwerfern ausgestattet, die wie zusammengezogene Augenbrauen wirkten. Das italienische Team lieferte einen anspruchsvolleren und ausgefeilteren Entwurf ab. Nur die Front wirkte ziemlich massiv und war weniger gelungen, um es vorsichtig auszudrücken. Die Geschäftsleitung von Peugeot machte dennoch keinen Hehl aus ihrer Vorliebe für die Pininfarina-Arbeit. Doch Paul Bouvot ließ sich nicht beirren. Er kämpfte wie der Teufel und erreichte eine Mischung aus den beiden Entwürfen: die Frontpartie von ihm, der Rest Pininfarina. Die Geschäftsleitung sagte »Bingo« zu diesem brillanten Kompromiss.
Sophia Lorens Augen sollten den Stil von Peugeot für die nächsten Jahre nachhaltig prägen, denn sie wurden für die Modelle 304 und 505 übernommen.

Ein weiteres Markenzeichen des 504 ist der abfallende Kofferraumdeckel. Angeblich entstand er durch einen unbeabsichtigten Abbruch an einem Gipsmodell. Da aber alle dieses Erkennungszeichen genial fanden, wurde es beibehalten. Der Name des Ungeschickten, der den Abbruch verursachte, ist leider nicht überliefert.

AUSWIRKUNGEN

Das Auto wird oft kritisiert, manchmal sogar zu Unrecht. Jeder hat natürlich das Recht auf seine eigene Meinung, aber ich möchte nicht verabsäumen, hier einige objektiv belegbare Zahlenangaben zu machen, die so mancher vorgefassten Meinung widersprechen und das ganze Ausmaß seiner wirtschaftlichen, industriellen, sozialen und ökologischen Auswirkungen aufzeigen.

Die Automobilindustrie ist in erster Linie eine für Europa lebenswichtige industrielle Kraft: Sie betreibt 127 Fabriken auf dem Kontinent, in denen 2023 rund 12,1 Millionen Fahrzeuge hergestellt wurden, ein Anstieg um 11,3 % im Vergleich zum Vorjahr. Dies entspricht 2,4 Millionen direkten Industriearbeitsplätzen. Der soziale Einfluss der Branche reicht jedoch weit über diese Fertigungsstätten hinaus. Laut der ACEA, dem Verband der europäischen Automobilhersteller, arbeiten unter Berücksichtigung aller damit verbundenen Berufe (Zulieferer, Händler, Werkstätten, Spediteure, Autovermieter usw.) 13 Millionen Europäer direkt oder indirekt für die Branche.

Zur sozialen Dimension dieses Industriezweigs kommt ihr entscheidender Einfluss auf industrielle Innovationsprozesse hinzu. Um die Branche fit für die Zukunft zu machen, investiert die Automobilindustrie immense Summen in Forschung und Entwicklung. In Europa ist sie die Branche, die in diesem Bereich am meisten Geld ausgibt, weit vor den Pharmaunternehmen. Und diese Anstrengungen werden durch die Umstellung auf die Elektromobilität, die eine Neuerfindung der gesamten Branche erfordert, noch intensiviert.

Diese Revolution sollte natürlich langfristig zu einem starken Rückgang der CO_2-Emissionen führen. Die Automobilbranche hat sich bereits seit mehreren Jahren in diesem Kampf engagiert. Erstens haben die großen

Hersteller die Emissionen ihrer Produktionsstätten gesenkt (um -31 % seit 2005), und zweitens haben neue Autos mit Verbrennungsmotor in diesem Bereich erhebliche Fortschritte gemacht. Ihre CO_2-Belastung hat sich seit 2012 um durchschnittlich 17 % verringert. Es steht aber auch viel auf dem Spiel: Auf die Automobilbranche entfallen rund 15 % der CO_2-Emissionen in Frankreich. Sie wird von der Industrie und der Landwirtschaft (jeweils 21 %) und dem Bauwesen (20 %) übertroffen. In Deutschland beträgt der Anteil 22 %, der Industriesektor kommt auf rund 24 %, die Landwirtschaft auf etwa 8,5 % und die Bau- und Gebäudewirtschaft tragen über 40 % zu den Emissionen bei. Weltweit und für alle Aktivitäten zusammengenommen wird der Anteil der Automobilindustrie auf etwa 6 % geschätzt, weit hinter der Landwirtschaft (20 %), den Kohlekraftwerken (19 %) und der Entwaldung (11 %), aber vor dem Lkw- (4 %) und Flugverkehr (2 %). Der Elektroantrieb kann diese Emissionen senken. Aber es wird lange dauern, bis der gesamte weltweite Bestand an Fahrzeugen mit Verbrennungsmotor von über 1,4 Milliarden Stück umgestellt ist! Man wird auch nicht umhin kommen, das Gewichtsproblem bei Neufahrzeugen zu betrachten. Mit der Einführung neuer Sicherheitsstandards werden die Autos immer schwerer. Und weil die Verbraucher nun vor allem SUVs kaufen, hat sich dieser Trend hin zu schwereren Fahrzeugen noch verstärkt. Es ist eine Tatsache: Selbst wenn ein Auto elektrisch angetrieben wird, ist die CO_2-Belastung bei größeren Autos immer noch höher als bei kleineren. Das liegt vor allem an der Herstellung: Ein Premiummodell enthält per Definition mehr Stahl und Plastik und hat riesige Batterien an Bord. Man könnte das beinahe schon ökologischen Unsinn nennen!

AUTOBAHNEN

Das Video ist beeindruckend. Dank einer kleinen Kamera sitzen wir auf dem Platz des Fahrers in einem Bugatti Chiron. Innerhalb von einigen Dutzend Sekunden spielt die Geschwindigkeitsanzeige verrückt ... Die Tachonadel eilt über die 300-km/h-Marke hinweg und hält sich auch bei den 400 km/h nicht lange auf, bevor sie dann bei der stratosphärischen Geschwindigkeit von

417 km/h verharrt: Solche Aufnahmen aus dem Cockpit wären längst nicht so bemerkenswert, wenn es sich dabei um solche aus einem Rennwagen auf einer Rennstrecke handeln würde. Doch wir sind auf der Autobahn A9 in der Nähe von Wittenberg im Freistaat Sachsen. Die Autos, die auf diesem dreispurigen Abschnitt überholt werden, wirken, als ob sie parken. So gefährlich dieses Experiment eines wohlhabenden Unternehmers auch sein mag, es ist nicht illegal: In Deutschland gibt es auf etwa zwei Dritteln des 13.000 Kilometer langen Autobahnnetzes keine Geschwindigkeitsbegrenzungen. Das ist einzigartig, in Europa und im Rest der Welt. Ich selbst habe viele Kilometer auf Autobahnen zurückgelegt, als ich einer der führenden Köpfe des Volkswagenkonzerns war. Ich habe dadurch oft Zeit gewonnen und war schneller bei meiner Familie in Berlin, aber ich musste auch feststellen, dass die unzähligen Baustellen und Staus als eine natürliche Geschwindigkeitsbremse wirken. Man muss sich schon sehr genau überlegen, wann man fährt und wenig befahrene Strecken suchen, denn nur dort kann man noch den Pferden die Zügel schießen lassen ...

In der deutschen Öffentlichkeit wird regelmäßig darüber diskutiert, ob dieser Zwanglosigkeit ein Ende gesetzt werden sollte. Ich möchte dazu keine Stellung beziehen, aber es ist ein sensibles Thema, das eine Freiheit berührt, die in diesem Land als wesentlich empfunden wird. Vielleicht, weil es das Selbstverständnis der deutschen Automobilindustrie berührt. Ein Auto zu bauen, das 250 Kilometer pro Stunde fahren kann, ist nicht dasselbe, wie ein Auto zu bauen, das 200 Kilometer pro Stunde fahren kann. Ersteres zwingt nämlich die Hersteller dazu, mehr Technologie in ihre Produkte einzubauen. Das Ergebnis ist ein »Over-Engineering«, das die Kunden von Audi, BMW, Mercedes oder Porsche spüren und schätzen. Abgesehen von dieser technischen Dimension hat das deutsche Autobahnnetz der automobilen Mobilität Modernität verliehen und damit zum Aufschwung der Branche in Europa beigetragen. Im Nachhinein betrachtet war es ein dynamisierender Faktor für die Wirtschaft, vergleichbar mit dem, den in jüngerer Zeit Schnellzüge wie der französische TGV oder der japanische Shinkansen

bewirkt haben.
Ein wenig Geschichte: Dieses Netz wurde in den 1930er Jahren größtenteils auf Betreiben des Hitler-Regimes geplant und gebaut, wiewohl die Planungen für ein Fernstraßennetz schon in den 1920er Jahren begonnen haben. Doch Deutschland war nicht das erste europäische Land, das auf diese Idee gekommen war: Italien hatte bereits 1924 den ersten Abschnitt der »Seen-Autobahn« (*Autostrada dei Laghi*) zwischen Mailand und Varese eingeweiht. Doch noch weiter zurück in der Geschichte waren es die Römer, die mit den Mitteln ihrer Zeit ein solches Netz umgesetzt haben: Im ersten Jahrhundert vor Christus ließ Kaiser Claudius die Via Portuense zwischen Rom und Ostia anlegen, mit zwei Fahrbahnen, getrennt durch Fußgängerstege und -überwege.

Automuseen

Deutschland ist das Land der Automobilmuseen. In München, Stuttgart und Wolfsburg haben alle großen Marken ihr eigenes Museum gegründet. Sie haben enorme Summen ausgegeben, um diese Tradition zu pflegen. So hat Porsche beispielsweise 100 Millionen Euro in den Umbau seines kleinen historischen Museums zu einer modernen Einrichtung investiert, die 2009 eröffnet wurde. Mercedes, Audi, BMW und Volkswagen haben ebenfalls architektonisch spektakuläre Gebäude errichtet, die jedes Jahr Hunderttausende von Besuchern anlocken.
In Wolfsburg ist die Autostadt von VW mit Abstand die größte von allen. Es handelt sich um einen riesigen, 28 Hektar großen Freizeitpark, in dem man den Tag mit der ganzen Familie verbringen kann. In dieser weitläufigen, von viel Grün bestandenen Anlage werden zahlreiche Aktivitäten und Erlebnisse angeboten, angefangen mit einem Besuch des Zeithaus-Museums, das die Geschichte des Automobils erzählt. Dort sind 260 Autos aller Marken ausgestellt. Man kann lernen, wie man überflutete Passagen durchquert, Sicherheitskurse besuchen, eine Fabrik besichtigen, in mehreren Restaurants essen und sogar in einem Hotel übernachten.
Das BMW-Museum in Form einer Untertasse neben dem Firmensitz des bayerischen Automobilherstellers fällt durch seine Form auf, die an einen Vierzylindermotor

erinnert. Allein schon diese architektonische Sehenswürdigkeit ist einen Abstecher in den Olympiapark am Rande der Münchner Innenstadt wert. Etwas weiter westlich, in Stuttgart, ist das 2006 eröffnete Mercedes-Benz-Museum ein Kunstwerk für sich, das von den Architekten Ben van Berkel und Caroline Bos entworfen wurde. Es befindet sich im Herzen des historischen Industriegeländes des Konzerns, wo Gottlieb Daimler und Wilhelm Maybach die ersten Benzinmotoren erfunden und industrialisiert haben. Auf einer Fläche von 16.500 Quadratmetern sind mehr als 160 Fahrzeuge ausgestellt. Aufzüge bringen die Besucher in die neunte Etage, von wo aus sie den Rundgang in spiralförmigen Gängen nach unten beginnen. Praktisch: Das Porsche-Museum ist nur etwa zehn Kilometer entfernt. Der österreichische Architekt Delugan Meissl hat einen sehr designorientierten Ort entworfen, dessen Form einem polygonalen Monolithen ähnelt, der auf drei V-förmigen Säulen ruht. 80 Modelle, ausgewählt aus einer Sammlung von 500 Fahrzeugen, werden abwechselnd präsentiert. Einen besonderen Platz nehmen die legendären Porsche 356 und 911 ein.

Durch ihre visuelle Kreativität und die Qualität ihrer Leistungen haben diese Museen meiner Meinung nach einen wesentlichen Vorteil: Sie halten die Begeisterung und Leidenschaft der Deutschen für Automobile aufrecht. Diese Ausgaben sind zweifellos Investitionen, die morgen zu Neuwagenkäufen führen werden. Und meine deutschen Kollegen haben Recht: Man darf es nicht anderen, lokalen Gebietskörperschaften oder Behörden überlassen, diese Schaufenster ihres Know-hows zu finanzieren und zu erhalten. Wir sollten uns davon in Frankreich und anderswo inspirieren lassen.

Autonomes Fahren

Das selbstfahrende Auto ist ein Traum. Die Zahl der Unfälle wird praktisch auf null reduziert, der Verkehr wird flüssiger und die CO_2-Emissionen sinken, und auf langen Fahrten auf der Autobahn kann man andere Dinge tun, z. B. lesen oder schlafen. Dieser Traum wird von den Unternehmen des Silicon Valley und den Hightech-Anbietern genährt, die ein neues Eldorado gefunden haben, indem sie die Autos mit Kameras, Sensoren und Rechnern ausstatten.

Uber könnte beispielsweise auf Fahrer verzichten, was den Gewinn erheblich steigern würde. Diese Revolution wird seit mehreren Jahren angekündigt. Viele Hersteller haben ehrgeizige Programme umgesetzt, deren Ergebnisse oft auf der CES in Las Vegas vorgestellt werden, dem weltweiten Treffpunkt für digitale Innovationen. Der bislang zurückgelegte Weg ist ziemlich spektakulär. Tesla beispielsweise stattet alle seine Modelle mit einem System namens »Tesla Autopilot« aus, das es ihnen ermöglicht, auf autonomes Fahren umzuschalten. Neuwagen profitieren bereits von diesen Fortschritten: Fahrzeuge können unter anderem selbstständig einparken und verfügen über immer ausgefeiltere Fahrerassistenzsysteme, was sie sicherer macht. Dennoch wird es noch lange dauern, bis selbstfahrende Autos alltäglich werden. Warum ist das so? Weil dafür technische Meisterleistungen erforderlich sind. Um das zu verstehen, sollten wir die fünf Stufen des Automatisierungsgrads betrachten:

Level 1 Assistiertes Fahren: Das Fahren wird durch Funktionen wie z. B. eine Geschwindigkeitsregelanlage, einen Spurhalteassistenten oder einen Abstandsregeltempomat unterstützt.

Level 2 Teilautomatisiertes Fahren: Automatisierte Aufgaben können vom Fahrzeug erledigt werden, z. B. das Einparken, aber der Fahrer muss die Hände am Lenkrad lassen, er hat weiterhin die Kontroll- und Überwachungsfunktion.

Level 3 Hochautomatisiertes Fahren: Das Auto darf zeitweilig ohne Zutun eines menschlichen Fahrers agieren und muss dabei nicht permanent überwacht werden. Der Fahrer muss aber bei Bedarf in weniger als acht Sekunden in der Lage sein, die vollständige Kontrolle wiedererlangen können.

Level 4 Vollautomatisiertes Fahren: Noch immer ist das Fahrzeug mit Lenkrad und Pedalen ausgestattet, darf aber vollständig autonom fahren, ohne dass die Passagiere dem Verkehrsgeschehen Aufmerksamkeit schenken müssen.

Level 5 Autonomes Fahren: Das Lenkrad und die Pedale verschwinden. Der Fahrer spielt als solcher keine Rolle mehr an Bord. Doch ab Level 3 machen die Versicherungsgesellschaften die Hersteller bei Unfällen verantwortlich. Diese Problem ändert alles! Kein Hersteller ist bereit, das Risiko zu tragen, im Falle eines Unfalls der alleinig Schuldige zu sein.

Wir sehen uns also mit einem philosophischen Problem konfrontiert. Weltweit sterben jedes Jahr durchschnittlich 1,2 Millionen Menschen im Straßenverkehr, und in 90 % der Fälle ist menschliches Versagen die Ursache. Wir scheinen bereit zu sein, Menschen zu verzeihen, was wir Maschinen nicht verzeihen wollen ... Es hängt also wieder einmal alles davon ab, wie viel Vertrauen man bereit ist, in technologische Innovationen zu setzen. Dabei könnte das selbstfahrende Auto, wenn es erst einmal auf der ganzen Welt verbreitet ist, jedes Jahr dem Verlust von Menschenleben in einer ähnlich großen Zahl wie durch einen großen Krieg vorbeugen. Wie kommen wir aus der Sackgasse heraus? Es gibt nur eine Lösung: Das Risiko muss auf null gesenkt werden. Das ist zweifellos möglich. Aber der Preis wird sehr hoch sein. Autos werden mit mehreren Erkennungssystemen ausgestattet werden müssen, die sich gegenseitig ersetzen können, um Ausfälle so gering wie möglich zu halten. Außerdem werden phänomenale Rechenleistungen erforderlich sein, um den gesamten Planeten zu kartografieren und so Unsicherheiten auszuschließen.
Ich persönlich möchte meine Zweifel daran nicht verhehlen. Sicherlich müssen weitere Anstrengungen unternommen werden, um sich dem Ideal vom selbstfahrenden Auto anzunähern. In jedem Fall werden diese Bestrebungen dazu führen, dass die Fahrzeuge mit neuen Funktionen ausgestattet werden. Aber ich bin mir nicht so sicher, dass wir damit die richtige Antwort auf eine sehr reale Frage geben. Ich glaube nämlich nicht, dass die Menschen sich beim Autofahren langweilen. Ich jedenfalls tue das nicht!

B

BATTERIE

Wir alle haben diese Szene schon einmal erlebt. Manchmal sogar mehrmals. Es ist Winter, die Kinder müssen zur Schule gebracht werden, und wir sind nicht früh genug dran. Alle setzen sich in das Auto. Es ist nicht warm. Die Windschutzscheibe beschlägt. Schnell die Heizung anmachen! Wir drehen unseren Zündschlüssel, diese tausendfach wiederholte Geste. Doch uns antwortet frech nur Stille. Wir wiederholen den Vorgang, einmal, zweimal, dreimal. Immer noch nichts! Der Motor schläft weiter. Dann wird klar: Es ist die Batterie. Sie muss sich entladen haben. Eine Szene aus dem normalen Leben eines Autofahrers. Im Nachhinein betrachtet ist das nicht weiter schlimm ...
Bleibatterien, die den Strom zum Anlassen des Motors liefern, machen diese Arbeit schon seit Urzeiten. Aber sie haben diesen kleinen, entnervenden Fehler. Unter bestimmten Bedingungen kann es passieren, dass sie uns im Stich lassen. Natürlich geschieht dies immer im ungünstigsten Moment. Seien wir ehrlich: Diese alte Technologie hat all die Dienste geleistet, die wir von ihr erwartet haben. Sobald das Auto gestartet ist, wird der Strom für die Scheinwerfer, die Scheibenwischer und das Radio von einem Minikraftwerk, der Lichtmaschine, geliefert, die auch die Batterie auflädt.
Diese Technologie wurde im Laufe der Jahrzehnte zwar etwas verbessert, aber das Prinzip ist unverändert geblieben. Lediglich beim Recycling der hochgiftigen Stoffe, die sich in einer Batterie finden, hat man große Fortschritte erzielt: Das Blei wird vollständig zurückgewonnen und in neue Batterien umgeleitet.
Dieser geschlossene Kreislauf ist ein gutes Beispiel für gelungenes Recycling.
Ist beim Elektroauto mit denselben kleinen Unannehmlichkeiten rechnen? Nein, denn die verwendete Technologie ist grundlegend anders. Bleibatterien, selbst mehrere davon, können keine Reichweite von mehr als 50 Kilometern bieten.

Stattdessen nutzt man Lithiumbatterien, die von den Akkus abgeleitet sind, die seit langem in Mobiltelefonen und Laptops verwendet werden. Diese Batterietechnik hat die Entwicklung von Elektroautos erst ermöglicht. Sie entstehen in sogenannten Gigafactories, die mit Milliardenbeträgen an Fördergeldern überall in Europa aus dem Boden gestampft werden sollen. Ihr Vorteil ist, dass sie bei gleichem Volumen eine viel höherer Energiedichte aufweisen, also viel mehr Energie aufnehmen und abgeben können, was für eine beträchtliche Reichweite sorgt. Ein moderner Elektro-Kompaktwagen, wie ihn nahezu jeder europäische Großserienhersteller anbietet, kann je nach Jahreszeit mit einer Batterieladung zwischen 300 und 450 Kilometer fahren (im Winter verbraucht das Auto mehr). Wir leben definitiv nicht mehr in der Welt von Bleibatterien!

Wird es möglich sein, noch besser zu werden? In den Entwicklungsabteilungen der Automobil- wie auch der Batteriehersteller weltweit wird mit Hochdruck an der Weiterentwicklung dieser Technologie gearbeitet. Zunächst einmal, um die Kosten zu senken: Batterien machen 30 bis 40 % der Kosten eines Autos aus. Zweitens, um die Menge der verwendeten Rohstoffe zu begrenzen, was auch zu einer Verringerung des Fahrzeuggewichts führen wird. Elektroautos sind umweltfreundlich, wenn sie nicht übertrieben schwer werden. In einigen großen, vor allem amerikanischen Modellen, wiegen die Batterien 700 bis 800 Kilogramm. Das ist absurd! Man forscht auf vielfältige Weise, um Lithium oder andere seltene Metalle (Nickel, Kobalt, Mangan), die derzeit verwendet werden, zu ersetzen. Die Aufgabe ist komplex, denn es muss sichergestellt werden, dass der neu verwendete Cocktail haltbar ist und bei hohen und niedrigen Temperaturen funktioniert; von +70 °C (im Sommer in der prallen Sonne) bis -20 °C (im Winter in den nordischen Ländern). Es wurden bereits erhebliche Fortschritte erzielt. Nehmen Sie den Zoe: Das Potenzial seiner Batterie wurde von 22 kW/h im Jahr 2012 auf 41 kW/h im Jahr 2016 und 52 kW/h im Jahr 2019 gesteigert. Jedes Mal hat sich die Reichweite bei nahezu gleichem Volumen und Gewicht verlängert. Die schon erzielte Reichweite beizubehalten (fast 400 Kilometer bei der letzten Generation), aber zu einem niedrigeren Preis, das ist die Herausforderung, die nun alle Akteure auf dem Markt beschäftigt. Es geht darum, das Elektroauto endlich zu demokratisieren. Wer wird das nächste Martingal finden? Die Kugel rollt, machen Sie Ihre Einsätze!

Benz, Carl

Meine deutschen Freunde lassen keine Gelegenheit aus, mich daran zu erinnern: Der Erfinder des Automobils ist er. Im Januar 1886 meldete Carl Benz, ein im süddeutschen Karlsruhe ausgebildeter Ingenieur, das Patent für ein »Fahrzeug mit Gasmotorenbetrieb« an. Er hatte zunächst ein Dreirad mit einem Motor ausgestattet, der hinter einer Kutschensitzbank angebracht war. Dieser »Benz Patent-Motorwagen Nummer 1« mit drei vollgummibereiften Drahtspeichenrädern erinnerte tatsächlich stark an eine dreirädrige Kutsche.
Die ersten Fahrversuche fanden im Verborgenen statt, die Öffentlichkeit nahm kaum Notiz davon. Der Perfektionist Carl Benz hielt den Wagen noch für sehr verbesserungswürdig und tüftelte weiter daran herum. Für marktreif hielt er seine Erfindung noch nicht. Seine Frau Bertha Benz war zuversichtlicher und beschloss, die Dinge selbst in die Hand zu nehmen. Eines Morgens im August 1888 machte sie sich mit dem verbesserten Motorwagen Nummer 3, der zusätzliche Sitzgelegenheiten aufwies, und den beiden Söhne Eugen (15) und Richard (13) an Bord auf die 106 km lange Fahrt von Mannheim – wo Benz seine Werkstatt hatte – nach Pforzheim und

zurück. Zwar hatte das Auto einige kleine mechanische Probleme, aber die kleine Familie war bei Einbruch der Dunkelheit wieder zu Hause. Ein schöner Werbegag, der Verkauf konnte endlich beginnen.
Doch Carl Benz war nicht der einzige Deutsche auf dem

Gebiet. Nur wenige Monate nach Benz hatten zwei weitere Ingenieure, Gottlieb Daimler und Wilhelm Maybach, ebenfalls ihre pferdelosen Wagen auf den Markt gebracht, den »Stahlradwagen«, das erste vierrädrige Auto mit schnelllaufendem Ottomotor. Sie gründeten gemeinsam mit zwei Finanziers im Jahr 1890 die Daimler-Motoren-Gesellschaft (DMG) in Cannstatt bei Stuttgart. Daimler war der Chef, Maybach der Chefingenieur. Doch während Benz Erfolge feierte, schwächten Streitigkeiten innerhalb des DMG-Managements das Unternehmen. Gottlieb Daimler starb 1900 im Alter von 66 Jahren an einem Herzinfarkt, die Nachfolge traten seine Söhnen Paul und Adolf an.

Zu diesem Zeitpunkt war Emil Jellinek bereits seit zwei Jahren als Importeur von Daimler-Fahrzeugen in Südfrankreich aktiv. Der wohlhabende Mann war 1899 bei der Rennwoche in Nizza unter dem Namen seiner Tochter Mercedes mit einem Daimler-Fahrzeug angetreten, was für viel Aufsehen gesorgt hatte. Als Daimlers Vertreter in der Region orderte er danach gleich 36 Fahrzeuge und platzierte bald darauf eine weitere Order über noch einmal 36 Fahrzeuge unter der Bedingung, dass diese Fahrzeuge den Markennamen »Mercedes« tragen würden. Außerdem hatte er gefordert und durchgesetzt, die neue Marke in mehreren europäischen Ländern und in den USA exklusiv zu vermarkten. Als größter Kunde des Unternehmens zog er 1900 in den Aufsichtsrat des Unternehmens ein, den Markennamen »Mercedes« ließ sich die DMG 1902 schützen. Die Geschicke der beiden Unternehmen verflochten sich im krisengeschüttelten Deutschland nach dem Ersten Weltkrieg. Auf Druck der Banken mussten diese 1926 fusionieren, drei Jahre vor dem Tod von Carl Benz im Jahr 1929. Das neue Unternehmen firmierte als Daimler-Benz. Aber die Autos, die auf den Markt gebracht wurden, hießen Mercedes-Benz. Ein zukünftiger Gigant war geboren.

BILLANCOURT

Boulongne-Billancourt, das Herzstück der Automobilproduktion Frankreichs, war stets mehr als die Fabrik, in der der Staatsbetrieb Renault seine Autos baute: Es war ein Symbol für die

Arbeiterbewegung. Schon 1936 stand das Werk, in dem Louis Renault 1914 die Fließbandproduktion aufgenommen hatte, im Mittelpunkt erbitterter Arbeitskämpfe, und auch später zeigten sich dort die gesellschaftlichen Verwerfungen wie unter einem Brennglas. Denn wenn Frankreich die älteste Tochter des Kommunismus war, dann waren Billancourt seine Hochburg und die Renault-Arbeiterschaft seine Ritter. Eine Aristokratie der Werktätigen im Blaumann, in die man nicht so leicht aufsteigen konnte. Als die Studenten im Mai 1968 im streikenden Paris ihre besetzten Universitäten verließen, um sich mit den Arbeitern in Boulogne zu verbrüdern, wurden sie kühl empfangen. Die Gewerkschaften misstrauten den »Linken«, die sie als unberechenbar und belehrend empfanden. PCF (Parti communiste français, französische kommunistische Partei) und CGT (Confédération générale du travail, allgemeiner Gewerkschaftsbund) regierten ihre Bastion mit straffer Hand. Während der 33-tägigen Besetzung des Geländes stellten sie eine effiziente Logistik auf die Beine: Matratzen in den Werkstätten, versorgte Kantinen, organisierte Freizeitaktivitäten wie Boulespiele, Karten-Turniere und Abendveranstaltungen ... Die Franzosen hielten den Atem an und hatten nur Augen für diese Fabrik, in der sich der Ausgang des Konflikts und das Schicksal des Landes entschied. Ein Sprichwort sagt: »Wenn Billancourt niest, erkältet sich

Frankreich«. Sehr zutreffend. Am 27. Mai kam Georges Séguy, damals Chef der CGT, in die Fabrik, um die Ergebnisse der Verhandlungen mit der Regierung zu präsentieren. Er bekam eine Abfuhr: Die Arbeiter wollten mehr und stimmten für die Fortsetzung der Besetzung. Erst am 17. Juni und nach weiteren Zugeständnissen seitens der Geschäftsleitung stimmten die Arbeiter für ein Ende des Spiels. Boulogne hatte wieder einmal gewonnen.

1972 versuchte Jean-Paul Sartre als bekanntester Philosoph Frankreichs und glühender Unterstützer des Kommunismus in maoistisch-linksextremer Ausprägung, vor den Toren dieses Mekkas der Arbeiterbewegung die Entlassung maoistischer Aktivisten anzuprangern. Auf einem Fass reitend versuchte er, die Genossen beim Verlassen der Fabrik anzusprechen. Ohne großen Erfolg. Die starken Arme der Kommunistischen Partei wachten darüber. Ihm wird, ohne dass dies absolut belegt ist, der berühmte Satz zugeschrieben: »*Il ne faut pas désespérer Billancourt*« (Man darf an Billancourt nicht verzweifeln). Das heißt, man durfte den Arbeitern nicht die Wahrheit über den Bankrott des Sowjetsystems sagen. Auf einem Flugblatt, das der Philosoph selbst verteilte, stand hingegen Folgendes: »Die Régie Renault ist ein öffentliches Gut. Sie sind nicht zu Hause, Herr Direktor. Diese Aktion ist ein erster Schritt zur Kontrolle von Renault durch die Bevölkerung von Boulogne.« Die Geschichte verlief etwas anders, und ausgerechnet ein Cousin Satres, Renault-Generaldirektor Louis Schweitzer, leitete später die Schließung dieses Werks am Seineufer ein.

BMW

BMW ist neben Toyota eines der beiden Unternehmen, die ich genau beobachte, wenn unsere Branche vor strategischen Entscheidungen steht. Meiner Meinung nach ist BMW einer der besten Automobilhersteller der Welt, ein Ingenieursunternehmen mit einer stabilen Familienbeteiligung. Das Gleiche gilt für das Management: Alle Manager sind seit 25 oder 30 Jahren im Unternehmen und haben alle Bereiche durchlaufen. Eine große Stärke, die BMW auf allen Märkten erfolgreich macht. Ich bewundere insbesondere die

meisterhafte Art und Weise, wie das Unternehmen die Übernahme von Mini gemeistert hat, eines der besten Beispiele für ein gelungenes Marketing in den letzten 30 Jahren. Und das Unternehmen trifft in den großen Übergangsphasen, mit denen die Branche konfrontiert ist, immer die richtigen Entscheidungen.
Es ist beispielsweise eines der engagiertesten Unternehmen beim Übergang zur Elektromobilität. BMW hat mit dem i3 und dem i8 sehr früh begonnen, auch wenn diese nicht sehr gut liefen. Aber die bayerische Marke hat durchgehalten und ihr Konzept überarbeitet. Mit Erfolg. Das war nicht selbstverständlich, wenn man »Bayerische Motoren Werke« heißt. Aber Innovation war schon immer die Obsession dieses Unternehmens, das 2016 sein 100-jähriges Bestehen feierte.
Ursprünglich hat das Unternehmen Flugzeugmotoren konstruiert und produziert, doch nach dem Ersten Weltkrieg musste es diesen Bereich aufgeben und stellte Anfang der 1920er Jahre auf die Produktion von Motorrädern um. Die 1923 vorgestellte BMW R32 war das erste in größerer Serie gebaute Motorrad mit einem Zweizylinder-Boxermotor. Erst 1929 wandte sich das Unternehmen mit der Einführung eines Kleinwagens, dem BMW 3/15, dem Automobilbau zu. 1933 präsentierte BMW den Typ 303, einem dank seiner gewagten Rohrrahmenkonstruktion leichten und mit einem Sechszylindermotor ausgestatteten Fahrzeug, für Aufsehen sorgte. Bei dieser Gelegenheit kam auch der berühmte Kühlergrill mit der Doppelniere zum Einsatz, der zum Markenzeichen des Münchner Unternehmens wurde.
Nach dem Zweiten Weltkrieg erfand sich BMW komplett neu. Den Anfang machten die Motorräder, deren Produktion 1948, vier Jahre vor der Automobilproduktion, wieder aufgenommen wurde. In den 1950er Jahren zeichneten sich einige Modelle durch besondere Eleganz aus, darunter die Baureihen 503 und 507, die vom deutschen Designer Albrecht von Goertz, einem Schüler des amerikanischen Meisters Raymond Loewy, entworfen wurden. Der 1955 vorgestellte BMW 507 wurde sogar zu einer Ikone der Automobilgeschichte. Doch die Versuche, auf dem amerikanischen Markt Fuß zu fassen,

scheiterten. Diese Zeit war so schwierig, dass die Aktionäre 1959 sogar erwogen, ihr Unternehmen an Daimler-Benz zu verkaufen, das vor allem an den Werksanlagen interessiert war. Der Kaufvertrag wurde jedoch in letzter Minute gekündigt. Eine glückliche Entscheidung: 1962 sorgte der BMW 1500, Spitzname »Neue Klasse«, für den lang ersehnten Durchbruch und brachte das Unternehmen auf Erfolgskurs. 1973 meisterte die Marke die schwierige Ölkrise sehr gut. In dieser Zeit begann das Unternehmen, ein klares Profil zu entwickeln. Begonnen hatte das schon früher mit dem BMW 2002 von 1968. Er war leicht, kompakt und gehörte zu den ersten Modellen, die die berühmte »Freude am Fahren« verkörperten, für die BMW künftig stehen sollte. Dieser Werbeclaim sollte zum Markenzeichen werden. Der 2002 zeichnete sich insbesondere bei Rundstrecken- und Rallye-Wettbewerben aus.

Danach gab es unzählige erfolgreiche Stilübungen. Mir gefällt zum Beispiel das Cabriolet Z8 ganz besonders, das 1999 auf der Frankfurter Automobilausstellung vorgestellt wurde. Ein spektakuläres Auto, das insbesondere in den USA mit den berühmten SL-Cabriolets von Mercedes konkurrierte. Oder auch der Gina, der 2008 vorgestellt wurde. Ein außergewöhnliches Konzeptfahrzeug, dessen Karosserie aus Stoff bestand, was ihm eine aktive Aerodynamik verlieh. Zu meinen weiteren Favoriten zählen die M-Modelle, die Fahrzeuge der BMW-Motorsport-Abteilung, die seit 1973 existiert und 1978 mit dem M1 den ersten BMW vorstellte, der das »M« in der Modellbezeichnung trug. Jeder Autoliebhaber sollte sich einen M2 oder M3 zulegen. Technisch und fahrtechnisch ist er das Nonplusultra!

Schließlich gelang BMW 1977 mit der Markteinführung der 7er-Reihe ein entscheidender Schritt nach vorne. Damit konnte das Unternehmen in allen Kategorien mit Mercedes mithalten. Ein 7er-Modell war übrigens eines der ersten, das mit einem Wasserstoffmotor getestet wurde.

Immer wieder innovativ sein. Das ist das Mantra dieses Unternehmens, das seinesgleichen sucht. Auch wenn man dabei manchmal Risiken eingehen muss. So wie die Modelle des umstrittenen Chris Bangle. Zwischen 1999 und 2009 war der Amerikaner Chefdesigner der drei Marken des Konzerns, BMW, Mini und

Rolls-Royce. Er machte beispielsweise mit dem Design des Z4 und des X5 auf sich aufmerksam, bevor er die Modelle der 3er-, 5er- und 6er-Reihe entwarf. Ihm verdanken wir auch ein wunderschönes Concept Car, das 2006 vorgestellte Coupé »Mille Miglia«. Es war direkt von dem BMW inspiriert, der 1940 das legendäre italienische Rennen gewonnen hatte. Ein Kunstwerk, ein Konzentrat an Innovation, das die DNA des Münchner Unternehmens verkörpert.

Bond, James

In seinen 25 Filmen und seiner 60-jährigen Karriere hat James Bond 25 Mal die Welt gerettet, die von mächtigen bösen Mächten bedroht wurde – und Aston Martin bekannt gemacht. Seit seiner Gründung durch Lionel Martin im Jahr 1914 hat der britische Autohersteller trotz großer kommerzieller Erfolge immer wieder Verluste eingefahren und sich von einem Konkurs zum nächsten gehangelt. Aber er hat es zu unvergleichlichem Ruhm gebracht! Wenn wir morgen eine Arche Noah mit den schönsten Autos der Geschichte bauen müssten, würde ich einen Ehrenplatz für den DB5 reservieren, den Wagen von Agent 007 im Film *Goldfinger* aus dem Jahr 1964. »D« steht für David, »B« für Brown, der von 1947 bis 1972 Eigentümer der Marke war. Eine skulpturale Form, ein betörend knurrender Sechszylindermotor, ein Kühlergrill wie ein Haifisch. Und wenn ich eine goldene Liste der Personen erstellen müsste,

die die Menschen für Autos begeistern und Leidenschaften wecken, würde ich ohne zu zögern den Namen James Bond auf die Liste setzen.
Aston Martin kommt in den Romanen von Ian Fleming, der die Figur des James Bond erfunden hat, kaum vor. Stattdessen ließ der Schriftsteller seinen Helden in Bentleys aus den 1930er Jahren und später in einem R-Type Continental fahren. Doch einer der Produzenten von Goldfinger, Harry Saltzman, hatte eine Leidenschaft für schöne Autos und schlug vor, Bond einen Aston Martin zur Verfügung zu stellen. Nach zähen Verhandlungen erklärte sich der Hersteller bereit, Autos zur Verfügung zu stellen, und er sollte Recht behalten: Der DB5 wurde sofort zum weltweiten Star. Unterstützt wurde er dabei von einigen Gadgets, die nicht serienmäßig waren: ein Schleudersitz, zwei Maschinengewehre vorne, ein kugelsicheres Schild hinten, ein Nebelwerfer, eine Ölspritzmaschine, Zentralverschlüsse, die dazu dienten, Reifen aufzuschlitzen ... Ein Panzer im Smoking.
Der DB5 stand sofort im Rampenlicht und stellte die anderen James-Bond-Autos etwas in den Schatten. Das ist ungerecht, denn einige von ihnen haben mit zum Bond-Mythos beigetragen. Wie das niedliche Sunbeam Alpine Cabriolet, das 1962 im ersten Film der Saga, *James Bond – 007 jagt Dr. No*, ohne jegliche Accessoires zu sehen war. Der Wagen war während der Dreharbeiten in Jamaika lediglich für zwei Wochen gemietet worden – ein Agentenauto für Jedermann. 1967 entschied sich der Regisseur von *Man lebt nur zweimal* für den Toyota 2000 GT – eine gute Wahl, denn der Toyota 2000 GT war der erste japanische Supersportwagen. Inspiriert vom Jaguar E-Type und dem Ferrari 250 GTO demonstrierte Toyota mit diesem durch und durch japanischen Spitzenmodell die Fähigkeiten seines Landes, mehr als nur sparsame und rustikale Fahrzeuge herzustellen. Leider blieben die Verkaufszahlen des 2000 GT trotz seiner enormen Qualitäten und der mit dem Film verbundenen Medienpräsenz gering. Der serienmäßige 2000 GT war ein Coupé. Zu niedrig für den groß gewachsenen Sean Connery. Toyota entwickelte daher zwei Filmmodelle, die kein Dach hatten. Die Struktur musste durch einen Rohrrahmen verstärkt werden. Und das Verdeck,

das man hinter den Sitzen zu erahnen glaubt, war nicht echt, sondern nur eine Illusion, die Cabriolets hatten kein Verdeck. Es ist eine Ironie der Geschichte, dass der Schau-
spieler den Spider fast nie selbst fuhr. Beide Exemplare werden heute im Toyota-Museum östlich von Nagoya aufbewahrt.
Ein weiteres epochales Auto war der Lotus Esprit S1 in *Der Spion, der mich liebte* aus dem Jahr 1977. Er konnte sich in ein U-Boot verwandeln. Und das war kein Trick. Die Ingenieure bauten vier Turbinen ein, die von einer großen Batterie gespeist wurden, ein Ballastsystem, mit dem man tauchen oder aufsteigen konnte, und Gelenkflossen, um das Ganze zu stabilisieren. Es blieb gerade genug Platz, um den Piloten, einen ehemaligen Angehörigen einer US-Spezialeinheit, in seinem Taucheranzug unterzubringen. Der Wagen war allerdings eher ein U-Boot mit Lotus-Karosserie. Auch an Land machte der weiße Bond-Lotus (natürlich handelte es sich nicht um das Tauchfahrzeug) eine hervorragende Figur. Der italienische Meister Giorgetto Giugiaro, der auch die Alfa Romeo Giulia GT 2000 Veloce und den Fiat Panda entworfen hat, hatte ihn geschaffen, und sein Design war ein Statement. Die Linienführung war extravagant, die Mechanik berauschend, und er fuhr wie ein Gokart. Doch wie kam er in die Hände von Roger Moore, dem Nachfolger von Sean Connery in der Rolle des James Bond? Dank des cleveren Leiters der Lotus-Presseabteilung, der einen Prototypen auf dem Parkplatz der Pinewood Studios in der Nähe von London parkte. Natürlich in der Hoffnung, die Produzenten des Films auf sich aufmerksam zu machen. Hat geklappt! So steuerte Lotus zwei Autos, sieben Karosserien, einen guten Vorrat an Ersatzteilen und einen Testfahrer zum Film bei.
Seltsamerweise geriet der Unterwasser-Lotus nach dem Film zunächst in Vergessenheit. Bis 1989 ein Ehepaar aus Long Island (New York) ein Lagerhaus samt Inhalt blind ersteigerte, in dem neben anderen alten Dingen in einem Container auch ein seltsames Fahrzeug verstaubte. Die neuen Besitzer hatten noch nie einen Bond-Film gesehen und erkannten das seltsame Amphibienfahrzeug nicht. Sie packten es auf ihren Anhänger, um es in Einzelteilen zu verkaufen. Auf dem Weg dorthin trafen sie Lkw-Fahrer, die Filmfans waren

und sofort wussten, was für einen Schatz die beiden auf ihrem Hänger transportierten. Der Lotus machte eine Karriere als Ausstellungsstück und wurde mehrfach versteigert, bevor er 2013 für eine Million US-Dollar versteigert wurde und an Elon Musk ging.
1981 übrigens war Roger Moore *In tödlicher Mission* wieder als James Bond in einem Lotus unterwegs, diesmal aber in einem Esprit HC Turbo; 1985 zeigte sich aber Roger Moore *Im Angesicht des Todes* weniger exklusiv motorisiert. Diesmal saß er am Steuer eines blauen Renault 11 Alpine, der bei einer wilden Verfolgungsjagd auf den Docks von Paris gemartert wurde. Das Dach wurde abrasiert, das Fahrgestell in zwei Hälften gerissen. Hinter diesem großen Spektakel stand der berühmte französische Stuntman Remy Julienne. In einem Interview mit der Zeitschrift *Autoretro*, ein Jahr vor seinem Tod im Jahr 2021, verriet der Mann, der so viele Dreher und Überschläge inszeniert hatte, was der Regisseur des Films, John Glen, von ihm verlangt hatte: »Entwickle die abenteuerlichsten Stunts für uns, die einzige Verpflichtung ist, dass Bond immer der Stärkste ist.«

Nach 1995, mit *GoldenEye*, wurde die Besetzung der automobilen Hauptrollen zum Geschäftsmodell. BMW unterschrieb einen Scheck über 110 Millionen Euro, damit seine Boliden in diesem und den beiden folgenden Filmen auftauchen durften. Das Zeitalter der Produktplatzierung begann. In *Der Morgen stirbt nie* (1997) sind BMW-Fahrzeuge in mehr als 10 % des Films zu sehen. Die Fans fanden das übertrieben und stöhnten. Aber sie mussten sich damit abfinden. Im Jahr 2002 löste der Ford-Konzern BMW als offizieller Lieferant des Spions Ihrer Majestät ab. So kam Aston Martin, das von Ford aufgekauft worden war, wieder ins Bild, auch in Form einer Nachbildung des legendären DB5 aus dem Jahr 1964. Aber er war nie allein und musste sich je nach Film mit einem Ford Mondeo, einem Ford Ka oder einem Jaguar (das Unternehmen gehörte damals Ford) die Bühne teilen …
Zum riesigen Franchise-Geschäft, das um das James-Bond-Universum entstand, gehörten natürlich auch Miniaturautos. Diese wurden millionenfach verkauft. Der DB5 war einmal mehr der Bestseller. Vor allem in der sehr realistischen Version von Corgi

Toys mit einem kleinen Plastikmännchen, das durch den Schleudersitz aus dem Wagen katapultiert werden konnte. Der Bösewicht landete oft verloren unter der Kommode oder im Staubsauger der Familie. So erging es wahrscheinlich auch meinem.

BUGATTI

Er ist eine Legende und steht für den heiligen Gral unter den Automobilen, so einzigartig wie Stradivarius in der Musik oder Michelangelo in der Malerei. Der Kult, der seit über 115 Jahren um Bugatti betrieben wird, ist sowohl auf die Persönlichkeit seines Schöpfers Ettore Bugatti als auch auf die außergewöhnlichen und außergewöhnlich unvernünftigen Autos zurückzuführen. Die ältesten Autos werden auf Auktionen versteigert, die neuesten kosten fünf Millionen Euro und können 400 km/h schnell fahren. Dennoch wäre diese legendäre französische Marke beinahe für immer verschwunden.

Der deutsche Industrielle Ferdinand Piëch, Enkel von Ferdinand Porsche und Vorsitzender des Volkswagen-Konzerns, ließ sie 1998 wieder aufleben. Piëch, ein begnadeter Ingenieur, wollte dem Volkswagen-Konzern (der zwölf Marken besitzt) ein starkes globales Image verleihen, das eines Konzerns mit Spitzentechnologie. Er hatte zwei Möglichkeiten: einen Formel-1-Rennstall zu gründen oder das leistungsstärkste Auto der Welt auf den Markt zu bringen. Da er die erste Option für zu wenig planbar (gewinnen ist nicht einfach und unterliegt dem Zufall) und teuer hielt, entschied er sich für die zweite Option, indem er Bugatti aufkaufte. Von Anfang an legte Piëch ein unvernünftiges Lastenheft fest: »Ein Bugatti muss es

mir ermöglichen, tagsüber 400 km/h zu fahren und abends meine Frau in die Oper zu entführen.« Das Ziel wurde unter Missachtung jeglicher kaufmännischer Rentabilität erreicht. Die Zahlen sind nicht öffentlich, aber es ist wahrscheinlich, dass Bugatti mit jedem der 85 bis 90 Autos, die jedes Jahr im elsässischen Molsheim hergestellt werden, Geld verliert, wahrscheinlich sogar sehr viel Geld.
Der Gründer der Marke, Ettore Bugatti, hätte 1909 die Herausforderung von Ferdinand Piëch gutgeheißen. Denn nichts hatte ihn dazu bestimmt, eine der berühmtesten Marken der Welt zu schaffen. Er wurde 1881 in Mailand in eine Künstlerfamilie hineingeboren. Sein Großvater war Bildhauer, sein Vater ein bekannter Tischler, sein Onkel ein bekannter Maler und sein Bruder Rembrandt ein begnadeter Tierbildner.
Ettore schrieb sich zunächst an der Kunsthochschule in Mailand ein, da sein Vater ihn gerne als Bildhauer gesehen hätte. Und es auch kaum anzunehmen, dass er seinen Sohn als Techniker sah. Doch ein einziger Augenblick bestimmte dessen weiteres Schicksal. Es ist Liebe auf den ersten Blick. Während eines Aufenthalts in Paris entdeckt Ettore als Teenager diese seltsamen, lauten und dampfenden Maschinen, die man »Wagen ohne Pferde« nannte: »An diesem Tag wurde ich zu einem Autofreak«, schreibt er später. Skandal in der Familie. Doch egal, mit 17 Jahren geht Ettore freiwillig in die Lehre bei dem ausgezeichneten Mailänder Hersteller von »Petroleum-Dreirädern«, der Firma Prinetti & Stucchi. Bugatti hat keinerlei mechanische Ausbildung und wird auch nie eine haben. Doch nachdem er ein motorisiertes Dreirad zerlegt hat, schlägt er seinen Arbeitgebern einige sehr relevante technische Verbesserungen vor. Er tüftelt an einem Prototyp eines Autos mit vier Motoren, das aus zwei Dreirädern zusammengesetzt ist, seinem Typ 1 ... Die Chefs von Prinetti & Stucchi folgen ihm nicht. Enttäuscht verlässt Ettore das Unternehmen, um sein erstes Auto, den Typ 2, zu bauen, wobei er von zwei Söhnen aus gutem Hause finanziell unterstützt wird. Das Auto wird 1901 auf der Internationalen Automobilausstellung in Mailand vorgestellt und erhält einen der ersten Preise der Ausstellung. Bugatti ist erst 20 Jahre alt!

Der elsässische Industrielle Eugène de Dietrich ist vom Prototyp begeistert und schlägt Ettore vor, das Auto unter dem Namen »Bugatti-de Dietrich« zu vermarkten. Da Ettore minderjährig ist, unterschreibt sein Vater den Arbeitsvertrag. Vierundfünfzig von diesem Prototyp abgeleitete Exemplare werden produziert. Ettore Bugatti entwirft dann einen völlig untypischen Rennwagen, den de Dietrich 1903 beim Rennen Paris–Madrid einsetzt. Der Fahrer – Ettore selbst – sitzt hinter den Hinterrädern, dicht über der Straße, fast im luftleeren Raum. Die Maschine ist so revolutionär, dass die Kommissare seine Abnahme verweigern: »Das hat mir das Leben gerettet«, sagt er später. Das verrückte Rennen auf offener Straße kommt nicht über Bordeaux hinaus und fordert 13 Todesopfer, darunter auch Marcel Renault, Bruder und Geschäftspartner des Konstrukteurs Louis Renault.

Die 1900er Jahre sind die Zeit der Pioniere: In Frankreich, das damals die weltweit größte Autoindustrie beherbergt, gibt es über 100 Marken. Ettore interessiert sich nur für Renn-, Sport- und Ausnahmewagen. Er will Automobilkonstrukteur werden, aber nicht irgendeiner. 1909 gründet Ettore schließlich seine Firma. Er richtet seine Werkstatt in Molsheim im Elsass ein, 20 Kilometer von Straßburg entfernt. Zum ersten Mal trägt ein Auto den Schriftzug »Bugatti«. Es handelt sich um einen Prototypen. Ettore bringt das berühmte emaillierte Wappen der Marke an: »Bugatti« steht dort in weißer Schrift in einem roten Oval. Dieses Emblem ziert auch heute noch auf die modernen Veyron und Chiron.

1910 erscheinen die ersten Bugattis, die Typ 13. Sie stellen die damals gängigen Vorstellungen auf den Kopf. Zu dieser Zeit schwören die Konstrukteure fälschlicherweise auf Gewicht: Je schwerer, desto besser ist ein Wagen. Doch der Typ 13 ist im Gegensatz dazu extrem leicht, was ihm eine außergewöhnliche Straßenlage verleiht. Mit seinem kleinen, ebenfalls sehr effizienten Motor hält der Bugatti mit zehnmal stärkeren Monstern mit.

1921 triumphiert Bugatti beim Großen Automobilpreis von Italien in Brescia: Vier Typ 13 belegen die ersten vier Plätze und erhalten den Spitznamen »Bugatti Brescia«. Zweitausend Fahrzeuge dieses Typs werden in der erweiterten Fabrik in Molsheim gebaut, für die Ettore die

Pläne, die Werkzeuge, die Werkzeugmaschinen und sogar die Schraubstöcke entworfen hat. Die Brescias haben durch ihr Leistungsvermögen die Bugatti-Legende begründet – und weisen ein einzigartiges Detail auf: Ettore Bugattis Unterschrift ist über die gesamte Länge des Motorblocks eingraviert – als hätte ein Künstler seine Skulptur signiert!
Im Laufe seines Lebens baute Ettore Bugatti weniger als 8000 Bugattis – ein Nichts im Vergleich zu den 80 Millionen Autos, die jedes Jahr auf der Welt gebaut werden. Aber die Bugattis (die heute als Kunstwerke gelten dürfen) und die Person Ettore Bugatti sind so einzigartig, dass sie einen regelrechten Kult entfachten. Es gibt in rund 20 Ländern Bugatti-Clubs, gegründet sogar noch zu Ettores Lebzeiten. Der englische Club, der Bugatti Owners Club, entstand 1929, der Schweizer Club 1935, der deutsche und der niederländische Club 1956, der amerikanische 1960 und der französische 1967. Auch Japan, Norwegen, Dänemark und Russland gibt es Clubs für die Besitzer von Vorkriegs-Bugattis. Warum eine solche Aura? In seinen Memoiren gibt der Schauspieler Jacques Dufilho (1914–2005), ein großer Bugatti-Liebhaber, der sechs Bugattis besaß, eine Antwort: »Bugatti ist wie der Beitritt zu einer Religion oder die Entdeckung einer neuen Kunstform«, schreibt er, »wenn man Bugatti kennengelernt hat, hat man das Genie und die Aristokratie des Automobils kennengelernt«.
Eine Leidenschaft, die an Sucht grenzt: »Bugatti, das ist eine verzehrende Leidenschaft. Das Fahren eines Bugatti ist wie kein anderes. Man hört das Herz der Maschine schlagen. Das ist ein Bugatti-eigenes Gefühl«.
Für Kenner erreichte Ettore Bugatti mit dem Typ 35, einem der legendärsten Autos aller Zeiten, den Höhepunkt seiner Kunst. Der Typ 35 ist ein Rennwagen, »mit dem man unter der Woche in der Stadt fahren und am Sonntag Grands Prix gewinnen kann«. Damit sind wir nicht mehr sehr weit von dem von Piëch vorgegebenen Lastenheft entfernt. Zwischen 1924 und 1931 dominierten die Bugatti 35 alle nationalen und internationalen Wettbewerbe. Ihre Erfolgsbilanz weist 2000 Siege auf, was bis heute ein absoluter Rekord ist. Der Bugatti 35, der das Zehnfache eines damaligen Peugeot oder Renault kostete

und nur 343 Mal gebaut wurde, ist heute der Heilige Gral für Sammler auf der ganzen Welt. Der Bugatti 35 war ein ästhetisches und mechanisches Meisterwerk. Er erreichte eine Geschwindigkeit von fast 200 km/h, und das zu einer Zeit, als Herr Jedermann 60 km/h fuhr. Ettore Bugatti war eine charismatische, extravagante, unzeitgemäße und unvernünftige Persönlichkeit. Er pflegte einen extravaganten Lebensstil, der mitunter seine Möglichkeiten überstieg: Schloss in Molsheim und in Ermenonville bei Paris, Pferdestall und Rassepferde, Jagdmeute, private Herberge zur Unterbringung seiner Kunden, Villa an der Côte d'Azur, bürgerliche Wohnung in der Rue Boissière im 16. Arrondissement von Paris, offener Tisch mit den Großen dieser Welt, Künstlern und Industriellen ... Bugatti, der Held einer vergangenen Epoche, war ein produktiver und genialer Künstler, Erfinder und Konstrukteur. Er war ein Mann, der mit gekrönten Häuptern befreundet war, mit dem belgischen König Leopold III, der ein ebenso treuer Kunde war wie der spanische König Alfonso XIII.

Die Liebe zum Schönen war bei ihm frei von materiellen Zwängen. Sein Credo lautete: »Nichts ist zu schön, nichts ist zu teuer«. Seine Familie, seine Arbeiter, seine Kunden, die Journalisten und die Öffentlichkeit nannten ihn den »Patron«, mehr Respekt und Ehrerbietung gegenüber einem Firmengründer scheint kaum möglich.

Als Freund der Exzellenzen will Bugatti auch »das Auto der Exzellenzen« bauen. So entsteht der berühmte Royale. Alles an ihm ist übertrieben: der Achtzylinder-Reihenmotor mit 12.750 cm³, die Räder mit einem Durchmesser von einem Meter, das drei Tonnen schwere Fahrgestell, die Geschwindigkeit von 200 km/h und der Preis, der fünfzigmal so hoch ist wie der eines gewöhnlichen Autos. Der Royale ist bis heute zweifellos das teuerste Auto der Welt!

Leider kommt er zur falschen Zeit, nämlich mitten in der Finanzkrise von 1929. Er bringt sogar Bugatti an den Rand des Bankrotts. Er hatte gehofft, 25 Royales zu verkaufen, aber er verkauft nur drei vollständige, und keinen einzigen an einen König. Ein perfektes Meisterwerk, doch ein totaler Flop.

Nach dem Royale sucht Ettore nach neuen Spielfeldern, um sich durchzusetzen. Im Jahr 1932

entwirft er ultraschnelle Eisenbahntriebwagen, die von vier Royale-Motoren angetrieben werden. Doch sie sind Benzinfresser, erreichen aber eine Höchstgeschwindigkeit von bis zu 174 km/h. Dank seiner politischen Beziehungen gelingt es Ettore, 88 dieser Schnelltriebwagen an die französische Eisenbahn zu verkaufen, und die durstigen Bugatti-Triebwagen bleiben bis 1958 in Betrieb.
Doch dieser finanzielle Erfolg reicht nicht aus, um das Überleben der Firma zu gewährleisten. Als die Volksfront 1936 an die Macht kommt, versteht Ettore die Welt nicht mehr, weder die Streikposten noch die feindseligen Transparente in seiner Fabrik. Niedergeschlagen zieht er sich nach Paris zurück und überträgt die Leitung der Fabrik seinem erst 27-jährigen Sohn Jean. Jean wird geliebt. Er hat als Lehrling im Familienunternehmen angefangen. Wie sein Vater ist er ein genialer Zeichner, dem wir kühne Karosserien verdanken, die sich in die Köpfe der Menschen eingeprägt haben, wie die des »Aérolithe« und des »Atlantic«, die an Jagdflugzeuge erinnern ...
1934 stellt er den Typ 57 vor, seine ureigene Kreation und vielleicht der erfolgreichste Bugatti der Geschichte. Das Auto ist sehr leistungsstark, sehr sicher und kann bequem vier Personen befördern, wobei die Pkw-Version über 150 km/h erreicht. Die Sport- oder Rennversionen erreichen mehr als 200 km/h.
Der 57 wird in 685 Exemplaren produziert und gewinnt die 24 Stunden von Le Mans 1937 und 1939. Der 57er hätte Bugatti retten können ... stattdessen wird er Jean zum Verhängnis: In der Nacht des 11. August 1939 unternimmt er auf einer National straße in der Nähe von Molsheim eine Probefahrt mit dem Typ 57, der gerade die 24 Stunden von Le Mans gewonnen hatte.
Angeblich fährt er mit einer Geschwindigkeit von 230 km/h. Die Straße ist von Mitarbeitern und seinem jüngeren Bruder Roland gesperrt. Wie aus dem Nichts taucht ein Radfahrer im Scheinwerferlicht auf. Jean verreißt das Lenkrad und kommt von der Straße ab. Er ist auf der Stelle tot. Er ist nur 30 Jahre alt geworden.
Ettore hat seinen Sohn, seinen Doppelgänger, seinen Komplizen, seinen Nachfolger verloren. Er wird sich nie davon erholen. Drei Wochen später bricht der Zweite Weltkrieg aus ...

Die Deutschen marschieren im Elsass ein, Bugattis Fabrik beschlagnahmt. Dort werden nunTorpedos und Militärfahrzeuge hergestellt. Ettore Bugatti weigert sich zu kollaborieren und verlegt seine Werkstätten nach Bordeaux. Seine Rennfahrer, darunter Robert Benoist und Jean-Pierre Wimille, die die letzten 24 Stunden von Le Mans gewonnen hatten, treten dem Widerstand bei. Benoist lässt sein Leben ...
Ettore Bugatti stirbt am 21. August 1947 im Alter von 66 Jahren in Paris. 1951 versucht sein jüngster Sohn, der 25-jährige Roland, die Marke mit einem altgedienten Mitarbeiter der Fabrik, dem ehemaligen Rennfahrer Pierre Marco, wiederzubeleben. Doch er scheitert. Alle großen französischen Marken verschwinden in diesem Jahrzehnt: Delage, Delahaye, Voisin, Hotchkiss und andere. Bugatti bildet keine Ausnahme. 1963 werden die Fabrik und die Marke Bugatti an Hispano-Suiza verkauft, die seit 1938 keine Autos mehr herge-stellt haben, sondern Teile für die Luftfahrt ...
1987 kaufte der italienische Industrielle Romano Artioli die Marke. Er baute eine moderne Fabrik in der Nähe von Modena, der Hochburg von Ferrari, Maserati und Lamborghini. Mit den besten Ingenieuren entwirft er den EB 110, einen Extremsportwagen mit einem 3,5-Liter-Zwölfzylinder und Allradantrieb. Die Resonanz bei den Aficionados ist hervorragend. Der Formel-1-Champion Michael Schumacher kaufte 1994 einen gelben Bugatti EB. Die Wirtschaftskrise beendete jedoch das »Abenteuer Artioli« im September 1995 mit einem Konkurs. Kurz darauf trat der deutsche Volkswagen-Konzern auf den Plan. Der neue Besitzer, treibende Kraft dahinter war der Purist Piëch, entschied sich dafür, die Marke auf dem historischen Gelände in Molsheim wieder aufleben zu lassen und kaufte das Schloss Saint-Jean, in dem Ettore seine Gäste empfangen hatte. Er baute dort eine neue, hochmoderne Fabrik. Die neuen Modelle, die nach den Fahrern, die Bugatti vor dem Krieg zu Ruhm verholfen hatten, »Veyron« und »Chiron« hießen, begeistern Kunden auf der ganzen Welt. Sie sind die schnellsten, technisch fortschrittlichsten und teuersten Autos auf dem Markt. Die Bugatti-Magie wirkt noch immer. Das neueste Modell heißt »Tourbillon« und wird von

einen 16-Zylinder-Hybridmotor, dessen Klang den Ruf dieser legendären Marke in die Welt hinausposaunt.

BULLI

Jedes Jahr im September findet in dem südwestlich von Birmingham in der Grafschaft Worcestershire gelegenen Kurort Malvern ein erstaunliches Treffen statt. Mehrere tausend Besitzer von meist sehr alten Volkswagen-Transportern und -Kombis treffen sich bei einer Veranstaltung namens »Busfest«. Sie bilden mit den auf einem Feld aufgereihten Fahrzeugen ein riesiges, farbenfrohes Volkswagen-Logo, das auf Fotos aus der Luft festgehalten wird. Drei Tage lang ist das Fest in vollem Gange: Konzerte mit Live-Musik, Wettbewerbe zur Ermittlung des schönsten Fahrzeugs, Verkauf von Ersatzteilen und Fahrzeugen, VW-Devotionalien, Literatur, Offroad-Prüfungen ... Die ganze Familie kommt hierher, um sich in fröhlicher Atmosphäre zu amüsieren.
Dieses »Busfest« müsste eigentlich besser »Bullifest« genannt werden, ist »Bulli« doch nicht nur der Spitzname für eine Bulldogge, sondern vielmehr für das vom Käfer abgeleitete Nutzfahrzeug: Nüchtern als »Volkswagen Transporter« bezeichnet, wollten Betrachter des praktischen Volkswagens von Anfang an eine Ähnlichkeit mit dem Tier entdeckt haben. Das könnte durchaus zu seiner Popularität beigetragen haben ...
Übrigens hätte der Hersteller den Namen gerne als Verkaufsbezeichung verwendet, aber er war bereits für Pistenraupen vergeben. Das war aber der stetig wachsenden Fanszene gleichgültig, die kümmerte sich nicht um diese rechtlichen Bedenken. Der »Typ 2« alias »Bulli« feierte im Jahr 2025 seinen 75. Damit hält er den Europarekord für die längste Produktionsdauer einer Baureihe. Mehr als 12,5 Millionen Einheiten wurden hergestellt, eine enorme Zahl, die mit der Einführung der jüngsten »Bulli«-Entwicklungen (inzwischen darf er auch offiziell so heißen), der neue Transporter-Reihe, der Multivan-Familie und des ID.Buzz, einer 100% elektrischen Transporter-Version, weiter wachsen wird. Allerdings, so finde ich, haben sie sich ein wenig zu weit von den einstmals erschwinglichen Transportern und Kombis entfernt, als die sie

bei ihrer Einführung positioniert gewesen waren.
Die Transporter-Baureihe war die zweite, die Volkswagen nach dem Käfer (Typ 1) anbot. Der folgerichtig als »Typ 2« bezeichnete Käfer-Ableger T2 lief am 8. März 1950 in Wolfsburg vom Band. Interessanterweise ging er nicht auf eine Idee des Wolfsburger Konstruktionsbüros zurück; er entsprang der Fantasie von Ben Pon, dem niederländischen Importeur von Volkswagen, der ihn nach einem Besuch des Wolfsburger Werks im April 1947 auf einem Stück Papier skizziert hatte. Dazu inspiriert wurde er wiederum von einem auf dem Werksgelände verkehrenden Fahrzeug für den Transport von Paletten, das von den Arbeitern des Werks zusammengebaut worden war. Seine Skizze, die er in ein kleines Notizbuch kritzelte, begeisterte Heinrich Nordhoff, den Chef des Unternehmens. Dieser stellte den T2 im November 1949 der Öffentlichkeit vor und drückte anschließend den Startknopf.
Das geniale Kastenwagen-Konzept entwickelte sich sehr schnell in drei Richtungen weiter, die T2-Familie gliederte sich dann, vereinfacht gesprochen, in Nutzfahrzeuge, Kleinbusse und Wohnmobile. Diese Vielseitigkeit wuchs im Laufe der Generationen immer weiter, um so mehr, als wegen des großen Erfolgs für die Transporter-Fertigung ein neues Werk gebaut und die Produktion 1956 nach Hannover verlegt werden musste. Natürlich profitierte jede Generation von allen Innovationen der Automobilindustrie in Bezug auf Motorisierung und Sicherheit.
Mehr noch als der Käfer wurde der Bulli zum Symbol für ein Lebensgefühl, am besten verkörpert durch die Verehrung in den Hippie-Kommunen in den USA und auf der ganzen Welt, seine Karosserie genutzt von Menschen und Malern als Leinwand zum Ausdruck ihrer Kreativität. Ende 1979, mit der dritten Generation, streifte er ein kantiges Blechkleid über, doch die runde Form hat seine Legende begründet. Perfekt restaurierte Bulli-Modelle sind noch immer auf allen Straßen der Welt anzutreffen, die Szene ist ebenso bunt wie groß, und die Preise schmerzlich hoch.
Natürlich gibt es auch jede Menge Treffen, Foren, Fans und Enthusiasten, mein Favorit ist die Happy-Combi-Website. Ihr Slogan lautet: »be happy, be combi«. Ich liebe sie!

C

Man muss nur ein paar Tage in Shanghai verbringen, um sich ein Bild von der Revolution zu machen, die gerade stattfindet. Auf den Straßen verkehren zu 100 % in China gefertigte Elektroautos, sie sind allgegenwärtig und mit einer innovativen Software ausgestattet. Ich konnte sehen, dass sie der weltweiten Konkurrenz um eine Generation voraus sind. Mehrere Dutzend lokale Marken haben sich auf diesem gigantischen Markt mit 1,4 Milliarden Einwohnern etabliert. BYD, Great Wall Motors, XPeng, SAIC, Nio, Geely ... diese Namen sind in Europa noch wenig oder gar nicht bekannt, aber das wird sich wahrscheinlich schnell ändern: Die chinesischen Hersteller haben beschlossen, ihre Modelle in die ganze Welt zu exportieren, und Europa ist eindeutig eines ihrer vorrangigen Ziele.

Es hat lange gedauert, bis wir das erkannt haben. Innerhalb von 20 Jahren hat China eine ultramächtige Automobilindustrie aufgebaut, die mit großem Abstand an der Weltspitze steht. Im Jahr 2024 produzierte es 31,28 Millionen Autos und lag damit deutlich vor Europa (13,6 Millionen) und Japan (8,23 Millionen). Noch im Jahr 2000 hatte China nur zwei Millionen Autos hergestellt. Was für ein Sprung nach vorn! Es steigert nun auch seine Exporte, hat Japan und Deutschland auf den Weltmärkten überholt und 2024 über 6,4 Millionen Autos außerhalb Chinas verkauft, fast 20 Prozent mehr als 2023. Und Elektroautos machen bereits ein Viertel des Gesamtvolumens aus, wobei diese Zahlen vom Tesla-Erfolg befeuert werden: Das Unternehmen von Elon Musk überschwemmt die Weltmärkte mit Model 3, die in der am 30. Dezember 2019 eröffneten »Gigafactory« in Shanghai hergestellt werden. In seinem Kielwasser folgten die chinesischen Marken, insbesondere in Russland, das nach der Einführung der westlichen Sanktionen von den Europäern verlassen wurde. China ist heute der unbestrittene Champion für saubere Autos. Das Land ist daher in einer idealen Position, um von den neuen Standards zu profitieren, die in Europa eingeführt wurden und die das Aussterben von Verbrennungsmotoren bis 2035 vorsehen.

Wie konnte es dazu kommen? Tatsächlich zeigt der Aufstieg dieser Industrie beispielhaft die Fähigkeit des kommunistischen

Riesen, sich Know-how anzueignen, es zu kommerzialisieren und es dann als Waffe zur wirtschaftlichen Eroberung zu nutzen. Im Fall der Automobilindustrie verwandte das Land all seine Kräfte darauf, die Voraussetzungen für die Exportoffensive zu schaffen und dann zu starten. Und die Umstellung auf Elektroautos ist ein Glücksfall, denn sie mischt die Karten neu und erleichtert neuen Akteuren den Einstieg in den Markt.
Die Geschichte beginnt in den frühen 1980er Jahren mit der von Deng Xiaoping beschlossenen Öffnung des Landes. Autohersteller aus der ganzen Welt strömen herbei, um den Hunderten Millionen Chinesen Autos anzubieten. Doch das bevölkerungsreichste Land der Welt diktiert seine Regeln:
Wer verkaufen will, muss vor Ort in Joint Ventures mit lokalen Partnern produzieren. Es schreibt auch die Einrichtung von Lieferketten für Ersatzteile bei chinesischen Zulieferern vor. Die besten Erstausrüster ziehen also mit und lassen sich ebenfalls in dem Land nieder. Das System funktioniert erst nach 2015 nicht mehr so richtig. Die ausländischen Konzerne spielen bis dahin das Spiel voll mit: Sie bauen moderne Fabriken, die mit Robotern, einer Organisation und einer Logistik arbeiten, die sich anderswo bewährt haben. Auch wenn es einige Rückschläge gibt, profitieren alle davon. Die Japaner und die Deutschen zuerst. Als ich 2009 zu Volkswagen kam, steuerte die chinesische Tochtergesellschaft zwei Drittel der Gewinne des Unternehmens bei. In der herrschenden Euphorie sieht niemand, dass die lokalen Partner schnell, sehr schnell lernen. China, die Fabrik der Welt, lässt sich nichts vorschreiben. Es will in allen Bereichen autonom werden. Daher beschließt es, seine Flugzeuge, Hochgeschwindigkeitszüge und Autos selbst zu bauen. Der Markt ist so groß, dass niemand etwas dagegen einzuwenden hat.
Xi Jinping kommt 2012 an die Macht und leistet einen entscheidenden Beitrag in einem Land, das vollständig unter der Kontrolle der Partei steht. Bei seiner Wiederwahl im Jahr 2017 ruft er zu mehr Innovationen und zur Mobilisierung aller Kräfte zur Erlangung wirtschaftlicher Souveränität auf. Seine Wünsche werden erfüllt. Der Staat und die Banken finanzieren massiv den Auf- und Ausbau der Automobilindustrie. Die Idee ist, gleich-

zeitig etwa 50 Piranhas in den Teich zu werfen. Die sechs oder sieben, die überleben, werden zu Weltmeistern. Neben dem reichlich vorhandenen Geld profitieren diese Unternehmen auch davon, dass die von der Unterhaltungselektronik- und Telekommunikationsindustrie entwickelten Spitzentechnologien in einen gemeinsamen Topf geworfen werden. Die Chinesen teilen ihre Errungenschaften: Sie setzen schnell Standards, die es jedem Akteur, der will, ermöglichen, sein Glück zu versuchen. Sie bewegen sich im Rudel, während die Europäer einsame Wölfe bleiben.

Die Umstellung auf Elektroautos begünstigt und fördert sogar die Fähigkeit, Berufe und Industriezweige zusammenzuführen. Software und Elektronik werden bei der Entwicklung neuer Autos immer wichtiger, während das Know-how für die Herstellung guter Verbrennungsmotoren, das bislang eine echte Eintrittsbarriere darstellte, an Bedeutung verliert. Ganz zu schweigen von der Batterietechnik, die von der Forschung der Smartphone-Hersteller profitiert. Ein Zeichen dafür ist, dass die beiden Tech-Mastodons Huawei und Xiaomi sich voll in den Kampf gestürzt haben und sehr leistungsfähige Modelle vorstellen. Huawei plant sogar, in den nächsten zehn Jahren massiv zu investieren, um eine Reihe von Autos zu entwickeln.

Eine der großen Stärken Chinas ist die Fähigkeit, alle Innovationen, die sich bieten, zu industrialisieren. Im Wettlauf um die Vorherrschaft in der Elektrotechnik sind die Chinesen sehr clever vorgegangen. Sie haben alle Trümpfe auf ihrer Seite, von den Rohstoffen über die Technologie bis hin zu den lokalen Arbeitskräften und Kunden.

Daher haben sie vor uns den richtigen Kurs eingeschlagen. Dadurch haben sie einen großen Vorsprung. Natürlich haben sie auch ein paar Nachteile: Erstens fühlen sie sich nicht immer wohl, wenn sie weit weg von zu Hause agieren. Mit der bemerkenswerten Ausnahme von Club Med und Volvo geht es nur wenigen der Unternehmen, die sie in Europa aufgekauft haben, wirklich gut. Insbesondere fällt es ihnen schwer, das Verhalten der Verbraucher in anderen Ländern zu verstehen. Aber die Maschine läuft mit hoher Geschwindigkeit. Wie kann man sie stoppen? Sollte man die Tür schließen, wie es die Amerikaner auf Betreiben von

Donald Trump beschlossen haben, oder sollte man sie im Gegenteil öffnen? Da ich nicht an Protektionismus glaube, wäre es meiner Meinung nach besser, wenn wir mit ihnen Abkommen schließen würden, damit sie sich in Europa in einem Rahmen niederlassen, den wir kontrollieren könnten. Das würde uns helfen, so schnell wie möglich mit ihnen gleichzuziehen. Mittel- und langfristig wird die Dekarbonisierung des Verkehrs mit China stattfinden. Nicht gegen China.

Cinquecento

Die Geschichte des Cinquecento ist so etwas wie der Roman Italiens. Der Fiat, den die Italiener »il Cinquino« oder »la piccola grande vettura« (das kleine große Auto) und die Franzosen »le pot de yaourt« (den Joghurtbecher) nannten, begann seine Karriere 1957, blühte während des europäischen Wirtschaftswunders auf und verschwand Anfang der 1970er Jahre wieder in der Versenkung. Der Beginn einer sehr langen dunklen Zeit: Es dauerte bis zum Jahr 2007, bis der Fiat 500 endlich wiedergeboren wurde. Einer meiner größten beruflichen Erfolge – und das erfüllt mich mit Stolz – besteht darin, dass ich durch die Leitung dieses kühnen Projekts bewiesen habe, dass der Niedergang der italienischen Automobilindustrie kein unabwendbares Schicksal war. Der italienische Cityflitzer hat Höhen und Tiefen erlebt, aber mit diesem erfolgreichen Comeback ist er in den kleinen Club jener Autos aufge-

nommen worden, die die weltweite Automobilindustrie geprägt haben.
Alles beginnt im Jahr 1930. Diktator Benito Mussolini, der 1922 an die Macht gekommen war, pflegt enge Beziehungen zu Giovanni Agnelli, der 1899 die Fabbrica Italiana Automobili Torino (FIAT) gegründet hatte. Als leidenschaftlicher Autofan und beeindruckt vom Erfolg des Ford T auf der anderen Seite des Atlantiks, bittet »il Duce« den Industriellen, ein kleines Volksauto für die Italiener zu entwerfen. Er setzt sogar eine Preisobergrenze von 5000 Lire, dem Jahresgehalt eines Fiat-Arbeiters, fest. Agnelli kommt dem gerne nach. Im Sommer 1931 verlässt ein viersitziger Prototyp mit einem Zweizylindermotor im Bug die Fabrik im Turiner Stadtteil Lingotto. Doch bei der ersten Testfahrt kommt es aufgrund eines Benzinlecks zu einem Brand. Giovanni Agnelli und sein Konstrukteur, der Ingenieur Oreste Lardone, die sich an Bord befinden, steigen eilig aus dem Fahrzeug aus.
Wütend begräbt der Unternehmer das Konzept. Er will den Frontantrieb nicht mehr. Und Lardone wird entlassen. Das Konstruktionsbüro von Fiat macht sich wieder an die Arbeit, aber es gelingt ihm nicht, ein anderes Konzept zu entwickeln. Mussolini, der großen Wert auf den Erfolg seiner Automobilindustrie legt, lässt nicht locker. Bei einem Besuch in der Fiat-Fabrik im Oktober 1932 erneuert er seine Bitte an denjenigen, der seinen Konzern mit dem Wohlwollen der Macht zum Blühen brachte. Um ein Auto entstehen zu lassen, muss man einen Schöpfer finden. An diesem Punkt tritt ein junger Ingenieur, Dante Giacosa, auf den Plan, der gerade an der Entwicklung des Fiat 508 Balilla arbeitete. Er entwirft eine verkleinerte Version dieses Modells, die alle Genehmigungsstufen durchläuft.
Nach langen Tests wird der Fiat 500-A im Juni 1936 auf der Turiner Messe vorgestellt. Der Topolino ist mit 8900 Lire teurer als erwartet, aber für die damalige Zeit ist er ein schöner Erfolg. Zwar verlangsamt der Krieg seine Entwicklung, doch nach 1945 steigen die Verkaufszahlen wieder an. Eine etwas stärkere Version B kommt 1948 auf den Markt, gefolgt von einem C, der an seinem eckigen Kühlergrill zu erkennen ist. Das Konzept wird in andere Länder exportiert. In Frankreich baut Simca den

Wagen zusammen, in Deutschland NSU-Fiat, und auch in Polen wird er hergestellt.
Giovanni Agnelli, der wegen seiner Beziehung zu Mussolinis Machthabern einst ins Abseits gedrängt worden war, ist wieder ins Geschäft eingestiegen. Dante Giacosa hat sich seinerseits hochgearbeitet und wird zum Chef des Konstruktionsbüros von Fiat ernannt. Zunächst entwirft er 1955 den Fiat 600, der ein großer Erfolg werden sollte: Er war es, der das Auto in Italien demokratisierte. Im Anschluss daran bringt er 1957 den Nuova 500 heraus, der kleiner als der 600 ist.
Zunächst ist er nur mäßig erfolgreich. Dieser sehr spärlich ausgestattete 500 hat nur zwei Sitze. Und einen kleinen, stotternden Motor. Er hat Mühe, sein Publikum zu finden. Die Fiat-Ingenieure sind sich dessen aber bewusst. Sie führen sehr schnell mehrere Verbesserungen ein, die seine Leistung und seinen Komfort steigern. Die Akzeptanz wächst. 1958 wird eine Sportversion auf den Markt gebracht, 1959 eine weitere Version mit Schiebedach. Nach und nach gewinnt er immer mehr an Beliebtheit, doch erst mit der L-Version von 1968 steigen die Verkaufszahlen an. Der Innenraum ist gepflegter. Die Sitze werden endlich weicher. Innerhalb kürzester Zeit mauseret sich der 500 zum Zweitwagen begüterter der Familien. Er verführt junge Leute und vor allem Frauen. Die Ehemänner haben einen Alfa Romeo oder einen Lancia, ihre Partnerinnen fahren einen Fiat 500. Zehn Jahre nach seiner Einführung triumphiert der 500 schließlich. Allein im Jahr 1970 verzeichnet Fiat 407.365 Bestellungen für sein gründlich überarbeitetes Modell. Doch bis Mitte der 1970er Jahre geht der Schwung wieder verloren. Der Turiner Autobauer beschließt, sich anderen Dingen zuzuwenden. Der letzte Cinquecento rollt im August 1975 aus dem Werk in Palermo, Sizilien. Nach den Plänen der Unternehmensleitung soll ihn der Fiat 126 ablösen, dessen Karriere 1972 begonnen hat. Das Team um Dante Giacosa entwickelte auch dieses Modell, wobei die Grundelemente des 500 beibehalten wurden. Doch die Karosserie war eine ganz andere. Sie hinterließ nicht denselben Eindruck.
Magere Zeiten brachen an. Fiat geriet in Schwierigkeiten. Die Konzernleitung dachte mehrmals darüber nach, den 500 wiederzubeleben. 1991 kam schließlich

mit dem Cinquecento eine in Polen hergestellte Version mit eckigen Formen auf den Markt. Dieser kantige Entwurf war ein ästhetischer Flop, der logischerweise zu einem Misserfolg führte. Meiner Meinung nach hatte er es nicht verdient, Fiat »500« genannt zu werden. Vergessen waren der 500 und seine aber nicht. Überall machte man sich Gedanken über einen echten Nachfolger. So entwarf das Designstudio Zagato 1992 den Fiat 500 Z-Eco, ein multimodales Auto, dessen schmaler Innenraum auf zwei Sitze (einen vorne, einen hinten) reduziert wurde, sodass auf der freien Seite Platz für ein Fahrrad blieb. Die Idee, die wahrscheinlich etwas zu gewagt war, wurde nicht weiterverfolgt. Als ich 2004 meinen Posten als Generaldirektor der Marke an der Seite von Sergio Marchionne, dem charismatischen Chef des Konzerns, antrat, bat ich darum, alle Projekte zu sehen, die in der Schublade schlummerten. Dazu gehörte auch ein Konzeptfahrzeug, das im März 2004 auf dem Genfer Salon vorgestellt wurde. Sein Name: »Trepiuno« (Zusammenziehung von »3 + 1« auf Italienisch). Die Idee war, vier Passagiere in einer neuartigen Konfiguration von drei plus eins Sitzen zu befördern. Der von Roberto Giolito entworfene, sehr sympathische Look erinnerte an den des 500. Das bestärkte mich in der Idee, einen neuen Cinquecento auf den Markt zu bringen. Aber zuerst musste ich intern alle von der Qualität des Projekts überzeugen. Das war nicht so einfach. Auch wenn Marchionne das befürwortete. Zunächst wollte man mir nicht die nötigen Mittel zur Verfügung stellen. Ich musste kämpfen.

Oft wird einem Designer allein die Urheberschaft für ein neues Modell zugeschrieben. Aber man muss auch die Millionen aufbringen, die es überhaupt ermöglichen, es auf den Markt zu bringen. In diesem Fall war ich es. Ich konnte die Blockade lösen, indem ich die Positionierung des Autos änderte. Bei Fiat sollte das Auto vor allem am unteren Ende der Modellpalette angesiedelt werden, unterhalb des kleinen Panda. Nach dem Beispiel des Mini, den BMW 2001 erfolgreich neu auf den Markt gebracht hatte, entschied ich mich für eine viel höherwertigere Positionierung. Der 500 nutzte die Plattform des Panda, wurde aber teurer verkauft als der darüber angesiedelte Punto, ein Kleinwagen im Segment von Renault Clio,

VW Polo und so weiter. Design, Komfort und Ausstattung rechtfertigten seinen Preis.
Schon der Marktstart ist ein sehr großer Erfolg. Der damalige Ministerpräsident Romano Prodi und nicht weniger als sechs Minister treten nacheinander auf der großen Party auf, die wir am 4. Juli 2007 in Turin veranstalten. Für Italien ist das ein starkes Symbol: Der neue Fiat 500 wird auf den Tag genau ein halbes Jahrhundert nach dem legendären 500 präsentiert. Ein äußerst seltener Fall: Canal 5, der Hauptkanal des privaten Fernsehkonzerns Mediaset, der Silvio Berlusconi gehört, überträgt das Ereignis achtzig Minuten lang live und zur besten Sendezeit! Auch die italienische Post feiert die Rückkehr mit der Herausgabe einer Briefmarke. In den Straßen von Turin stehen die Sammler des alten Cinquecento, die sich zu Hunderten mit ihren Modellen aus der damaligen Zeit versammelt haben, Schlange, um sie zu kaufen.
Dass dem Auto sofort die Sympathien der Öffentlichkeit zufliegen, liegt natürlich an den Erinnerungen an die glücklichen Jahrzehnte und am »dolce vita«, dem Lebensgefühl von damals. Der italienische Designer Giorgetto Giugiaro spricht von einer »positiven Nostalgie«. Die Erwartungen sind daher hoch, und sie werden noch übertroffen: Rund 25.000 Bestellungen liegen vor, bevor der Cinquecento in die Autohäuser kommt.
Als ich 2009 Fiat verließ, um Marketingdirektor des Volkswagen-Konzerns zu werden, wusste ich, dass wir die Herausforderung gemeistert hatten. Das dritte Leben des beliebtesten Kleinwagens der Italiener wird lang sein. Tatsächlich wurden seit 2007 mehr als 2,5 Millionen Einheiten produziert. Da er auf Elektroantrieb umgestellt wurde, kann er noch einige Jahre weiterfahren. Die Geschichte des Cinquecento ist noch lange nicht zu Ende.

Citroën, André

Im Frankreich der Vergangenheit und der Gegenwart gibt es keinen Mangel an überlebensgroßen Industriekapitänen. Aber nur wenige polarisierten so wie André Citroën. Er war ein Visionär, ein Erfinder, ein Meister des Marketings, ein charismatischer Firmenlenker, ein genialer Verkäufer und ein unermüdlicher Verhandler. Sein Leben umfasst die heroische Epoche der Auto-

mobilgeschichte und reicht von den Anfängen bis hin zum anbrechenden Zeitalter der Großserienfertigung. Es hat alle Zutaten für eine Netflix-Story: Elan, durchschlagender Erfolg, Ruhm, Bankrott, Poker, Verrat ...
André Citroën wurde 1878 in Paris geboren, wo seine Eltern, die aus jüdischen Familien aus Polen und den Niederlanden stammten, seit 1873 wohnten. 1884 kam es zum ersten Drama: Sein Vater beging Selbstmord, verzweifelt wegen riskanter Geldanlagen, die ihm Betrüger verkauft hatten. Dieses Trauma prägte den Charakter des späteren Großunternehmers: Er wurde ein vom Erfolg Getriebener und pflegte gleichzeitig, weil immer wieder düsteren Gemüts, eine gewisse Leichtigkeit des Seins. Diese beiden Pole sollten sein Leben bestimmen. Der junge André hegte eine unbändige Leidenschaft für den technischen Fortschritt und bewunderte Jules Verne und Gustave Eiffel beinahe wie Ersatzväter. Im Lycée Condorcet im 9. Arrondissement traf der zukünftige Erfinder des Traction auf einen gewissen Louis Renault. Der Kontrast zwischen den beiden könnte größer nicht sein. Er: brillant, mit sonnigem Gemüt, sehr beliebt bei seinen Mitschülern. Der andere ein schlechter Schüler, wortkarg, einsam und mit weniger Glück bei den Mädchen. Ihre Schicksale werden sich immer wieder kreuzen. Ihr Duell wird zu einem der großen Epen der französischen Industriegeschichte werden.
Nach der Polytechnischen Hochschule, die er mit Leichtigkeit absolvierte, reiste André Citroën auf den Spuren seiner Familie mütterlicherseits nach Polen. Dort lernte er bei seinem Onkel, dem Inhaber eines mechanischen Betriebs, einen findigen Handwerker kennen, der eine Maschine zur Herstellung von winkelverzahnten Holzzahnrädern entwickelt hatte. Citroën erkannte

sofort das Potenzial dieser Entwicklung und kaufte das Patent. Er verbesserte die Maschine, um die von der Textilindustrie benötigten Zahnräder im Winkelschnitt aus Stahl herzustellen, die dadurch viel langlebiger und leiser waren als die seit Jahrhunderten gebräuchlichen Modelle. Das zukünftige Logo der Marke war geboren. Damit war der hyperaktive Mann aber nicht ausgefüllt.

Gelangweilt verließ er die von ihm mitgegründete Zahnradfabrik, übernahm die Leitung der in Schieflage geratenen Firma Mors-Automobile und brachte sie schnell wieder auf Vordermann: Bei seiner Ankunft 1906 wurden 120 Exemplare pro Jahr gebaut, 1914 waren es bereits 1200 Stück. Als der Krieg ausbrach, verstand er sofort, was von der Industrie erwartet wurde. Er stellte seine Fabrik auf die Herstellung von Granaten um. Doch als ihm der Direktor stolz mitteilte, dass eine Tageskapazität von acht Geschossen zu erreichen sei, beschied ihm Citroën, dass diese lächerliche Zahl mit fünf- oder zehntausend multipliziert werden müsse! In der Fabrik fragte man sich: »Ist der verrückt?«, und in den Stäben und Ministerien sah man das ähnlich. Und doch steckte er all Skeptiker in die Tasche, erhielt über die Bank Lazard öffentliche und private Finanzierungen und kaufte in Paris am Ende des Quai de Javel ein Dutzend Hektar Brachland und Gemüsegärten. Die Citroën-Maschinerie lief daraufhin rasant an. »Innerhalb weniger Wochen«, beschreibt ein Zeitzeuge, »sah man dort, wo sich friedliche Melonenglocken drängten, leichte Industriebauten in einem märchenhaften Tempo aus dem Boden schießen.« »Le Patron«, wie man ihn zu nennen begann, setzte eine Idee um, die ihm sehr am Herzen lag: ebenerdig zu bauen mit möglichst wenig Stockwerken. Auf diese Weise konnte man auf tiefe und teure Fundamente verzichten, die Bodenplatte musste lediglich gegossen werden, und während der Zement noch trocknete, konnten die Bewehrungen und Maschinenfundamente montiert werden. Und als die Dachdecker noch bei der Arbeit waren, wurden darunter bereits die Produktionsmaschinen installiert. Ein weiterer Vorteil dieser Bauweise bestand darin, dass die Munitionsproduktion nach dem Vorbild eines gewissen Henry Ford hervorragend rationalisiert werden konnte. Ein Stahlbarren durchlief so einen fast linearen

Weg, an dessen Ende nach diversen Umformungen, Bearbeitungsschritten und Kontrollen eine einsatzbereite Granate stand. Rundherum befanden sich die Schmiede, das Tiefziehen, die Gießerei usw., alles verbunden durch unermüdlich pendelnde Elektrokarren: Die Fließbandarbeit war in Europa angekommen. Sie ermöglichte ein rasantes Produktionstempo: 50.000 Geschosse pro Tag! Zweifellos ein entscheidender Beitrag zu den Kriegsanstrengungen gegen Deutschland.
Die andere Kühnheit Citroëns bestand darin, seine Fabrik zu einem sozialen Prüflabor zu machen, das Journalisten und gewählte Vertreter staunend besichtigen, als handle es sich um einen neuen, gerade erst entdeckten Kontinent. Obwohl der Krieg tobte, gab es in Javel eine hochwertige Kantine, eine Genossenschaft mit günstigen Preisen, zahlreiche Duschräume, Wasserspender überall, eine Kindertagesstätte, eine medizinische Gesundheitsvorsorge und eine hochmoderne Zahnarztpraxis. Die Löhne waren höher als anderswo. Und ungerade Beträge wurden automatisch in 10-Francs-Schritten aufgerundet, was die Lohnbuchhaltung vereinfachte ...
Der Krieg war kaum beendet, als André Citroën schon die Umstellung seiner Fabrik auf die Automobilproduktion vorbereitete. Ihm schwebte ein Wagen für das Volk vor, der nach dem Vorbild des Ford T, des Bestsellers made in USA, fahrbereit – also inklusive Karosserie – verkauft werden sollte. Vier Sitze, vier Zylinder, fünf Räder mit luftbereiften Pneus, elektrische Beleuchtung und Zündung, acht Liter Verbrauch. Das war der 10 HP Typ A oder Torpedo, der 1919 auf den Markt kam. Alles an ihm war revolutionär. Seine Herstellung in großen Stückzahlen. Sein sehr attraktiver Preis. Seine kostenlose Inspektion. Seine einjährige Garantie. Seine Vermarktung über Exklusivvertreter.
1920 produzierten die Werkstätten in Javel 12.000 Exemplare, 2000 Autos mehr als der Rivale Renault, obwohl der die Produktion früher aufgenommen hatte. Das war der Gipfel des Erfolgs. Der Patron hatte hundert Ideen am Tag, drückte auf das Gaspedal und führte ständig Innovationen ein. Er gründete eine Tochtergesellschaft, die auf Verbraucherkredite spezialisiert war. Er investierte Monsterbudgets in die

Werbung und vervielfachte seine PR-Aktionen. Als 1922 der Autosalon eröffnet wurde, flog ein Flugzeug über Paris und zeichnete den Namen der Marke in den Himmel. Eines Abends sang Josephine Baker: »Ich habe zwei Lieben, mein Land und Citroën«. 1924 startete die erste der großen Citroën-Expeditionen quer durch Afrika, von Algerien bis zum Indischen Ozean. Diese »croisière noire«, diese Kreuzfahrt durch den »Schwarzen Kontinent« war ein Werbespektakel, wie es Europa noch nie erlebt hatte. Sie bot die Möglichkeit, die Qualität der Fahrzeuge mit dem Doppelwinkel zu unterstreichen. Im Jahr 1931 folgte »la croisière jaune«, die »gelbe Kreuzfahrt« von Beirut über den Himalaya nach Peking. Auf der »Exposition internationale des arts décoratifs et industriels modernes «1925, der »Internationalen Ausstellung für moderne dekorative Kunst und Kunstgewerbe«, ging in der Nacht zum Nationalfeiertag der Eiffelturm dank 250.000 Glühbirnen, die den Namen »Citroën« zum Leuchten brachten, in Flammen auf. Als Leuchtturm der Neuzeit diente das Monument dem Flieger Charles Lindbergh nach seiner Atlantiküberquerung als Orientierungshilfe.
Am Quai de Javel arbeitete nicht nur die Kommunikationsabteilung mit einer Geschwindigkeit von 1000 Stundenkilometern. Auch in den Konstruktionsbüros und Werkstätten war der Druck enorm. 1924 kam der B10 auf den Markt, das erste Auto, das komplett aus Stahl bestand. In einem Werbefilm (schon wieder!) wurde gezeigt, wie er von einer Sprungschanze flog, sich mehrfach überschlug und fast unversehrt auf den Rädern landete. Das Modell war natürlich eigens für den Dreh verstärkt. Egal, wie viel getrickst wurde, diese spektakuläre Aktion war in aller Munde. Anschließend reihte sich eine Neuheit an die andere, alle waren atemberaubend: B14, C4, C6, Rosalie ... Bis zum Paukenschlag 1934: Der Traction avant betrat die Bühne wie ein Star. Er war revolutionär und ließ die Franzosen mit offenem Mund staunen. Wahnsinn! Doch er war nicht zu Ende entwickelt und überhastet auf den Markt gebracht worden, seine Zuverlässigkeit litt erheblich darunter, denn er war nicht wirklich ausgereift. Die Verkaufszahlen sanken vor dem Hintergrund der Wirtschaftskrise. Und es gab

finanzielle Probleme: Dem Unternehmen ging das Geld aus. Die Banken drehten den Kredithahn zu, und die Gläubiger begannen, ihre Messer zu wetzen. Da aber 25.000 Arbeitsplätze auf dem Spiel standen, bat die Regierung den langjährigen Rivalen Louis Renault um Hilfe. Doch der weigerte sich angesichts des hohen Schuldenbergs. Schließlich ließ sich Michelin erweichen und übernahm das Unternehmen nach dessen Liquidation. Die Firma aus der Auvergne wusste das fabelhafte Erbe von Citroën zu nutzen. Angefangen mit dem Traction.
André Citroën starb 1935 an Krebs. Für alle seine Neider, die jahrelang in seinem Schatten gestanden hatten, war die Zeit der Rache gekommen. Sie machten es sich einfach: Sie beschuldigten den Industriellen, ein schlechter Manager gewesen zu sein und auf Pump gelebt zu haben. Frei nach der alten Fontaine-Fabel »Die Grille und die Ameise«: die leichtlebige Grille (Citroën!) und die arbeitsame Ameise (Renault!).
In der Tat hatte der Mann vom Quai de Javel während eines Großteils seiner Karriere mit Wechseln jongliert. Er war sowohl im Geschäfts- als auch im Privatleben ein echter Draufgänger – zu Hause im Moulin-Rouge, bei Pferderennen und im Kasino von Deauville, wo er um riesige Summen spielte und Trinkgelder wie ein Mogul zahlte. Dennoch machte er sich wenig aus materiellen Gütern, ihm gehörten weder sein Haus in Paris noch sein Wohnsitz in der Normandie. Den Großteil seines Vermögens reinvestierte er in seine Firma. Leider entpuppte sich die als Fass ohne Boden, geschäftlich lebte er stets über seine Verhältnisse.
Doch der Magier von Javel hatte ein Talent dafür, seine Heerscharen für die ehrgeizigsten Projekte zu begeistern. Sein Mantra: »Wenn eine Idee gut ist, spielt der Preis keine Rolle«.
Einer seiner damals engsten Mitarbeiter, Charles Rocherand, erinnerte sich 1936: »André Citroën hatte es verstanden, seinen Mitarbeitern, von den Direktoren bis zum letzten kleinen Arbeiter, Korpsgeist einzuimpfen, etwas, das er später den ›Geist des Bienenstocks‹ nannte. Man arbeitete mit Freude, denn die Dynamik, die vom Patron ausging, war auf allen Ebenen zu spüren und führte zu einem bislang kaum für möglich gehaltenen Maß an Hingabe und Anstrengungen.

Dadurch gelang es ihm, eine Reihe von Großtaten zu vollbringen, die für jeden anderen unmöglich gewesen wären. Doch alles hat seine Kehrseite André Citroën verlor die Gabe, Widerspruch zu dulden.«
Auf der anderen Seite berichtete Charles Rocherand auch, dass das Unternehmen eigentlich seit seiner Gründung stets mit Liquiditätsproblemen zu kämpfen hatte. Doch der Chef war nie zu bremsen und investierte weiter in ehrgeizige, mitunter auch aussichtlose Projekte. Die Verwaltung hatte seine Anweisungen auszuführen. Und seine Bezie-
hungen zu den Banken waren bekanntermaßen stürmisch bis leidenschaftlich. Lassen wir den Biografen ein letztes Mal zu Wort kommen: »Monsieur Citroën misstraute den Banken immer, und er machte daraus auch gar kein Geheimnis. Er versuchte das Unmögliche, um ihrem Joch zu entrinnen und alleiniger Herr in seinem Unternehmen zu bleiben. In Henry Fords Leben fand er sich übrigens in seinem Misstrauen mehr als bestätigt!« Als sich der Wind 1934 nach der gescheiterten Einführung des Traction vollends gegen ihn drehte, ließen ihn die Finanziers dafür büßen.

Concept Cars

Als ich im Juli 2020 zu Renault kam, wollte ich sofort sehen, an welchen Projekten die Designteams im Technocentre in Guyancourt arbeiteten. Etwas abseits von den anderen stehend zog ein neonorangefarbenes Modell, das einem Renault 5 stark ähnelte, meine Aufmerksamkeit auf sich. Man erklärte mir, dass intern über eine Neuauflage der in den 1970er Jahren eingeführten Marken-Ikone diskutiert worden war und diese Studie als Grundlage gedient habe. Die Idee hatten meine Vorgänger jedoch verworfen. Ich war hingegen sofort überzeugt und sagte den Anwesenden an jenem Tag, dass ich diese Entscheidung rückgängig machen würde und wir einen vollelektrischen Renault 5 in genau dieser Form auf den Markt bringen würden. Dieser Prototyp war eigentlich ein »Showcar«, ein Konzeptfahrzeug, dessen Hauptmerkmal darin besteht, dass es dem späteren Serienfahrzeug ziemlich nahe kommt. Damit ist es eine Variante der »Concept Cars«, deren Design entschieden futuristischer ist.
Ich bin ein großer Fan von Konzeptfahrzeugen, denn sie sagen immer viel über das Unter-

nehmen aus, das sie präsentiert. Sie sind Kommunikationsmittel, die auf Messen oder in Showrooms ausgestellt werden und mit denen ein Autohersteller der Öffentlichkeit seine Ambitionen und Träume verdeutlichen kann. Es ist ein bisschen wie der Unterschied zwischen Haute Couture und Prêt-à-porter. Erstere wird durch Models mit außergewöhnlichen Maßen verkörpert, die schöne, aber völlig unpraktische Kleidung tragen; letztere sind die Kleidungsstücke, die wir jeden Tag tragen.

Die Geschichte der Concept Cars begann 1938 in den USA mit dem Buick Y-Job. Dieses Modell sollte ein Vorläufer der Autos sein, die in den 1950er Jahren auf den Markt kommen sollten. Im Anschluss daran entschied General Motors 1939, die Wanderausstellung »Futurama« zu sponsern, die einen Ausblick auf die Autos der Zukunft geben sollte. Die gezeigten Concept Cars wurden berühmt, denn sie hatten die Form von Raumfähren oder Raketen. Europa orientierte sich schnell an dieser Praxis. Als Land des Designs machte Italien 1952 den Anfang. Alfa Romeo beauftragte zwei renommierte Designhäuser, Touring und Bertone, mit der Entwicklung besonders aerodynamischer Karosserien. Touring entwarf den C52 Disco Volante (»Fliegende Untertasse«), während Bertone unter dem Label »B.A.T.« (Berlina Aerodinamica Tecnica) gleich drei Concept Cars vorstellte. Bei deren Entwurf ließ sich der Florentiner Franco Scaglione vom berühmten Batmobil inspirieren, das bereits 1939 in den Comics auftauchte. Der B.A.T. 5 wurde auf der Turiner Messe 1953 vorgestellt und sorgte mit seiner Stromlinienform, den doppelten Lufteinlässen links und rechts der ab-

gerundeten Mittelnase, den abgedeckten Rädern, der gebogenen Windschutzscheibe und den Heckfinnen, die ihm einen fledermausähnlichen Look verliehen, für Aufsehen!
Ab den 1960er Jahren gab es zahlreiche Kreationen, die die Geschichte des Automobils prägten. Ich greife vier von vielen heraus: den Toyota Publica Sports, ein kleines Coupé mit einem erstaunlichen Schiebedachkuppel, das 1962 auf der Tokioter Messe vorgestellt wurde; den BMW Turbo, der von Kampfflugzeugen inspiriert war und 1972 bei den Olympischen Spielen in München präsentiert wurde; und den unglaublichen Ferrari 512 S Modulo Concept mit dem Aussehen einer fliegenden Untertasse, zu sehen 1970 in Genf. Diese Konzepte waren ihrer Zeit so weit voraus, dass die Realität ihre Zukunft noch immer nicht eingeholt hat! Und im Jahr 2016 sorgte der Mercedes-Maybach Vision 6, ein sechs Meter langes Cabriolet, der an eine Yacht erinnert, die sowohl modern als auch retro ist und von vier Elektromotoren angetrieben wird, beim schicken Concours d'Elegance für Oldtimer in Pebble Beach, Kalifornien, für Aufsehen.

Renault ist dabei mit der Konkurrenz auf Augenhöhe. Die Designabteilung, die nacheinander von Patrick Le Quément und seit 2009 von Laurens Van den Acker geleitet wird, hat mehrere »Concepts« vorgestellt, die nicht nur in die Geschichte des Konzerns, sondern auch in die Geschichte der Concept Cars eingegangen sind. Beispiele: der spektakuläre Laguna Roadster 1990; der Renault Scenic 1991, der den Markt als Megane Scenic eroberte; das Argos-Cabriolet von 1994 mit seinen klaren Formen, die denen des berühmten Audi TT so ähnlich sind, der im Jahr darauf erschien; der Renault Initiale von 1995 mit Formel-1-Motor auf die Geburt des ersten französischen Luxusautos hoffen ließ; der Twizy Concept Show im Jahr 2009, eine wahrhaft kühne Kreation, die dem Unternehmen nach der Krise von 2008 neues Leben einhauchte; der Alpine A100-50 aus dem Jahr 2012, der die Initialzündung für den Neustart der Marke gab ... Ein Autohersteller muss zeigen, dass er begehrenswerte und attraktive Objekte herstellen kann. Denn unsere Produkte sind das Herzblut unseres Lebens; und Kreativität ist unser Motor.

D

Dacia

Dies ist ein echter Klassiker unter den Actionfilmen: Ein befehlshabender General ignoriert die Bedenken seines Generalstabs, den er für zu konventionell hält, und beauftragt ein paar hitzköpfige Offiziere mit einer hochriskanten Mission. Er stellt ein zu allem entschlossenes Spezialkommando zusammen, das bereit ist, für den Erfolg auch vom normalen Dienstweg abzuweichen. Nun, dieses Szenario ist die Geschichte von Dacia! In der Rolle des Generals: Louis Schweitzer, Vorstandsvorsitzender von Renault der Jahre zwischen 1992 und 2005. In der Rolle der grünen Barette: Jean-Marie Hurtiger, eine durchsetzungsstarke Persönlichkeit als Projektleiter, und Gérard Detourbet, ein ausgewiesener Technikspezialist. Hinter ihnen: Ein Team Verrückter, das sich einer der größten Herausforderungen der modernen Automobilindustrie stellte – mit nichts als einer zerfallenen rumänischen Basis. Die Mission: Ein modern gestaltetes Auto für 5000 Euro zu bauen und durchzusetzen. Das Ziel wurde bei weitem übertroffen, mehr noch: Es wurde pulverisiert. Heute sind Europas Straßen voll von Sandero und Duster. Jahr für Jahr schreibt Dacia Rekorde. Bis 2022 lag der Marktanteil in Frankreich bei fast 9 %. Das entspricht einem Zuwachs von 4,5 % in einem Jahr in einem Sektor, dessen Wachstum sich stark verlangsamt hat. In Europa war Dacia sogar eine der wenigen Marken mit zweistelligem Anstieg der Verkaufszahlen, nämlich um 13,8 %. Kurzum, die Rumänen verzeichneten eine unglaubliche Erfolgsgeschichte. Sie begann im Jahr 1997. Louis Schweitzer besuchte auf einer Reise nach Russland die Lada-Werke. Ein Modell, das für 6000 Dollar inklusive aller Extras angeboten werden konnte, faszinierte ihn. »Warum sollte Renault ein solches Fahrzeug nicht für den internationalen Markt entwickeln?«, fragte er sich. Zurück in Frankreich erläutert er seine Vision vor seinen Mitarbeitern. Er argumentierte: »Heute haben nur 20 % der Weltbevölkerung ein Auto. Wie wäre es, wenn wir ein Auto für die restlichen 80 % bauen würden?« Ein Flop! »Für die Ingenieure war es unmöglich, und für die Verkäufer war es dumm«, gestand er später.

Nur dass Louis Schweitzer nicht locker ließ. Er kaufte 1999 für 50 Millionen Dollar den maroden rumänischen Hersteller Dacia, der schon lange Renaults in Lizenz gebaut hatte. Die Substanz? Desolat. Fabriken, die von Unkraut überwuchert waren und auf deren Gelände wilde Hunde herumstreunten. Eine kaum mehr messbare Produktivität. Gefälschte Bilanzen (einige Jahre zuvor waren die Verkaufszahlen um 16.000 Einheiten aufgebläht worden, um den offiziell vorgegebenen Planzahlen zu entsprechen). Inmitten dieses Chaos nahm das Low-Cost-Projekt unter dem Codenamen »X90« seinen Anfang. Die nach Bukarest entsandten französischen Ingenieure arbeiteten in diesem ersten Jahr vor Ort in einer surrealen Atmosphäre. Außerhalb Russlands hatten sie noch nie derart heruntergekommene Werkstätten gesehen. Aus Billancourt, wo man der ganzen Idee sowieso höchst skeptisch gegenüberstand, kam nur wenig Unterstützung. Man hielt die Idee für verrückt. Außerdem hatte fast niemand Lust, das Team vor Ort zu verstärken. Sie kämpften allein. Einer der Verantwortlichen des Kommandos gestand später: »Ich war derjenige, der dem Präsidenten mitteilen musste, dass sein Projekt keine Aussicht auf Erfolg hat.« Doch der Präsident wollte nichts davon wissen und hielt in unerschütterlichem Vertrauen an seiner Idee fest. Tatsächlich wurden 400 Millionen Euro in das X90-Projekt und 460 Millionen in die Modernisierung des Werks in Piteşti, 120 Kilometer von Bukarest entfernt, investiert. Die Devise lautete: Abschied nehmen von den üblichen Prozessen und herkömmlichen Vorstellungen, mit einem weißen Blatt Papier beginnen. Das Ziel war nicht, ein nicht mehr taufrisches Auto zu übernehmen und hier und da etwas wegzulassen, damit es billiger wurde. Vielmehr ging es darum, ein neues Modell zu entwerfen, das von Anfang an auf eine kostengünstige Großserienproduktion ausgelegt war. Ein systemischer und nicht parametrischer Ansatz, wie man heute sagen würde. Der Kontrast zur konventionellen Vorgehensweise bei der Automobilkonstruktion könnte nicht größer sein. Die Kostenoptimierung, gemeinhin als »Design to Cost« bezeichnet, bestimmte jedes Detail des Entwurfs. Linien wie mit dem Lineal gezogen, ein nüchterner Innenraum mit ausreichender, aber spartanischer Ausstattung, nur wenig gewölbte Fenster, viele einteilige und daher einfach zu fertigende

Teile, wenig Elektronik sowie eine systematische Wiederverwendung von Baugruppen, die sich bereits in anderen Modellen bewährt hatten. Die französischen Manager in Bukarest lernten, mit Schwelleneffekten zu spielen: Wer sich mit 99 % einer Leistung zufrieden gibt, kann die Kosten oft schon um 10 % senken.

Zu dieser Zeit führte dieser Ansatz zu nicht wenig Spott in der Autobranche. Als ob diese Maßnahmen nicht allesamt selbstverständlich wären und als ob Renault glaube, das Rad neu erfinden zu können. Doch es ist sehr kompliziert, etwas ganz einfach zu machen und trotzdem Geld zu verdienen. Billigfluggesellschaften können ein Lied davon singen: Nur wenige von ihnen sind auf Dauer rentabel. Darin besteht also die besondere Leistung des Mutterkonzern: eine neue preisgünstige Marke aufzubauen, ohne dass die eigene, höher positionierte Marke leidet. Ein ziemlich einzigartiger Fall in der automobilen Geschäftswelt.

Kaum wurde der erste Logan 2004 in Rumänien vorgestellt, explodierten die Auftragsbücher. Der Logan war zwar schlicht und wenig glamourös, aber robust und für das Karpatenland ausreichend ausgestattet. Das zweite Wunder ereignete sich ein Jahr später, als der Wagen in Frankreich auf den Markt kam. Trotz der bei uns unpopulären Stufenheckkarosserie kletterte er dank seines unschlagbaren Preis-Leistungs-Verhältnisses direkt auf den sechsten Platz der Verkaufscharts in seiner Klasse. Der eigentliche Durchbruch gelang 2008 mit der Einführung des Sandero: 40.000 Verkäufe in rankreich in diesem Jahr! Seine Stepway-Version mit ihrem rustikalen Look und seine LPG-Variante halfen dabei. Im Jahr 2010 folgte der Duster: ein echter SUV zum Schnäppchenpreis, der in seiner ersten Version über eine Million Mal verkauft wurde.

Dann folgten die Neuauflagen der Modelle Sandero und Duster, entwickelt mit derselben Freude und denselben Prinzipien. Sie machten Dacia zur profitabelsten Marke des Renault-Konzerns. Damit war der Beweis erbracht, dass die Automobilindustrie nicht zum ewigen Wettrüsten und zum »immer mehr« verurteilt war.

Damit endete Phase 1 der Dacia-Geschichte, nämlich die der Einführung und Konsolidierung.

Phase 2 begann, als ich 2020 mein Amt an der Spitze der Renault-Gruppe antrat. Damals übertrug ich die volle Verantwortung für die Marke an Denis Le Vot, der ihr einen neuen Impuls verlieh. Wir haben mit dem geografischen Ansatz der Märkte und dem Streben nach großen Stückzahlen gebrochen und beschlossen, jede unserer Marken aufzuwerten. Diese Entscheidung führte dazu, dass Dacia sich von der

»gläsernen Decke«, die bislang über der Marke gelegen hatte, befreien konnte. Die potenzielle Konkurrenz zu Renault-Modellen sollte nicht länger Dacias Weiterentwicklung hemmen. Daher wurde Dacias Erfolgsrezept in der kleinen Klasse nun auch auf die nächst größere übetragen. Daher nahm Dacia das C-Segment, das größte in Europa, in Angriff.

Wir machten Nägel mit Köpfen und verfolgten in dieser Klasse jenen Ansatz, der Dacia 15 Jahre zuvor im B-Segment zum Erfolg verholfen hatte. Wie der Sandero oder der Logan ist der Bigster des Jahres 2025 leichter und wesentlich billiger als seine direkten Konkurrenten. Wie wir das erreichen? Indem wir wieder Komponenten verwenden, die bereits bei Renault zum Einsatz kamen und abgeschrieben sind. Die Marktentwicklung spricht für eine solche Strategie. Erstens: Das Rennen um große Motoren ist vorüber. Sie sind nicht mehr ausschlaggebend für den Kauf eines Autos. Zweitens: Die Marke erreicht neue Kunden an. Zwar zielen wir weiterhin auf unsere

Stammkunden ab, also jene, die nicht so viel Geld haben oder ausgeben wollen. Jetzt aber kommen finanzkräftigere Interessenten dazu, solche, die keine 40.000 Euro und mehr für eine Familienkutsche zahlen wollen. Die Blaupause für diese neue Käuferschicht ist der verheiratete deutsche Universitätsprofessor und Vater zweier Kinder, der darauf achtet, wofür er sein Geld ausgibt. Er soll in Zukunft bei seiner Kaufentscheidung wie selbstverständlich einen Dacia in seine Auswahl mit einbeziehen, unabhängig von seinen finanziellen Möglichkeiten, die über denen unserer bisherigen Kunden liegen. Gleichzeitig bevorzugen solche Käufer besser ausgestattete Versionen, gerne auch die Vollausstattung. Die Anzahl an Optionen ist daher gewachsen, aber immer noch sehr preiswert. Natürlich erfolgte auch die Auswahl und die Gestaltung dieser Extras unter der Maßgabe, das Herstellungsbudget möglichst niedrig zu halten. Die Rückfahrkamera? Ja, aber analog und nicht digital. Sie spricht etwas langsamer an, aber die Rechnung ist niedriger. Die Klimaanlage? Eine Selbstverständlichkeit, aber mit einfacherem Kompressor im Vergleich zu der bei klassischen Herstellern verbauten Technik. Eine elektrische Sitzverstellung? Dafür ein klares Nein. Sie hätte zusätzliche Kabel, einen Elektromotor und einen kalibrierten Generator erfordert ...

Die gleiche Konzentration auf die »nützlichen Kosten« gilt für das Design. Vorne zum Beispiel gibt es keine überflüssigen LEDs, sie sind dem Abblendlicht vorbehalten. Am Heck des Jogger sind die vertikalen Leuchten in Y-Form ausgeführt. Ein wunderbarer Effekt! Und viel sparsamer als ein Leuchtenband, das sich über den Kofferraum erstreckt: Für letzteres hätte man die Zahl der Leuchtmittel verdoppeln und zusätzliche Meter Kabel einplanen müssen. Dafür durften die Designer die modulare Dachreling des Sandero Stepway für den Jogger verwenden: Die optische Wirkung mit einem Hauch von Abenteuer wurde als wichtig genug erachtet, um die Mehrkosten zu genehmigen.

Ebenso gibt frischere, schickere Farbtöne wie Khaki oder Kupfer, die Neueinsteiger ansprechen.

In der Produktion arbeiteten die Teams hart an der Entwicklung einer modularen Plattform, die nun sowohl für den Dacia Sandero als auch für die Renault-Typen Clio und Captur verwendet werden kann. Außerdem gelang ihnen das Kunststück, mit dem Spring das billigste elektrische Stadtauto auf dem Markt zu bringen – ein weiteres Beispiel für den Einfallsreichtum von Dacia. Bei diesem handelt sich um eine modifizierte Version des in China produzierten und vermarkteten elektrischen Renault City K-ZE, der wiederum auf dem indischen Renault Kwid mit Verbrennungsmotor basiert. Die Designer haben alle unnötige Ausstattung eingespart und somit das Gewicht auf 970 kg reduziert. Daher kann er auf eine große Batterie verzichten.

So entwickelt sich die Dacia-Palette permanent weiter, stets auf dem Grat zwischen einem Maximum an Leistung und einem Minimum an Ausgaben balancierend. Es ist ein ständiges Abwägen und Hinterfragen, in welchen Bereichen Investitionen am sinnvollsten sind. Die Ingenieure von Dacia werden Ihnen daher sagen: »Sich auf das Wesentliche zu konzentrieren, das kostet am meisten Energie.« Immer häufiger hört man nun aber: Dacia verlässt sein angestammtes Preissegment, Dacia wird gentrifiziert. Doch warum auch nicht, solange dies mit Bedacht geschieht? Und solange die Verkaufspreise bodenständig bleiben, weit entfernt von vergleichbaren Modellen, aber nahe an Gebrauchtwagen. Ja, Sandero, Jogger und Duster sind nicht mehr so roh und ungeschliffen wie in ihrer Anfangszeit. Zum Glück! Aber ich weiß, dass Dacia stets den berühmten Slogan von Colin Chapman, dem ikonischen Gründer der Marke Lotus, beherzigen wird: »Light is right.« Was leicht ist, ist richtig. Mit einer Nuance: Heute ist es auch trendy.

DAKAR

Es gibt nicht viele Menschen, die von sich behaupten können, einen Automobilwettbewerb mit internationaler Ausstrahlung erfunden zu haben. Thierry Sabine war so einer. Er hat die Rallye Paris–Dakar erfunden, einen Wettbewerb, bei dem sich jedes Jahr Autos, Motorräder und Lastwagen versammeln, um die außergewöhnlichsten Wüsten der Welt zu durchqueren. Nichts konnte diesen charismatischen und eigensinnigen Visionär aufhalten, nicht einmal die harsche Kritik, die manchmal an

ihm geübt wurde. Seine Kühnheit eckte an, aber er war vor allem ein genialer Schöpfer. So genial, dass die Veranstaltung seinen Unfalltod bei einem Hubschrauberabsturz während des Rennens im Jahr 1986 überlebte. Nachdem das Rennen in Afrika durch Terror bedroht war, wurde der Schauplatz nach Lateinamerika und später nach Saudi-Arabien verlagert. Ohne dabei seinen Nimbus als motorsportliches Großereignis mit weltweiter Beachtung einzubüßen.

Die erste Paris–Dakar findet 1979 statt. Ich bin erst elf Jahre alt, aber ich bin bereits ein Fan von Autorennen und insbesondere von Rallyes. Diese Leidenschaft teilt auch Thierry Sabine, der wie ich an einem 13. Juni geboren wurde, allerdings achtzehn Jahre früher, nämlich 1949. Er stammt aus Le Touquet, wo sein Vater, Gilbert Sabine, als Zahnarzt tätig ist. Er ist ein guter Rennfahrer. Er begann mit Autorallyes und gewann 1976 die Rallye du Touquet. Er erzielte auch einige gute Ergebnisse bei Wettbewerben auf Rennstrecken. Zweimal beendete er das 24-Stunden-Rennen von Le Mans. Der junge Sabine ist ein Glückskind, dazu sieht er noch sehr gut aus. Er ist Absolvent der renommierten EFAP (der führenden französischen Akademie für Kommunikation und neue Medien) und arbeitet zunächst bei der Stadtverwaltung von Le Touquet. Seine Aufgabe: dafür sorgen, dass über seine Stadt gesprochen wird.

So ruft er 1975 die »Enduro du Touquet« ins Leben, eine Veranstaltung für Motorräder, die am großen Strand des Ferienortes stattfindet und ebenfalls über viele Jahre hinweg Bestand haben wird. Denn er ist genauso verrückt nach vier- wie nach zweirädrigen Fahrzeugen. Als Adrenalinjunkie nimmt er im Januar 1977 mit drei Freunden an der Rallye Abidjan–Nizza teil. Ein Erlebnis bei dieser Langstreckenveranstaltung wird ihn

für sein ganzes Leben prägen: Er verirrt sich in der Ténéré-Wüste an der Grenze zwischen Libyen und Niger. Als ihm das Benzin ausgeht, lässt er sein Motorrad stehen und marschiert drei Tage lang ohne Essen und Trinken weiter. Er steht kurz vor dem Tod, als ihn der Pilot des von der Rennleitung entsandten Suchflugzeuges entdeckt.
Hat er sich während dieser Tage das Stockholm-Syndrom zugezogen? Denn aus dieser Tortur erwächst paradoxerweise seine Liebe zur Wüste und zu Afrika. Als Jean-Claude Bertrand, der Organisator der Rallye Abidjan–Nizza, 1978 beschließt, diese Veranstaltung einzustellen, ergreift Thierry Sabine die Gelegenheit beim Schopf und übernimmt diese Organisation. Er will aber ein Rennen in umgekehrter Richtung starten, von Europa nach Afrika, von Paris nach Dakar. Und der Start soll am Fuße des Eiffelturms erfolgen.
Es ist ein wenig größenwahnsinnig, aber es funktioniert. Einige große nationale Medien, darunter die Wochenzeitschriften *Paris Match* und *VSD*, die mit dem Versprechen spektakulärer Fotos geködert werden, sind am 26. Dezember 1978 beim Start der ersten Ausgabe dabei. Das Datum ist nicht zufällig gewählt: Die Idee war, während der an Nachrichten armen Weihnachtspause Schlagzeilen zu liefern. Alles ist bereit. Und wie! Die 182 Teilnehmer, Profis und Amateure, die von diesem neuartigen Abenteuer angezogen werden, werden sich auf einer Strecke von 6000 Kilometern messen. In Afrika, von Algier über Agadez bis Dakar, besteht jederzeit die Gefahr, sich zu verirren oder festzufahren. Und die Rallye wird so abwechslungsreich wie versprochen: Schon bei diesem ersten Rennen kommt es zu zahlreichen Zwischenfällen, die den Beginn der Dakar-Legende markieren sollten. Einige Teilnehmer beenden die Etappen am Ende der Nacht, andere verunglücken und sind gezwungen, aufzugeben. Jeden Tag spricht Thierry Sabine, der wie ein General im Feld einen weißen oder blassblauen Overall trägt und eine Mütze auf dem Kopf hat, um die Fahrer zu instruieren. Die Teilnehmer werden durch die Worte dieses charismatischen Führers elektrisiert. Er setzt voll und ganz auf die Abenteuerkarte und lässt so die oft improvisierte Seite des Rennens vergessen. Für die Chronisten: Es ist der Motor-

radfahrer Cyril Neveu auf einer Yamaha, der seinen Namen als erster in die Siegerliste einträgt. Die Motorräder sind schneller als die Autos ...
In den folgenden Jahren wächst dank der medialen Unterstützung die Zahl der angemeldeten Teilnehmer und Teilnehmerinnen schnell. Die Kandidaten stehen Schlange. Darunter sind angehende Abenteurer, die ihr Auto oder Motorrad in der Garage selbst vorbereiten, aber auch Prominente und Schauspieler, die mitmachen wollen. Große und kleine Sponsoren strömen herbei, angezogen von der Aussicht, ihr Logo in den Dünen der Ténéré zur Geltung kommen zu sehen. Vor allem Auto- und Motorradhersteller sehen hier eine einmalige Gelegenheit, ihr Know-how und die Qualität ihrer Maschinen in einem besonderen Umfeld zu präsentieren: Enthusiasten auf der Straße, die ihre Abende mit erschöpften Stars teilen, normale Autos und Motorräder, die sich in Wüstenmonster verwandeln, eine außergewöhnliche Kulisse, die jeden Tag von Kameras an Bord von Hubschraubern gefilmt wird, überraschende Wendungen ... die Sache nimmt ihren Lauf, die Dakar wird zu einem Großereignis.

Ungewöhnliche, manchmal dramatische Vorfälle vergrößern noch das öffentliche Interesse. So wie 1982, als Mark Thatcher, der Sohn der britischen Premierministerin Margaret Thatcher, fünf Tage lang in der Wüste verschollen ist. Auf Initiative eines seiner Sponsoren hatte er sich ohne Vorbereitung als Beifahrer der Französin Anne-Charlotte Verney verpflichtet, die einen Peugeot 504 fährt. Das Duo fährt im Konvoi, als es auf ein im Saharasand verstecktes Hindernis fährt. Der Wagen ist so beschädigt, dass es nicht mehr weitergeht. Die anderen Teilnehmer versprechen, die Rennleitung zu alarmieren, irren sich aber bei der Positionsangabe. Die Hilfe kommt nicht an. Es kommt beinahe zu einem diplomatischen Zwischenfall zwischen Frankreich und Großbritannien, denn die »Eiserne Lady« setzt für ihren Sohn alle Hebel in Bewegung.
Ihr Außenminister alarmiert die französischen Behörden und unterstreicht damit die wachsende Besorgnis in London. Der amerikanische Präsident Ronald Reagan drückt Margaret Thatcher seine Sympathie aus. In dieser Situation, die sich zu einer internationalen Krise zu entwickeln droht, beschließt Präsident

François Mitterrand, das Militär zu mobilisieren: Er schickt drei Suchflugzeuge, um die bereits eingesetzten algerischen Streitkräfte zu unterstützen. Mark Thatcher wird schließlich gesichtet und gerettet. Er überlebte, weil er das Wasser aus dem Kühler des 504 trank. Vor Ort angekommen, verpasste ihm sein Vater, Denis Thatcher, eine kräftige Ohrfeige. Und angesichts der Polemik, die in den britischen Medien hochkochte, beschloss seine Mutter, den missratenen Sohn die Rückführungskosten aus eigener Tasche bezahlen zu lassen.

Über dieser abenteuerlichen Episode sollte aber nicht vergessen werden, dass Renault in diesem Jahr mit den Brüdern Marreau die Auto-Wertung gewann. Die als »Wüstenfüchse« bezeichneten Söhne eines Werkstattbesitzers aus dem Departement Eure-et-Loir, die große Spezialisten für Raids in Afrika sind, traten 1978 zunächst mit einem 4L an, bevor sie mit einem Renault 20 triumphierten. Sie dominierten die Teams der Profis, darunter Lada, Land Rover und Mercedes. Unglaubliche Onboard-Aufnahmen zeigen, wie sie Konkurrenten überholen und allen Hindernissen ausweichen, darunter ein Pferd, Kühe und sogar eine Baumaschine. Respekt! Letztlich aber markiert diese Rallye eine Zäsur, denn sie wird zum Abgesang auf die Amateure: Ab 1983 übernehmen die großen Marken das Szepter: Mercedes, Land Rover und sogar Porsche belegen in Dakar den ersten Platz auf dem Siegertreppchen.

1. Januar 1986. Die Dakar startet auf dem Place d'Armes in Versailles. Die Rallye verspricht spannend zu werden. Renommierte Fahrer wie Jacky Ickx oder Henri Pescarolo nehmen teil. Die Werksteams von Porsche, Mitsubishi, Range Rover und Lada werden wohl die vorderen Plätze unter sich ausmachen. Thierry Sabine befindet sich auf dem Höhepunkt seines Ruhms. Er ist zum Fernsehstar geworden: Er hat gerade eine dem Abenteuer gewidmete Sendung zur besten Sendezeit auf *Antenne 2* moderiert. Eine weitere ist bereits aufgezeichnet, die Ausstrahlung für Februar geplant. Anders als in den Jahren 1983 und 1985 nimmt der Sänger Daniel Balavoine nicht teil, da er beschlossen hat, eine humanitäre Aktion in Afrika durchzuführen und dafür die Medienpräsenz der Rallye zu nutzen. Sabine schlägt ihm vor, in seinem Hubschrauber mitzuflie-

gen, mit dem er jede Tagesetappe anfliegt und gleichzeitig das Rennen aus der Luft verfolgt. Am 14. Januar macht die Maschine den einen Flug zu viel. Es ist dunkel geworden und ein Sandsturm ist aufgezogen. Im wirbelnden Chaos fliegt der Pilot zu tief und prallt gegen eine Düne. Es kommt zum Absturz. Alle fünf Insassen kommen ums Leben, darunter auch Sabine und Balavoine. Fassungslos und unter Schock wird die Karawane ihres Führers beraubt, den sie für unsterblich gehalten hatte.
Gilbert Sabine, Thierrys Vater, verlässt sofort seine Praxis in Le Touquet, um sich an den Ort des Geschehens zu begeben. Sein Leben ändert sich von einem Tag auf den anderen: Er gibt seinen Beruf und seine Patienten auf und beschließt, die Nachfolge seines Sohnes anzutreten, um die Dakar zu retten.
Unter seinem Management beginnen die Peugeot-Jahre. Vier Siege in Folge zwischen 1987 und 1990. Die von Jean Todt, dem späteren Formel-1-Chef von Ferrari und FIA-Präsidenten, zusammengestellte Armada aus erfahrenen Fahrern erwies sich als unbesiegbar. Dennoch erlebte auch sie ihren Anteil an unerwarteten Zwischenfällen. 1988 wurde der 405 Turbo 16 des finnischen Rallyemeisters Ari Vatanen über Nacht in Bamako gestohlen. Er wird schließlich wieder aufgefunden, aber zu spät, um noch im Rennen zu bleiben. Im folgenden Jahr steht Jean Todt vor einem Luxusproblem: Seine beiden Fahrer, Vatanen und Ickx, kämpfen verbissen um Sekunden und gehen dabei jedes Risiko ein. In seinen Augen zu viele Risiken. Um diesen Bruderkrieg, der ein böses Ende zu nehmen verspricht, zu beenden, entscheidet sich der Chef des Rennstalls dafür, den Gewinner mit einer 10-Franc-Münze auszulosen. Es ist der Finne, der gewinnt. Der belgische Fahrer, der das Rennen anführt, fügt sich in letzter Minute, kurz vor der Ziellinie, indem er sein Auto anhält, um Vatanen vorbeizulassen …
Im Nachhinein betrachtet, symbolisieren diese unglaublichen Episoden die unbeschwerten Jahre der Dakar. Ab den 2000er Jahren beginnt für das Rennen eine sehr viel schwierigere Zeit. Die Zunahme des Terrorismus und des Islamismus in Afrika bedroht direkt die Sicherheit der Teilnehmer. Nach der Ermordung von vier französischen Touristen in Mauretanien muss die Rallye 2008 sogar abgesagt werden.

Die Rallye erlebt aber 2009 in Lateinamerika ihre Wiedergeburt. Ein Geniestreich: Die Begeisterung der Bevölkerung in Argentinien ist enorm. Ich hatte Gelegenheit, mich davon zu überzeugen, als ich eine Etappe in der fantastischen Kulisse der Anden verfolgte. Die Rallye, die immer noch »Dakar« genannt wird, ist zu einer Marke geworden und bleibt bis 2020 auf diesem Kontinent, bevor sie in die saudi-arabischen Wüsten abwandert. Die Dakar wird von der »Amaury Sport Organisation«, die auch die Tour de France und den Paris-Marathon verwaltet, gut organisiert und bleibt ein Pflichttermin im internationalen Automobilwettbewerb. Thierry Sabine kann stolz auf das sein, was er uns hinterlassen hat.

DESIGN

von Luc Donckerwolke, Vorsitzender der Hyundai Motor Group

Seit jeher ist es das Design, das das Auto emotionalisiert. Wenn man es nicht für rein kommerzielle Zwecke nutzt, wählt man es in erster Linie wegen seiner Form. Bei mir reicht die Leidenschaft für schöne Autos bis in die Kindheit zurück. Der erste Designer, der mich auf diesen Weg gebracht hat, war eigentlich ein Comiczeichner. Ich bin Belgier, in Peru geboren, in Afrika und Südamerika aufgewachsen, weil mein Vater Diplomat war. Ich habe in Ländern gelebt, in denen auf den Straßen der Städte keine Begeisterung für Autos zu finden war. Aber als ich vier Jahre alt war, wurde ich in Bujumbura, der Wirtschaftsmetropole Burundis, ernsthaft krank. Um mich abzulenken, versuchte mein Vater, in einem Buchladen einen Comic von *Tim und Struppi* aufzutreiben. Das gelang ihm nicht. Stattdessen besorgte er mir einen *Michel Vaillant*, der von dem Belgier Jean Graton gezeichnet worden war. Das war der Auslöser. Dank der Geschichte der Vaillantes, der wunderschönen Rennwagen, welche die eigentlichen Helden des Albums waren, trat das Auto in mein Leben. Als ich mit 18 Jahren aus Afrika zurückkehrte, um zu studieren, wollte ich daher sofort in Richtung Autodesign gehen. Man versuchte, mich davon abzubringen: »Vergiss es, nur italienische Designer können von diesem Beruf leben.« Aber ich blieb hartnäckig. Ich erwarb einen ersten Abschluss. Leider verhinderte eine Hepatitis, dass ich auf dem Arbeitsmarkt Fuß fassen konnte. Also ging ich wieder zurück und studierte an der Schweizer Zweigstelle einer großen amerikanischen Designschule.

Drei Länder haben in der Geschichte des Autodesigns eine wichtige Rolle gespielt. Das erste ist Italien. Der italienische Stil ist für mich der Maßstab. Auch wenn ich später ein großer Sammler von Porsche und den deutschen Sportwagen allgemein wurde, haben mich die dortigen Designer stark geprägt. Ich denke da an Pininfarina, Giugiaro, Bertone oder Zagato ... und nicht zu vergessen die kleineren Akteure wie Michelotti oder Scaglietti, Karosseriebauer, die Maßanfertigungen für große Marken wie Ferrari anfertigten.

Das italienische Design hat sich im Laufe der Zeit weiterentwickelt. Es wurde in den 1970er Jahren demokratisiert. So entwarf Giorgetto Giugiaro Fahrzeuge wie den VW Golf, den Hyundai Pony (mit seinem Design begründete er das koreanische Automobil) und den Lancia Delta: Autos, die die gleiche stilistische DNA aufweisen. Andere Akteure wie Bertone hingegen orientierten sich eher an den Konzeptfahrzeugen, die auf der Messe vorgestellt wurden. Der Lamborghini Countach ist eines der extremsten Autos, die er je produziert hat. Er wurde von Marcello Gandini entworfen, einem der Designer, die wie Giugiaro oder Deschamps bei Bertone ausgebildet wurden. Italienisches Design war Haute Couture, das Flamboyante, Prestigeträchtige. Die italienischen Designer wurden zu Aushängeschildern der Fahrzeuggestaltung.

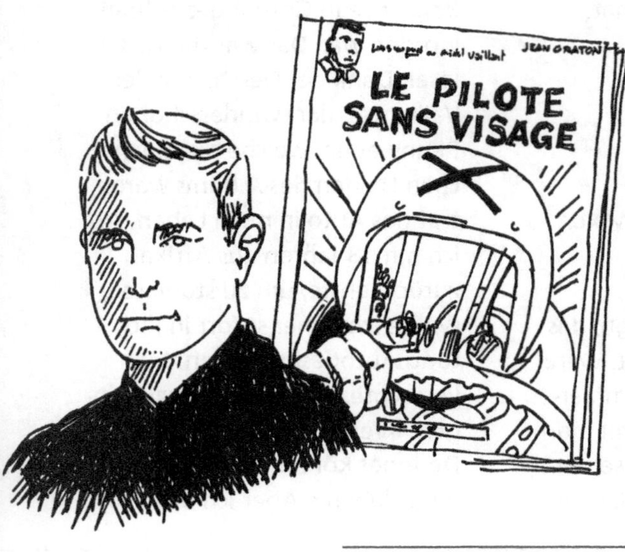

Sie haben das Entwerfen von Autos zu einem aufregenden Beruf gemacht. Sie waren es, die mich inspiriert haben. Sie haben viele Menschen animiert, den Beruf des Autodesigners zu ergreifen. Es gibt viele Designer auf der Welt, aber sie sind die einzigen, die es geschafft haben, ihre Designs zu exportieren. Pininfarina entwarf Hondas in Japan, den Rolls-Royce Camargue in England, das Peugeot 406 Coupé in Frankreich und das Cadillac Allanté Cabriolet in den USA. Bertone entwarf den Citroën und den Škoda Favorit, Michelotti den Triumph Spitfire auf der anderen Seite des Ärmelkanals.
Neben der italienischen Schule entwickelte das französische Design einen anderen Ansatz, indem es Künstler mit einbezog. So war es beispielsweise der italienische Bildhauer Flaminio Bertoni, der bei Citroën den 2 CV und den DS entwarf. Der Rückgriff auf diese Künstler spiegelte die raffiniertere Einstellung des französischen Verbrauchers wider. Zwar wurde in Frankreich die Nutzung von Autos schon sehr früh demokratisiert. Aber viele sehr hinreißend gezeichnete Fahrzeuge sorgten bei Marken wie Panhard oder Facel Vega für gute Zeiten. Das war die Haute Couture der französischen Industrie.
Die dritte Schule schließlich ist die der Vereinigten Staaten. Jenseits des Atlantiks orientierte sich die Automobilbranche lange Zeit an Zukunftsvisionen. Die Amerikaner träumten davon, Fahrzeuge zu entwickeln, die von der Luft- und Raumfahrt, von Raketen und Flugkörpern inspiriert waren. Es war der neue Kontinent, auf dem alles möglich war.
Der kreative Prozess war von Schule zu Schule sehr unterschiedlich. Doch ziemlich schnell setzten die USA ihre Spielregeln durch. Sie schufen einen neuen Standard, der auf der Verwendung von »clay«, synthetischem Ton, zur Herstellung von Modellen in Originalgröße beruhte. Dieses Material wird formbar, wenn es auf 50 oder 60 °C erhitzt wird. Wenn es abkühlt, härtet es aus und lässt sich formen. Anschließend kann man es lackieren und so den Eindruck eines fertigen Autos vermitteln. Diese Methode wurde zuerst im Studio von General Motors angewandt und anschließend weltweit. Das führte dazu, dass ein neuer Beruf entstand, nämlich der des Clay-Modelleurs.

Die USA setzten auch Maßstäbe bei der Ausbildung von Designern, indem sie zwei Institutionen gründeten. Erstens das »Art Center College of Design« in Pasadena, Kalifornien, das den Abschluss vergab, den jeder Designer haben musste, auch die Europäer. Ein großer Vorteil bestand darin, dass an diesem Institut professionelle Designer Vorlesungen hielten und die Gelegenheit nutzten, um die besten Talente innerhalb der Schule aufzuspüren und womöglich zu verpflichten. Dann, zweitens, das »College for Creative Studies« in Detroit, wo zum Beispiel die Französin Anne Asensio ausgebildet wurde, die Frau mit der erfolgreichsten Karriere im Automobildesign. Sie arbeitete bei Renault und vor allem bei General Motors in den USA, bevor sie zu Dassault wechselte.

Mit dem Ton und ihren Schulen haben die USA das moderne Autodesign, wie wir es heute kennen, geprägt. Nur Italien versuchte, seinen eigenen Weg zu gehen, indem es bis in die frühen 2000er Jahre weiterhin Autos aus Gips herstellte.

Doch das goldene Zeitalter des italienischen Designs ging schließlich zu Ende.

Die meisten Automobilunternehmen begannen nun, eigene Designbüros zu gründen. Zunächst war es ein wenig attraktiver Beruf. Einige Enthusiasten, Künstler und Formgestalter aus anderen Branchen lieferten Entwürfe nach Bestellung. Das war günstiger, als einen externen Designer zu beauftragen, kleine Zeichnungen anzufertigen. Oft übernahmen die Personen, welche die industrielle Umsetzung eines bei Pininfarina, Bertone oder Giugiaro gekauften Entwurfs begleitet hatten, die Leitung der firmeninternen Designstudios.

Es gab aber auch Designer, die ihr Handwerk von der Pike auf bei den Italienern gelernt hatten. Paul Bracq begann seine Karriere in Italien, bevor er nach Deutschland und dann nach Frankreich zu Peugeot ging. Mit diesen in den Konzern integrierten Designbüros haben die Marken ihre stilistische DNA geschaffen. Sie setzten Chefdesigner ein, die schließlich externe Vorschläge ausschlossen.

Unweigerlich begann der Niedergang der italienischen Stilzentren. Zunächst expandierten sie auf neue Märkte wie Asien. Doch auch die asiatischen Hersteller lernten, ihre Autos selbst zu entwerfen. Schließlich sahen sich aber auch die Designbüros der Konzerne vor neue Herausforderungen gestellt. Mit der Internationalisierung der Automobilbranche wurde auch das Design zu einem globalen Produkt. Man musste sich daran gewöhnen, Autos zu bauen, die in jedem Land anderen Normen entsprechen. Das vervielfachte die kreativen Einschränkungen, wie etwa die Größe der Stoßstangen oder der Abstand der Rückleuchten.

Am schlimmsten wirkte sich aber die Einführung von Marketingtests aus. Sie haben das Design nach unten nivelliert. Wenn Sie heutige Verbraucher fragen, welches Auto er in drei, vier oder fünf Jahren haben möchte, antwortet er unweigerlich: das gleiche Auto. Deshalb sehen alle SUVs gleich aus!

Wenn Ihr Entwurf gleichzeitig amerikanischen, französischen oder asiatischen Verbrauchern gefallen muss, werden Sie tunlichst Irritationen vermeiden. Doch eine gestalterische Revolution ist dann nicht mehr möglich. Es stimmt, dass der Verzicht auf Kundentests enorm viel Mut erfordert. Ein Unternehmen, das gewachsen ist, wird sehr ängstlich. Es hat viel zu verlieren. Ein Modell, das sich nicht verkauft, kann dazu führen, dass eine Fabrik geschlossen wird. Sie müssen vorsichtig sein, denn sie spüren den Druck der Gewerkschaften.

Mit dem Aufkommen von Elektroautos ändern sich die Spielregeln. Man muss kein Autohersteller mehr sein, um ein Auto zu entwickeln. Die Elektromotoren sind in allen Fahrzeugen mehr oder weniger gleich, es gibt keine speziellen Getriebe oder Aufhängungen mehr. Das ebnet den Weg für Start-ups wie Tesla in den USA. Plötzlich sind die etablierten Konzerne in Zuzwang geraten. Durch die neue Konkurrenz müssen sie sich selbst hinterfragen. Ich sehe das als eine große Chance. Selbst wenn sie nicht den Mut oder den Willen haben, ihr Unternehmen umzugestalten, werden sie dazu gezwungen sein, wenn sie nicht untergehen wollen.

Für das Design sind die Folgen der Elektrifizierung ziemlich weitreichend. Zunächst einmal müssen Sie 500 bis 800 Kilogramm an Batterien unterbringen. Aus Gründen der Fahrzeugbalance kann man sie nur unter der Fahrgastzelle unterbringen. Das führt dazu, dass man höhere Autos wie SUVs bauen muss.

Zweitens, weil traditionelle Komponenten verschwinden, angefangen mit dem großen Motorblock. Das vordere Abteil, in dem der Motor untergebracht war, ist nicht länger nötig. Logischerweise sollten wir mit der Rückkehr von Minivans rechnen. Im Moment zögern die Hersteller, allzu unkonventionelle Modelle anzubieten, da die Verbraucher auf klassische Weise – mit Skepsis – reagieren. Man möchte natürlich keine Kunden verlieren.
Als ich den ersten Tesla sah, hielt ich es für unglaublich, das Antriebskonzept mit einem von der Form her so klassischen Auto zu revolutionierten. Aber das war beabsichtigt: Nicht mehr die Zapfsäule ansteuern zu müssen bedeutete bereits einen großen Schock für die Verbraucher, da wollte man nicht auch noch den stilistischen Kanon in Frage stellen.
Tesla hat den Markt für weitere Hersteller geöffnet. Am Anfang lachten alle und dachten, Tesla würde nie Erfolg haben. Die Hunde bellten, aber die Karawane zog weiter. Und Tesla hat den Verbraucher auf alle neuen Marktteilnehmer, insbesondere auf die chinesischen, vorbereitet. Werden Elektroautos ihre Form verändern? Im Moment agiert man in kleinen Schritten. Wir rechtfertigen die Fronthaube, indem wir Gepäckraum oder einen Kabelschacht einbauen. Und man bringt dort auch Innenraumkomponenten unter wie etwa die Klimaanlage: Das führt zu einem schmaleren Armaturenbrett und mehr Platz für die Füße ...
Dieser vorsichtige Ansatz ist gerechtfertigt: Es ist der Erfolg der heutigen Fahrzeuge, der es ermöglicht, die Projekte von morgen zu finanzieren. Aber wir alle arbeiten am Elektroauto der Zukunft. Denn jede Krise ist für einen Designer ein gefundenes Fressen. Ein Designer, der sich damit zufriedengibt, innerhalb der bestehenden Normen zu wirken und agieren, ist wie ein Jäger, der es aufgegeben hat, neue Jagdreviere zu suchen.

Detroit

Als ich zum ersten Mal nach Detroit reiste, lag die Hauptstadt der Automobilindustrie bereits in Agonie. Sie war durch die Unfähigkeit der amerikanischen Hersteller, der Offensive der japanischen Autos zu begegnen, und durch die Finanzkrise in Mitleidenschaft gezogen worden. In

Armut versunken, der Kriminalität ausgeliefert und von Einwohnern entleert, bot die Stadt einen trostlosen Anblick. Das Zentrum erinnerte an eine Stadt in einem Kriegsgebiet. Man sah Gebäude, die brannten, ohne dass die Feuerwehr eingriff. Man brauchte nur aus dem Auto auszusteigen, um sich bedroht und unsicher zu fühlen. Kein Wunder also, dass die Stadt 2013 ihren Bankrott erklärte.

Doch genau hier wurde eines der ruhmreichsten Kapitel der Automobilgeschichte geschrieben. Und die Big Three der Branche (Ford, General Motors und Chrysler) sind hier noch immer ansässig.

In der 1701 von dem Franzosen Antoine de Lamothe-Cadillac gegründeten Stadt wurden Ende des 19. Jahrhunderts erste Fabriken errichtet. Henry Ford eröffnete hier 1896 eine Werkstatt, bevor er 1904 das nach ihm benannte Unternehmen gründete. Bis 1930 hatten sich alle Pioniere der Branche hier versammelten, von William Crapo Durant (General Motors)

über die Dodge-Brüder bis hin zu Walter Chrysler und den Packard-Brüdern: Detroit wurde zur »Motor City«.
Die große Depression der 1930er Jahre, die die US-Wirtschaft zum Erliegen brachte, traf sie jedoch ein erstes Mal hart. Doch sie erholte sich und konnte danach dank Roosevelts New Deal und dem Wirtschaftsboom der 1950er Jahre wieder an die guten Zeiten anknüpfen.
Ab Anfang der 1960er Jahre begann jedoch die Phase des dauerhaften Niedergangs ein. Die Bevölkerungszahl sank von 1,8 Millionen Menschen im Jahre 1950 auf etwas mehr als 600.000 heute. Diese Entwicklung ließ sich auch am Verlust der Industriearbeitsplätze ablesen. Der Tiefpunkt aber wurde während der Finanzkrise im Jahr 2008 erreicht. Der Zusammenbruch der Bank Lehman Brothers brachte das amerikanische Finanzsystem zu Fall und trieb Millionen von Haushalten in den Ruin, die sich für den Kauf ihrer Häuser hoch verschuldet hatten. Diesmal gingen die Automobilriesen allesamt in die Knie. Präsident Barack Obama griff selbst ein, um sie zu retten. Doch dies verhinderte nicht die Schließung von 59 Fabriken, die den Big Three gehörten. Die betroffenen Arbeiter verloren also oft gleichzeitig ihren Arbeitsplatz und ihr Dach über dem Kopf ...
Seitdem geht es in Detroit langsam wieder aufwärts. Nach der Umstrukturierung stehen die amerikanischen Autohersteller wieder besser da, und auch sie stellen auf elektrische Energie um. Die Stadt bleibt eine Hochburg des Automobils. Jedes Jahr ist ihre Automesse ein Treffpunkt für unsere Industrie. Auf den Straßen sind einige zaghafte Zeichen der Erneuerung zu erkennen, vor allem im kulturellen Bereich. Die Rückkehr zum Wohlstand des 20. Jahrhunderts scheint jedoch noch ein ferner Traum zu sein.

Deutschlands Automobilbranche

von Oliver Blume, Vorstandsvorsitzender der Volkswagen AG

Wir Deutschen und unsere Autos: Unser liebstes Kind, wie man gern sagt. Wir sind ein Autoland. Wir sehen uns als Wiege des Automobils. Heimat von Audi, BMW, Mercedes, Opel, Porsche, Volkswagen. Und ja, wir sind stolz darauf.

Deutsche Autos genießen hohes Ansehen, weltweit. Unsere Marken haben Tradition und Strahlkraft. Sie haben manch Ikone hervorgebracht. Autos, mit denen viele Menschen überall auf der Welt Träume, Geschichten und Erinnerungen verbinden. Ein Auto, das man nicht kauft, weil man irgendeins braucht. Sondern eines, das man kauft, weil man genau dieses haben will. Beim Porsche 911 geht das seit 60 Jahren so. Der VW Käfer wurde zum Sinnbild des deutschen Wirtschaftswunders. Der VW Golf sogar zum Namensgeber einer ganzen Epoche: der Generation Golf.

Das Auto gehört zu Deutschland wie das Brandenburger Tor, Bier, Vollkornbrot und die Fußball-Bundesliga. Es ist ein großes Thema in allen Facetten: Wirtschaftlich, politisch, ökologisch, gesellschaftlich – und emotional obendrein.

Dabei begann der Aufstieg der Automobilbranche zum prägenden Wirtschaftszweig in Deutschland relativ spät, erst nach dem Zweiten Weltkrieg – und damit Jahrzehnte nach den wegweisenden Erfindungen der Auto-Pioniere Gottlieb Daimler, Carl Benz und Ferdinand Porsche gegen Ende des 19. und im Übergang

zum 20. Jahrhundert.

Verglichen mit anderen technikbegeisterten Ländern wie den USA und auch Frankreich kam der Automobilismus bei uns langsamer in Fahrt. Bis in die 1930er-Jahre waren Autos in Deutschland ein elitäres Luxusgut, das sich nur wenige leisten konnten. Der Wunsch nach Massenmobilität wurde dann von den Nazis für ihre Propaganda missbraucht. Erst nach dem Zweiten Weltkrieg wurde das Automobil demokratisiert.

Nach den entbehrungsreichen Nachkriegsjahren versprach das Auto so etwas wie Freiheit und Unabhängigkeit. Zugleich bot die dahinterstehende Industrie sichere Arbeitsplätze für viele Menschen – und damit breiten Bevölkerungsschichten erstmals

einen bescheidenen Wohlstand. Mit der ganzen Familie im VW Käfer über die Alpen in den Sommerurlaub im Süden – in der deutschen Erinnerungskultur hat dieses Bild einen festen Platz.
So wurden das Auto und die exportorientierte Automobilindustrie zum zugkräftigen Motor des Wirtschaftswunders. Dass »made in Germany« als Qualitätsmerkmal auch weltweit zunehmend anerkannt und gefragt war, gab einer nach dem Krieg auch moralisch am Boden liegenden Nation zudem etwas Stolz zurück. Umfragen zeigen auch heute noch: Dass Deutschland eine führende Rolle im Automobilbau spielt, ist für viele Menschen hierzulande immer noch identitätsstiftend.
Das Auto steht für uns sinnbildlich für Mobilität, aber auch für Technologie und Innovationen, für Arbeitsplätze und Wohlstand.
Unangefochten ist die Automobilbranche der bedeutendste Industriezweig in Deutschland. Im Jahr 2022 waren mehr als 770.000 Menschen entweder direkt bei den Herstellern oder in der ebenfalls starken Zulieferindustrie beschäftigt. Der Umsatz der gesamten Branche lag bei mehr als 500 Milliarden Euro.
Der Pioniergeist unserer Unternehmen hat uns erfolgreich gemacht. Die deutschen Autokonzerne verfügen über sehr großes Knowhow. Über eine Vielzahl an Patenten. Über modernste Fabriken. Und wir haben hochqualifizierte Menschen in unseren Unternehmen. Wir müssen uns das selbst immer mal wieder sagen, weil wir dazu neigen, den Standort schlechtzureden.
Es gibt ein über die Jahre eng miteinander verwachsenes Netzwerk aus Herstellern, Zulieferern, Start-ups und Forschungseinrichtungen, die gemeinsam daran arbeiten, neue Technologien zu entwickeln und auf den Markt zu bringen. Von allen Beschäftigten, die in der deutschen Wirtschaft insgesamt in der Forschung tätig sind, arbeitet laut Statistik fast jeder dritte in der Automobilindustrie.
Die deutschen Hersteller waren im Laufe der Jahrzehnte stets wichtige Impulsgeber in der Motorenentwicklung, in puncto Effizienz, bei der Sicherheit und beim Komfort. Vieles, was inzwischen zur Standardausrüstung der meisten Autos gehört, hat seinen Siegeszug von hier aus angetreten: der Airbag genauso wie das Navigations-

gerät oder das Anti-Blockier-System.
Wenn Sie mich fragen: Das ist nicht nur das, was die deutsche Autoindustrie stark gemacht hat. Das ist auch das, was sie erhalten muss.
Und was genauso wichtig ist: Die Frage der Zukunftsfähigkeit ist keine Frage der Nationalität. Sondern ob die Automobilindustrie insgesamt die richtigen Antworten auf die großen Herausforderungen unserer Zeit findet – bei allem gesunden und vor allem fairen Wettbewerb untereinander.
Der europäische Gedanke lebt in länderübergreifenden Konzernverbünden wie Volkswagen. Und ich bin ein großer Fan davon. Diese Entwicklung hat ökonomisch und gesellschaftlich viel zur Völkerverständigung beigetragen.
Unsere Branche verändert sich schneller als je zuvor in ihrer Geschichte – und das eben nicht nur in Deutschland. Es geht um Dekarbonisierung, Digitalisierung und den Wandel zur Elektromobilität. Für die Unternehmen geht es dabei aber um weit mehr als nur um neue Technologien. Es erfordert einen radikalen Wandel im Denken – von der Art und Weise, wie wir Fahrzeuge entwickeln und produzieren, über die verschiedenen Prozesse im Unternehmen bis hin zu unseren Geschäftsmodellen.
In Sachen Nachhaltigkeit haben wir uns ambitionierte Ziele gesetzt. Denn für uns ist völlig klar: Unseren Nachfahren eine lebenswerte Welt zu hinterlassen, ist die wohl größte Herausforderung unserer Generation. Schon heute sehen und spüren wir die Auswirkungen des Klimawandels. Da kommen wir auch um eine grundsätzliche Diskussion über die Zukunft des Autos und der Mobilität insgesamt nicht herum. Dieser Diskussion stehen wir offen gegenüber.
Klar ist aber auch: Individuelle Mobilität in Form eines Autos war und ist für viele Menschen überall auf der Welt ein ganz wesentlicher, ja unverzichtbarer Teil ihres Lebens. Mobil zu sein, von A nach B und wieder zurück zu kommen, wann und wie ich will – das bedeutet Flexibilität. Es bedeutet Teilhabe.
Und es bedeutet Freiheit.
Wer auf dem Dorf groß geworden ist und eines lang ersehnten Tages endlich alt genug war für den Führerschein, der weiß, was ich meine. Und ich bin fest davon überzeugt, dass das auch in Zukunft so sein wird. Wir

werden also auch im 21. Jahrhundert noch gebraucht. Mit überzeugenden Antworten auf die drängenden Fragen unserer Zeit.
Der globale Wettbewerb ist zuletzt noch einmal deutlich intensiver geworden – befeuert vor allem von neuen Herstellern aus China. Die dortige Autoindustrie hat viel gelernt und legt jetzt ein beeindruckendes Innovationstempo bei E-Mobilität und Digitalisierung vor. Aber wir respektieren und schätzen jede Art von Wettbewerb. Er spornt an, und darüber entstehen Innovationen. Im Sinne unserer Kundinnen und Kunden. In den 1980er-Jahren waren es japanische Hersteller, die nach Europa kamen. Später kam der Wettbewerb aus Korea. Am Ende ist die deutsche, die europäische Automobilindustrie immer gestärkt aus solchen Entwicklungen hervorgegangen.
Ich bin überzeugt: Das wird ihr auch diesmal gelingen – wenn sie sich auf ihre Stärken besinnt. Von der Fahrdynamik verstehen wir noch immer so viel wie kaum jemand sonst auf der Welt. Unser Qualitätsniveau ist hoch. Die Qualifikation unserer erfahrenen Beschäftigten ebenfalls. Wir können auf enorme Kapazitäten in der Forschung zugreifen. Und: Wir haben starke Marken.
Wir sind auch offen, von anderen etwas zu lernen. Wir suchen uns starke Partner, um Entwicklungen gemeinsam voranzutreiben – und gemeinsam davon zu profitieren. Wir schotten uns nicht ab. Aber wir stellen uns breiter auf, um Risiken und Abhängigkeiten zu minimieren. Und wir hören noch genauer zu und gehen auf die speziellen Interessen der Kunden in einzelnen Märkten ein – indem wir die Entwicklungskapazitäten insbesondere in China ausbauen.
Dazu brauchen wir die Unterstützung der Politik. Und das nicht nur in Deutschland, sondern in Europa insgesamt. Aber wir brauchen keine Politik gegen irgendwen oder irgendwas. Sondern eine, die unsere eigene, unsere europäische Position im internationalen Wettbewerb stärkt. Das fängt an bei der Energiepolitik und dem Ausbau der erneuerbaren Energien, geht über die Rohstoffbeschaffung und die Rohstoffveredelung weiter bis zum Aufbau europäischer Wertschöpfungsketten für Elektromobilität und das autonome Fahren.
Wir bestehen als Automobilindustrie in diesem Wandel nicht, wenn wir uns an Bewährtes

klammern. Aber auch nicht, wenn wir jetzt schnell alles über Bord werfen, was uns über Jahrzehnte stark und erfolgreich gemacht hat. Wir müssen unsere Stärken nutzen und mit neuen Ideen und klaren Konzepten in die Zukunft überführen. Dafür brauchen wir Planungssicherheit und Weitsicht. Dann können wir die Transformation von der Spitze weg gestalten.
Nur wenn wir uns wandeln, werden wir unsere Bedeutung bewahren. Ich würde sogar sagen: Gerade weil wir uns immer wieder wandeln, bewahren wir unsere Bedeutung. Wir haben schon oft bewiesen, dass das so ist – und dass wir das können. Und ich bin sehr zuversichtlich, dass uns das auch in der Zukunft gelingt.

DS

Es lässt sich nicht leugnen, dass die Stimmung bei Renault im Sommer 1955 gedrückt war. Der Automobilsalon rückte näher, und von allen Seiten sickerten immer genauere Informationen über die bevorstehende Einführung eines neuen Citroën durch, der als revolutionär beschrieben wurde. Obwohl die Marke mit dem Doppelwinkel alles dementierte und sich mit einer paranoiden Geheimhaltung umgab, wurden die Gerüchte immer hartnäckiger. Bis *L'Auto-Journal* am 15. September 1955 gestohlene Fotos und technische Dokumente veröffentlichte, die das Wesentliche über den zukünftigen Star enthüllten. Dieser aufsehenerregende Scoop brachte dem Magazin eine Klage von Citroën ein, samt Hausdurchsuchungen, Beschattungen und Abhöraktionen. Damals kannte man in Sachen Betriebsgeheimnis keinen Spaß. Der Prozess dauerte zwölf Jahre. Er endete mit einer Einstellung des Verfahrens.
In der Zwischenzeit hatte *L'Auto-Journal* Recht behalten: Die DS war eine echte Bombe. Ein Schock. Schon bei der Eröffnung des Salons am 6. Oktober wurde der Citroën-Stand gestürmt. Der Nachfolger des Traction Avant schwebte wie ein Science-Fiction-Objekt, das am Vortag gelandet zu sein schien, über dem Messestand. Die Besucher staunten über das Aussehen dieser fliegenden Untertasse, die schlanke Karosserie aus Kunststoff und Aluminiumlegierungen, die selbsttragende Struktur ohne Rahmen, das Einspeichenlenkrad, die Panorama-Windschutzscheibe

... Verblüfft waren sie von der Fülle an futuristischen Technologien, der hydropneumatischen Federung mit Niveauregulierung, den Servo-Bremsen und der halbautomatischen hydraulischen Kupplung. Mit der DS 19 brach für die französische Automobilindustrie plötzlich eine neue Ära an. Die Bestellungen gingen in Massen ein: 749 waren es nach der ersten Dreiviertelstunde; 12.000 am Abend des ersten Tages. Das hatte es noch nie gegeben und würde es auch nie wieder geben. Ein klitzekleines Problem indessen bestand in der Tatsache, dass es bislang nur etwa 30 Exemplare gab. Und trotz eines schnellen Produktionshochlaufs betrug die Lieferzeit mehr als 15 Monate. Infolgedessen kam es bei der ersten Serie häufig zu Hydraulikausfällen. Erschwerend kam hinzu, dass das Händlernetz von der Flut an Innovationen überfordert war, denn man hatte ihnen keine Zeit gegeben, sich damit angemessen vertraut zu machen. Der Ruf der Unzuverlässigkeit haftete lange an den Reifen des Autos.

Es gab sogar Witze darüber: »Ich kann es mir den Unterhalt eines DS nicht leisten. Also fahre ich einen Rolls.«

Egal, mit dem Citroën-Wahnsinn gewann Frankreich seinen industriellen Stolz zurück. Mit ihm trat das Land in die »Wachstumsjahre« ein, in denen alles möglich schien. Die DS wurde sofort von Politikern, hohen Beamten, Wirtschaftsführern und Vielfahrern akzeptiert. Sie belebte die Fuhrparks der mit Kokarde geschmückten Autos, die in den Höfen der Ministerien parkten. Und sie begann eine vielfältige Filmkarriere, als Symbol der wohlhabenden Bourgeoisie der 1960er Jahre, als Königin der Stunts, als Lieblingsauto von Top-Cops und Gangstern gleichermaßen. Von Gérard Ourys *Le Cerveau* (Das Superhirn) über Steven Spielbergs *Catch me if you can* bis hin zu *Fantomas*, wo er sich in ein Flugzeug verwandelt, war der Citroën das filmisch am meisten inszenierte französische Auto.

1957 überhöhte ihn der Philosoph und Semiologe Roland Barthes in seinem Hauptwerk *Mythologies*: »Der neue Citroën fällt offensichtlich insofern vom Himmel, als er sich zunächst als superlatives Objekt präsentiert [...] und es könnte sein, dass die Déesse einen Wandel in der Automobilmythologie markiert.«

Im Jahr 1958 avancierte die DS zur offiziellen Staatslimousine von General de Gaulle. Der Wagen begleitete den Präsidenten auf fast allen seinen Reisen und war der fahrende Beweis für das blauweißrote Know-how in Sachen Fahrzeugbau. Mit dem Attentat von Petit-Clamart am 22. August 1962 wuchsen Bekanntheitsgrad und Mythos noch weiter. An diesem Tag waren nämlich der General, seine Frau und ihr Schwiegersohn unterwegs zum Flughafen Villacoublay. Auf dem Weg dorthin verübte ein OAS-Kommando (OAS = Organisation armée secrète, eine nationalistische Terrororganisation) einen Anschlag mit Schnellfeuergewehren: 187 Kugeln wurden abgegeben, von denen nur 14 die Karosserie trafen. Keiner der Passagiere wurde verletzt. Diese wundersame Bilanz war nicht nur dem Ge-schick des Fahrers, sondern auch den Fahrqualitäten der DS zu verdanken, denn sie konnte trotz zerschossener Reifen ihren Kurs halten.

Die Déesse – die »Göttin«, so der Spitzname – wurde zur Königin auf Frankreichs Straßen und den aufkommenden Autobahnen, und niemand machte ihr je die Krone streitig. Im Laufe der

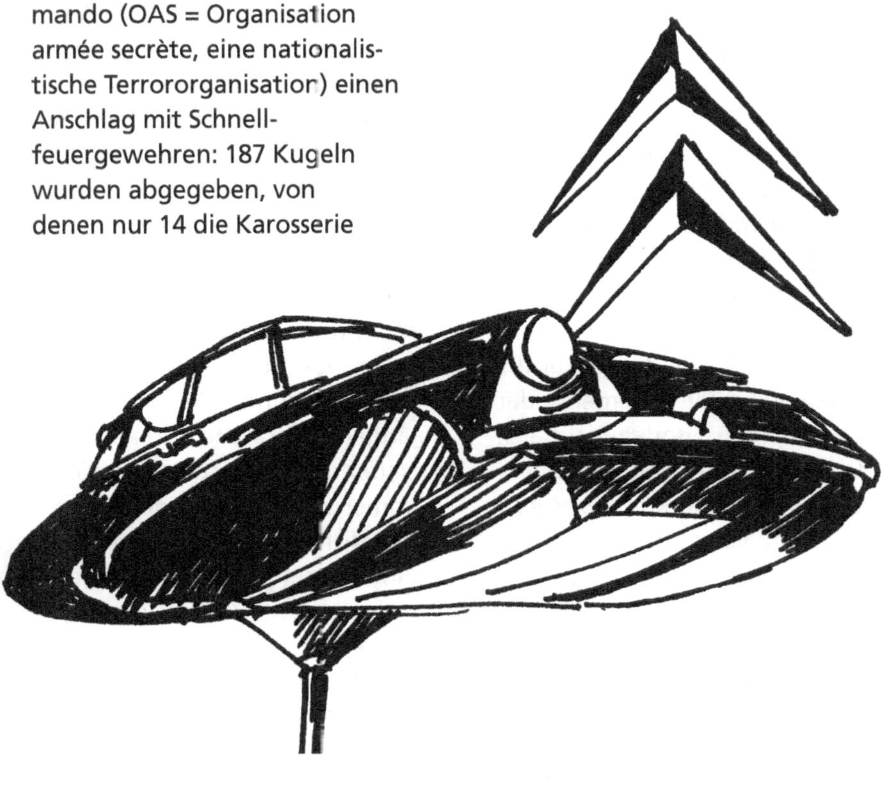

Jahre erschien sie in immer wieder neuen Versionen und verblüffte jedes Mal mit immer wieder kühnen technologischen Neuheiten. Im Jahr 1961 erschien die erhabene Cabriolet-Variante des Karosseriebauers Chapron, deren Preis heute die 200.000 Euro längst schon überschritten hat. 1964 folgte die Pallas-Ausstattung mit Clubsesseln mit üppigen Wülsten, braunem Leder, dicken Polstern und weichen Teppichen. Es folgten die elektronische Kraftstoffeinspritzung und die schwenkbaren Scheinwerfer, um Kurven besser auszuleuchten.

Als kleine Randnotiz: 1966 gab es auch eine speziell für den italienischen Markt entwickelte Variante mit einem leicht aufgemotzten Motor. Denn laut dem damaligen Generaldirektor von Citroën Italia reichte die ursprüngliche Leistung »für das vulkanische Temperament« der transalpinen Kunden nicht aus. Die Argumente, mit denen der Wagen dann verkauft wurde, lauteten: »Elasticità, nervosità, velocità«. Da braucht man keine Übersetzung, oder?

1975 hielt die DS die großen deutschen Limousinen noch in Schach. Ein Fachjournalist stellte sie auf den ultimativen Prüfstand: »Ihre Fahrsicherheit ist phänomenal. Selbst bei Regen schneidet sie die Straße wie ein Torpedo bei schlechtem Wetter, indem sie eine riesige Wasserfontäne aufwirbelt, die ihre Verfolger blendet. Die Lenkung verleiht dem Auto eine erstaunliche Lebendigkeit in den Kurven.« In diesem Jahr verabschiedete sich die DS jedoch von der Bildfläche. Zwanzig Jahre nach ihrer Vorstellung und siebenunddreißig Jahre nach dem Start des Projekts. Denn im Jahr 1938 entstand bereits der erste Entwurf unter dem Codenamen VGD (für »véhicule à grande diffusion«). Der Beginn einer Geschichte voller Wendungen, die, wie wir gesehen haben, bis zum allerletzten Moment streng geheim bleiben sollte. Diese Entstehungsgeschichte ist lehrreich und beweist, dass die Automobilindustrie früher wie heute auf längere Zeiträume und auf Dauer angelegt ist. Das ist nicht immer vereinbar mit den plötzlichen regulatorischen Einschnitten, die unsere Abgeordneten und Verwaltungen vorgeben.

Im Jahr 1938 hieß der Chef also Pierre Boulanger. Vorausschauend dachte er bereits an die

Nachfolge des Traction Avant, obwohl dieser erst seit kurzem auf dem Markt war. Der VGD sollte ein avantgardistisches Aushängeschild der Marke werden, ausgestattet mit den modernsten Techniken seiner Zeit. Seine Parole an die Ingenieure: »Denkt über alles nach, auch das Unvernünftige«. Das war alles, was sie wollten! Es bildete sich eine Gruppe unter Leitung des notorischen Nonkonformisten André Lefebvre, der beim Flugzeugbauer Gabriel Voisin gelernt hatte und dort das Vierradfahrwerk erfand. Später wurde er wegen Unverschämtheit von Renault gefeuert. Citroën holte ihn zurück in die Branche und gewährte ihm große Freiheiten, um am Traction und später am VGD zu arbeiten. Während der Besatzungszeit wurde das Projekt unter absoluter Geheimhaltung vorangetrieben, weit weg von der Neugier der Deutschen. Verblüffenderweise standen die Grundzüge der zukünftigen DS jedoch bereits fest: abfallende Motorhaube, leichte Karosserie, hydraulische Federung.
Ab 1945 wurden die Studien in beschleunigtem Tempo wieder aufgenommen. Und auch die Entscheidungen wurden mutiger. Insbesondere beim Design, das von Flaminio Bertoni geleitet wurde, der auch den 2 CV und den zukünftigen Ami 6 entwarf.
Auch bei der Kraftübertragung und der Lenkung entschied man sich für die Hydraulik. Nach zahlreichen Tests und Testfahrten, von denen einige katastrophal verliefen, war die DS schließlich bereit für die Premiere auf dem Automobilsalon 1955. Und den Erfolg, den man kennt.
Im folgenden Jahr, 1956, sagte Ferdinand Porsche über André Lefebvre und sein Werk: »Er ist ein Genie. Ich habe noch nie so viel konzentrierte Technik in einem Serienauto gesehen«.

Aus dem Munde des Erfinders des Käfers hatte diese Hommage ein gewisses Gewicht.

E

E-Fuels

Nehmen Sie Wasserstoff, erzeugt aus erneuerbaren Energien, und Kohlendioxid, das zum Beispiel bei bestimmten industriellen Prozessen freigesetzt wird. Mischen Sie das Ganze. Sie erhalten einen neuen, sogenannten »synthetischen« Kraftstoff, der Autos antreiben und Flugzeuge in der Luft halten kann. Der Vorteil dieser Lösung, die bereits in der Luftfahrtindustrie, aber auch in der Formel 1 zum Einsatz kommt, besteht in ihrer Klimaneutralität: Die Menge an emittiertem Kohlenstoffdioxid entspricht exakt jener Menge, die im Vorfeld zur Kraftstofferzeugung eingesetzt wurde. E-Fuels (E-Kraftstoffe), so ihr Name, können alle bestehenden Fahrzeuge ohne zusätzliche Umrüstung verwenden. Dadurch wird das Problem der 1,5 Milliarden Fahrzeuge mit Verbrennungsmotoren, die weltweit noch für sehr viele Jahre im Umlauf sein werden, angegangen, bis sich die Elektromobilität durchgesetzt hat.
Wie können ausreichende Mengen produziert werden? Es wird Zeit und zig Milliarden Euro an industriellen Investitionen brauchen, um die Nachfrage zu befriedigen. Aber der Wille ist da. Die Technologie ebenfalls. Die erdölproduzierenden Länder wissen, dass ihre Reserven irgendwann zur Neige gehen werden. Sie bereiten sich daher darauf vor, neue Einnahmequellen zu erschließen. Dank riesiger Solarfarmen werden sie große Mengen Wasserstoff produzieren können. Der Wasserstoff wird vor Ort in E-Fuel umgewandelt, das wesentlich leichter zu transportieren ist, und kann das Logistiksystem des schwarzen Goldes nutzen: Supertanker, Pipelines etc. Meiner Meinung nach sind E-Fuels die ideale und unverzichtbare Ergänzung zur Elektrizität. Machen wir uns auf den Weg!

Elektromobilität

Tesla hat nicht alles erfunden. Ende des 19. Jahrhunderts gab es bereits elektrisch angetriebene Automobile. Danach aber haben der Verbrennungsmotor und der König Öl die Macht ergriffen und regierten über ein Jahrhundert lang unangefochten. Doch diese lange Ära der Dominanz geht nun zu Ende, und es wird kein Zurück mehr geben: Unabhängig von den Schwierigkeiten auf dem Weg zur Energiewende arbeiten alle Automobilhersteller an der schrittweisen Verringerung der CO_2-Emissionen bis hin zum gänzlich schadstofffreien Fahren. Sie alle investieren massiv, um den für 2035 festgelegten Termin einzuhalten: Ab diesem Zeitpunkt sollen in Europa keine Fahrzeuge mit Verbrennungsmotor mehr gebaut werden.

Es ist eine unbestreitbare Tatsache, dass Elektroautos die Umweltbelastung reduzieren und die Luftqualität verbessern. In den Großstädten sind Abgase und Autolärm zu einem echten Problem geworden, das auf diese Weise allmählich gelöst wird. Das Wohlbefinden und die Gesundheit der Stadtbewohner stehen, wenn sich nichts ändert, eindeutig auf dem Spiel. Da sich alle einig sind, dass der CO_2-Fußabdruck von Autos verringert werden muss, stellt der Umstieg auf die Elektromobilität die Lösung dar.

Ich unterstütze diesen ökologischen Kampf umso mehr, als er den Fortschritt beflügelt. Nur durch Innovation wird es möglich sein, Elektroautos zu entwickeln, die preislich wettbewerbsfähig sind. Wie schon zuvor in der Industriegeschichte schickt sich das Automobil an, jene Rolle zu übernehmen, die es schon immer gespielt hat: eine neue Technologie zu demokratisieren und zuverlässig zu machen. Von den erzielten Fortschritten werden auch andere Industriezweige profitieren. Beispiel: Die Arbeit an Batterien wird zu einer Verbesserung der Batterien führen, die wir täglich benutzen.

Diese beispiellose Umstellung auf Elektrofahrzeuge stellt eine echte industrielle Revolution dar. Sie wirft jedoch mindestens drei Fragen auf.

Die erste lautet: Werden die Preise für Autos sinken? Die Antwort lautet: ja, aber vielleicht nicht so sehr, wie man es sich wünschen würde. Bis 2030 dürften die Preise für Elektroautos allmählich sinken und sich den Preisen für Verbrenner annähern, denn deren Preise werden durch neue Standards nach oben getrieben. Die Kosten für die Batterien verhindern derzeit noch den Preisrückgang. Mit 7000 bis 8000 Euro machen sie beim E-Autos einen großen Teil der Kosten aus. Es ist schwierig, wenn nicht gar unmöglich, unter diesen Bedingungen ein Auto für 15.000 Euro anzubieten. Natürlich werden diese Preise dank der riesigen neuen Fabriken, die überall errichtet werden, wahrscheinlich sinken. Bis 2030 sollen in Europa rund 40 Werke entstehen, vier davon in Frankreich: Eine Verdoppelung der Kapazitäten im Vergleich zu 2021. Doch die Steigerung der Produktionsmengen wird nicht ausreichen. Unter dem Druck der weltweiten und insbesondere der chinesischen Nachfrage werden die in den Batterien verwendeten Metalle (Lithium, Kobalt, Mangan, Nickel) teuer bleiben. Eine vergleichbare Situation findet sich in der Landwirtschaft: Bio-Obst wird immer teurer in der Produktion bleiben, weil es arbeitsintensiver ist. Der ökologische Wandel wird in allen Konsumbereichen zu höheren Preisen führen. Als Ausgleich wird das, was der Käufer eines Elektroautos beim Kauf mehr bezahlen muss, später wieder hereingeholt: Strom ist billiger als Benzin (rund 30 % über die Lebensdauer eines Fahrzeugs gerechnet), und die Wartungskosten sind nur halb so hoch.

Nächste Frage: Kann die Ladeinfrastruktur schnell genug ausgebaut werden?
Diese Herausforderung ist besonders groß. Die Hersteller verkaufen zwar Ladestationen an ihre Kunden, aber sie sind kaum in der Lage, flächendeckend Ladepunkte entlang der Straßen zu errichten. Es ist Aufgabe der öffentlichen Hand, den Aufbau von Ladestationen

zu orchestrieren und zu beschleunigen. In China stellt sich diese Frage nicht. Das Netz wird koordiniert und schnell aufgebaut. Der Vorteil einer staatlich straff gelenkten Wirtschaft ...

Dritte Frage: Welche Rolle wird Wasserstoff in diesem neuen Szenario spielen?
Die Technologie ist sehr interessant, aber auch ziemlich teuer. Im Gegensatz zu Elektrizität, die im Prinzip überall verfügbar ist, erfordert Wasserstoff den Aufbau einer speziellen Infrastruktur. Deshalb dürfte diese Technologie im Energiemix der Mobilität eine Randerscheinung bleiben. Sie scheint heute eher für große Fahrzeuge geeignet zu sein, insbesondere für Busse im öffentlichen Nahverkehr, die regelmäßig feste Punkte anfahren.
Es ist noch zu früh, um zu sagen, wer aus dem bevorstehenden Kampf um das beste Antriebskonzept der Zukunft als Sieger hervorgehen wird. Wenn wir uns für Elektrizität entscheiden, betreten wir eine neue Welt, die stark von der Arbeit von Forschungslabors und Wissenschaftlern abhängen wird. Sie sind es, die den Schlüssel zu unserer Zukunft in der Hand halten.

EUROPA

Das Europa des Automobils ist mein Leben. Seit Abschluss meines Studiums bin ich ständig von einem Land ins andere gereist. Ich hatte leitende Positionen bei den größten Herstellern des Kontinents inne, von Fiat über Renault bis hin zu Volkswagen, Audi, Seat und Toyota Europe. Ich habe in Brüssel, Turin, Wolfsburg, Barcelona und Paris gelebt. Überall habe ich mich eingelebt, überall habe ich zugeschaut, zugehört, gelernt und vor allem gehandelt. Im Laufe der Jahre habe ich also vielfältige Erfahrungen gesammelt, die es mir erlauben, einer Industrie, die eine der Lungen der europäischen Wirtschaft darstellt, eine schonungslose Diagnose zu stellen. Das Problem: Diese Lunge braucht im kritischsten Moment ihrer Geschichte, dem Übergang zur elektrischen Energie, Luft zum Atmen. Eine gigantische Herausforderung! Wir stehen zweifellos vor der größten Transformation in der zeitgenössischen Industriegeschichte. Alle Hersteller haben sich dieser Aufgabe mit vollem Einsatz gewidmet. Sie haben gigantische Investitionsprogramme (250 Milliarden Euro!) auf den Weg gebracht, um beim

voraussichtlichen Ende des Verbrennungsmotors im Jahr 2035 dabei zu sein. Die Herausforderung ist umso größer, als die Elektrizität die Karten völlig neu gemischt hat. Das Know-how von gestern tritt hinter neuen Disziplinen zurück. Abgesehen von den vier Rädern und der Karosserie werden die Autos von morgen nichts mehr mit denen von heute zu tun haben.
Wir müssen nun lernen, neue, extrem entwicklungsfähige Technologien wie die Batterietechnologie zu beherrschen. Und die eingebettete Software wird zum Lebensnerv, was den Einsatz neuer Kompetenzen erfordert, nämlich die der fünf großen Techkonzerne Google, Apple, Meta (ehemals Facebook), Amazon und Microsoft – GAFAM – und natürlich der künstlichen Intelligenz.
Das Problem ist, dass wir uns nicht den geringsten Fehler erlauben dürfen, um in diesem hochriskanten Rennen nicht abgehängt zu werden. Warum ist das so? Weil wir nicht allein auf der Welt sind. Mit dem Elektroantrieb fällt die Markteintrittshürde – die Entwicklung des sehr kompliziert herzustellenden Verbrennungsmotors – weg. Dieser technologische Urknall hat bereits Neueinsteiger wie Tesla glücklich gemacht.
Ohne historische Industrieanlagen, die es zu bewahren galt, getragen vom blinden Vertrauen der Finanzmärkte und unterstützt von Regierungen, konnte Tesla dank seiner Erfahrungen in anderen Wertschöpfungsketten (Raumfahrt, Energie usw.) neue Produktionsmethoden implementieren, hochmoderne »Gigafactories« bauen und weltweit schnell beneidenswerte Marktpositionen einnehmen.
Dies gilt umso mehr, als sich eine andere, noch furchterregendere Konkurrenz darauf vorbereitet, unsere Märkte zu erobern: die der chinesischen Hersteller. Im Wettbewerb um die weltweite Vormachtstellung im Automobilsektor, dem erklärten Ziel, verfügt China über mehrere strategische Trümpfe:
Es kontrolliert die Lieferketten für seltene Materialien, die für Batterien unerlässlich sind.
Dank seiner zahlreichen Unternehmen aus der Unterhaltungselektronik und der Tech-Branche (TCL, Huawei, Xiaomi ...) verfügen Chinas Hersteller über alle erforderlichen Komponenten (Bildschirme, Apps, Software, Halbleiter, künstliche Intelligenz), um Elektroautos zu echten

»Smartphones auf vier Rädern« zu machen.
Chinas Hersteller automatisieren ihre Fabriken bis in den letzten Winkel. Mehr als jeder zweite Fertigungsroboter, der weltweit installiert wird, findet seinen Platz in einer chinesischen Fabrik. Damit ist man auf allen Märkten wettbewerbsfähig.
Gut vierzig Hersteller stehen in beinhartem Wettbewerb, um zu den fünf oder zehn chinesischen Automobilherstellern zu gehören, die letztendlich überleben werden. Sie wetteifern um die besten Entwicklungen und haben auch keine Scheu davor, sich gegenseitig die Innovationen zu stehlen, was letztendlich gut für die Verbraucher ist.
Schließlich und vor allem tut die Regierung von Xi Jinping seit langem alles, auch durch die Ausgestaltung des Finanzsystems, um die heimische Automobilindustrie zur führenden der Welt zu machen. In diesem wie auch in anderen Bereichen hat die zweitgrößte Volkswirtschaft der Welt einen klaren Regulierungsrahmen geschaffen. Die Spielregeln sind so gestaltet, dass sie eine Verbesserung der Wettbewerbsfähigkeit des Systems bewirken. Natürlich sind die europäischen Hersteller nicht hilflos, wenn es darum geht, sich zu behaupten. Sie haben viele Trümpfe in der Hand: ihre Marken, die bei den Kunden sehr beliebt sind, ihr Gespür für Marketing, die Genialität ihrer Ingenieure, die Kreativität ihrer Designer und die Qualität ihrer Arbeitskräfte. Diese Vorteile allein werden jedoch nicht ausreichen. Auf globaler Ebene verliert die europäische Industrie Marktanteile. Mit dem Aufstieg Chinas wird sich dieser Rückgang wahrscheinlich noch verstärken.
Was kann man tun, um Widerstand zu leisten? Wo finden wir die Luft, die uns fehlt, um den Trend umzukehren?
Die Automobilindustrie spielte und spielt eine Schlüsselrolle für den Wohlstand des Kontinents. Einige Zahlen sollen dies verdeutlichen:

- sie beschäftigt 13 Millionen Menschen in Europa;
- 8 % der europäischen Arbeiter arbeiten in einer der 164 Fabriken;
- die Industrie hat im Jahr 2023 12,1 Millionen Autos produziert;
- sie macht 8 % des BSP und ein Drittel der europäischen Investitionen aus und
- sie erwirtschaftet einen Handelsüberschuss mit

dem Rest der Welt in Höhe von 102 Milliarden Euro. Nicht zu vergessen die Einnahmenseite: Autos bringen 392 Milliarden Euro an Steuereinnahmen ein. Eigentlich ist die Automobilindustrie so etwas wie die Industrie der Industrien. Alle Industriezweige haben eine Verbindung zu ihr. Wie schon oft über das Baugewerbe gesagt wurde: Wenn es dieser Branche gut geht, wird alles gut werden. Doch heute machen sich die Automobilhersteller Sorgen. Sie brauchen klare und stabile politische Entscheidungen, um diese Herausforderungen zu meistern. Sie hoffen, dass Europa umsteuert. Sie sind der Meinung, dass Europa eine echte Industriepolitik betreiben muss, von der auch die Automobilbranche profitieren kann. Und es muss seine Regulierungspolitik besser in den Griff bekommen. Vorschriften sind zwar notwendig, aber sie haben gezeigt, dass sie kontraproduktiv sein können. Zum Beispiel haben die Normen, die eingeführt wurden, um Autos sicherer zu machen, dazu geführt, dass diese schwerer und teurer geworden sind. Im Endergebnis behalten die Käufer ihre alten Fahrzeuge länger, was der Strategie der Dekarbonisierung zuwiderläuft. Außerdem ist das Regelwerk zu umfangreich und wirkt mit seinen vorgeschriebenen Umsetzungsfristen und Strafzahlungen bei Nichterreichen oftmals als strafendes Diktat.

Meiner Meinung nach muss Europa seinen eigenen Weg finden: ein Hybridmodell, das sowohl auf staatlichen Dirigismus setzt, um die Stabilität von Zielen und Methoden zu garantieren, als auch auf private Initiative. Dieser Weg muss alle Aspekte der Dekarbonisierung betrachten und sowohl innovative als auch vernünftige Entscheidungen anstoßen. Beispielsweise könnte man alle großen Städte dazu anhalten, ein ganzes Bündel an geeigneten Maßnahmen zu ergreifen, um kleine Elektroautos und Fahrzeuge nach möglichst neuesten Zulassungsrichtlinien zu begünstigen. Dies könnte das Segment der Stadtwagen beleben, die leichter, billiger und damit erschwinglicher sind und auch von der Herstellung bis zur Nutzung weniger CO_2-Emissionen verursachen.

Wie wird die Zukunft der europäischen Automobilindustrie sein, strahlend? Ich hoffe es, ich glaube es. Doch sicher ist: Einfach wird es bestimmt nicht werden. Ich kämpfe jeden Tag darum.

F

Fachsimpeleien

In Frankreich »hängen wir am Auto. Und ich liebe es«. Der Autor dieser Liebeserklärung ist Emmanuel Macron, der dies im September 2023 bei einem Auftritt im Fernsehen sagt. Eine Anspielung auf seinen fernen Vorgänger Georges Pompidou, der ebenfalls, allerdings ohne Mikrofon, seine Zuneigung zum »bagnole« (Auto) gestanden hatte. Eine erstaunliche Gemeinsamkeit zwischen den beiden Präsidenten, die als Literaten gelten. Trotzdem hätten sie auch »chignole«, »tire«, »caisse«, »vago«, »bahut«, »tacot«, »gamos« sagen können ... Lexikologen haben im Französischen mehr als 60 verschiedene Bezeichnungen für das Auto gezählt. Und das sind nur die schriftlich festgehaltenen, es gibt bestimmt noch mehr. Wie der Regisseur Michel Audiard schon sagte: »In Paris zu fahren, ist eine Frage des Vokabulars.« Der Kreativität auf diesem Gebiet sind beinahe keine Grenzen gesetzt. Innerhalb des Handels – und wir blenden dabei mal das breite Feld der farbigen Verbalinjurien aus, die tagtäglich im Straßenverkehr vorkommen – gibt es unzählige Bezeichnungen, mal mehr, mal weniger respektvoll für den Kunden. Regional durchaus unterschiedlich, aber letztlich verstehen sich die Brancheninsider durchaus. Ob jetzt »Gimpel«, »Trottel« oder »Flachpfeife«, stets gemeint ist der Kunde, dem man alles verkaufen kann. Manche französische Gebrauchtwagenhändler zum Beispiel sprechen untereinander vom »pauvre«, vom »Armen«, wenn sie einen Kunden haben, der – anders als die Bezeichnung vermuten lässt – zu viel Geld hat, und vom »Traflou«, wenn ihnen ein zweifelhafter Kunde auf den Hof schneit. Angesichts dessen ist man als Kunde gut beraten, sich auch ein wenig Fachjargon anzueignen. Ein »Blender« ist ein Auto mit versteckten Mängeln (kann auch eine »Möhre«, eine »Gurke«, eine »Klapperkiste« oder einfach eine »Schrottmühle« sein), ein Motor, der »stottert«, läuft schlecht und eine schlecht lackierte Karosserie hat »Orangenhaut«. In einem »angeranzten« Innenraum möchte man nicht sitzen, »angefressene« Bleche leiden unter Rostbefall – sofern es sich beim Objekt der Begierde nicht gleich um eine »Rostlaube« handelt.

Gegenüber der Werkstatt sollten Sie dennoch nicht allzu sehr auf »Dicke Hose« machen, wenn Sie mit Ihrem »Schlitten« vorfahren. Wenn Sie unbedingt fachsimpeln wollen, nicht übertreiben und mit Fachbegriffen um sich werfen, das wird leicht peinlich und lässt Sie vielleicht als »Trottel« oder auch als »Blender« (die Bezeichnung lässt sich leicht übertragen ...) dastehen. Wenn Sie aber glaubhaft über Unter- und Übersteuern zu reden verstehen, die Unterschiede zwischen Zünd- und Glühkerze kennen und auch zwischen Rad, Reifen und Felgen zu unterscheiden wissen und dieses auch im richtigen Kontext anwenden, dürften Sie sich mit ziemlicher Sicherheit achtbar aus der Affäre gezogen haben und können beruhigt wieder »Gummi geben« oder gar »Donuts« auf den Asphalt zaubern. Kostet aber Gummi, womit wir wieder beim obigen Thema wären.
Den Verkäufern von Neuwagen, vor allem den jüngeren, die sich direkt auf vernetzte und elektrische Fahrzeuge spezialisiert haben, können Sie dagegen eher weniger imponieren. Die ballern Sie zu mit Begriffen wie WLTP-Verbrauch, LFP- oder MLP-Batterie, ADAS, AFIL, kWh, KW, ACC, AFU ...
Wer dann ob dieses Durcheinanders lieber Taxi fährt, kann den Fahrer der »Kraftdroschke« vielleicht darauf hinweisen, dass das Wort seinen Ursprung im lateinischen »taxa« hat (und ursprünglich aus dem Altgriechischen kommt) und im Sinne von »Besteuerung« den Preis für die Ausleihe eines Karrens bezeichnete. Jeder zurückgelegte Meter wurde taxiert, und von diesem »tax a meter« leitete sich schließlich das überall verständlich Wort »Taxi« ab, wobei nicht immer damit zu rechnen ist, dass der »Taxler« Sie auch richtig versteht und die »Uhr« korrekt mitlaufen lässt.
Lang lebe also das »bagnole« (Auto), das vom lateinischen benna abgeleitet ist. Das Wort bezeichnete lange Zeit Karren von minderer Qualität. Bis es sich in der zweiten Hälfte des 19. Jahrhunderts unter dem Einfluss des Wortes »carriole« (Kutsche) in »bagnole« (Auto) verwandelte.
Sie als »Autler« müssen sich aber keine Sorgen machen, die Zukunft Ihres »Stromers« scheint gesichert, auch wenn Sie jetzt vielleicht noch »Verbrenner« fahren.

FAHREN

von Michèle Mouton,
ehemalige Rallyefahrerin und
Verantwortliche für Sicherheit der
Rallye-Weltmeisterschaft bei der FIA

Meine erste Erfahrung mit dem Autofahren hatte ich im Alter von 14 Jahren. Meine Eltern waren Gartenbauern in der Gegend von Grasse. Sie bauten Rosen und Jasmin für die Parfümindustrie an. Es gab einen langen Weg, der durch unser Anwesen führte. Ich sah meinem Vater immer beim Fahren zu. Eines Tages hatte ich Lust, seinen 2 CV zu starten, der im Hof geparkt war. Ich war mit ein paar Freunden unterwegs, die in der Nähe meines Hauses wohnten. Ich sagte zu ihnen: »Schiebt mich an, wir werden ihn starten.« Ich fuhr ganz langsam. Mein Vater, der in der Küche war, sah das Auto vom Fenster aus vorbeifahren. Er merkte nicht sofort, dass ich es war, sondern dachte zuerst, ein Dieb würde ihm sein Auto stehlen. Ich hatte schon damals den Wunsch, von dort wegzugehen, meinen Aktionsradius zu erweitern, etwas zu entdecken. Das Auto war ein Mittel, mit dem ich das konnte. Mein Vater schimpfte nicht mit mir, weil er selbst gerne Auto fuhr. Von diesem Tag an ließ er mich sehr oft fahren: Ich fuhr nur auf dem Weg zum Grundstück. Da ich auf der Straße nicht wenden durfte, fuhr ich vorwärts hin und rückwärts zurück. Rückwärts fuhr ich fast genauso schnell! Wenn ich mit meiner Mutter zu meiner Großmutter ins Nachbardorf fuhr, durfte ich auf dem Rückweg zu unserem Haus fahren. Ich hatte noch keinen Führerschein, aber zu dieser Zeit war alles erlaubt.

Ich habe sehnsüchtig auf meinen 18. Geburtstag gewartet, mehr um meinen Führerschein zu machen, als um das Abitur zu bestehen. Ich habe beides bekommen! Das Auto bedeutete für die Jugendlichen meiner Zeit immer ein Mittel zur Freiheit. Ich wollte dem Alltag entfliehen. Ich weiß noch genau, was mein Vater zu mir sagte, als er mir die Schlüssel für mein erstes Auto – es war ein R4 L – gab: »Jetzt bist du verantwortlich für das, was du tust.« Dieser Satz hallte in mir lange nach. Ich habe mein eigenes Leben geführt und bin herumgereist. Jedes zweite Wochenende machten wir mit der Familie einen Ausflug. Für uns bedeutete das Auto Reisen, nicht Geschwindigkeit. Wenn ich aus Grenoble, wo ich Jura studierte, nach Hause kam, schaute ich mir immer an, wie lange ich gebraucht hatte. Und vor allem war ich ein begeisterter Skifahrer. Beim Skifahren geht es um Geschwindigkeit, Kurvenschwünge ... Es ist sehr vergleichbar mit dem Autofahren. Zum Motorsport kam ich durch einen Zufall. Ich war 22 Jahre alt. Es war überhaupt nicht mein Umfeld. Ein Freund, der Amateur-Rallyefahrer war und mit dem ich an einem Rock'n' Roll-Wettbewerb teilgenommen hatte, lud mich ein, seine Beifahrerin zu werden. Mein Debüt gab ich 1973 bei der Rallye Monte Carlo.

Das hat meinem Vater nicht so gut gefallen. Er war ein leidenschaftlicher Autofahrer: Er besaß Sportwagen, vor allem einen Porsche. Da er wusste, dass ich gerne Auto fuhr, sagte er zu mir: »Ich kaufe dir ein Auto, einen Alpine A110, und du wirst zuerst eine Frauenrallye fahren, um zu sehen, wie gut du bist. Danach wirst du an der Tour de France teilnehmen. Ich werde deine Rennen ein Jahr lang finanzieren. Wenn alles gut läuft und du Fortschritte machst, machst du weiter; wenn nicht, hörst du auf«. Später wurde mir klar, dass er mir genau das ermöglichte, von dem er selbst geträumt hatte. Alles ging sehr schnell. Ich erzielte gute Ergebnisse. Ich konnte von meiner Leidenschaft leben!

Mein Vater war mein erster Sponsor und Manager gewesen! Ich habe durch meine Erfahrungen im Rennsport viel gelernt. Meiner Meinung nach bedeutet gutes Fahren, sich gut zu benehmen. Man muss Herr über sich selbst und sein Auto sein, aber auch die anderen respektieren. Das Fahren spiegelt wider, wie man im Leben ist. In wenigen Minuten hinter einem Auto kann ich erahnen, welchen Charakter die Person am Steuer hat: den Egoisten, den Rächer, den Träumer, den Unsicheren, den Kenner, den Besserwisser ...

Fahren im Alltag ist etwas ganz anderes als Rennfahren. Dort muss man die Geschwindigkeit beherrschen, seine eigenen Grenzen kennen und versuchen, sie zu erweitern. Mit 300 km/h auf einer Rennstrecke zu fahren oder 500 PS auf einem verschneiten Pass zu meistern, erfordert andere Fähigkeiten, als ein Auto auf der Autobahn zu lenken. Es gibt nur wenige Sportarten, die einem so viel Adrenalin verschaffen. Man befindet sich ständig auf Messers Schneide, es ist ein unglaublicher Genuss. Es erfordert Selbstbeherrschung, sehr schnelle Reflexe und höchste Konzentration. Wenn man zu schnell in eine Kurve fährt, hat man nur den Bruchteil einer Sekunde Zeit, um die richtige Entscheidung zu treffen. Ich habe einige Fahrfehler gemacht, aber es ist wie beim Skifahren: Wer nie stürzt, ist nicht schnell genug ... Hunderte Male wurde mir die Frage gestellt: Warum bin ich schneller als die Männer gefahren? Ich kann es nicht wirklich erklären. Ich war sehr motiviert und sah nicht, warum ich bei gleichem Auto nicht das Gleiche erreichen könnte; wahrscheinlich hatte ich auch ein bisschen Glück und war zur richtigen Zeit da, als Audi anrief. Ob Mann oder Frau, man muss ein großes Herz haben, den richtigen Kurs einschlagen, man muss eins mit dem Auto werden. Heutzutage kann man unmöglich auf den Straßen so schnell fahren, wie ich das mit 20 Jahren getan habe. Tempolimits und die Notwendigkeit, auf die Umwelt zu achten, haben die Situation verändert. Die Autos sind mit elektronischen Assistenzsystemen gespickt. Ich hasse das, weil es uns den Zwang nimmt, konzentriert zu bleiben und aufmerksam zu sein. Für mich ist Konzentration ein Teil des Fahrens, denn sie ermöglicht uns, Gefahren vorauszuahnen. Die Autos werden immer leistungsstärker und schneller, doch die Wachsamkeit der Fahrer nimmt ab und es besteht die Gefahr, dass sie bei Geschwindigkeitsbegrenzungen »einschlafen«. Auch wenn es natürlich Regeln geben muss, denn es ist die Sicherheit der anderen, die man beim Fahren aufs Spiel setzt.

Neu ist auch die Bedeutung der Kraftstoffersparnis. Das verändert die Fahrweise radikal. Man muss sanft anfahren und darf nicht schnell beschleunigen. Man muss wirklich sehr sanft fahren. Für mich war die beste Lektion in Sachen Sparsamkeit der Mobil Run auf der Rennstrecke von Le Castellet. Bei diesem Wettbewerb startete jedes Auto mit der gleichen Menge Benzin im Tank, und der Gewinner war derjenige, der die meisten Kilometer zurücklegte. Unter diesen Bedingungen lernt man sehr schnell, nicht ständig zu schalten, sehr weich anzufahren und sehr sanft zu bremsen.

Die Verkehrsregeln zu kennen und zu wissen, wie man auskuppelt oder Gas gibt, ist an Ausbildung nicht genug. Meiner Meinung nach sollten alle Führerscheinanwärter ein Fahrsicherheitstraining absolvieren, um zu lernen, wie man sein Fahrzeug unter schwierigen Bedingungen (Regen, Schnee, Eis usw.) beherrscht. In Schweden, wo ich mehrere Jahre gelebt habe, war dies der Fall.

FARBEN

Soziologen, Psychologen, Politologen ... tauchen Sie in die Farbenwelt der Autos ein, und Sie werden viel über ihre Fahrer und ihre Zeit erfahren. Ein echtes Geschichtsbuch. Am Anfang war das Schwarz, und nur das Schwarz. Im Jahr 1926 wurde der Ford T erstmals in Braun angeboten. Danach blühten vor allem in den USA hellere Farben auf. Die Krise von 1929 und die Jahre der Rezession brachten dunkle oder neutrale Farben wie Weiß wieder in Mode. Kurz vor dem Krieg explodierte die Automobilindustrie und damit auch die Farbkarten. Braun, Marineblau, Beige, Dunkelgrün ... Die ersten Metallic-Lackierungen tauchten auf, waren aber eher für die Oberklasse bestimmt.
In den 1950er Jahren wurde die Kluft zwischen Europa und Amerika immer größer. Das erstere: trist, geprägt noch vom Mangel der Nachkriegszeit, zum größten Teil zu Schwarz und Grau verurteilt. Das andere: voller Optimismus, der die Freuden der Konsumgesellschaft zelebrierte. Ford, GM und andere konkurrierten in ihrem Überschwang. Innerhalb einer Farbe konnte der Kunde zwischen unzähligen Schattierungen wählen. Man sah teure Modelle, die in Fuchsia-Pink oder Kanariengelb gekleidet waren. Ein Muss war eine abgestimmte Farbgebung für das gesamte Auto, von der Karosserie bis zu den Sitzen, vom Teppich bis zu den Türverkleidungen. Cadillac und Buick waren darin sehr gut. Großer Erfolg auch bei der Zweifarbigkeit. In den 1960er und später 1970er Jahren kurierte sich der alte Kontinent

von seiner Neurasthenie und nahm fröhliche Farben an. Der 2 CV, der lange Zeit grau, zwangsläufig grau war, tauchte in den Pop-Stil ein. Der R5 erfreute das Auge mit seinem auffälligen Orange. Die strengen Peugeots wagten sich an das »Südsee«-Blau. Metallic wurde demokratisiert. Perlmutt bereitete seinen Auftritt in den 1980er Jahren vor. Auch die Zweischichtlackierung verbreitete sich.

In den 2000er Jahren eroberten sich Schwarz und Grau jedoch ihre dominierende Stellung zurück und galten nun als vornehm. Die bunten Farbtöne traten den Rückzug an. Als wäre die Zeit des Spaßes vorbei gewesen. Im Jahr 2010 erschienen die ersten matten Oberflächen.

Und wie sieht es heute aus? Weltweit sind Weiß (34 % der Neuwagen) und Grau (27 %) wieder die erste Wahl der Käufer. Schwarz (21 %) nimmt stetig zu. Blau (8 %) hält sich gut, Rot (5 %) und Braun-Beige (2 %) sind dagegen rückläufig. Grün (1 %) und Gelb (1 %) machen sich kaum mehr bemerkbar. Europa sticht hervor. Viel mehr Grau (36 %) und weniger Weiß (21 %). Bemerkenswert ist der sich selbst verstärkende Charakter dieses Marktes. Je weniger Fahrzeuge in einer kräftigen Farbe gekauft werden, desto schwieriger wird es, sie als Gebrauchtwagen zu verkaufen ... und desto mehr wird man dunkle Farbtöne bestellen wollen. Das Phänomen wird durch Firmenflotten befeuert. Sie vermeiden jede Form von Extravaganz, um das Risiko beim Wiederverkauf zu begrenzen.

Paradoxerweise sind kräftige und originelle Farbtöne zum Privileg der Luxuswagen geworden. Die können sich diese leisten, ohne vulgär zu wirken. Ferraris tragen natürlich gerne Rot, Lamborghinis ein knalliges Gelb, Neongrün oder leuchtendes Blau.

Gerade die Farbe Blau, die den Bugatti und Alpine so gut steht. Das ist kein Zufall, denn bei den ersten Autorennen vor 100 Jahren hatte jedes Land seine eigene Farbe: Grün für Großbritannien, Rot für Italien, Weiß für Deutschland, Blau für Frankreich.

Nutzen wir die Gelegenheit, um eine alte Debatte zu beenden. Nein! Ein Auto in einer auffälligen Farbe zu fahren, das also besser sichtbar ist, verringert nicht die Wahrscheinlichkeit, einen Unfall zu haben. Im Gegenteil: Rote und gelbe Autos gehören laut der Website CarVertical, die auf Gebraucht-

wagen spezialisiert ist, zu den unfallträchtigsten Fahrzeugen. Das allerdings ist leicht zu erklären, da diese Farben eher bei Sportwagen zu finden sind und von Fahrern mit einem entsprechenden Temperament bevorzugt werden.
Die meisten Menschen bevorzugen dunkle Farbtöne, doch die Entwicklungsabteilungen arbeiten hartnäckig an gewagteren Trends. Es kommt übrigens häufig vor, dass neue Modelle bei ihrer Einführung in einer ausdruckstarken, typischen Farbe präsentiert werden, für die sich dann nur wenige Kunden entscheiden. Das allerdings ist nicht weiter tragisch, denn so können Innovationen getestet und die ganze Palette an Möglichkeiten ausgelotet werden. Beispielsweise setzten die Forscher von BASF, einem der führenden Hersteller von Autolacken, kürzlich für die asiatischen Märkte auf ein fluoreszierendes Blassgrün namens »Electronic Citrus«, das an Wachstum und Technologie erinnern sollte. Für Europa setzten sie stattdessen auf ein leuchtendes Beige-Orange namens »Predictor«, das an die Bedeutung des menschlichen Faktors trotz der rasanten Entwicklung der künstlichen Intelligenz erinnern sollte. Eine wichtige Innovation könnte all das hinwegfegen: Morgen könnte unser Auto in Sekundenschnelle die Farbe wechseln. Das Verfahren wurde vom E-Ink-Spezialisten für elektronische Lesegeräte entwickelt und 2023 auf der CES in Las Vegas vorgestellt. Die Karosserie des Versuchskaninchens, eines BMW, war mit einer Folie beschichtet, die unendlich viele Mikrokapseln enthielt, deren Pigmente sich mit einem elektrischen Impuls veränderten.
Echter Fortschritt? Jeden Morgen müssten Sie nicht nur die Farbe Ihres Hemdes bedenken, sondern sich auch die Frage stellen: Wie ziehe ich mein Auto heute an?

Ferrari

Wer rot sieht, denkt an Ferrari. Welche andere Marke kann sich damit rühmen, eine Farbe für sich vereinnahmt zu haben? Es ist ein einzigartiges Marketingphänomen, und allein das würde schon genügen, um den beinahe unverschämten wirtschaftlichen Erfolg des Unternehmens aus Maranello zu symbolisieren. Gebaut auf hochmodernen Industrieanlagen, hat es im Jahr

2023 über 13.500 Autos ausgeliefert, dreimal so viele wie 2002. Die Nachfrage ist so groß, dass die Kunden nach ihrer Bestellung mehr als zwei Jahre warten müssen, bis sie einen Stradale, Daytona oder F80 in Empfang nehmen können. In weniger als dreißig Jahren hat sich das schöne italienische kmU (KMU steht für: Kleine und mittlere Unternehmen) zu einem weltweiten Tenor der Luxusbranche entwickelt. Eine ikonische Nobelmarke, die mittlerweile in der gleichen Kategorie wie Rolex oder Vuitton spielt. Ein Indiz dafür ist die Tatsache, dass die Ferrari-Aktie an den Börsen in Mailand und New York einen anhaltenden Höhenflug vorweist. Zur großen Freude der Aktionäre, allen voran die Familie Agnelli, die über ihre Holding Exor 24 % des Kapitals hält.
Vier Personen haben diese ungewöhnliche Geschichte geprägt. Vier Männer mit sehr unterschiedlichen Profilen und Fähigkeiten, die alle von der Leidenschaft verzehrt wurden, das sich aufbäumende Pferd, das legendäre Emblem der Marke, zum Erfolg zu führen.
Der erste ist natürlich Enzo Ferrari, der Gründer. Er wird 1898 in Modena als Sohn eines Werkstattbesitzers geboren und entwickelt schon früh eine Leidenschaft für den Rennsport. Er will Rennfahrer werden. Das Schicksal ist manchmal kurios: Es ist Alfa Romeo, das es ihm ermöglicht, seinen Traum zu erfüllen. Anfang der 1920er Jahre vertraut ihm die Marke mit dem Kleeblatt das Steuer eines ihrer Wagen an, um damit an den wichtigsten Wettbewerben der damaligen Zeit wie der Targa

Florio teilzunehmen. Zuerst als Vertrags-, dann als Werksfahrer erzielt er einige schöne Erfolge, entscheidet sich aber 1931, seine aktive Karriere zu beenden, da jüngere Fahrer an die Spitze drängen, die schneller sind als er. Das bedeutet aber keineswegs seinen Abschied vom Motorsport. Bereits 1929 hat er seinen Rennstall, die Società Anonima Scuderia Ferrari gegründet, um dort die besten Fahrer auf Alfa Romeo einzusetzen. Die Mission ist erfolgreich: Als Rennleiter gewinnt er zahlreiche Rennen und erarbeitet sich den Spitznamen »Il Commendatore«. Er wird diesen bis zu seinem Lebensende behalten. Die Beziehung zu Alfa Romeo, das seit der Gründung des jungen Unternehmens Anteilseigner ist, sind von Höhen und Tiefen geprägt. Es kommt zur Eskalation, nachdem Alfa Romeo versucht hat, Ferraris Rennstall – vielleicht auf Weisung Mussolinis – vollständig in die eigene Rennabteilung zu integrieren. Für Enzo Ferrari ist der Gedanke unerträglich, nach einer Reihe von Meinungsverschiedenheiten scheidet er aus, nicht ohne zuvor einem Wettbewerbsverbot zuzustimmen. In der Folge gründet er ein neues Unternehmen, das während des Zweiten Weltkriegs Ersatzteile für Autos und Flugzeuge herstellt. Als der Frieden wieder eingekehrt ist, widmet er sich sofort wieder seiner Leidenschaft: Rennwagen. Der erste Ferrari, der 125 S, verlässt 1947 die Werkstatt, die er in Maranello, 15 Kilometer von Modena entfernt, hat bauen lassen. Er bringt seine Modelle in allen Rennsportklassen an den Start, angefangen bei der gerade erst entstandenen Formel 1. Daneben bietet er auch Straßenfahrzeuge an, doch nach Enzo Ferraris Vorstellungen dienen die Serienfahrzeuge in erster Linie dazu, seine sportlichen Aktivitäten zu finanzieren. Schon bald verfolgt er die Idee einer bewussten Verknappung, die Straßenwagen sollen rar bleiben, um ihren hohen Preis zu rechtfertigen. Der Ferrari 250 GTE, ein vom Designer Pininfarina entworfenes 2+2-Coupé, wird zwischen 1960 und 1963 in einer Auflage von 950 Stück produziert – für Ferrari schon fast eine Großserie, jedoch viel zu klein, um finanzielle Schwierigkeiten zu vermeiden. Denn der Rennsport wird immer teurer. 1963 bietet Ford an, ihm finanziell unter die Arme zu greifen. Es kommt zu keiner Einigung,

der stolze Enzo Ferrari will alleiniger Herr im eigenen Haus bleiben. Etwas später, 1969, findet er eine italienische Lösung, die für ihn akzeptabler ist: Gianni Agnelli eilt dem Commendatore zu Hilfe. Fiat übernimmt 50 % des Kapitals von Ferrari, ohne sich in die operative Arbeit des Unternehmens einzumischen. Allerdings gibt es die Vereinbarung, dass Fiat diese Beteiligung nach dem Tod des Gründers auf 90 % aufstocken könne. Nach seinem Tod am
18. Februar 1988 beziehen also die Manager aus Turin die Büros in Maranello. Ein Zusammenprall der Kulturen! Das verunsicherte Unternehmen rutscht in die Krise. Der Autoverkauf bricht um die Hälfte ein.
In diesem Moment betritt ein zweiter Schlüsselmann die Bühne. Sein Name ist Luca Cordero di Montezemolo. Gianni Agnelli befördert ihn 1991 zum Präsidenten von Ferrari. Sein Ziel ist es, das Unternehmen wieder auf Wachstumskurs zu bringen. Der in Bologna geborene Sohn eines piemontesischen Aristokraten kommt Anfang der 1970er Jahre zu Fiat. Dem leidenschaftlichen Motorsportler bietet Ferrari 1973 einen der vertrauenswürdigsten Posten im Unternehmen an: Er wird persönlicher Assistent von Enzo Ferrari. Dieser zeigt sich von seinen Führungsqualitäten so begeistert, dass er ihn später an die Spitze des Formel-1-Rennstalls befördert. Obwohl erst 26 Jahre alt, überzeugt er auch als Teamchef: Der österreichische Rennfahrer Niki Lauda gewinnt 1975 und 1977 zwei Weltmeistertitel in einem Ferrari. Anschließend übernimmt Montezemolo einen Posten nach dem anderen in der Agnelli-Galaxie. Zeitweilig sitzt er auch im Chefsessel des Spirituosenherstellers Cinzano, 1990 leitet er außerdem das Organisationskomitee für die Fußballweltmeisterschaft in Italien.
Montezemolo wird dreiundzwanzig Jahre lang am Steuer von Ferrari sitzen. Seine Bilanz ist beeindruckend. Er hat die Profitabilität der Marke stark verbessert, indem er die Entwicklung neuer Modelle beschleunigt und gleichzeitig die Anzahl der produzierten Einheiten begrenzt hat. Einher damit geht ein industrielles Modernisierungsprogramm im Wert von 200 Millionen Euro. Innerhalb weniger Jahre hat er Maranello fit für die Zukunft gemacht.
Die besten Architekten, wie der Italiener Renzo Piano, haben für

Ferrari gearbeitet, ein architektonischer Höhepunkt war die neue Fertigungshalle. Die allerdings wurde vom Franzosen Jean Nouvel entworfen.
Geld verdienen ist gut, aber wenn man Ferrari leitet, muss man auch in der Formel 1 gewinnen. Luca di Montezemolo macht sich sofort nach seinem Amtsantritt daran, genau das zu tun. Es funktioniert nicht auf Anhieb. Die 1990er Jahre sind von der Dominanz der McLaren und vor allem der Williams-Renault geprägt, die viermal den Weltmeistertitel gewinnen. Angesichts dieser harten Konkurrenz muss Ferrari lange darum kämpfen, wieder auf das Podium zu gelangen. Aber die Anstrengungen zahlen sich schließlich aus. Dank einer entscheidenden Personalie: Der Franzose Jean Todt heuert 1993 in Maranello an, nachdem er bei Peugeot in allen Rennsportkategorien – Rallyes, Paris–Dakar, 24 Stunden von Le Mans – Siege eingefahren hat. Todt ist die dritte Schlüsselfigur in der Ferrari-Geschichte. Der erste Ausländer, der eine solche Funktion übernimmt. Er findet sich an der Spitze einer Armada von 400 Technikern wieder. Als »der kleine Napoleon« bezeichnet, braucht er nicht lange, um eine von internen Streitigkeiten zerrüttete Organisation umzustrukturieren. Innerhalb weniger Jahre baut er eine unglaubliche Gewinnmaschine auf. Seine Methode ist unfehlbar: die Besten einstellen, sich nie mit dem Erreichten zufriedengeben und Autorität ausstrahlen. 1995 holt Todt einen leibhaftigen Champion nach Maranello, den Deutschen Michael Schumacher, der zweimal Weltmeister in einem Benetton-Renault geworden war, zusammen mit zwei der besten Ingenieure in der Formel 1. Gemeinsam läuten sie die erfolgreichste Ära in der an Erfolgen nicht armen Ferrari-Geschichte ein: 14 Weltmeistertitel und 116 Grand-Prix-Siege.
Todt verlässt das Unternehmen 2009, einige Jahre vor de Montezemolo, um den Vorsitz der FIA (Fédération Internationale de l'Automobile) zu übernehmen.
Doch damit ist die Geschichte noch nicht zu Ende erzählt. Ein vierter Akteur betritt die Bühne: Sergio Marchionne, von 2002 bis 2014 Geschäftsführer des Fiat-Konzerns und von 2014 bis zu seinem plötzlichen Tod im Jahr 2018 Geschäftsführer von FCA (Fiat Chrysler Automobiles). Er hat nicht nur Fiat saniert, sondern auch sehr intensiv die

Sanierung von Ferrari begleitet, dessen Vorsitz er nach dem Ausscheiden von Luca de Montezemolo im Jahr 2014 übernahm. Ich hatte das Glück, an seiner Seite zu arbeiten, da ich zwischen 2002 und 2009 die Marken Fiat und Alfa Romeo steuerte. Ich kann seine Verbundenheit mit der Marke bezeugen. In den letzten vier Jahren seines Lebens hat er den schwindelerregenden Anstieg der Verkaufszahlen noch verstärkt. Er war es, der Ferrari als Luxusmarke positionieren wollte und dies auch schaffte. Er hat die Attraktivität des Unternehmens auf allen Märkten der Welt gesteigert. Er war es auch, der Ferrari aus dem Fiat-Konzerngeflecht herauslöste, an die Börse brachte und die Marke den globalen Finanzmärkten als Geschäftsjuwel schmackhaft machte.
21. Oktober 2015, 9.30 Uhr morgens. Die Wall Street ist rot gefärbt. Mehrere Ferraris, darunter ein Formel-1-Wagen, sind vor dem New Yorker Gebäude geparkt. Eine große Flagge mit dem Wappen der Marke bedeckt die gesamte Fassade. Sergio Marchionne, der wie immer einen einfachen Pullover mit Rundhalsausschnitt trägt, mit dem er eher an einen Hollywood-Regisseur als an einen Firmenchef erinnert, wird auf dem berühmten Balkon des Gebäudes von John Elkann, dem Vorsitzenden von FCA, begleitet. Er ist es auch, der lächelnd die Glocke läutet, mit der die Notierung an der Börse beginnt. Am 4. Januar 2016 die gleiche Situation an der Mailänder Börse. Diesmal ist es John Elkann, der den Handelsbeginn einläutet, wobei der Mann im Pullover auf der Bühne Beifall klatscht. Da Ferrari nun im Hyperluxusbereich positioniert ist, muss es nicht mehr auf der Rennstrecke gewinnen, um wirtschaftlich erfolgreich zu sein. Heute spielt die Formel 1 meiner Meinung nach die Rolle der »Muleta des Toreros«, des Roten Tuchs in der Arena. Es ruft von Zeit zu Zeit die Farbe Rot in Erinnerung. Und wer rot sieht ... denkt an Ferrari!

FIAT

Es wäre untertrieben zu behaupten, dass die Italiener Fiat lieben. Ich selbst war der Chef der Marke, als der Fiat 500 im Jahr 2007 neu eingeführt wurde. Mit dem 1899 in Turin gegründeten Unternehmen verbindet uns seit jeher eine enge, emotionale und

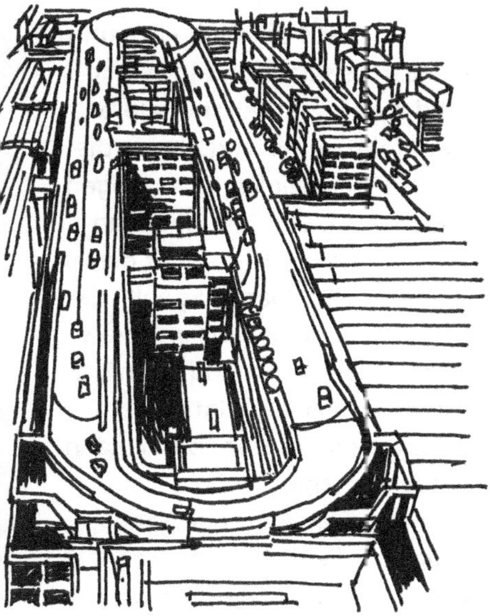

leidenschaftliche Beziehung ... Kein anderer Hersteller war in seinem Land über Jahrzehnte hinweg so dominant. Im Jahr 1970, drei Jahre vor der Ölkrise, die alles für die Automobilindustrie verändern sollte, lag der Marktanteil im Heimatland bei 64 %! Zwar haben sich die Dinge seitdem radikal geändert. Die Konkurrenz ist mit voller Wucht in mein Land eingedrungen. Und die Agnelli-Familie hat sich für eine Heirat mit dem PSA-Konzern entschieden, um ihre Aktivitäten innerhalb von Stellantis zu stärken und zu globalisieren, was die transalpine Ausrichtung von Fiat unweigerlich verwässert.

Aber bei uns wird Fiat immer Fiat bleiben. Mit seinen Juwelen Abarth, Alfa Romeo und Lancia, deren Potenzial in meinen Augen ungebrochen ist. Was mich seit langem fasziniert, ist die Industriegeschichte dieses Unternehmens, das eben nicht so ist wie jedes. Giovanni Agnelli, der Gründer, ließ sich schon früh von amerikanischen Methoden inspirieren und investierte in eine äußerst wettbewerbsfähige Industrieanlage. Aushängeschild: das berühmte Werk Lingotto, ein fünfstöckiges Gebäude in Form eines 500 Meter langen, barrenförmigen Firmenkomplexes, mit dessen Bau 1916 in Turin begonnen wurde. Es wurde von dem Architekten Giacomo Trucco entworfen und 1922 fertiggestellt. Zu diesem Zeitpunkt war sie die bei Weitem modernste und revolutionärste Fabrik der Welt. Die einzelnen Fahrzeugteile wurden im Erdgeschoss angeliefert und dann Stockwerk für Stockwerk zu kompletten Autos zusammengebaut, um nach ihrer Fertigstellung auf der 1,5 Kilometer langen ovalen Teststrecke mit zwei Steilkurven, die auf dem Dach angelegt waren, eingefahren zu werden. Anschließend ging es über eine Rampe hinunter zu den Lagerhallen. Zehntau-

send Arbeiter arbeiteten an diesem außergewöhnlichen Ort. Dreißig Jahre lang liefen die meisten Fiat-Modelle im Lingotto vom Band. Angefangen mit dem Fiat 508 Balilla, der 1932 auf der Mailänder Messe vorgestellt wurde, bis hin zum Fiat 500 Topolino, einem Mini-Balilla, der 1936 von dem Ingenieur Dante Giacosa entworfen wurde.
Insgesamt wurden in Lingotto bis 1982, dem Jahr seiner endgültigen Schließung, 80 verschiedene Automodelle produziert. Das letzte war der Lancia Delta.
In der Zwischenzeit erwies sich Fiat wieder einmal als der Konkurrenz einen Schritt voraus. 1937 nahm das Unternehmen ein weiteres Produktionswerk in Turin in Angriff, das Werk Mirafiori. Das komplett neu projektierte Werk berücksichtigte die fortschrittlichsten Produktionsmethoden und war noch besser durchorganisiert als die Fertigung in Lingotto. 1939 fertiggestellt, entstanden in Mirafiori aber zunächst Panzer, bevor das Werk durch Bomben zerstört wurde. Der Wiederaufbau erfolgte erst 1956. Wie andere europäische Hersteller auch verstand es Fiat geschickt, den über drei Jahrzehnte anhaltenden gesamtwirtschaftlichen Aufschwu-ng zu nutzen. Der Konzern war auch einer der ersten, der auf die Globalisierung der Märkte setzte und in Werke auf der ganzen Welt investierte. Dann folgte eine lange Krise, die von großen sozialen Spannungen geprägt war. Der Rest ist bekannt: das Ende der Herrschaft des flamboyanten Gianni Agnelli, die Ankunft des genialen Finanziers Sergio Marchionne und vor nicht allzu langer Zeit die Inthronisierung des brillanten John Elkann als Steuermann von Exor, der Holdinggesellschaft der Agnelli-Familie, die damit größter Aktionär von Stellantis ist. Italien hat jeden von ihnen bewundert und viel von ihnen allen erwartet. Zu Recht: Diese Führungskräfte kämpften und kämpfen noch immer dafür, dass das Unternehmen seinen Rang behält.
Wie man auf Italienisch sagt: »rispetto« (»Respekt«)!

FORD

von Jim Farley, Generaldirektor von Ford

Es gibt Autohersteller ... und dann gibt es Ford. Überall auf der Welt löst die bloße Erwähnung dieses Namens besondere Emotionen aus. Fahrzeuge mit

Symbolcharakter. Der Nervenkitzel der Straße, die sich vor einem auftut. Männer und Frauen, die tagtäglich harte Arbeit leisten und unsere Wirtschaft am Laufen halten. Es ist das Unternehmen, das die Automobilindustrie vor fast 120 Jahren erst begründet hat und sie seither immer weiter vorantreibt.
Wir bei Ford tun viel mehr, als nur tolle Fahrzeuge zu bauen. Wir sind das Unternehmen, das die Straßen erschlossen, den Fahrzeugbesitz demokratisiert und für die meisten Menschen erschwinglich gemacht hat. Wir können für uns beanspruchen, einen Teil des amerikanischen Traums mitgestaltet zu haben und mit unseren Arbeitsplätzen die Grundlage für ein besseres Leben für Millionen von Familien gelegt und so die Vorstellung der Mittelschicht mit geprägt zu haben. Die Geschichte von Ford lässt sich aber nicht auf unsere Produkte reduzieren. Innovation war für uns nie ein Ziel an sich, sondern immer Mittel zum Zweck. Das Unternehmen soll gesund sein, um das Leben der Menschen zu bereichern. Ich verliere diesen so wertvollen Grundsatz nie aus den Augen. Auch heute noch lässt die Marke Ford niemanden unberührt. Und

das ist nur gerecht, denn sie ist unvergleichlich. Wir verdanken ihr den Ford T, den Bronco und den F-150. Und natürlich den Mustang, der in Ein Mann und eine Frau auf die Straßen Frankreichs geschickt wurde, Steve McQueen in Bullitt durch San Francisco jagte und ihn mit dem GT40 in Le Mans 66 alle Prognosen übertreffen ließ. Wie die Menschen, die sie herstellen, sind auch die Fahrzeuge dieser Marke von Feuer und Leidenschaft getrieben.
Mein ganzes Leben lang war ich ein Autoliebhaber. Als Kind war ich von allem, was Räder hatte, so fasziniert, dass man mich in der Familie »Jimmy Tuture« nannte. Als ich 14 Jahre alt war, wurde ich in Phil Hills kalifornischer Werkstatt angeheuert, um Motoren aufzubauen; ich

sparte genug Geld, um mir einen pechschwarzen 1966er Mustang und sechs Dosen Cola zu kaufen. Die benötigte ich, um mich wach zu halten, denn ich fuhr die ganze Nacht hindurch nach Hause in Michigan. Ich hatte nur ein kleines Detail vergessen: Ich hätte zuerst meinen Führerschein machen müssen.
Seit meiner frühen Kindheit habe ich die Marke Ford geliebt. Mein Großvater war einer der allerersten Angestellten von Henry Ford – Mitarbeiter Nummer 389. Er arbeitete in der Fabrik in Highland Park, Michigan, der historischen Wiege der Fließbandarbeit. Dieser Job veränderte sein Leben und das Schicksal meiner ganzen Familie. Deshalb ließ mich meine Familie, als ich meinen ersten Job bei Toyota antrat, wissen, dass ich in diesem Jahr keinen Platz am Weihnachtstisch bekommen würde. Und das ist auch der Grund, warum ich 2007, als ich zu Ford kam, lange bevor ich dort CEO wurde, das Gefühl hatte, nach Hause zu kommen. Ich hatte dieses Unternehmen schon immer im Blut und wahrscheinlich auch im Schweiße meines Angesichts.
Als Henry Ford 1903 die Ford Motor Company gründete, war dies bereits sein dritter Versuch, ein Automobilunternehmen zu gründen – aller guten Dinge sind drei, sagt das Sprichwort! Fünf Jahre später betrat der Ford T die Bühne. Dieses revolutionäre Fahrzeug, das erschwinglich und robust genug war, um ein echtes Massenprodukt zu werden, veränderte das Gesicht der Welt. Aber die Geschichte von Ford endete hier nicht. Wir haben die Fließbänder gebaut, die die industrielle Revolution geformt haben. Unsere Löhne und Arbeitskräfte haben das Entstehen einer Mittelschicht überhaupt erst möglich gemacht. Die Flugzeuge und Panzer, die in der Ford-Fabrik in Willow Run zusammengebaut wurden, haben den Sieg des Faschismus verhindert. Unsere Trucks und T-Birds begleiteten den Babyboom. Wir haben das Mission Control Center gebaut, das Menschen auf den Mond schickte, und wichtige Innovationen wie fortschrittliche Airbag-Systeme und ABS hervorgebracht, die das Leben von Autofahrern auf der Erde schützen. All diese Errungenschaften machen Ford zu einem der großen Pioniere in einem Jahrhundert voller Heldentaten, Abenteuer und Fortschritte für die Menschheit. Wir haben ein bemerkenswertes

Erbe, auf das wir stolz sein können. Aber wir wissen auch, dass wir nichts für selbstverständlich halten können. Die Geschichte des Ford T ist ein Beispiel dafür. 1926 schrieb Ernest Kanzler, einer der leitenden Angestellten des Unternehmens, einen Bericht an Henry Ford, in dem er das Fahrzeug, das den Ruhm der Marke begründet hatte, infrage stellte. Dieses Modell, das die Automobilwelt definiert und dominiert hatte, wurde nun von seinen Konkurrenten mit neuen Ausstattungen, stärkeren Motoren und vor allem bunten Karosserien in den Schatten gestellt.
Kanzler übernahm Verantwortung im Dienste unserer Kunden. Vielleicht war er seiner Zeit voraus – diese Kühnheit kostete ihn sogar seinen Job –, aber er lag richtig. Erst als Henrys Sohn Edsel Ford sich dieser kundenorientierten Einstellung anschloss, entstand der Ford A, der das Unternehmen schließlich rettete. Ich mag diese Geschichte, weil sie uns daran erinnert, dass es nicht bedeutet, sich auf seinen Lorbeeren auszuruhen, wenn man Tradition bewahrt. Auch heute noch trägt unser Unternehmen diese fast zwanghafte Aufmerksamkeit für die Wünsche und tatsächlichen Bedürfnisse der Kunden in seinen Genen.
Ford betreibt derzeit Fabriken in 125 Ländern, und unsere Fahrzeuge werden an jeden Ort der Welt exportiert. Weltweit beschäftigen wir fast 180.000 Mitarbeiter, dazu kommen über eine Million indirekte Arbeitsplätze, die allein in den USA generiert werden. Ford erfand den Pick-up-Truck vor mehr als einem Jahrhundert; fast 50 Jahre nach seiner Einführung dominiert unser F-150 immer noch den US-Markt und sieht nicht so aus, als würde er jemals von der Spitze verdrängt werden. In anderen Teilen der Welt ist der Ford Ranger in den 180 Ländern, in denen er verkauft wird, ein durchschlagender Erfolg. Unser Motto »Built Ford Tough« (»Robust wie ein Ford«) ist mehr als nur ein Marketingaufhänger: Es ist das Versprechen an unsere Kunden, dass sie sich auch bei den anspruchsvollsten Aufgaben immer auf uns verlassen können. Seit der Ära des Ford T hat sich viel verändert, aber einige rote Fäden ziehen sich durch die Geschichte und markieren auch historische Kontinuitäten: Ford zeichnet sich heute mehr denn je durch die ikonischen Produkte aus, die seine Identität prägen.

So begleitet der Ford Bronco nun eine neue Generation von Offroad-Fans. Wir erfinden den Mustang immer wieder neu, damit er auch mit über 60 Jahren noch den Mythos einer Spritztour mit wehendem Haar, den Doobie Brothers im Radio und einem Rucksack voller Knabbereien verkörpert. Und der Transit, der treue Begleiter aller Kleinunternehmer, die die Wirtschaft am Laufen halten, ist jetzt auch als Elektroauto erhältlich. Diese Fahrzeuge sind auf Action und Originalität zugeschnitten. Sie sind für alle gedacht, die harte Arbeit zu erledigen haben. Für alle, die das Fahren lieben und authentisch sind.

Wir haben es geschafft, zu Be-ginn des 20. Jahrhunderts neue Technologien zu demokratisieren, und wir tun dies auch heute noch. Unser BlueCruise-System für autonomes Fahren ist nur ein Beispiel dafür, wie unsere softwarebasierten Fahrzeuge die Bedürfnisse unserer Kunden erfüllen und ihre Fahrten sicherer und angenehmer machen. Vor 100 Jahren entschied sich Clara Ford, die Frau von Henry, für ein Elektrofahrzeug. Heute bieten wir unseren Kunden eine größere Auswahl an Antrieben als je zuvor, darunter auch mit der »Lightning«-Variante eine Elektroversion des F-150, der in den USA nach wie vor das beliebteste Fahrzeug ist. Unsere hochmodernen Fabriken läuten eine neue Ära umweltgerechter Produktion ein, wie das Werk in BlueOval City, Tennessee, beweist. Und schließlich begleitet unser Ford Pro Serviceangebot tagtäglich die Landwirte, die unsere Lebensmittel produzieren, die Handwerker, welche die Zahnräder unserer Wirtschaft bilden, und die Rettungsdienste, die über unsere Gesundheit und Sicherheit wachen. Wir verlassen uns jeden Tag auf sie, und sie können sich darauf verlassen, dass Ford Pro ihnen fantastische Fahrzeuge zur Verfügung stellt, aber auch die Softwaresysteme, die ihre Arbeit effizienter und profitabler machen. Heute wie vor 120 Jahren schöpft Ford seine ganze Kraft aus den Männern und Frauen, die dieses Unternehmen ausmachen. Ich bin sehr stolz darauf, zu einer dieser Familien zu gehören, deren Schicksal seit Generationen mit dem von Ford verknüpft ist. Wir ziehen nun neuartige Talente aus dem Silicon Valley und von anderswo an: Menschen, die nie geglaubt hätten, dass sie für einen Automobilhersteller

arbeiten würden, die sich aber für das Abenteuer der digitalen Revolution in der Automobilbranche begeistern. Und wir sorgen dafür, dass Ford ein berufliches Umfeld schafft, in dem jeder, unabhängig von seinem Hintergrund und seiner Betriebszugehörigkeit, sein Bestes geben kann.
Wir bleiben auch tief in unserer Heimat verwurzelt, dem Südosten Michigans, wo Henry Ford vor mehr als einem Jahrhundert beschloss, das Unternehmen zu verwurzeln. Detroit wird nicht ohne Grund »Motor City« genannt: Es ist die Wiege der amerikanischen Fertigungsindustrie und deren Arbeiterschaft, und wir setzen alles daran, dass die Stadt dieser Berufung für immer treu bleibt. Es gibt kein stärkeres Symbol als die Renovierung der Michigan Central Station, des Bahnhofs, der das pulsierende Herz des goldenen Zeitalters von Detroit war, bevor er jahrzehntelang vernachlässigt wurde. Lange Zeit galt er als Symbol für den traurigen Niedergang der Stadt, doch heute verkörpert er ihre spektakuläre Erneuerung: Ford hat den Bahnhof und die umliegenden zwölf Hektar städtischen Grund und Bodens umgestaltet, um ihn in ein neues Zentrum der amerikanischen Innovation zu verwandeln und zu einem Paradebeispiel gelungener Stadterneuerung. Hier wird die Zukunft der Automobilindustrie der Vereinigten Staaten geschrieben.
Die Geschichte von Ford ist eng mit der Geschichte von Detroit verbunden, und beide wurden mit unerschütterlicher Entschlossenheit geschmiedet: Wann immer man uns für besiegt hält, ziehen wir an einem Strang, machen uns wieder an die Arbeit und schreiben ein neues Kapitel unseres Schicksals.
Schließlich pflegen wir immer noch die besondere Beziehung zu Frankreich, die uns seit der Eröffnung des allerersten Ford-Händlers außerhalb der USA vor über hundert Jahren in Paris verbindet. Ein weiterer Meilenstein in dieser schönen gemeinsamen Geschichte war unsere triumphale Rückkehr nach Le Mans im Jahr 2016, als wir auf den Tag genau 50 Jahre nach unserem ersten Sieg erneut die Konkurrenz in den Schatten stellten und das Rennen entgegen allen Erwartungen gewannen. Und fast ein Jahrhundert, nachdem Aloha Wanderwell die erste Weltumrundung in einem Ford T mit dem Hotel Le Royal in

Nizza als Start- und Zielort unternommen hatte, vollbrachte eine andere Entdeckerin die gleiche Leistung am Steuer unseres neuen elektrischen Ford Explorer. Es war mir eine Ehre, bei diesem historischen Ereignis dabei zu sein.
Wir bei Ford wollen nicht nur bessere Fahrzeuge bauen. Wir wollen eine bessere Welt aufbauen. Wie zu Zeiten Henry Fords und meines Großvaters war das Unternehmen, das ich heute zusammen mit Bill Ford leite, schon immer mehr als nur die Summe seiner Einzelteile. Bill wird von einer klaren Vision und starken Werten geleitet. Und wir beide wissen, dass der Erfolg eines jeden Unternehmens daran gemessen wird, wie es sich auf die Kunden, die Mitarbeiter und die Kommunen auswirkt.
In der 120-jährigen Geschichte von Ford sind wir stolz auf die Arbeitsplätze, die wir schaffen, die Gemeinden, die wir unterstützen, und die Fortschritte, die wir auf dem Weg zu einer nachhaltigen Zukunft gemacht haben. Das ist das Erbe, das wir angetreten haben, und das wir zu ehren versprochen haben. Doch die einzige Ge-schichte, die jetzt zählt, ist die, die wir noch zu schreiben haben.

Formel 1

von Stefano Domenicali, Generaldirektor der Formel 1

Wenn man in Imola aufwächst, der italienischen Stadt, die für ihre Kultstrecke bekannt ist, ist es schwer, sich nicht in den Motorsport zu verlieben. Meine Karriere war mir also quasi in die Wiege gelegt worden und von Anfang an Teil meines Lebens. Ich hätte es kaum besser treffen können. Ich habe abwechselnd für Ferrari, Audi, Lamborghini und jetzt für die Formel 1 gearbeitet; ein kleiner Junge aus Imola hätte sich nicht mehr wünschen können!
Aber selbst in meinen kühnsten Träumen konnte ich nicht vorhersehen, wie populär der Sport werden würde, dem ich mein Leben gewidmet habe, seit ich Generaldirektor der Formel 1 geworden bin. Die Formel 1 ist die Königsklasse des Motorsports. Sie zieht die Herzen und Köpfe der Sportfans seit Jahrzehnten in ihren Bann. Von ihren Anfängen im Nachkriegseuropa, als der Kontinent versuchte, seine Leidenschaft für den Motorsport neu zu entfachen, bis hin zu dem globalen Phänomen, das sie heute ist, mit

einem Rennkalender, der sich über fünf Kontinente erstreckt, und 500 Millionen begeisterten Fans, die jedes ihrer Rennen und Ereignisse verfolgen, hat sich dieser Sport ständig weiterentwickelt, stets an der Schnittstelle zwischen Innovation und Unterhaltung.

Aber so wichtig dieses Wachstum auch ist, ich bin mir bewusst, dass unser Sport einen positiven Fußabdruck hinterlassen muss, wo auch immer die Rennen stattfinden. Und dass der Kern unseres Engagements das Ziel sein muss, bis 2030 »Netto-Null« zu sein.

Nachhaltige Entwicklung ist zu einem lebenswichtigen Bestandteil zukünftigen Wirtschaftens geworden. Sie ist ein integraler Bestandteil jedes Aspekts unseres Geschäfts. Ich glaube sogar, dass wir unsere Technologieführerschaft nutzen müssen, um unsere CO_2-Belastung über unsere Autorennen hinaus deutlich zu reduzieren.

Die Verpflichtung der Formel 1, zu 100 % nachhaltige Kraftstoffe zu verwenden sowie die nächste Generation von Hybridmotoren, die 2026 auf den Markt kommt, können einen großen positiven Effekt auf die Welt um uns herum haben. Heute sind 1,4 Milliarden Fahrzeuge mit Verbrennungsmotor auf der Welt unterwegs. Und diese Zahl wächst. Der Kraftstoff, den wir für unsere Autos entwickeln, wurde als »drop in fuel« konzipiert. Das bedeutet, dass er in jedem Auto ohne Modifikationen verwendet werden kann. Seine gesellschaftlichen Auswirkungen könnten außerordentlich sein.

Wir haben auch bedeutende Anstrengungen unternommen, um unsere eigenen Emissionen zu reduzieren. So haben wir beispielsweise 2023 eine Flotte von Lkws angeschafft, die mit Biokraftstoff fahren, wenn sie in Großbritannien oder Europa

unterwegs sind. Dadurch konnten die Emissionen unseres europäischen Frachtbetriebs um 83 % gesenkt werden. Ebenso beginnen wir auf den Rennstrecken mit dem Einsatz einer neuen Generation von Generatoren, die mit kohlenstoffarmer Energie, einer Mischung aus alternativen Kraftstoffen und Solarenergie, betrieben werden. Ein Test in Österreich führte zu einer Reduzierung der CO_2-Emissionen von Boxen und Teamaktivitäten um über 90 %.
Durch den Einsatz dieser neuen Technologien reduzieren wir nicht nur unseren CO_2-Ausstoß, sondern beschleunigen auch ihre Einführung über die Formel 1 hinaus. Mit potenziell massiven Auswirkungen. Und dabei werden wir es nicht belassen: Der nächste Schritt wird darin bestehen, die Art und Weise zu untersuchen, wie sich unser Sport durch die Welt bewegt.
Wir hatten bereits unseren Zeitplan geändert, um die Frachtbewegungen im Jahr 2024 zu optimieren. In den folgenden Jahren gehen wir noch weiter in diese Richtung. Wir bewerten auch die Vorteile der verschiedenen Transportmittel – z. B. Himmel gegen Meer – und überlegen, welche Ausrüstung unbedingt mit uns reisen muss. So könnten wir einen Teil unserer Ausrüstung in den Ländern kaufen, in die wir reisen, und sie dort lagern, anstatt sie zu transportieren.
All diese Veränderungen unterstreichen unsere Anstrengungen, das Ziel »Netto-Null« zu erreichen. Auf diesem Weg drehen wir unermüdlich und methodisch jeden Stein um.

FRANKREICHS AUTOMOBILBRANCHE

von Luc Chatel,
ehemaliger Minister, Vorsitzender der Platform Automobile (PFA, Verband der Französischen Automobilhersteller)

Die Automobilindustrie ist die Verkörperung des französischen Genies. Frankreich hat Ende des 19. Jahrhunderts das Auto erfunden und war im 20. Jahrhundert eine große Automobilnation. Ein Auto herzustellen ist außerordentlich komplex: Bis vor kurzem beherrschten weniger als zehn Länder auf der Welt die gesamte Wertschöpfungskette dieser Industrie. Mit dem historischen Wandel, den wir gerade erleben und der wahrscheinlich der größte ist, den die Automobilindustrie seit ihrer Erfindung erlebt hat, ändert sich alles! Das Spiel wird wieder offener, so wie es in der Pionierzeit war. Und die Frage ist nun, ob Frankreich zu den führenden Automobilherstellern des 21. Jahrhunderts gehören wird. Das ist die Herausforderung, welche die heutige Zeit so spannend macht.

Bis zum Zweiten Weltkrieg wurden in Frankreich unvergleichliche Industriegenies geboren. Sie verkörperten aufs Beste den menschlichen Erfindergeist. Unser Land war das Zentrum der automobilen Welt. In den 1920er und 1930er Jahren wurden hier die schönsten Autos hergestellt: Hispanos, Delahayes, Bugattis ... und nicht zu vergessen Stella, die von Renault eingeführte Premiummarke – das war lange bevor Toyota Lexus als Luxusmarke entwickelte. Louis Renault war ein Genie. André Citroën war ein Genie. Über zwei Jahrzehnte lang entfaltete sich zwischen diesen beiden Männern ein epischer Wettstreit. Als der eine sich in Billancourt und auf der Île Seguin niederließ, konterte der andere mit seiner Ankunft am Quai de Javel. Eine

wertschöpfende Emulation wie nie zuvor. Wir sind die Erben dieses unerhörten industriellen Messens.

Dieses Erbe zeigt sich heute in Form einer ganzen Branche, die im Herzen unserer französischen Regionen verankert ist. Mit 4000 Industriestandorten und mehr als 350.000 direkten Arbeitsplätzen (850.000 bei Einbeziehung des Dienstleistungssektors) spielt die Automobilbranche, die ein Sechstel der Aktivitäten der gesamten französischen Fertigungsindustrie ausmacht, eine tragende Rolle für die französische Wirtschaft.

Die Automobilbranche, das sind natürlich unsere großen Hersteller und Ausrüster, aber auch

die Zulieferer und Subunternehmer, die ein unvergleichliches Know-how in einer Vielfalt von Bereichen einsetzen, die die Exzellenz unserer Industrie ausmachen, von der Mechanik bis zur Kunststoffverarbeitung, von der Gießerei bis zur Mikroelektronik, vom Gummi bis zur Software ... Diese Branche ist das Ergebnis eines Jahrhunderts industriellen Wagemuts, der es unserem Land ermöglicht hat, alle Glieder der Wertschöpfungskette zu beherrschen. Frankreich kann stolz auf sie sein.
Angesichts der beispiellosen Veränderungen, die wir heute erleben, ist die Bündelung aller Kräfte des französischen Automobilsektors zwingend erforderlich. Die drei Revolutionen, die unser Umschalten vom Verbrennungsmotor zum Elektroantrieb, von der Hardware zur Software und von einer ausschließlich industriellen Betrachtungsweise hin zu einer gesamthaften Betrachtung des Mobilitätsangebots erzwingen, stellen uns vor ebenso viele Herausforderungen, wie sie Möglichkeiten der Zusammenarbeit bieten.
Das kollektive Zusammenspiel ist zu einer Notwendigkeit geworden, denn angesichts eines derartigen Paradigmenwechsels wird es kein Akteur alleine schaffen. Kollektiv spielen bedeutet auch, bestehende Grenzen zu überwinden: von einer vertikalen und in Ansätzen horizontal agierenden Struktur hin zu vernetzten Ökosystemen, die alle Akteure einer tiefgreifend veränderten und um neue Akteure erweiterten Wertschöpfungskette (Energie, Daten und künstliche Intelligenz, Kreislaufwirtschaft ...) einbeziehen.
In dieser zweiten Pionierepoche der Automobilindustrie erscheint die Automobilbranche heute als wichtigster Innovationsmotor in Frankreich (sieben Milliarden Euro jährlich für Forschung und Entwicklung) ebenso wie in Europa (ein Drittel der EU-Ausgaben für Forschung und Entwicklung). Die Automobilindustrie ist ein Innovationsmotor. Das ist in ihrer DNA verankert. Nach einer Krise wieder auf die Beine zu kommen, sich neuen Herausforderungen zu stellen und gegenüber aufstrebenden Konkurrenten wieder Boden gutzumachen, das gehört zu den Kernkompetenzen der Automobilbauer.
Um unsere technologische Souveränität zurückzuerlangen und die französische Industriestruktur zu stärken, investiert

unsere Branche in Frankreich so viel wie seit fünfzig Jahren nicht mehr. Dutzende Milliarden Euro werden von der Industrie im Rahmen von arbeitsplatzschaffenden Investitionen in neue Wertschöpfungsketten eingesetzt.

Im Bereich Elektrifizierung und Batterien sind es Investitionen von ACC, Renault-Envision, Verkor und ProLogium zum Beispiel in der Region Hauts-de-France; es sind auch die Innovationsbemühungen von Valeo, das an einem Hochspannungs-Elektromotor ohne seltene Erden forscht.

Im Bereich Wasserstoff sind es die Investitionen in Auvergne-Rhône-Alpes von Forvia, Michelin und Stellantis über Symbio; oder Plastic Omnium mit seinem Wasserstofftank-Projekt im Departement Oise.

Im Bereich der Materialien mit sehr geringem CO_2-Ausstoß investiert Forvia-Tochter Materi'Act in der Region Auvergne-Rhône-Alpes, um einen entscheidenden Beitrag zur CO_2-Neutralität der Automobilindustrie zu leisten.

Angesichts der Klimakrise positioniert sich die Automobilbranche als Industrie der Lösungen. Durch die beispiellosen Innovations- und Investitionsanstrengungen ist sie die erste Branche, die ihren Wandel so schnell vollzieht.

Das Herzstück automobiler DNA besteht unbestreitbar in der Fähigkeit, Innovationen zu teilen, zu demokratisieren und in Fortschritt umzuwandeln. Heute geht es darum, ökologische Ambitionen und Mobilität miteinander in Einklang zu bringen.

Das Auto ist ein Konzentrat technologischer Glanzleistungen, aber es darf kein Luxusprodukt sein. Von Natur aus ist das Automobil populär, das hat seinen Erfolg begründet. Die Daseinsberechtigung der Automobilbranche – gestern, heute und morgen – besteht darin, individuelle Mobilität für alle zu ermöglichen.

Und angesichts einer der größten Herausforderungen des 21. Jahrhunderts ist unsere Industrie auf dem besten Weg, einmal mehr ihre Fähigkeit unter Beweis zu stellen, wie schon immer an vorderster Front der großen gesellschaftlichen Veränderungen zu stehen und sich immer wieder neu zu erfinden, um Mobilität zu einem Fortschritt zu machen, der von allen geteilt wird.

G

Gewicht

Der Kampf gegen die Fettleibigkeit wird die nächste große Schlacht der Automobilindustrie. Wie die Menschen legen auch Autos an Gewicht zu. Seit 2001 ist ein Pkw im Durchschnitt um 60 % schwerer geworden. Der aktuelle Renault 5 mit Elektroantrieb wiegt doppelt so viel wie das ursprüngliche Modell von 1973! Die Gründe dafür sind die erweiterten Sicherheitsvorschriften sowie die Vorliebe der Verbraucher für große Modelle wie etwa SUVs, die mit vielen Annehmlichkeiten wie Klimaanlage und bequemen Sitzen ausgestattet sind. Ursprünglich wähnte man sich auf dem richtigen Weg, indem man versuchte, durch Vorschriften die Zahl der Verkehrstoten zu senken und dem gestiegenen Komfortbedürfnis der Fahrer durch einen höheren Komfort an Bord zu entsprechen. Das führte dazu, dass das massivste Auto, der Rolls-Royce Spectre, fast drei Tonnen wiegt und das leichteste, der Suzuki Ignis, fast eine Tonne ...

Wir wissen mittlerweile, dass wir aufgrund der klimatischen Herausforderungen anders handeln müssen. Wir tragen ja auch im Sommer keine Winterdaunenjacke! Das bedeutet: Wir müssen die Autos schlanker machen. Es ist einfache Physik: Um ein Auto zu bewegen, das 1,5 Tonnen wiegt, wird mehr Energie benötigt als für ein Modell, das eine Tonne wiegt. Ganz zu schweigen vom ökologischen Fußabdruck der für den Bau notwendigen zusätzlichen Materialien. Hinzu kommt das Problem der Batterien, die in Elektrofahrzeuge eingebaut werden. Sie sind sehr schwer: Der neue R5 wäre um 300 kg leichter, wenn er einen Verbrenner hätte. Das ist das große Paradoxon der Energiewende: Wenn wir auf Elektroantrieb umsteigen, erhöhen wir das Gewicht der Autos.

Was kann man tun? Einen Teil der Lösung kann die Software liefern, weil die Elektronik nach und nach mechanische Komponenten ersetzt, die ein gewisses Gewicht haben. Ich denke auch, dass wir leichtere Autos wieder schätzen lernen müssen. Erinnern wir uns an die Alpine-Berlinette, die nur 680 kg wog und in den frühen 1970er Jahren nicht zuletzt wegen ihres geringen Gewichts bei Rallyes viel schwerere Fahrzeuge schlagen konnte. Oder den Fiat Panda 4 × 4, der mit seinen 875 kg die Berge eroberte, weil er auf schneebedeckten Straßen genauso leicht und mühelos nach oben klettern konnte wie ein großer Land Rover. Letztlich sollten wir uns ein Beispiel am Rennsport nehmen, denn dort wird unermüdlich nach überflüssigen Kilos gefahndet, um das Leistungsvermögen zu steigern. Das sollte uns Ansporn genug sein, die Durchschnittsgröße von Autos zu reduzieren. In den Städten mit ihren eingeschränkten Verkehrsflächen sollten wir womöglich sogar gezwungen sein, nur kleine Autos zu benutzen. Das würde aber wiederum bedeuten, ein nach Modellgrößen differenziertes Regelwerk einzuführen. Doch wenn wir uns umweltfreundlich verhalten wollen, müssen wir alle auf Diät setzen!

Golf

Wäre die Geschichte des Golfs anders verlaufen, wenn er nicht von einem Italiener entworfen worden wäre? Tatsächlich war es der berühmte Designer Giorgetto Giugiaro, der die erste Version des Superstar-Autos von Volkswagen entwarf, das jahrzehntelang der Verkaufsschlager in Europa und das unbestrittene Symbol des deutschen industriellen Erfolgs werden sollte. Diese Wahl war Ferdinand Piëch zu verdanken. Der Topmanager des Wolfsburger Unternehmens setzte diese Lösung gegen ein intern entwickeltes Konkurrenzprojekt durch. Vielleicht, weil er zuvor mehrere Monate in Giugiaros Büro in Turin verbracht hatte, um zu verstehen, wie man die Formen eines Autos entwirft. So hatten die beiden Männer eine freundschaftliche und vertrauensvolle Beziehung aufgebaut.

Der Geniestreich des Golfs bestand darin, dass er die Hatchback-Form populär machte, denn er bewies, dass weniger (Karosserie) durchaus mehr (Platz und Praktikabilität) bedeuten kann: Bei einem gleich langen Auto können dank der Heckklappe mehr Personen und Gepäck geladen werden als bei einer klassische Stufenheck-Limousine. Ein Kombi mit dem Format einer Limousine! Renault war der erste Hersteller, der diesen Weg eingeschlagen hatte, und zwar bereits 1965 mit dem R16. Dieses Auto, das in einem höheren Segment angesiedelt war, war ein großer Erfolg und wurde in 15 Jahren 1,8 Millionen Mal verkauft.

Der Austin 1100/1300 folgte ihm, dann 1971 der Fiat 127. Aber es war der 1974 eingeführte Golf, der dieser Karosserieform zum endgültigen Durchbruch verhalf. Er wurde zum Maßstab in Europa. Das Flaggschiff von VW hat eine außergewöhnliche Karriere hinter sich. Acht Generationen folgten aufeinander. Seit 1974 wurden weltweit über 37 Millionen Einheiten verkauft. Nur der Ford F-Serie (40 Millionen) und der Toyota Corolla (über 50 Millionen) haben mehr erreicht. Der Käfer, der Honda Civic und der Ford Escort liegen weit dahinter.
Außergewöhnliche Ergebnisse, die natürlich vor allem der wahrgenommenen Qualität des Golfs zu verdanken sind. Aber Volkswagen war auch der erste Hersteller, der es wagte, seine Modellpalette aufzupeppen, indem er ab September 1975 eine sportliche Version des Golfs vorstellte, die er GTI nannte. Das ursprüngliche Ziel bestand darin, 5000 Exemplare zu produzieren, um sie für Sportwettbewerbe zuzulassen. Doch dann wurden über 460.000 Stück verkauft!
Dieser Erfolg eröffnete ein neues Marktsegment, die drei Buchstaben wurden selbst zum Markenzeichen. Im Kielwasser des Golf GTI erschienen Autos wie der Renault 5 Turbo, der Opel GSI oder der Peugeot 205 GTI, um nur einige zu nennen.
Der Golf GTI ist heute zu einem Kultmodell geworden. Als ich im Volkswagen-Konzern Verantwortung trug, fuhr ich jedes Jahr gerne an den Wörthersee in Österreich, in das Dorf von Ferdinand Piëch, um an einem Treffen der Besitzer dieses Autos teilzunehmen. Diese Veranstaltung, die 2024 nach Wolfsburg verlegt wurde, zieht Zehntausende von Menschen an, Enthusiasten, ohne die die Automobilindustrie eine andere wäre.

Google

von Sundar Pichai,
Geschäftsführer von Google

Schon in meinen frühen Jahren war ich von der Technologie fasziniert, davon, wie sie funktioniert und wie sie unser Leben verbessert. Meine Faszination konzentrierte sich dann auf Computer, als ich in Stanford studierte. So verbrachte ich lange Stunden im Computerlabor, um alles zu lernen, was ich konnte. Die gleiche Faszination übten auch Verkehrsmittel auf mich aus. Von den Zügen und Bussen, mit denen ich in meiner Jugend fuhr, bis hin zu den Autos und Flugzeugen, die ich erst viel später entdeckte. Aber selbst in meinen kühnsten Träumen habe ich diese beiden Leidenschaften nie miteinander verbunden oder die Annäherung der Industrien, auf denen sie beruhen, vorausgesehen. Selbst zu Beginn meiner Karriere in der Technologiebranche erschien mir dieser Sektor deutlich von der Automobilbranche getrennt. Die Informatik war mein Arbeitsfeld. Das Auto war mein Weg ins Büro. Das war es dann aber auch schon.

Als ich bei Google anfing, änderten sich die Dinge. Was ich sah, machte mir klar, dass Technologie und Transportwesen durchaus miteinander vereinbar waren. Erste Ansätze gab es schon. Zu dieser Zeit entwickelte sich das Web von Inhalten hin zu vielfältigeren, interaktiven Anwendungen. Wir konzentrierten uns damals besonders auf moderne Betriebssysteme und die Geräte, auf denen sie liefen. Dies hatte einen großen Einfluss darauf, wie ich über Autos denke.

In der Informatik bezeichnet der Begriff »Software« die Entwicklung von Daten und Programmen für Systeme und Anwender. Die »Hardware« hingegen erlaubt es, diese Software zu nutzen. Der Zugang zu Technologie wird durch die Grenzen oder Möglichkeiten der zur jeweiligen Zeit verfügbaren Hardware bestimmt. Im Zuge des technologischen Fortschritts konnten immer mehr Menschen die immer breiter werdende Palette von Endgeräten – Desktop-Computer, Laptops, Mobiltelefone – nutzen. Und das auf eine immer selbstverständlichere und intuitivere Art und Weise, dank Webbrowsern, Apps oder Sprachassistenz.

Heute erwarten wir, dass uns digitale Inhalte jederzeit zur Verfügung stehen, wann wir wollen, wo wir wollen, und das auf einem Gerät unserer Wahl.

Das gilt auch, wenn wir in Bewegung sind. In vielerlei Hinsicht ist das Auto der Ursprung dieser Entwicklungen. Wir pflegen eine persönliche Beziehung zu ihm. Das Auto ist ein integraler Bestandteil der großen und kleinen Momente im Leben vieler Familien und unerlässlich für das Funktionieren unserer Gemeinden, Städte und Volkswirtschaften. Und so wie der Computer die Art und Weise verändert hat, wie wir Geräte nutzen, hat er auch das Fahren sicherer, flüssiger und angenehmer gemacht.

Bei Google hat es mit der Navigation angefangen. Einerseits wurde mit Google Maps eine große Frage unserer Ingenieure beantwortet: Kann man die Karte der ganzen Welt in die Tasche eines jeden Menschen stecken? Andererseits wurde Maps als praktisches Werkzeug konzipiert, das den Menschen dank der hinterlegten Informationen hilft, von A nach B zu gelangen. Es war die Kombination dieser beiden Visionen, die sich als revolutionär erwies. Ich erinnere mich noch an die Begeisterung, die ich mit einem Taxifahrer teilte, nachdem ich mitten in der Nacht in Mumbai gelandet war. Dank Maps war ich in der Lage, ihm eine genaue Wegbeschreibung für die richtige Route durch die Gassen zur Adresse eines Freundes zu geben, ohne jemanden um Hilfe bitten zu müssen.

Der Übergang zum Mobiltelefon beschränkte sich nicht darauf, den Fahrern (oder ihren Beifahrern) Computer in die Tasche zu stecken. Betriebssysteme wie Android, die für Smartphones entwickelt wurden, erlauben uns, nützliche Apps direkt in die Autos selbst zu integrieren.

Allein die Vorstellung, ihr Auto zu bitten, ihr Lieblingslied zu spielen, wäre für die Generation meiner Eltern Science-Fiction gewesen. Heute können Sie in einen Renault Megane E-Tech steigen und mit Ihrer Stimme Spotify, Google Maps oder über 40 andere Anwendungen steuern, können arbeiten, sich informieren oder unterhalten, während Sie fahren. Die Tatsache, dass das heute für viele Menschen selbstverständlich ist, verdeutlicht, wie schnell anfangs als außergewöhnlich bewertete Technologie zur Normalität werden kann.

Der nächste große Transformationsprozess ist gerade in Gange: die Implementierung der Künstlichen Intelligenz (KI). Zum gegenwärtigen Zeitpunkt ist sie die bedeutendste Technologie, an der die Menschheit arbeitet. Ihre Auswirkungen werden in allen Branchen und in allen Aspekten des Lebens sichtbar werden, einschließlich des Autofahrens, der Automobilindustrie und des Transportwesens.

Schon heute sehen wir die Möglichkeiten, die KI bietet, um die Fahrer radikal zu unterstützen. Ich denke dabei an fortschrittliche Fahrerassistenzsysteme, die auf einer neuronalen Architektur basieren, oder an Schnittstellen, die in der Lage sind, Informationen in Echtzeit auf konversationelle Weise zu vermitteln – ein Bereich, an dem wir mit der Formel E arbeiten. Auf diese Weise werden die Autos von morgen sicherer und vernetzter sein. Auf längere Sicht wird der technologische Fortschritt auch den Schritt vom teilautomatisierten zum autonomen Fahren ermöglichen. Viele Unternehmen, darunter auch Alphabet, forschen daran, und wir diskutieren gerne mit über die Auswirkungen von autonomen Fahrzeuge auf unsere Städte, unsere Wirtschaft und unsere Umwelt.

KI verändert auch die Art und Weise, wie Autos produziert werden. Google Cloud und Renault haben gemeinsam einen neuen Ansatz für industrielle Abläufe erarbeitet. In dessen Mittelpunkt steht das maschinelle Lernen, das die Roboter in den Fabriken ebenso umfasst wie Tracking-Systeme, mit denen die Hersteller Lieferkettenprobleme lösen, den Energieverbrauch und die Emissionen senken und die Autos schneller zum Kunden bringen können. Gleichzeitig eröffnen sich uns neue Wege, Autos zu produzieren und zu vertreiben, wir werden neue Beschäftigungsmöglichkeiten schaffen können und, so wir es richtig anstellen, positive Auswirkungen auf Gemeinden und Kommunen erzielen. Innovationszentren für Mobilität, wie das Michigan Central von Ford in Detroit, werden entsprechende Programme mit entwickeln, und ähnlich wie bei den Qualifikationen, die vom Google Career Certificates vermittelt werden, wird es auf Flexibilität ankommen.

Früher hätten ein Automobilingenieur und ein Informatiker die Arbeit des jeweils anderen zutiefst bewundert, ohne sich jemals über den Weg zu laufen. Mit KI werden sie zunehmend zusammenarbeiten und schon bald gemeinsam große Herausforderungen bewältigen und Chancen nutzen können.

Der Kampf gegen den Klimawandel ist das beste Beispiel. Die Verkaufszahlen von Elektrofahrzeugen sind bis 2023 um 37 % gestiegen, sodass ihr Anteil an allen auf der Straße befindlichen Autos ein Fünftel beträgt. Dieser visionäre Ansatz, den wir in der Automobilindustrie beobachten können, ist einer der Gründe, warum ich trotz der Dringlichkeit und der Größe der Herausforderung optimistisch bin, dass wir die Lösungen finden können, die die Welt braucht. Wir bei Google möchten den Menschen dabei helfen, die Informationen zu finden, die sie benötigen, um nachhaltige Entscheidungen zu treffen, insbesondere in Bezug auf ihre Reisen. Die Suchmaschine bietet nun Informationen, die den Menschen helfen, die Kosten und Anreize für den Kauf eines Elektrofahrzeugs zu verstehen, während Google Maps nun auch Ladestationen für Elektrofahrzeuge in Ihrer Nähe anzeigt und umweltfreundlichere Routen vorschlägt, die darauf optimiert sind, Kraftstoff oder Batteriekapazität zu sparen.

Mithilfe von KI können wir auch damit beginnen, die Verkehrssysteme als Ganzes zu überdenken. Als Beispiel: Google arbeitet mit einem Dutzend Kommunen weltweit am Projekt »Green Light«. Dieses KI-Verkehrsmanagementsystem optimiert die Ampelschaltungen und reduziert die Anzahl der Starts und Stopps. Das verbessert den innerstädtischen Verkehrsfluss. Erste Ergebnisse ergaben Verringerungen bei Fahrzeiten und Emissionen in der Größenordnung von bis zu 30 Prozent bei rund 30 Millionen Fahrzeugbewegungen pro Monat.

KI eröffnet uns die Möglichkeit, Verkehrsnetze zu überblicken und die Fortbewegung von Menschen und Fahrzeugen intelligent zu managen. Sie wird in Zukunft unverzichtbar sein, wenn es gilt, bessere Verkehrssysteme zu entwerfen.

In Verbindung mit saubereren Produktionsprozessen und einer effizienteren Navigation – beides ermöglicht die KI – kann die Automobilindustrie so zum inspirierenden Vorbild werden für andere Branchen, die

ebenfalls vor der Aufgabe stehen, die ökologische Wende zu vollziehen. Denn auch sie brauchen Veränderung, um eine nachhaltigere Zukunft aufbauen zu können.
Es ist ein Zufall der Geschichte, dass sowohl Google als auch Renault ihre Anfänge in Garagen hatten, auch wenn zwischen beiden Unternehmen ein ganzes Jahrhundert liegt.
Louis Renault gab seiner ersten Voiturette 1 CV 1898 in einer kleinen Garage in Boulogne-Billancourt den letzten Schliff. Als Larry Page und Sergey Brin im September 1998 Google gründeten, geschah dies in der Garage eines Hauses in Menlo Park, Kalifornien. Und weder der eine noch die beiden anderen konnten die vor ihnen liegenden technischen Umwälzungen vorhersehen, geschweige denn sich die wachsende Bedeutung der Technik vorstellen, wie sie sich im letzten Vierteljahrhundert vollzogen hat – und dass die Autos von heute »mehr Software als Hardware« sein würden, wie Luca de Meo feststellte. Dennoch sind wir hier. Und ich könnte nicht enthusiastischer sein, wenn ich an den Weg denke, den wir noch vor uns haben.

H

Halbleiter

Ohne sie gäbe es keine Autos mehr! Halbleiter sind zu wichtigen Komponenten im modernen Fahrzeugbau geworden, denn die Elektronik ist allgegenwärtig geworden. Das wurde deutlich, als nach der Covid-19-Pandemie die Produktion aufgrund von Engpässen monatelang unterbrochen oder sogar gestoppt wurde, weil keine Halbleiter mehr verfügbar waren. Im Durchschnitt befinden sich in einem Auto etwa 1000 dieser Bauteile. In einer Mercedes S-Klasse sind es jedoch fast 2500, in einem Elektro-Hybridmodell sogar 3000. Mit der Einführung von selbstfahrenden Autos wird diese Zahl noch weiter steigen.

Was ist ein Halbleiter? Wie der Name schon sagt, handelt es sich um ein Material, das Elektrizität sowohl isolieren als auch leiten kann. Als solches spielt es eine zentrale Rolle bei der Herstellung von elektronischen Bauteilen. Silizium wird heute am häufigsten dafür verwendet. Wo findet man sie in einem Auto? Überall. Im Motor dienen sie zur Übermitt lung von Schlüsselinformationen wie der Geschwindigkeit des Fahrzeugs oder der Außentemperatur. Sie überwachen die Füllstände aller Flüssigkeiten (Brems- und Kühlflüssigkeit, Scheibenwaschanlage). Im Fahrzeuginnenraum steuern Sensoren die Klimaanlage, andere verbessern die Funktion der Rückspiegel. Auch in den Sicherheitssystemen sind Halbleiter allgegenwärtig. Zum Beispiel, um die Airbags zu aktivieren, wenn ein Beifahrersitz besetzt ist, um zu überprüfen, ob die Sicherheitsgurte angelegt sind, oder sogar, um sie bei einem Unfall in Sekundenbruchteilen zu straffen. Und schließlich spielen sie eine wichtige Rolle bei den unzähligen Fahrhilfen, die sich in den Autos rasant entwickelt haben. Ein Beispiel dafür ist das Lenk-Assistenzsystem, das den Kurs des Autos automatisch korrigiert, wenn der Fahrer einmal unaufmerksam sein sollte.

Diese Fülle an Nutzungsmöglichkeiten ist nicht unproblematisch. Zunächst einmal sind es die Halbleiterlieferanten, denen die Software gehört, mit der die Halbleiter funktionieren. Jedes Mal, wenn eine Änderung vorgenommen werden muss, muss man sie anrufen, damit sie die Software weiterentwickeln. Zweitens muss die Software mehrerer Unternehmen miteinander verknüpft werden, was zu komplexen Netzarchitekturen führt. Die Lösung, die bereits von Tesla und einigen chinesischen Autoherstellern umgesetzt wird, besteht in der Einführung einer zentralen Architektur in den Fahrzeugen. Sie ermöglicht dem Autohersteller, Eigentümer seiner Software zu werden und alle Halbleiter von einer zentralen Einheit aus zu steuern. Die vernetzten Autos können dann online Updates erhalten. Eine Revolution, die ihren Preis hat: Die Software wird 40 % des Wertes eines Fahrzeugs ausmachen.

Schließlich geht es auch um die wirtschaftliche Souveränität. Europa muss sich ein leistungsfähiges industrielles Instrumentarium schaffen und seine Abhängigkeit von den amerikanischen und asiatischen Akteuren, die den Markt beherrschen, verringern. Eine selbstbestimmte Zukunft ist Lohn der Mühen.

HÄNDLER

Sagt Ihnen der Name Joe Girard etwas? Dieser Amerikaner sizilianischer Abstammung, der in Detroit, einer der Herzkammern der weltweiten Automobilindustrie, geboren wurde, ist wahrscheinlich der größte Autoverkäufer aller Zeiten. Als solcher steht er zwölfmal im Guinness-Buch der Rekorde. In 15 Jahren, von 1963 bis 1978, verkaufte er 13.000 neue Autos. Niemand hat an einem Tag (18 Verkäufe), in einem Monat (174) oder in einem Jahr (1425) mehr Fahrzeuge verkauft als er! Deshalb wurde er in die berühmte Automotive Hall of Fame aufgenommen. Seine Geschichte könnte ein Hollywood-Drehbuch inspirieren, als Inbegriff des sozialen Aufstiegs nach amerikanischem Vorbild.

Zu Beginn seiner Karriere war Joe Girard ein einfacher Schuhputzer, der sich mit dem Verteilen von kostenlosen Tageszeitungen ein wenig dazuverdiente. Um endlich ein gesichertes Auskommen zu haben, bekniete er einen ersten Autohändler so lange, bis dieser ihn einstellte. Nachdem er sich eingearbeitet hatte, zeigte er eine außergewöhnliche Begabung für diesen Beruf. Er war so erfolgreich, dass seine Kollegen seine Entlassung forderten und auch durchsetzten, weil er ihnen die Umsätze und damit die Provisionen abjagte. Das vermochte ihn nicht zu stoppen, im Gegenteil. Er wechselte zu einem anderen Händler in Detroit, wo er nun Chevrolets verkaufte.

Auch dort trieb er alle Verkaufszahlen in die Höhe. Eines seiner Geheimnisse war die Aufmerksamkeit, die er seinen Kunden widmete. Er wusste alles über sie, ihr Geburtsdatum, das ihrer Kinder, ihre Leidenschaften. Er schickte jedem eine Karte pro Monat und verpasste keinen Feiertag (Thanksgiving, Halloween usw.). Mit der Zeit hatte die Betreuung einen solchen Umfang angenommen, dass es zweier Vollzeitangestellte bedurfte, diese zu bewältigen.
Unglaublich, aber wahr: Am Ende seiner Karriere standen die Kunden Schlange, um bei ihm ein Auto zu kaufen. Zwei Assistenten hatten die Aufgabe, die erforderlichen Unterlagen vorzubereiten, bevor der Meister persönlich den Kauf abschloss. Ein pikantes Detail: Er schickte jedes Jahr eine Kopie seiner Steuererklärung an seinen ersten Arbeitgeber. Ihr lag ein Zettel bei: »Sie haben die falsche Person gefeuert!« Im Ruhestand hat er aus seinem Verkaufstalent ein erfolgreiches Geschäft gemacht: Er schulte Verkaufsteams von Unternehmen, hielt Vorträge und gab Seminare. Seine Bücher wurden millionenfach verkauft, seine CDs, und DVDs gingen weg wie warme Semmeln. Große Kunst!

Natürlich ist dieser Fall atypisch, aber er erinnert uns daran, wie wichtig die Vertriebsfunktion in der Automobilbranche ist. Was wären die Hersteller ohne diese Verkaufsgenies, die Tag für Tag darum kämpfen, die Verbraucher davon zu überzeugen, ihre Autos zu kaufen?
Dies ist eine Gelegenheit, die wichtige Rolle der Händler zu unterstreichen und für sie eine Lanze zu brechen. Seit einigen Jahren wird ihr Ende und das Aufkommen des Online-Direktverkaufs vorausgesagt. In der Regel sind es die neuen Marken, die sich kein Vertriebsnetz leisten können, die diese Mär verbreiten. Zu deren am wenigsten überzeugenden Argumenten gehören Aussagen wie: Die Kunden würden lieber zum Zahnarzt als zum Autohändler gehen. Das ist

monumentaler Unsinn! Wer kauft online ein Auto für 50.000 Euro, ohne direkten Ansprechpartner und ohne zu wissen, wo man es reparieren lassen kann? Ich jedenfalls nicht.
Der Service in den Autohäusern ist viel besser, als es oft behauptet wird. Bei Renault z. B. sind die Bewertungen der Kundenzufriedenheit, die unsere Filialen erhalten, sehr hoch, im Durchschnitt zwischen 8 und 10 von 10 Punkten, und zwar in allen Ländern, in denen wir vertreten sind. Als ich bei der Firma mit dem Rhombus anfing, wurde ich zum Gebietsmanager im Norden von Mailand ernannt. Ich habe alles von den Händlern gelernt. Einige von ihnen waren bereits in der dritten Generation an der Spitze dieser Unternehmen. Ihr Familienvermögen steckte in ihren Betrieben. Sie arbeiteten jeden Samstag. Und am Sonntag waren sie oft bei großen Volksfesten anwesend, um mit den Käufern in Kontakt zu treten.
Ihre Bedeutung klein zu reden ist keine Option. Wir brauchen dieses Netzwerk der Nähe.
Andererseits befindet sich ihr Beruf im Umbruch, der Autohandel muss sich neu erfinden. Eine Idee wäre, Autohäuser in Servicezentren umzuwandeln, die z. B. über elektrische Ladestationen verfügen. In Frankreich gibt es 550 Autohäuser und fast 3000 Werkstätten, die das Renault-Logo tragen. Das sind etwa so viele Verkaufsstellen wie die Supermarktkette Carrefour betreut und viel mehr als die der Warenhauskette Auchan. In Europa arbeiten 36.000 Menschen in unserem Netzwerk. Ich glaube nicht, dass die Automobilindustrie auf den Trumpf des physischen Vertriebs verzichten kann. Das Kundenerlebnis in der Verkaufsstelle, der persönliche Kontakt, macht den Unterschied beim Verkauf von Premiumprodukten aus.
In diesem Zusammenhang möchte ich die großen Persönlichkeiten der Branche würdigen, Penske in den USA und Emil Frey oder André Schumacher in Frankreich. Diese Unternehmer sind oft finanzielle Risiken eingegangen, einige gingen in Konkurs, andere wuchsen, indem sie ihre Konkurrenten aufkauften. Die leidenschaftlichsten unter ihnen lieben die Autos so sehr, dass sie sie nicht einfach nur verkaufen. Alpine wurde von einem Autohändler, Jean Rédélé, gegründet. Die Idee, aus einem Käfer einen Transporter, den berühmten »Bulli«, zu

machen, kam 1947 von Ben Pon, dem niederländischen Importeur von Volkswagen, der die Zeichnung des zukünftigen Modells an die Zentrale in Wolfsburg schickte. Der Italiener Romano Artioli, der die Marke Suzuki vertrat, ging sogar so weit, die Marke Bugatti aufzukaufen und wiederzubeleben. Und nicht zu vergessen Giancarlo Minardi, den Fiat-Händler aus Faenza, der einen Formel-1-Rennstall gründete. Auch diese außergewöhnlichen Charaktere schrieben Automobilgeschichte. So wie Joe Girard.

Honda, Soichiro

Er war kein gewöhnlicher Japaner. Soichiro Honda, der Gründer von Honda, der 1991 im Alter von 84 Jahren starb, pflegte stets seine Andersartigkeit. Alles an ihm war erstaunlich. Erstens sprach er im Gegensatz zu seinen in Schweigen und Diskretion eingemauerten japanischen Kollegen immer gerne mit den Medien; zweitens war er einer der ganz wenigen Hersteller, die sich sowohl in der Motorrad- als auch in der Autoproduktion auszeichneten; und drittens, und vielleicht am wichtigsten, gewann Honda in der Formel 1. Ab 1965 mit einem Auto, das zu 100 % in seinen Farben gehalten war, und später als Motorenlieferant des brasilianischen Weltmeisters Ayrton Senna. Wie andere große Pioniere der Automobilbranche machte er sich selbstständig. Schon früh verfolgte er den Traum, Ingenieur zu werden, und begann im Alter von 15 Jahren als Mechanikerlehrling in Tokio. Ende der 1920er Jahre begann er dann mit der Herstellung von Rennwagen. »Als ich jung war, fuhr ich mit meinem selbstgebauten Auto«, erzählte er auf Anfrage eines japanischen Fernsehsenders. »Es gab Zeiten, in denen ich so viele Probleme hatte, dass ich eine Woche lang nicht schlafen konnte, um sie zu beheben. Ich war wie eine Mutter mit ihrem Baby.«

Sein industrielles Abenteuer begann nach dem Krieg mit der Gründung der Honda Motor Company im Jahr 1948. Er ist einer der Erfinder des modernen Motorrads. Als genialer Schöpfer war er auch ein kühner Unternehmer. Er erkannte früher als andere, dass er im Exportgeschäft offensiv agieren musste. Insbesondere auf dem amerikanischen Markt konnte er ein Feuer entfachen, bereits Ende der 1950er Jahre war Honda Welt-

marktführer bei Motorrädern. Was seine Autos betrifft, so haben sie sich zwar nie so gut verkauft wie ein Nissan oder Toyota, aber sie haben immer eine sehr starke Persönlichkeit gezeigt, vom Civic bis zum CRV. Soichiro Honda war weltoffen und traf sich häufig mit Staatsoberhäuptern und Prominenten. Oft führte er sie in einer weißen Technikerjacke durch seine Fabrik in Suzuka.
1973 zog er sich von allen operativen Funktionen zurück und wurde »oberster Berater« seines Unternehmens. Das hielt ihn jedoch nicht davon ab, aktiv zu bleiben. So hatte er zum Beispiel Spaß daran, ein sehr altes Auto des British Royal Museum komplett zu restaurieren. Mit diesem Auto nahm er sogar am Rennen London–Brighton teil. Außerdem begann er, Leinwände im japanischen Stil zu bemalen. »Je älter ich werde, desto mehr Träume habe ich«, sagte dieser ewige Optimist; »wenn man sich von seinen Träumen verabschiedet, hat das Leben keinen Sinn mehr.« Drei Jahre vor seinem Tod, im Jahr 1988, wurde er als erster Japaner in die Automotive Hall of Fame aufgenommen. Eine verdiente Anerkennung für diese so untypische, erfinderische und in seine Produkte verliebte Persönlichkeit. Er ist einer der Unternehmer, die die Automobilindustrie, die ich so sehr liebe, geformt haben.
Respekt, Honda-san.

Hupe

Sie wurde 1908 in den USA eingeführt. Am meisten missbraucht wird sie – zumindest in Europa – von den Spaniern, wie eine Umfrage der Stiftung Vinci Autoroutes ergab. Ihr Name im Angelsächsischen lautete »Klaxon«, und diesen Namen wiederum leitete der humanistisch gebildete Erfinder der elektrischen Quäke vom altgriechischen Wort für »brüllen« ab. Und doch sind es immer wir Italiener, die besonders verschrieen sind, wenn es um den exzessiven Gebrauch des Signalhorns geht. Als wären wir die Weltmeister darin. Warum ist das so? Vielleicht, weil wir eine ganz besondere Gabe haben, sie zu benutzen. Eine leichte, luftige Art, die der Commedia dell'arte ähnelt. Wir sprechen mit den Händen und mit der Hupe. Wir haben die fröhliche Hupe, während andere sie aggressiv einsetzen. Die Pariser zum

Beispiel ... In der Stadt der Lichter habe ich diese Methode entdeckt, mit der flachen Hand auf die Hupe zu hauen, wenn die Straße blockiert ist. Das hat zwar keinen Sinn, macht aber anscheinend Spaß. In Frankreich habe ich auch die wunderbare Hommage des Sängers Renaud an den R8 Gordini entdeckt. Das Lied heißt *La tire à Dédé,* und darin beschreibt Renaud das Auto von Dédé: »*Sur l'toit et sur l'capot l'avait deux bandes blanches / Le volant en faux bois, les banquettes en vrai Skaï / Le horn qui jouait le pont d'la rivière Kwaï.*« (Auf dem Dach und auf der Motorhaube hatte er zwei weißen Streifen / Das Lenkrad war aus Kunstholz, die Sitzbänke aus echtem Skai / Die Hupe spielte *Die Brücke am Kwai*)
Dédé hatte Geschmack: Die Musik aus dem Film von David Lean gehört mit dem Dreiklang »Tour de France« und »La Cucaracha« zu den Top 3 der meistgekauften Hupen aus dem Zubehörshop in Europa. Als Instrument eingesetzt wurde die Autohupe ebenfalls, etwa bei *Summer in the City* (Joe Cocker) oder *Runnin' with the devil* (Van Halen). Es gibt aber bestimmt noch mehr Songs, die ohne Hupgeräusch unvollständig wären.

Eins ist sicher: Sie sind weniger diskret als die subtilen Warngeräusche, die Brüssel bei niedrigen Geschwindigkeiten von Elektrofahrzeugen verlangt, um Fußgänger zu warnen. Renault hat mit der Einführung des Zoe mit dem VSP (Vehicle Sound for Pedestrians) in aller Bescheidenheit eine Vorreiterrolle übernommen. Heute geht die Firma mit dem Rhombus noch einen Schritt weiter und bezieht den Komponisten Jean-Michel Jarre in diese Definition des VSP mit ein. Das Ziel ist es, ein originelles und exklusives Sounddesign für jedes Modell zu schaffen.
Damit hat man sich schon sehr weit entfernt vom großen Vorfahren der Hupe, die am Ende des 19. Jahrhunderts aufkam: als Horn, das der Mann blasen musste, der nach britischem Recht mit der Flagge in der Hand vor jedem Auto zu gehen hatte ...

Hybridantrieb

von Nicolas Fremau, Ahmed Ketfi-Cherif und Antoine Vignon, Ingenieure bei der Renault Group

Die Idee, einen Verbrennungsmotor mit einem Elektromotor zu kombinieren, ist so alt wie das

Automobil selbst. Bereits 1894 entwarf Paul Pouchain, ein Erfinder aus Lille, ein Auto mit sechs Sitzen, das 70 Kilometer Strecke bei 16 km/h zurücklegen konnte und unter der Motorhaube einen solchen Doppelantrieb hatte, wobei das Benzin als Generator diente, um die Akkus aufzuladen und somit die Reichweite zu erhöhen. Etwas später, im Jahr 1899, entwickelte das belgische Unternehmen Piper aus Lüttich ein Automobil mit ähnlichen Eigenschaften. Ihre Patente ermöglichten es der Firma Auto-Mixte, zwischen 1905 und 1914 mit der Serienproduktion von Hybridmodellen zu beginnen.

Zur gleichen Zeit führte im deutschsprachigen Raum der später so berühmte Ferdinand Porsche diese technische Lösung ein, indem er kleine Elektromotoren in die Radnaben einbaute, deren Batterien von einem Benzinmotor aufgeladen wurden. Der Erste Weltkrieg setzte diesen Experimenten jedoch ein Ende. Der Elektroantrieb wurde aufgegeben und das Zeitalter der thermischen Verbrennung brach an.

Erst 1997 bringt Toyota den Prius auf den Markt und markiert damit einen Wendepunkt in der Automobilindustrie. Denn dank des HSD-Systems (Hybrid Synergy Drive) des Autos interagieren zum ersten Mal die beiden Antriebsarten so zusammen, dass der Benzinverbrauch sinkt.

Bereits 1999 bringt Honda seinerseits ein Hybridfahrzeug auf den Markt. Danach bewogen die sich wiederholenden Ölkrisen, der Wunsch, den Planeten zu schützen, und die Finanzkrise 2008 weitere Hersteller dazu, sich mit dem Thema Elektrizität als Antriebstechnik zu beschäftigen. Die Wagemutigsten begannen mit der Entwicklung von Fahrzeugen, die ausschließlich mit Batteriekraft betrieben wurden. Renault gehörte zu den ersten, die diesen Weg beschritten: Ein Prototyp des Zoe, der später, im Jahr 2012, auf den Markt kommen sollte, wurde 2005 auf dem Genfer Salon vorgestellt. Doch der Erfolg des Prius, von dem bis 2008 eine Million Exemplare verkauft wurden, bestätigte, dass der Hybridantrieb eine unumgängliche Zwischenstation auf dem Weg zu einer Reduzierung des Energieverbrauchs darstellt.

Fasziniert haben europäische Ingenieure den Star aus Nippon auseinandergenommen. Das Auto war nicht besonders schön und sein Fahrverhalten auf der

Autobahn schwammig, aber die Antriebstechnik überzeugte und tut es noch immer. Das Prinzip hat sich nicht geändert, denn die Batterien laden, wenn das Auto abbremst. Dadurch kann man einige Minuten lang elektrisch fahren. Vor allem reduziert das den Kraftstoffverbrauch, die Ersparnis beträgt im Durchschnitt beachtliche 10 %.

Die Entwicklungsabteilungen suchten natürlich nach Lösungen, um die Zeit, die man rein elektrisch fahren konnte, zu verlängern und damit die elektrisch zu erzielende Reichweite zu vergrößern. Die erste Lösung, die zunächst von den deutschen Marken propagiert wurde, dann aber auch von anderen übernommen wurde, bestand im Plug-in-Hybrid: Der Nutzer schließt sein Auto an das Stromnetz an, um die Batterien aufzuladen und so eine größere Reichweite zu erzielen. Ein großer Nachteil besteht aber in der Größe der notwendigen Batterien und der Technik, die zusätzlich eingebaut werden muss, wie zum Beispiel eine zweite Kupplung. Das macht die Autos komplexer und schwerer. Damit werden sie auch teurer, und wenn man vergisst, sie zu laden, steigt ihr Verbrauch. Deshalb wurden alternative Lösungen gesucht.

Auf der Grundlage der bereits gesammelten Erfahrungen mit Elektrofahrzeugen und der Formel 1 entwickelte Renault eine neuartige Hybridtechnologie mit dem Ziel, dem Kunden ein Erlebnis zu bieten, das dem eines Elektrofahrzeugs so nahe wie möglich kommt. Die zentrale Idee ist einfach: Der Elektromotor dient als Hauptmotor und setzt das Fahrzeug in Bewegung. Daher braucht es keine Kupplung und auch kein Synchrongetriebe, weil hier, wie in der Formel 1, die Kraft über Schaltklauen übertragen wird. Zur kupplungslosen Getriebeeinheit kommt ein zweiter Elektromotor hinzu, der die Schaltvorgänge optimiert. Verbrenner, Elektromotoren und Kraftübertragung sind klug miteinander vernetzt; insgesamt stehen nicht weniger als 15 Gangkombinationen zur Verfügung, die im Fahrbetrieb jederzeit nachvollziehbar sind, aber die Effizienz verbessern. Dazu kommt noch ein Energiemanagement, das die Wirkung des Elektromotors optimiert und ebenfalls aus der Formel 1 stammt. Alles zusammen führte zum E-Tech-Hybrid-System.

Die Arbeiten daran dauerten über zehn Jahre, aber die

Ergebnisse sind spektakulär. Während der durchschnittliche Wirkungsgrad eines Verbrennungsmotors bei 25 bis 27 % liegt (der Anteil des verbrauchten Benzins, der zum Antrieb des Autos verwendet wird), beträgt der Wirkungsgrad eines Hybridmodells der neuesten E-Tech-Generation fast 40 %. Das bedeutet eine durchschnittliche Verbrauchseinsparung von 25 % (in der Stadt kann die Einsparung sogar bis zu 40 % betragen). Diese Fortschritte sind auf die Verbesserung des Verbrennungsmotors zurückzuführen; er wird immer leichter und ist nun speziell für den Betrieb in Verbindung mit Batterien konzipiert, was ihn sehr sparsam macht. Mit einem einzigen Versuch hat das Unternehmen bewiesen, dass es mit Toyota, dem unangefochtenen Maßstab für Hybridfahrzeuge, konkurrieren kann. Diese Leistung ist umso bemerkenswerter, als das japanische Unternehmen den Hybridantrieb seit Einführung des Prius ständig weiterentwickelt hat. Darüber sollten sich alle freuen. Bis zum vollständigen Umstieg auf Elektrofahrzeuge leistet dieser Fortschritt einen wichtigen Beitrag zur Senkung der CO_2-Emissionen von Autos.

I

Iacocca, Lee

Wir verdanken ihm den Ford Mustang, eines der faszinierendsten Autos der Automobilgeschichte, und zumindest dafür sind wir ihm, bin ich ihm, auf ewig dankbar. Lido Lee Iaccoca ist eine Legende, ein Gigant der amerikanischen Automobilindustrie. Mit seinem Abschluss als Ingenieur kletterte der Sohn italienischer Einwanderer, die 1919 aus Kampanien kamen, die Karriereleiter hinauf, um zunächst bei Ford und später bei Chrysler an der Spitze zu stehen. Er leitete also nacheinander zwei der berühmten Big Three (der dritte ist General Motors) der Branche in den USA. Er war ein leidenschaftlicher Mensch und das seltene Beispiel eines Technikers, der zum Verkaufs-Ass wurde. Er zögerte nicht, sich selbst in Werbespots zu inszenieren, die Kultstatus erlangten, um die Vorzüge seiner Autos anzupreisen. Er hatte das Gesicht eines Hollywood-Schauspielers und einen starken Charakter. Amerika liebte seine schockierenden Formulierungen. Henry Ford II. hatte ihn 1978 aus seinem Unternehmen geworfen, obwohl es hohe Gewinne erwirtschaftete, denn er hatte widersprochen. Doch seine Managerqualitäten lagen nicht lange brach. Er wurde an das Krankenbett von Chrysler gerufen, ein Unternehmen, das kurz vor dem Bankrott stand. Am 12. August 1983 posierte er symbolisch vor einer gigantischen Reproduktion eines Schecks über 813 Millionen Dollar: die Rückzahlung der riesigen staatlich garantierten Anleihe, die die Rettung des Unternehmens ermöglicht hatte. 1987 hatte er sogar die American Motors Corporation (AMC), den viertgrößten Autohersteller des Landes, der vor allem für seine Jeeps bekannt war, von Renault übernommen, der diesen großen Brocken nicht verdauen konnte. Im selben Jahr hatte er auch Lamborghini erworben.

Iaccoca, der 1992 aus dem Unternehmen ausschied, hatte anschließend versucht, zusammen mit dem Milliardär Kirk Kerkorian eine feindliche Übernahme von Chrysler zu starten. Er hatte damit zwar keinen Erfolg, doch dies ebnete den Weg für die Fusion des Unternehmens mit Daimler-Benz im Jahr 1998.

Sein Erbe sind Modelle, die Geschichte geschrieben haben. Manchmal für lange Zeit. Bei Ford brachte er im März 1964 den Mustang auf den Markt. Der Mustang, der sofort in dem

James-Bond-Film *Goldfinger* auftauchte und dann von Steve McQueen in *Bullitt* in einer unglaublichen Verfolgungsjagd gehetzt wurde, war ein kommerzieller Triumph: 400.000 verkaufte Exemplare im ersten Jahr, eine Million nach zwei Jahren. Es folgten zahlreiche Generationen dieser automobilen Ikone. Die legendärste Version: der Shelby, erkennbar an den beiden breiten weißen Streifen, die seine Karosserie schmückten. Iaccoca war auch für Bestseller wie den Escort und den Continental Mark III verantwortlich, mit dem Pinto hingegen hatte er sich gründlich verzockt.
Bei Chrysler glaubte er vor allen anderen an die Entwicklung von Minivans, der Voyager übernahm auch in Europa eine Vorreiterrolle und wurde ein Jahr vor dem Renault Espace eingeführt. Er hatte auch den richtigen Riecher und erkannte, dass die US-Industrie den japanischen Kleinwagen, die auf der anderen Seite des Atlantiks auf den Markt drängten, etwas entgegensetzen musste. Die richtige Antwort fand er jedoch nicht. Auf dem Höhepunkt seines Ruhmes hielt er sich oft in Washington auf und war auch politisch aktiv. Vor allem, wenn es darum ging, seine Industrie zu verteidigen, agierte er als hervorragender Lobbyist. Sein Charisma machte ihn auch zu einem potenziellen Kandidaten für die höchsten Ämter im Staat. Hätte er auch im Weißen Haus reüssiert? Lange vor dem Milliardär Donald Trump hat er wohl wirklich darüber nachgedacht, sich in das Rennen um die Nachfolge von Ronald Reagan zu stürzen. In einer Umfrage der New York Times im Jahr 1988 lag er vor allen anderen demokratischen Kandidaten für die Präsidentschaftskandidatur. Und unter denen befand sich auch ein gewisser Joe Biden.

J

Japan

von Makoto Uchida, Generaldirektor von Nissan

Nach fast einem Jahrhundert schrittweiser Entwicklung steht die Branche, der ich meine gesamte Karriere gewidmet habe, heute vor einem tiefgreifenden Wandel. Die Welt sehnt sich nach emissionsarmen, zunehmend autonomen und softwarebasierten Fahrzeugen. Ein so radikaler Kurswechsel in unserer Branche erfordert ein ebenso radikales Umdenken bei den großen Konzernen und ihren Akteuren.
Die japanische Automobilindustrie weiß genau, dass sie es sich nicht leisten kann, sich auf ihren Lorbeeren auszuruhen. Wie in früheren turbulenten Zeiten reagieren alle Hersteller, einschließlich Nissan, mit neuen und innovativen Produkten. Außerdem haben wir unsere Kosten gesenkt und unser Geschäftsfelder gestrafft. Uns ist allerdings klar, dass dies nicht ausreicht. In unserem sich ständig verändernden Umfeld kann der Erfolg nicht durch die bloße Wiederholung bewährter Methoden erzielt werden. Stattdessen müssen wir entschlossen Maßnahmen ergreifen, und zwar schnell, wenn wir unseren Erfolg im kommenden Jahrzehnt und darüber hinaus sichern wollen. Vielleicht sollte man daran erinnern, dass in der unmittelbaren Nachkriegszeit die japanischen Automobilhersteller als Herausforderer ins Rennen gingen. Es waren diese japanischen Unternehmen, die das Konzept der schlanken Produktion, den Kaizen-Prozess zur kontinuierlichen Verbesserung und den Monozukuri-Ansatz zur Optimierung der betrieblichen Effizienz erfunden haben.
Wir können uns auf diese solide industrielle Tradition stützen, um die nächste Ära der technologischen Umbrüche zu meistern. Ich halte aber den Zeitpunkt für günstig, noch eine andere in Japan weithin akzeptierte Methode der Entscheidungsfindung auch in unserem Geschäft anzuwenden: Danshari, ein weit verbreiteter Ansatz zur Organisation des Haushalts, der darauf abzielt, die Welt um uns herum zu entrümpeln, zu reinigen und Ordnung zu schaffen. Ich bin davon überzeugt, dass dieses Modell auch in der industriellen Produktion von großer Tragweite sein kann.
Unsere Industrie steht auf einem soliden Fundament. Seit mehr als

einer Generation zeichnen sich japanische Marken durch hervorragende Produkte und hochwertige Technik, Designs, Dienstleistungen und Innovationen aus. Im Laufe des zwanzigsten Jahrhunderts haben wir Pionierarbeit geleistet, was die Effizienz der Lieferketten und die Produktivi-

tät der Montagelinien angeht. So haben japanische Hersteller 30 Prozent des Weltmarktes für Personenkraftwagen, 16 Prozent des Marktes für Schwerlasttransporter und 46 Prozent des Motorradmarktes erobert.
Die japanischen Hersteller haben diese Position genutzt, um in Segmenten wie kleinen Stadtautos oder sportlichen Einstiegsmodellen führend zu werden und die ersten Hybridfahrzeuge der Welt zu entwickeln. Die Nissan-Gruppe selbst kann sich damit rühmen, mit dem Nissan LEAF das allererste für die breite Masse erschwingliche Elektrofahrzeug auf den Markt gebracht zu haben. Und wir können auch stolz darauf sein, dass die ersten weit verbreiteten CNG-Antriebe und die ersten Brennstoffzellenfahrzeuge den Stempel »made in Japan« tragen.
All dies sind Trümpfe, die unsere Stärke ausmachen.
Das Kapitel der Globalisierung ist so gut wie abgeschlossen. Jetzt, Mitte der 2020er Jahre, zeigt sich der globale Automobilmarkt fragmentiert, das heißt: In jeder geografischen Region suchen die Verbraucher nach differenzierten Produkten. Zwar müssen wir die Standardisierung unserer Plattformen und Designs konsequent vorantreiben; doch gilt es künftig, eine höhere regionale Entscheidungsautonomie bei der Planung, Produktion und Preisgestaltung unserer Produkte zuzulassen.
In der Praxis bedeutet dies, dass wir den Kunden in den USA jene Nutzfahrzeuge und Pick-ups werden anbieten müssen, die auf diesem Markt gefragt sind; während wir in Japan mehr elektrische Kei-Cars und eine breitere Palette von Hybrid-

fahrzeugen mit geringen Emissionen sehen; auf dem chinesischen Markt muss unser Angebot Elektrofahrzeuge und Fahrzeuge mit alternativen Antrieben umfassen, die in Preis und Reichweite mit den lokalen Marken konkurrieren können; und schließlich müssen wir uns auf den Umstieg des europäischen Marktes zu einem rein elektrischen einstellen, auch wenn dieser weniger schnell erfolgt als ursprünglich erwartet.
In jeder Region hängt unser Erfolg von einer spezifischen Formulierung unserer Marktanteilsziele und der Anpassung unserer Produktpalette an lokale Präferenzen ab. In einigen Märkten, insbesondere in den USA, China, Japan und Europa, ist unsere Organisation in der Lage, diese Anpassungen proaktiv vorzunehmen: Wir können die relevanten Modelle in unseren eigenen Werken mit unseren eigenen Versorgungskreisläufen und insbesondere mit verschiedenen Batterietechnologien produzieren, Wir verfügen über die entsprechenden Wertschöpfungsketten, um alle Marktsegmente mit Elektrofahrzeugen zu versorgen.
In der bevorstehenden Ära erhöhter Volatilität und Turbulenzen müssen wir wieder das Gespür für die Dringlichkeit entdecken, das historisch gesehen für die japanische Industrie so heilsam war.

JEEP

Konstruktionsbüros dieser Welt, aufgepasst: Ihr müsst in drei Monaten ein revolutionäres Auto entwerfen, das zum Mythos werden soll und es auch 85 Jahre nach seiner Entstehung noch ist. Unmöglich? Aber bitte, es geht doch: Jeep hat es euch vorgemacht. Die beispiellose Geschichte begann im Frühjahr 1940 mit einem Paukenschlag. In Europa tobte der Krieg, Frankreich war besetzt, nur das Vereinigte Königreich leistete Widerstand, doch Nazi-Deutschland schien seine Herrschaft unaufhaltsam ausdehnen zu können. In den USA bereitet man sich auf den Ernstfall vor. Doch innerhalb der gewaltigen Kriegsmaschinerie, die das Land aufstellen will und muss, fehlt der Army ein wichtiges Zahnrad, nämlich ein Fahrzeug, das leicht ist, aber Menschen und Material unter allen Bedingungen überall hin transportieren kann, kurzum: ein Alleskönner.

Die US-Armee gründete im Juni 1940 eine Kommission, die das Pflichtenheft für diese eierlegende Wollmilchsau ausarbeiten sollte. Darin stehen Absurditäten wie die Fähigkeit, die schlimmsten Steilhänge zu erklimmen und Furten zu durchqueren, sich durch Schlamm und Matsch zu wühlen und übelste Pisten und tiefste Schlaglöcher zu bewältigen. Und zu allem Überfluss soll es dann auch noch so simpel aufgebaut sein, dass man das Fahrzeug quasi blind reparieren kann. Die Kirsche auf dem Sahnehäubchen bildet schließlich die Forderung, 70 Vorserienexemplare innerhalb von 75 Tagen abzuliefern.
Eine unmögliche Aufgabe? Von den 135 Unternehmen, die sich mit der Ausschreibung befassten, lehnten 134 ab, nur ein kleiner Hersteller, American Bantam, der den Austin Seven in Lizenz herstellte, warf seinen Hut in den Ring. Um die Herausforderung anzunehmen, verpflichtete man einen hochbegabten Ingenieur, Karl Probst, der in fünf Tagen einen Prototypen entwickelte, der bereits alle Züge des künftigen Jeep erkennen ließ: den geschlitzten Kühlergrill, den geraden Heckabschluss mit Reserverad auf der rechten Seite und einen 4×4-Antrieb. Die ersten Tests kamen einer Folter gleich. Der kleine Abenteurer zeigte eine Reihe von Schwächen, was niemanden verwunderte. Aber sie ließen sich schnell beheben, denn die Basis und das Potenzial der Konstruktion waren vielversprechend.

Doch nun griff der Generalstab ein, und dabei kam Bantam unter die Räder: Weil der Hersteller zu klein war, um die Tausende von Exemplaren herzustellen, die die Armee dringend benötigte, wurde der Entwurf Willys-Overland und Ford überstellt. Diese konnten den Prototypen vollständig kopieren und erhielten dank ihrer Produk tionskapazitäten den Zuschlag. Bye, bye, Bantam ...
Der geniale Erfinder erhielt als Entschädigung gerademal einen kleinen Liefervertrag und baute dann Jeep-Anhänger.
Am 18. November 1941 liefen die ersten Fahrzeuge vom Band, unter dem Namen »Jeep«.
Warum aber hieß der Jeep »Jeep«? Nun, dazu gibt es mehrere Theorien. Die seriöseste ist die lautmalerische Verkürzung der Bezeichnung »general purpose« (»für alle Zwecke«). Eine andere ist für die Abkürzung »just enough essential parts« (»nur so viele wesentliche Teile wie nötig«). Und eine weitere sieht den Ursprung bei »Eugene the Jeep«, einem freundlichen kleinem Wesen in den *Popeye*-Comicstrips, das die Gabe hatte, selbst die schwierigsten Hindernisse zu überwinden.

Eines ist sicher: Der Jeep wird sofort ein durchschlagender Erfolg. Ein amerikanischer Journalist fasste ihn wie folgt zusammen: »Großer Gott! Ich glaube nicht, dass wir den Krieg ohne den Jeep fortsetzen könnten. So treu wie ein Hund, so stark wie ein Maultier, so wendig wie eine Ziege.«
Die Fließbänder liefen heiß: In vier Jahren sollten fast 700.000 Exemplare vom Band laufen. Im Juni 1944 landeten Schwärme von Jeeps in Frankreich und verbreiteten sich über ganz Europa. Jeder einzelne war ein Symbol der wiedergewonnenen Freiheit und des American Way of Life. Und der General und spätere Präsident Eisenhower lobte: »Der Jeep, die DC-3 und das Landungsschiff sind die drei Instrumente, die den Krieg gewonnen haben.«
Nachdem der Frieden wieder eingekehrt ist, setzt der kleine 4×4 seinen Siegeszug fort. Obwohl er weiterhin in allen Konflikten von Korea bis Vietnam eingesetzt wird, schult er erfolgreich um und tummelt sich forthin auch auf dem Zivilsektor. Bereits 1945 erschien der Willys CJ-2A. »CJ« steht für »Civilian Jeep«. Im Laufe der Jahre wurde der Wagen etwas schlanker,

erhielt ein (etwas) sanfteres Fahrwerk, Scheibenbremsen vorne und ein Hardtop anstelle des Planenverdecks. Aber er verleugnete nie seine tapfere Abstammung. Die CJ-Serie wurde 1987 eingestellt und durch den Wrangler, den Cherokee und heute den Avenger ersetzt. Währenddessen wechselten hinter den Kulissen häufiger die Aktionäre. Die Jeep-Produktion erfolgte bei Willys in Toledo. Dort stieg 1953 Kaiser ein, was die Marke mit dem Jeep als Hauptprodukt bis 1970 am Leben hielt. Die American Motors Corporation (AMC) kam 1970 zum Zuge und erhob Jeep in den Rang einer eigenen Marke. Im Jahr 1979 griff Renault zu – was viele Amerikaner auf die Barrikaden brachte, da sie es nicht guthießen, dass ein französisches Unternehmen ein solches Wahrzeichen aufkaufte. 1987 konnten die Patrioten aufatmen, denn die Firma, die sich in einer sehr schlechten Verfassung befand, warf das Handtuch und beendete ihr Abenteuer in Übersee. Hoppla, aufgepasst! Chrysler übernahm die Marke. Der Konzern war jedoch selbst sehr angeschlagen und wurde 1998 von der deutschen Daimler-Benz AG übernommen ... die ihn einige Jahre später, nicht in bester Verfassung, an einen Investmentfonds verkaufte. Die Krise von 2008 drohte das wenige, das von Chrysler noch übrig war, vollends zu vernichten. Die Rettung nahte in Gestalt des wagemutigen Fiat-Chefs Sergio Marchionne, der zwischen 2009 und 2014 alle Unternehmensanteile zu einem günstigen Kurs übernehmen konnte. So entstand die FCA-Gruppe (Fiat Chrysler Automobiles). Chryslers Kronjuwel war der Jeep, und Marchionne verwendete viel Geld darauf, es aufzupolieren und die Angebotspalette zu verbreitern. Mit großem Erfolg. Der kleine Renegade, der auf einer überarbeiteten Plattform des Fiat 500 steht, ist ein Kassenschlager. Die Verkaufszahlen des Cherokee, der sich zum Luxus-SUV entwickelt hat, schossen in die Höhe. Der letzte große Umbruch fand 2021 statt, als PSA mit FCA zu Stellantis fusionierte. Die Jeep-Geschichte aber auf ihre ständig wechselnde Aktionärsstruktur zu reduzieren, würde bedeuten, ihn nicht zu verstehen. Denn hatte die US-Armee nicht gefordert: »Wir wollen ein Fahrzeug, das unzerstörbar ist.«? Genau das ist der Jeep geworden.

K

Käfer (Volkswagen)

Was für eine erstaunliche Karriere: Der Käfer war vor dem Krieg von Hitler gewollt, beendete seine Laufbahn aber als Ikone der Hippiebewegung in San Francisco! Das Starmodell von Volkswagen hält den Weltrekord für das meistproduzierte Auto der Geschichte. Zwischen dem Ende des Weltkriegs und 2003, als das letzte Exemplar die Fabrik in Puebla, Mexiko, verließ, wurden 21,5 Millionen Einheiten auf dem Markt abgesetzt. Eine Leistung, die deutlich über der des sowjetischen Lada (17 Millionen) und des ersten Bestsellers der Automobilbranche, des berühmten Ford T (15 Millionen), lag. Mit seinem luftgekühlten Heckmotor prägte er mehr als ein halbes Jahrhundert lang die Straßen dieser Welt. Kein Markt konnte ihm widerstehen. Der Käfer hat die ganze Welt erobert. Sein unnachahmliches Design machte ihn sogar zum Filmstar. Fünf Unterhaltungsfilme und eine Serie wurden zwischen 1968 und 2003 von Walt Disney produziert. Der erste Film, *Ein toller Käfer*, unter der Regie von Robert Stevenson, blieb bei weitem der bekannteste.

Es war 1974 die Einführung des Golf mit einem Vierzylindermotor unter der vorderen Motorhaube, die den Niedergang des »Käfer« beschleunigte. Es war an der Zeit: Der Wolfsburger Riese musste sein Angebot erneuern, um die seit den 1960er Jahren sinkenden Gesamtverkäufe wieder anzukurbeln.

Ich war 2011 Marketingdirektor bei Volkswagen, als die Marke mit dem Beetle versuchte, den Käfer wiederzubeleben. Dahinter stand die Idee, den Erfolg des Mini zu wiederholen, der 2001 als besser ausgestattete Neuinterpretation des Originals wiederbelebt worden war, oder auch dem Vorbild des Cinquecento zu folgen, dessen triumphales Comeback bei Fiat ich 2007 inszeniert hatte. Das Auto war ziemlich gut, aber es hatte nicht den gewünschten Erfolg. Vielleicht lag es daran, dass es die Deutschen – anders als der Fiat 500 – an ein dunkles Kapitel ihrer Geschichte erinnerte. Doch der originale Käfer ist ein von Sammlern begehrtes Objekt. Und er wird für immer einen besonderen Platz in der »Hall of Fame« des weltweiten Automobilbaus einnehmen.

KEI CARS

In Japan sind sie das Allheilmittel im Kampf gegen innerstädtische Staus und Umweltverschmutzung. Dort gibt es sie in Hülle und Fülle. Wir sprechen von »kei cars«, eine Abkürzung von »keijidōsha«, was so viel wie »leichtes Fahrzeug« bedeutet. Sie sind nicht mit unseren führerscheinfreien Kleinwagen zu vergleichen. Es handelt sich um vollwertige Autos, die leicht, klein und sehr preiswert sind. Einige gibt es sogar als Nutzfahrzeuge. Sie profitieren von verschiedenen Steuervorteilen und niedrigen Versicherungsprämien. Um in diese Kategorie zu fallen, muss das Fahrzeug eine maximale Länge von 3,40 m und einen Hubraum von weniger als 660 cm^3 aufweisen. Doch ein kei car ist kein Spielzeugauto mit coolem Look, sondern eine sehr ernste Angelegenheit. Denn die meisten der großen japanischen Hersteller sind in dieser dynamischen Marktnische tätig. Im Jahr 2022 entfielen 38,80 % der Verkäufe – das entspricht 1,63 Millionen verkauften Einheiten – auf diesen Markt. Dieses Segment war das einzige, das sich behaupten konnte, während der Automobilgesamtmarkt im Vergleich zu 2021 um 5,6 % geschrumpft war. Schön! Natürlich erklärt die hyperdichte Besiedelung, die die Städte des Archipels aufweisen, zum Teil diesen Erfolg. Aber es ist interessant, dass ein immer größerer Teil der Verkäufe außerhalb der japanischen Metropolen stattfindet. Es scheint, als ob ein echtes, vollwertiges Auto für 8000 Euro auch auf dem Land völlig ausreichen würde. Sollten wir das nicht auch bei uns probieren?

KI (Künstliche Intelligenz)

von Luc Julia, wissenschaftlicher Leiter von Renault

Was wäre, wenn die KI ein Auto wäre? Provokativ ausgedrückt lautete meine Antwort, dass sie vielleicht eines dieser unwahrscheinlichen Konzeptfahrzeuge wäre, deren Schicksal eher darin besteht, die Fantasie zu beflügeln, als jemals auf die Straße zu kommen. Oder eine Figur aus einer alten TV-Serie à la *Knight Rider*, nicht mehr ganz so futuristisch, aber schon retro. Das selbstfahrende Auto, das seit Jahren ständig schemenhaft am Horizont zu sehen ist, scheint in immer weitere Ferne zu rücken, je mehr man sich ihm nähert! Wir sollten nicht so grausam sein, in den Archiven zu kramen und die Prophezeiungen hervorzuholen, die uns seit Ewigkeiten regelmäßig die unmittelbar bevorstehende Ankunft der vollen Autonomie – das berühmte Fahren der Stufe 5 – ankündigen ...
Es ist wahrscheinlich besser, erst einmal ein paar Schritte zu-

rückzutreten. Aber keine Sorge! Die Realität auf dem Boden der Tatsachen ist mindestens genauso begeisternd wie die Science-Fiction. Erste Feststellung: Die KI ist bereits da. DIE KI? Nein, eigentlich: die KIs! Denn KIs gibt es schon lange, sie kommen bei einer Vielzahl von Tätigkeiten und Berufen zum Einsatz und haben sowohl unser Leben als auch unsere Arbeitsweise bereits verändert. KIs sind allgegenwärtig und doch fast in Vergessenheit geraten, angefangen bei Expertensystemen, die seit langem z. B. in der Atomindustrie eingesetzt werden, über Chatbots und unzählige Systeme, die bereits ganze Bereiche unseres Alltags automatisieren, bis hin zum Spamfilter in unseren E-Mails.

Die Automobilindustrie ist da keine Ausnahme. Welchen Bereich auch immer Sie betrachten, Sie werden feststellen, dass diese »Industrie der Industrien« von KI durchsetzt ist. Was wir heute erleben, ist die rasante Ausbreitung dieser Entwicklung in nahezu alle Lebensbereiche.

Das eröffnet neue Perspektiven in nahezu allen Berufen, von der Konstruktion bis zur nachgelagerten Logistik. Wo früher Pannen Maschinen zum Stillstand brachten und Millionen Euro an Verlusten verursachten, registrieren durch statistisches Lernen trainierte Algorithmen sensorgesteuert schon geringste Abweichungen, Signale und Vibrationen. Sie lösen dann, noch bevor das eigentliche Problem auftritt, Wartungsarbeiten etc. aus, ohne dass die Fabrik heruntergefahren muss. Zu den Produktivitätssteigerungen kommt noch die Reduzierung der CO_2-Emission durch die Optimierung der Lieferwege für die Teilelieferung von den Zulieferern zu den Fabriken, etwa bei der Lkw-Beladung.

Immer häufiger sind es nun auch die Designer, die von der generativen KI profitieren. Tools wie Midjourney fördern ihre Kreativität, indem sie die Möglichkeit nutzen, verblüffend realistische Bilder von Fahrzeugen in jeder gewünschten Umgebungen zu erhalten.

Machen wir uns nichts vor: All diese Werkzeuge fallen nicht vom Himmel. Es sind Menschen, die sie erschaffen, angefangen bei der enormen Vorarbeit der Datensammlung und -harmonisierung, die die Grundlage von allem bildet. Sowohl die Qualitäten als auch die Mängel von KIs sind das Ergebnis derer, die sie entwickeln, und derer, die sie nutzen. Angesichts der aktuellen technologischen Beschleunigung, für die ChatGPT das spektakulärste Symptom ist, besteht die erste Herausforderung darin, die richtige Verbindung zu finden zwischen KIs einerseits und denjenigen, die sie nutzen, andererseits. Gibt es ein besseres Beispiel als das Aufblühen von Unternehmen im Silicon Valley, die sich auf die Erstellung von »Prompts« spezialisiert haben? Es ist die Kunst, der Maschine die richtigen Anweisungen zu geben und mit ihr zu kommunizieren, was es ihr ermöglicht, die ganze Palette ihrer Möglichkeiten zu entfalten und ihre Kreativität in den Dienst der Menschheit zu stellen.

Diese Realität ist auch die Realität der Frauen und Männer an den Produktionslinien der Automobilindustrie. Der Beruf des Maschinenführers verändert sich; er wird Teil des maschinellen Lernens, indem er einerseits mit Datenspezialisten kommuniziert und andererseits eine fast handwerkliche Fähigkeit entwickelt, die Funktionsweise von KI-Systemen zu erfassen, um besser reagieren zu können. Nehmen wir ein System zur Erkennung von Mängeln: Der Bediener muss wissen, wie er eine Fehlfunktion korrigiert, die schon bei subtilen Abweichungen wie einer Änderung der Beleuchtung oder der Belichtung im Vergleich zu dem Kontext auftreten kann, in dem die KI trainiert wurde: Bei allen Fortschritten in der Automatisierung sind mehr denn je der Einfallsreichtum und die eigentliche menschliche Intelligenz in sich ändernden Situationen gefragt.

Auch auf der Produktseite ergeben sich für die Hersteller durch das Zusammenwirken von Mensch und Maschine neue Herausforderungen. KIs nämlich können uns dabei helfen, die Technologie »menschlicher« zu gestalten, indem sie unsere Autos zu Begleitern machen, die von ihren Nutzern lernen und sich durch die Interaktion mit ihnen weiterentwickeln. Mit generativen KIs haben wir einen neuen Trumpf im Ärmel. Jetzt können wir, den entsprechenden Trainingskontext vorausgesetzt, das Automobil hyperpersonalisieren und durch adaptive Erfahrungen auf ein neues Level führen. Und wie könnte man die spektakulären Fortschritte und die Tausenden potenziell geretteten Leben ignorieren, welche die Ausweitung der Fahrerassistenzsysteme mit sich bringt? Ganz zu schweigen von der automatischen Erkennung von Radfahrern, um Fahrer vor drohenden Kollisionen zu warnen!

Aber ich kann mir jetzt schon denken, was Sie mich fragen wollen: »Schön und gut, aber wann wird es denn nun das selbstfahrende Auto geben?« Gegenfrage: Wollen Sie Ihr Leben jemals Systemen anvertrauen, denen es immer an der nötigen Weitsicht fehlen wird, um zu verstehen, dass ein Stoppschild, das von einem Fußgänger am Straßenrand getragen wird, kein zu beachtendes Zeichen darstellt?

Es ist klar: Mit KIs ist der automobile Autopilot weniger denn je angesagt!

KINO

Die schönste Liebesgeschichte des Kinos ist die, die es selbst mit dem Automobil hat. Romantisch der Ford Mustang in *Ein Mann und eine Frau*, zärtlich der Volkswagen in *Ein toller Käfer*, feurig der Porsche in *Top Gun: Maverick*, eifersüchtig der Alfa Romeo 2600 Spider in *Die Verachtung*, brutal der Falcon XB in *Mad Max*. Vor allem weist diese Romanze eine außergewöhnliche Beständigkeit auf. Hundertfünfundzwanzig Jahre, wer kann das besser? Die Romanze begann 1899 mit einem kleinen Film von Georges Méliès, *Automaboulisme et Autorité*, in England *The Clown and Motor Car*. Die Geschichte zweier Clowns, die nach einigen Missetaten in einem Auto flüchten müssen. Die erste Verfolgungsjagd der siebten Kunst. Das Abenteuer ging weiter mit *Enlèvement en automobile et Mariage précipité (Entführung im Automobil und überstürzte Heirat)*, 1903 von Alice Guy gedreht, der ersten Frau, die die Kamera hielt. Dann mit den Buster Keatons, Charlie Chaplins und Laurels und Hardys, in denen der Ford T eine Hauptrolle spielte. Von da an hieß es: »Motoren, Action!«. Das Auto eroberte die Leinwände und wurde zum Star. Es spielte jede Rolle: sexy, bescheiden, burlesk, frech. Es gibt kein Objekt oder Requisit im Kino, das so viel Seele hat wie das Auto. Keines hat so viele Drehbücher inspiriert. Ein talentierter Regisseur kann jedes Modell zur

Ikone machen.
Nehmen Sie den 2 CV, der 1982 in *Le Gendarme et les Gendarmettes (Louis und seine verrückten Politessen)* verherrlicht wurde. Er wird von einer Nonne mit wehender Haube zu Schrott gefahren. Am Ende der wilden Fahrt ist der Wagen völlig zerlegt, hat nur noch zwei Vorderräder, zwei Sitze, ein Lenkrad und den nun frei liegenden Motor. Es war fast ein Kunstwerk. Die »Ente« traf ihr Schicksal auch in *Les Visiteurs (Die Besucher), La Belle Américaine (Der tolle Amerikaner), Rien que pour vos yeux (James Bond – In tödlicher Mission)* ... Insgesamt waren es über 150 Spielfilme. Dafür hätte der 2 CV einen Ehrenoscar verdient, mit dem eine ganze Karriere, ein ganzes Lebenswerk gewürdigt wird.
Oder den 406 – weder vom Leben noch von den Designern von Peugeot verwöhnt. Dennoch spielte er in der von Luc Besson produzierten *Taxi-Reihe* eine der Hauptrollen. Das Auto von Herr Jedermann wurde zum Kult, erhielt ausfahrbare Flügel, wildes Spoilerwerk und Nitro-Einspritzung. Aufgepumpt wie ein Bodybuilder jagte das Taxi mit einem Höllentempo durch die Straßen von Marseille. Für die Dreharbeiten wurden mehrere 406er benötigt. Einer von ihnen hatte ein zweites Lenkrad, damit ein Stuntman in den akrobatischsten Szenen anstelle des Hauptdarstellers Samy Naceri fahren konnte. Die Saga zog insgesamt 31 Millionen Zuschauer an, für die der Star wahrscheinlich genauso sehr der Peugeot war wie die hervorragenden Schauspieler um ihn herum.
Ein Auto, das in der Lage ist, Schauspieler in den Schatten zu stellen? Mit dem Ford Gran Torino aus der legendären Serie *Starsky und Hutch* sind wir davon nicht weit entfernt. Nichts prädestinierte ihn dazu, dort fast die Hauptrolle zu spielen. Sein kommerzieller Erfolg schmeichelte ihm, denn er galt als Pseudo-Sportwagen ohne Charakter. Der Erfinder der Serie wollte ihn ursprünglich gar nicht haben, er hätte den Chevrolet Camaro vorgezogen, der viel mehr hermachte. Die Produktionsfirma war jedoch an einen Leasingvertrag mit Ford gebunden und setzte den Gran Torino durch. Um den braven Zweitürer etwas weniger bieder aussehen zu lassen, wurde er einer Schockbehandlung unterzogen:

extrabreite Reifen, eine höhere Hinterachse und ein breiter weißer Streifen auf dem Rot der Karosserie. Selbst in dieser gedopten Form verachtete der Starsky-Darsteller ihn offen. Außerdem hielt er ihn für auffällig und damit unvereinbar mit der angeblichen Arbeit von zwei Polizisten in Zivil. Eines Tages nannte er sein Dienstgefährt »Die gestreifte Tomate«. Der Spitzname blieb hängen. Egal, der Erfolg der Serie war phänomenal. So sehr, dass Ford 1976 eine Sonderserie auf den Markt brachte, die dem Exemplar der beiden Polizisten nachempfunden war. Ihre Abenteuer, die voller Ausrutscher und Dreher waren, verschlissen acht Exemplare. Der Schauspieler, der Starsky spielte, gab später zu, dass er den Gran Torino so wenig leiden mochte, dass er den Wagen absichtlich schlecht behandelt hatte.

Die größten Stars brauchen manchmal ein Auto, um ihre Kunst zur Vollendung zu bringen. Kann man sich Louis de Funès ohne einen ID 19, einen 2 CV oder einen Rolls schreiend, tobend und schimpfend vorstellen? Sein komödiantischer Jähzorn blühte auf in seiner Art zu fahren (und zwar schlecht zu fahren). Sein Sprechstakkato und seine Grimassen am Steuer sind legendär. Seine Neigung, Autos zu zerstören, ebenfalls. Vor allem die DS.

Ah, die DS! Die Verkörperung Frankreichs im Kino. Eine intensive Präsenz. Flatterhaft in *Fantomas*, schwebend in *Die*

Abenteuer des Rabbi Jacob, schneidig in *Les Grandes Vacances (Balduin der Ferienschreck)*, einschüchternd in Der *Clan der Sizilianer*. Die DS war auch der Liebling der Stuntmen. Sie eignete sich für die verrücktesten Stunts. Rémy Julienne, den Claude Lelouch als »Einstein der Stunts« bezeichnete, hatte eine besondere Vorliebe für diesen Typ. Kurz vor seinem Tod im Jahr 2021 erzählte er, wie er auf die Idee gekommen war, die DS zu »köpfen«, d. h. alles abzurasieren, was sich oberhalb der Türen befand. An einem Wintertag, als er mit 130 km/h zu einem Drehort fuhr, tauchte im Nebel ein geschlossener Bahn übergang auf. Der Citroën konnte nicht rechtzeitig anhalten und durchbrach die Schranke. »Wir hatten gerade noch Zeit, uns zu ducken, da wurde das Auto buchstäblich skalpiert!« Kurz darauf wiederholte Rémy Julienne diese Aktion, diesmal geplant, in Georges Lautners Krimi *Quelques Messieurs trop tranquilles (Ein paar Herren sind zu ruhig*). Danach gab es noch viele weitere Enthauptungen, nicht nur von DS-Modellen.
Eine weitere Referenz in der Welt der Stunts ist meiner Meinung nach der Film *Bullitt* aus dem Jahr 1969. Im Mittelpunkt steht Steve McQueen als Polizeileutnant mit seinem 320 PS starken Ford Mustang GT, der den Dodge der Banditen jagt. Die Verfolgungsjagd durch die rutschigen Straßen von San Francisco, die für diesen Anlass von den Behörden gesperrt wurden, dauerte zehn Minuten und dreiundfünfzig Sekunden. Ein Rekord, der seither selten gebrochen wurde. Sie sollte Dutzende von Regisseuren inspirieren. McQueen, ein Motorsportfanatiker, setzte dieses wahnsinnige Rennen durch. Er wollte den Zuschauern eine völlig neue Erfahrung bieten. Keine Dialoge, keine Musik, keine Tricks. Das Rohe, das Bestialische. Spitzengeschwindigkeiten von 170 km/h mitten in der Stadt. Der V8 wurde modifiziert, um das Drehmoment bei niedrigen Drehzahlen zu erhöhen und die katapultartige Beschleunigung zu fördern. Einige Jahre später wollte der Regisseur von *French Connection*, William Friedkin, Bullitt übertrumpfen, doch im Gegensatz zu Steve McQueen durfte er nicht auf der Straße drehen. Er beschloss, sich darüber hinwegzusetzen und

filmte im normalen New Yorker Verkehr. Was der blanke Wahnsinn war. Der mit drei Kameras ausgestattete Pontiac LeMans raste mit 130 km/h über 26 Häuserblocks und überfuhr rote Ampeln ohne jegliche Absicherung des Verkehrs. Ein Unfall, der im Film zu sehen ist, war nicht geplant. William Friedkin selbst hielt die Kamera hinter der Schulter des Fahrers, da er seinen Chefkameramann nicht in Gefahr bringen wollte. In seiner Autobiografie gesteht er die »Erschöpfung und den Schrecken«, die ihn überkamen, als er aus dem Auto stieg: »Wir haben Leben in Gefahr gebracht, das war mir nicht bewusst. Niemals würde ich so etwas heute wieder tun«.
French Connection bietet einen weiteren anthologischen Moment, von dem ich nie genug bekommen kann: das akribische Ausbeinen eines Lincoln Continental Mark III, um die darin versteckten Drogen zu finden. Friedkin brachte seine Leidenschaft auf den Punkt: »Verfolgungsjagden sind Kino in seiner reinsten Form.« Dasselbe könnte man über das Roadmovie sagen, das par excellence der Ort ist, an dem sich ein Schauspieler, eine Kamera und ein Lenkrad vereinen. *Bonnie and Clyde, Easy Rider, Wild at Heart, Sailor and Lula, Thelma and Louise* – das sind natürlich alles Meisterwerke. Hinzufügen möchte ich noch *Le Fanfaron (Il sorpasso, dt. Titel: Verliebt in scharfe Kurven)* von Dino Risi aus dem Jahr 1962. Ein italienischer Film in einem Genre, das von den Amerikanern dominiert wird, ist außergewöhnlich. Er zeigt die Konfrontation von Vittorio Gassman und Jean-Louis Trintignant in einem stilvollen Lancia Aurelia Cabriolet auf der Straße zwischen Rom und der toskanischen Küste: hundertfünf Minuten reines und authentisches Italien. Sie sollten mit mindestens 380.000 Euro rechnen, wenn Sie diese Emotionen heute in einem identischen, gut restaurierten Lancia nacherleben möchten.
Auch die schönsten Szenen auf der Rennstrecke und die intensivsten Duelle zwischen legendären Fahrern sind dem Kino zu verdanken. *Grand Prix* (1966), *Rush* (2013), mit James Hunt auf McLaren gegen Niki Lauda auf Ferrari. *Tage des Donners*, mit Tom Cruise. *Le Mans 66*, mit Ferrari gegen Ford. Und so viele andere. Ich merke, dass mir nicht einen Moment lang spontan ein

negativer oder revanchistischer Film über Autos in den Sinn gekommen ist. Ich suche also. Tatis *Trafic*: eine Satire auf die moderne Welt, aber ohne jegliche Bösartigkeit. *Le Grand Embouteillage (Der große Stau)*: virulent, aber mit so viel Talent. Nein, wirklich, das Kino liebt das Auto und das Auto dankt es ihm. Wie sagt einer der Charaktere in *Pulp Fiction*, nachdem eine ganze Reihe von Magazinen geleert worden sind: »Wie feige, auf Autos loszugehen.« Übrigens, was fuhr Louis de Funès? Die meiste Zeit fuhr er einen R6. Er mochte keinen Luxus und ließ seinen wunderschönen Jaguar MK2 in der Garage stehen.

Kleinwagen

In der Psychologie spricht man von einer »paradoxen Anweisung«. Sie besteht darin, dass ein und derselben Person zwei sich widersprechende Befehle erteilt werden. Kommt die Person der einen Anweisung nach, missachtet sie zwangsläufig die andere. Die Person ist also, egal wie sie sich entscheidet, nicht in der Lage, das Richtige zu tun. Ob in der Familie oder in einem Unternehmen, dieses Syndrom kann einen in den Wahnsinn treiben. Nun gibt es aber einen ganzen Wirtschaftssektor, der unter diesem Druck leidet. Es ist die europäische Automobilindustrie. Die Hersteller werden aufgefordert, den Kraftstoffverbrauch ihrer Fahrzeuge zu senken, aber verpflichtet, gleichzeitig schwere und teure aktive und passive Sicherheitsvorrichtungen einzubauen; riesige Investitionen zu tätigen, um in Rekordzeit auf vollelektrische Fahrzeuge umzustellen, ohne die Verkaufspreise zu erhöhen; dringend neue Fabriken auf den alten Kontinent zu errichten und immer mehr Batterien zu kaufen, die derzeit aber hauptsächlich made in China sind.

Eine Fahrzeugfamilie leidet besonders unter diesen gegensätzlichen Vorgaben. Es ist die der Klein- oder Stadtwagen, die eine der Lösungen für die Probleme moderner Städte darstellen, da sie weniger CO_2 ausstoßen und weniger Verkehrsraum benötigen. Im Verhältnis dazu erhöhen die neuen Vorschriften die Kosten eines kleineren Fahrzeugs oft viel stärker als bei einem größeren, besser ausgestatteten Fahrzeug.

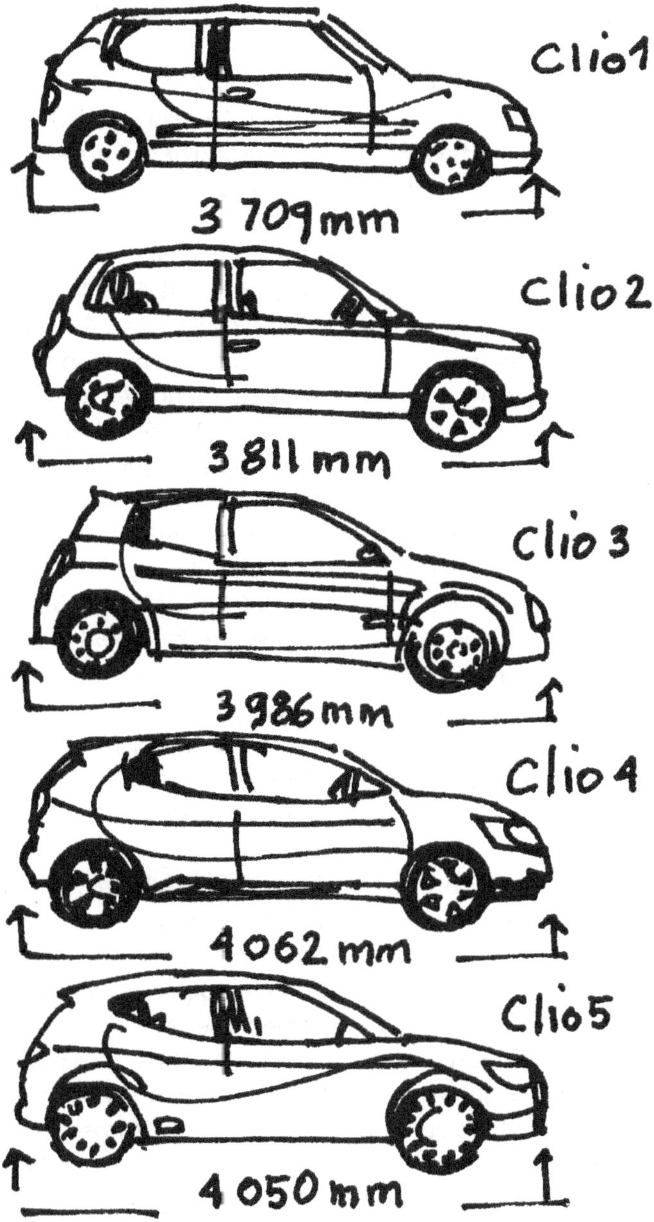

Clio1
3 709 mm
Clio2
3 811 mm
Clio 3
3 986 mm
Clio 4
4 062 mm
Clio5
4 050 mm

Daher ist die Gefahr groß, dass die Wettbewerbsfähigkeit der Kleinwagen untergraben und ihre Beliebtheit in Frage gestellt wird.
Dabei waren sie jahrzehntelang eine feste Größe auf dem Markt. Sie waren es, die mit erschwinglichen Preisen Käuferscharen lockten. Sie waren es, welche die Automobilindustrie nach dem Krieg in ganz neue Sphären katapultierten, mit ihnen begann die Massenmotorisierung, der Freizeitgesellschaft und der Mobilität. Sie waren die treibende Kraft, wenn auch nicht für die spektakulärsten Innovationen, so doch für deren weite Verbreitung. Sie waren es auch, die den gewaltigen Urbanisierungsschub der Nachkriegsjahrzehnte begleiteten. Beim unaufhaltsamen Aufschwung der Metropolen haben sie eine Hauptrolle gespielt.
Anfangs nannte man sie übrigens nicht »Kleinwagen«. Sie waren einfach nur klein und billig. In Frankreich bevölkerten Renault 4 CV, Dauphine und Ami 6 die Straßen und erfüllten tapfer ihre Aufgabe, wenn es darum ging, in den Urlaub zu fahren. Ein Gepäckträger auf dem Dach war Pflicht. In Italien schworen wir auf den Fiat mit dem Spitznamen »Topolino« (was so viel wie »Mäuschen« bedeutet und auch der Name von Mickey Mouse im italienischen Sprachraum ist), der bis 1955 produziert wurde. Und auf seinen Nachkommen, den Fiat 500, der 1957 auf den Markt kam: vier Sitze, 13 PS, 370 kg, für weniger als 500.000 Lire. Das entsprach damals 20 Monatslöhnen eines italienischen Arbeiters. In Deutschland war natürlich der Käfer der Renner. Und dann war da noch die barocke Isetta, die in Italien erfunden, aber an BMW lizenziert wurde: Zwischen 1954 und 1962 wurden mehr als 136.000 Exemplare in Deutschland verkauft. Die »Knutschkugel« war dennoch kein echter Siegertyp. Eine eiförmige Karosserie, die sich von vorne öffnen ließ. Das Lenkrad und das Armaturenbrett waren fest mit der Vordertür verbunden. Zwei Sitze für Erwachsene, ein Kindersitz. Mehr gab es nicht. Ein asthmatischer Motorradmotor und ein holpriges Fahrverhalten kamen obenauf. Zu seinen Vorzügen zählten die Möglichkeit, auf einem Taschentuch senkrecht zum Bürgersteig zu parken, ein niedrigerer Preis als bei Käfer oder Ente und ein geringerer Verbrauch.

Ein entscheidendes Argument: 1956 kam es, nachdem Nasser den Suezkanal verstaatlicht hatte, zur Suezkrise. Die Ölversorgung war gefährdet, die Treibstoffpreise explodierten. Diese Energiekrise (die an die Krise von 1973 und die heutige erinnert) beschleunigte auch die Einführung des Mini im Jahr 1959. Ein avantgardistischer Schock! Die gesamte Konstruktion war so konzipiert, dass sie ein Maximum an Platz auf kleinstem Raum bot: Der Mini war die Definition eines Stadtwagens. Auf die Spitze getrieben. So wurde das Prinzip des Vorderradantriebs mit quer eingebautem Motor eingeführt. Das Getriebe befand sich unterhalb des Motors und nicht in seiner Verlängerung dahinter. Das rückte den Schwerpunkt weit nach vorne. Die Kraftübertragung erfolgte über zwei ungleich lange Antriebswellen. Das Resultat? Ein Block von nie gekannter Kompaktheit und ein lebendiges, spielerisches Fahrverhalten. Um dem Innenraum noch mehr Zentimeter zu verleihen, beschränkte sich der Durchmesser der Räder auf 10 Zoll, während der Standard für diese Klasse bei 14 Zoll lag. Zu diesem Zweck wurde auch die traditionelle Aufhängung mit Federn und Stoßdämpfern über Bord geworfen. Stattdessen setzte man auf superkompakte, konische Gummipuffer und Teleskopstoßdämpfer. Auf diese Weise bot der Mini auf einer Länge von 3,05 m viel Platz für vier Personen. Aber er hatte auch einen Nachteil. Der mit Innovationen vollgestopfte Mini war am Ende weniger preiswert als seine direkten Rivalen, die zudem die meistverkauften Modelle in Europa waren: der Volkswagen Käfer, der Fiat 500 und die Renault Dauphine. Geringverdienende Familien zeigten sich von so viel Wagemut und Extravaganz zunächst verunsichert. Wohlhabende Käufer hingegen unterschrieben sofort und bestätigten so den Witz eines Journalisten der Zeitschrift *Motor:* »Vorausgesetzt, Sie haben bereits einen Mini, wäre der Rolls-Royce Silver Cloud ein ideales Zweitauto für Sie.«

Austin hatte, ohne es zu wissen, gerade den Zweitwagen erfunden. Das goldene Zeitalter des Stadtautos konnte beginnen. Es sollte mehr als sechzig Jahre dauern. Es ist unmöglich, alle Stars aufzuzählen, die die Szene belebt haben: Renault 5, Twin-

go, die Serien 100 und 200 von Peugeot, Citroën C1 und C3, Volkswagen Up! und Polo, Smart, Toyota Yaris, Kia Rio, Nissan Micra ... und nicht zu vergessen die Reinkarnation des Fiat 500, der 2007 völlig neu erfunden wurde und dessen Einführung zu begleiten ich das große Glück hatte.
Im Laufe der Jahre wurde ihnen immer mehr abverlangt. An Komfort, Sicherheit und Sauberkeit. Diese ständige Gentrifizierung hat dazu geführt, dass die kleinen Autos immer mehr Speck ansetzten – und Tausende von Euros kosteten. Siehe den Clio 1 von 1990: Länge 3709 mm, Gewicht 892 kg. Und der Clio 5 im Jahr 2023: 4050 mm, 1178 kg. Die gleiche Übung mit der Peugeot 200-Serie. Erster 205er im Jahr 1983: Länge 3710 mm, Breite 1580 mm, Gewicht 780 kg, Einstiegspreis 45.000 Francs, das sind heute 15.000 Euro. Und der 208 von 2023: Länge 4050 mm, Breite 1745 mm, Gewicht 1090 kg, Einstiegspreis 18.630 Euro.
Dieses Wachstum kommt natürlich nicht von ungefähr, denn die Komfortmerkmale wie auch die Fahrleistungen haben sich in Riesenschritten weiterentwickelt. Wer möchte heute noch auf Klimaanlage, Airbags, verstärkte Fahrgastzellen oder Fahrhilfen verzichten? Aber diese Fortschritte haben viele Kunden links liegen lassen, die nicht immer noch mehr bezahlen können oder wollen. Und so stellt sich die Frage: Wie lange noch können Kleinwagen ihre Position halten, und bleiben sie die meistverkauften Autos auf dem Markt?
Bei dieser Frage geht es um mehr als nur um die Pläne der Hersteller selbst. Sie umfasst auch die Forderungen von Staaten, Gebietskörperschaften und Bürgern. Wie können wir die chronische Überlastung der Städte verringern, die Umweltverschmutzung bekämpfen und unseren CO_2-Fußabdruck verkleinern? Natürlich indem man sich auf das besinnt, was Kleinwagen auszeichnete, nämlich geringe Verkehrsfläche und geringer Kraftstoffbedarf. Diese Tugenden müssen durch mehrere Maßnahmen gefördert werden: Kaufprämien, vergünstigte Parkplätze, reservierte Plätze – Lösungen dafür gibt es. Nur mal so angedacht: Könnte man sich nicht ein von Grund auf neues, einfaches Auto vorstellen, das alles bietet, was man braucht, aber ohne unnöti-

gen Schnickschnack und superlative Gadgets auskommt? Man müsste sich also wieder auf die Grundlagen konzentrieren.
Der zweite Weg, den wir einschlagen müssen, ist natürlich die Elektrifizierung von Fahrzeugen. Es trifft sich gut, dass das Stadtauto dafür besonders geeignet ist. Es ist leicht, braucht keine exorbitante Leistung und stellt keine großen Ansprüche an die Reichweite. Ich behaupte, dass die europäischen Hersteller, allen voran Renault, in diesem Bereich die Arbeit leisten. Sie werden ab 2035 gemäß den Vorgaben aus Brüssel wohl keine Verbrennungsmotoren mehr verkaufen. Schon in naher Zukunft werden wir ausschließlich elektrische Modellreihen im Programm haben wie etwa im Falle des R5. Aber ich erlaube mir, die Frage zu stellen, ob die öffentliche Hand wirklich ihren Teil dazu beiträgt. Gibt es auf unseren Straßen und Wegen genügend Ladestationen? Sind die steuerlichen Anreize ausreichend? Wie viele Fahrspuren und Parkplätze sind für umweltfreundliche Fahrzeuge reserviert? Ich wiederhole: Das Stadtauto ist von seiner Bestimmung her das ideale Fahrzeug, um die bevorstehende Wende zur Elektromobilität voranzubringen. Regierungen und Kommunen sollten aktiv werden. Und das schnell!
Ebenso könnten sie Staus und Umweltverschmutzung durch die Förderung von Kleinstfahrzeugen wirksam bekämpfen. Was Japan mit den »kei cars« sehr gut macht. Eine Lösung, über die es nachzudenken gilt ...

KREISLAUFWIRTSCHAFT

Es ist noch gar nicht so lange her, dass Autos ihr Leben auf einem Schrottplatz, weit weg von den Augen der Öffentlichkeit, beendeten. Nur ein paar clevere Händler kamen dorthin, um nach billigen Ersatzteilen zu suchen. Das hat sich geändert. Jetzt leben sie weiter, und zwar in Form von ... Autos. Das ist das Ziel der Automobilbranche, wie sich auch alle anderen Akteure der Industrie voll und ganz der Entwicklung der Kreislaufwirtschaft verschrieben haben. Warum diese Mobilisierung? In erster Linie, weil die Hersteller sehr große Mengen an Materialien wie Kupfer, Kobalt oder Nickel benötigen, deren Gewinnung riskant, kostenintensiv und umweltbelastend ist. Die Auto-

mobilindustrie nimmt bereits bis zu 40 % des weltweit geförderten Lithiums und Platins ab. Ein Trend, der sich mit dem Übergang zu Elektroautos noch verstärken wird: Zwischen 2022 und 2030 wird sich der Anteil von Lithium versiebenfachen. Darüber hinaus verursacht der Transport dieser Ressourcen CO_2-Emissionen.
Frankreich war eines der ersten Länder, das sich dieser umweltpolitischen Herausforderungen bewusst wurde. Noch vor Deutschland, das erst zum Zeitpunkt des Dieselskandals aufwachte. Die Umstellung der Energieversorgung und der Wechsel hin zur Elektromobilität hat die Situation paradoxerweise weiter verschärft, denn dadurch ist der Bedarf an kritischen, nur begrenzt verfügbaren Rohstoffen außerordentlich stark angestiegen.
Gute Nachrichten: Jedes moderne Auto, das heute auf den Straßen unterwegs ist, ist bereits zu 85 % potenziell recycelbar, je nach Hersteller und Modell liegt der Prozentsatz bereits bei rund 90 %: Fast alles am Auto kann also einer Wiederverwertung zugeführt werden und einen weiteren Lebenszyklus durchlaufen. Die Herausforderung besteht darin, die Fahrzeugentsorgung jetzt durch die Automobilindustrie selbst durchführen zu lassen, um die Recyclingquote zu steigern. Wir sind noch nicht so weit: Bei der Herstellung eines neuen Autos

werden immer noch 70 bis 80 % Neumaterialien verbraucht, und bisher stammt nur ein Teil der recycelten Materialien aus Altfahrzeugen.

Wie kann man die Dinge beschleunigen? Das wird einige Zeit dauern. Bislang haben sich die Hersteller zu wenig damit beschäftigt, was am Ende der Nutzungsdauer mit ihren Autos geschieht. Von nun an werden sie viel intensivere Lebenszyklusanalysen durchführen müssen. Dafür gibt es drei Gründe. Erstens, weil die Vorschriften es verlangen. Die heutigen Altfahrzeugrichtlinien basieren auf EU-Bestimmungen und schreiben vor, dass Akteure, die Autos auf den Markt bringen, diese auch verwerten müssen. Ziel der EU-Kommission ist es, den »Übergang der Automobilindustrie zu einer Kreislaufwirtschaft voranzutreiben und so den Umweltfußabdruck im Zusammenhang mit der Herstellung von Fahrzeugen und ihrer Behandlung am Ende der Lebensdauer zu verringern und die Nachhaltigkeit der Automobil- und Recyclingindustrie in Europa zu stärken«. Damit einher geht für die Hersteller die Verpflichtung, die Verwertungskette von Altfahrzeugen zu erfassen, den Grad insbesondere von recyceltem Material bei der Neufahrzeugproduktion zu erhöhen und entsprechende Nachweise zu erbringen. Dies wird das Geschäft der Automobilindustrie grundlegend verändern. Zweitens, weil es ökologisch nicht mehr vertretbar ist, Materialien zu beziehen, die einmal um die Erde gereist sind. Und drittens, weil wir die Wettbewerbsfähigkeit von Fahrzeugen sicherstellen und gleichzeitig unsere Abhängigkeit von politisch sensiblen Gebieten verringern müssen.

Dieses Gesetz markiert einen Wendepunkt: Im Jahr 2022 wurden in Europa elf Millionen Autos produziert. Zur gleichen Zeit landeten elf Millionen Fahrzeuge auf Schrottplätzen und bei den Verwertern. Wenn diese optimal zerlegt und wiederverwertet werden, sollte diese Menge ausreichen, um unseren Materialbedarf zu decken. Wenn wir 100 % dieser elf Millionen Autos, die das Ende ihres Lebenszyklus erreicht haben, vollständig recyceln, können wir genug Stahl für die Produktion von acht Millionen Fahrzeugen sowie Kunststoff und Kupfer für fünf Millionen Neuwagen zurückgewinnen.

Dies setzt voraus, dass die gesamte Demontage-, Schredder- und Recyclingindustrie umstrukturiert wird. Und vor allem müssen Anreize geschaffen werden, um die Unternehmen in diesem Sektor dazu zu bewegen, die recycelten Rohstoffe an die Hersteller und nicht an andere Kunden zu verkaufen. Wenn wir unsere Arbeit gut machen, werden diese Branchen, auch als Wirtschaftsfaktor, an Akzeptanz und Bedeutung gewinnen. Das wäre eine Win-Win-Situation. Um schneller voranzukommen, wäre es ideal, wenn die großen europäischen Akteure ihre Kräfte bündeln würden, um eine Art »Airbus« des Recyclings zu schaffen, ein Netz mit entsprechender Größe, um die in Europa notwendigen Investitionen zu bewältigen. Wir können uns ja beim Verkauf unserer Produkte bekriegen, aber wir sollten uns zusammenschließen, um die Versorgung mit Rohstoffen sicherzustellen, die auf dem alten Kontinent nicht zu finden sind. Wenn alles gut geht, muss der Wunsch, bald schon 50 % eines Neuwagens aus recycelten Komponenten und Materialien zu produzieren, keine Utopie bleiben.

Kreisverkehre

Ein Gerücht besagt, dass die Engländer die Urheber des Kreisverkehrs sind. Diese Behauptung ist falsch! Zugegeben, unsere Nachbarn jenseits des Ärmelkanals haben das Prinzip der Kreuzung mit dem »Roundabout« perfektioniert, das den Fahrern, die sich bereits im Kreis befinden, Vorfahrt gewährt und nicht den Einfahrenden. Doch die Welt verdankt Frankreich die Erfindung des Kreisverkehrs, dessen scheinbare Einfachheit die Art und Weise, wie wir uns fortbewegen, auf den Kopf gestellt hat. Sie haben ihn zu einer nationalen Spezialität und einem fast leidenschaftlichen Thema gemacht.

Die Geschichte beginnt mit Franz I. (1494–1547). Der französische König, Erbauer des Schlosses Chambord und Frankreichs erster absolutistischer Herrscher, ließ weite Plätze anlegen, auf denen die Waldwege sternförmig zusammenliefen. Das eröffnete neue Perspektiven, jetzt ließen sich seine Jagdgesellschaften noch prächtiger inszenieren. Das machte Schule. In den folgenden Jahrhunderten legte der französische Adel in seinen Gärten und Jagdwäldern solche majes-

tätischen Kreisverkehre an. In ihrer Mitte wuchsen häufig Statuen des Königs oder Denkmäler zu seinem Ruhm. Wie eine Inszenierung der Zentralisierung der Macht.
Die zweite Geburtsstunde des Rondells kann auf das Jahr 1906 datiert werden. In diesem Jahr schlug der Architekt und Stadtplaner Eugène Hénard vor, die Place de l'Étoile, die heutige Place Charles-de-Gaulle, um den Triumphbogen herum neu zu strukturieren. Die Idee, die später auch auf andere Kreuzungen übertragen wurde, bestand darin, die Autos nur in eine Richtung fahren zu lassen, um den Verkehr zu verflüssigen und das Schicksal der Fußgänger zu mildern. Das war revolutionär! Es bestand dringender Handlungsbedarf. Die Staus häuften sich, die Konkurrenz von Pferde- und Pferdestärkenfahrzeugen wurde immer schlimmer, Anarchie drohte.
In den folgenden Jahrzehnten gab Frankreich sein Zepter als Königin der Kreisverkehre an die USA, wo das exponentielle Wachstum des Autoverkehrs neue Ideen erforderte. Das war nur eine Randnotiz, denn ab den 1970er Jahren fand man in Frankreich wieder Gefallen an der Sache. Und wie! Nach dem Vorbild des englischen Kreisverkehrs erlaubte der Staat einigen Gemeinden, vor allem in Westfrankreich, Kreisel mit Linksvorfahrt zu erproben. Das sollte eine Blockade durch einfahrende Fahrzeugen verhindern. Das erste Exemplar wurde 1976 in Quimper eingeweiht.
Die Regelung bewährte sich auf Anhieb. Dutzende weitere Projekte folgten. Ab 1983, begünstigt durch die Dezentralisierungsgesetze, ging es dann Schlag auf Schlag. Es gab keinen Bürgermeister, der sich nicht mit einem monumentalen Kreisverkehr ein Denkmal setzen wollte, als Bestätigung seiner neuen Unabhängigkeit gegenüber Paris. Als eindeutigen Beweis für Dynamik und Modernität. Die Vervielfachung dieser Kunstbauten ging Hand in Hand mit der damals kaum von Stadtplanern kontrollierten Ausdehnung von Siedlungen, Einkaufszentren und Stadtrandgebieten. Innerhalb kürzester Zeit wurde das Land so zum Weltmeister in dieser Disziplin.
Wie viele Kreisverkehre gibt es heute? Es gibt keine offiziellen Statistiken, nur Schätzungen. Die seriösesten sprechen von 60.000 für Frankreich. Das sind

mehr als die Hälfte aller Kreisverkehre auf der Welt und entspricht 78,5 Kreisverkehren pro 1000 Quadratkilometer; Deutschland kommt im Vergleich auf 28,9 Kreisel auf dieser Fläche. Die Zahl in Deutschland dürfte bei rund 17.000 Kreiseln liegen, unstrittig ist aber, dass der erste für den Autoverkehr nutzbare Kreisel 1899 in Görlitz eröffnet wurde. Auch der mit 70.000 Fahrzeugen täglich meistbelastete Kreisverkehr in Europa befand sich in Deutschland; der Kaiserleikreisel in Offenbach wurde inzwischen aber umgebaut und die Verkehrsströme entzerrt. Im Gegensatz zu Frankreich verabschiedete sich Deutschland aber in der Nachkriegszeit allmählich von den Kreiseln und ersetzte diese durch ampelgeregelte Kreuzungen, die entsprechenden Straßenschilder und Bestimmungen wurden bei der großen Verkehrsreform 1971 abgeschafft. Erst in den 1990er Jahren besann man sich in Deutschland wieder auf die Vorteile des Kreisverkehrs, ohne aber den Rückstand gegenüber Frankreich wettmachen zu können. Frankreichs Liebe zu dieser Art der Straßenführung führte zu höchst verblüffenden Zahlen: Toulouse und Nantes sind, laut der leidenschaftlichen Kartografin Yasmine Bouzid, die die Daten der Website OpenStreetMap verarbeitet hat, die Städte mit den meisten Kreisverkehren, nämlich 499 und 383, Stand 2018. Gemessen an der Einwohnerzahl holte sich jedoch Saint-Herblain (Loire-Atlantique) den Pokal mit 3,90 Einrichtungen pro 1000 Einwohner, während Nantes 1,29 und Ville rose 1,07 Einrichtungen vorweisen konnte. In Köln als der Stadt mit den meisten Kreisverkehren (125) in Deutschland hingegen müssen sich 8780 Menschen einen Kreisel teilen, Deutschlands Nummer 2 ist Stuttgart mit 73 solcher Verkehrsvorrichtungen (8325 Einwohner pro Kreisel), während Hamburg auf 55 Kreisel kommt, was statistisch gesehen für 33.660 Einwohner pro Kreisel reicht. Deutschland liegt mit 121 Kreisverkehren pro Million Einwohner auf Platz 24, Frankreich mit 664 Kreisverkehren auf Platz 1.

Ihre Liebe zum Rondell lassen sich die Franzosen einiges kosten. In seinem Buch *Éloge de l'anormalité* (Plon) schätzte der Bankier Matthieu Pigasse 2014 die Baukosten auf jährlich sechs

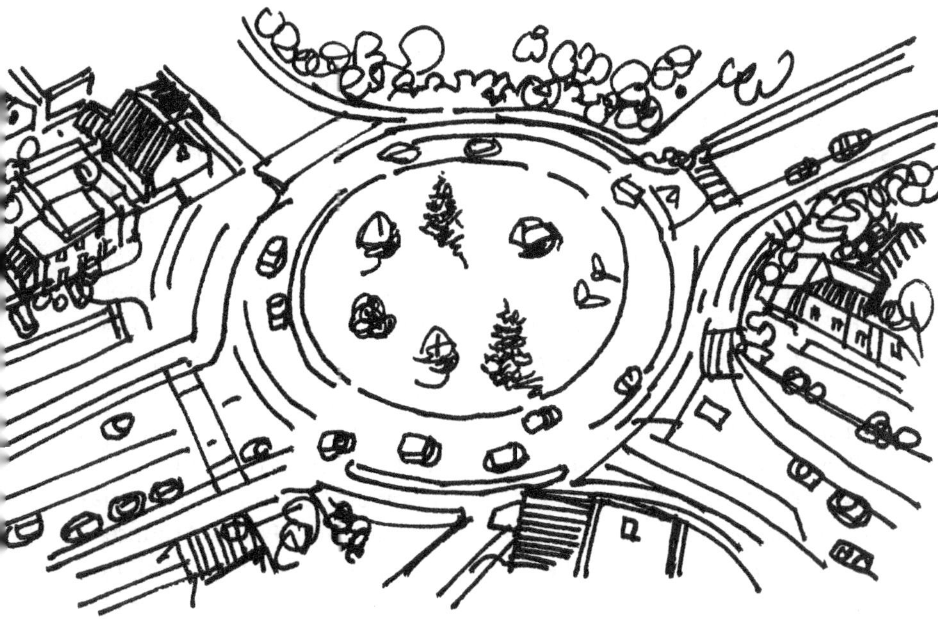

Milliarden Euro, wovon ein Drittel dieser Summe allein für die Ausschmückung der Innenbereiche dieser öffentlichen Bauwerke aufgewendet wurden – deutlich übertrieben, so der Autor. Einige von diesen Kreisverkehren sind schlichtweg überflüssig, es würde ein einfaches Stoppschild ausreichen. Andere hingegen weisen auf eine fortgeschrittene Form des Größenwahns hin. Vor einem halben Dutzend Jahre wurde ein »Wettbewerb der schlimmsten Kreisverkehre Frankreichs« veranstaltet. Zu den »Gewinnern« gehörte die Sonnenuhr, die in der Mitte eines riesigen Rondells in Perpignan aufgestellt wurde: 30 Meter lang, 22 Meter hoch, 298.000 Euro teuer. Problem: Um die Zeit ablesen zu können, müsste man über das Monument fliegen. Ein schönes Beispiel für Steuergeldverschwendung, nach kaum sechs Jahren Standzeit im Zuge der Gelbwesten-Proteste 2019 so schwer beschädigt, das sie abgebaut werden musste. Auch nicht schlecht: der »Baum im

Himmel« in Cugnaux (Haute-Garonne). Eine sieben Meter hohe abstrakte Skulptur, die als »Bindeglied zwischen der Altstadt und dem neuen Stadtteil« fungieren soll. Kosten: 68.600 Euro. Nun, lassen wir das, die Liste ist lang ...
Doch öffentliche Verschwendung hin oder her: Kreisverkehre haben ihre Berechtigung, weil sie die Verkehrssicherheit erhöht haben. Auch impulsive Autofahrer werden gezwungen, den Fuß vom Gas zu nehmen und teilweise ihr Temperament zu zügeln. Ein Minimum an Fairplay zu beweisen. Der Schriftsteller Jean-Michel Espitallier beschreibt es so: »In seinen sanften Formen verbirgt der Kreisverkehr eine Vielzahl von Zwängen. Seine Autorität wird ohne Gewalt ersichtlich. Er ist eine Form der direkten Demokratie, die durch eine Reihe von Vorschriften reguliert wird, die von den Nutzern angewendet werden, denn trotz aller Strenge vermitteln sie den Fahrern auf subtile Weise, sie würden nach freiem Willen handeln.« Zahlreiche Berichte über die Verkehrssicherheit bestätigen, dass die Zahl der Unfälle mit Personenschaden sinkt, wenn ein Kreisverkehr intelligent angelegt wird. Ein weiteres Argument ist die Energieeinsparung: keine Ampeln, kein Anhalten und Wiederanfahren der Autos.
Um sich auf absurde Weise von der Nützlichkeit eines Kreisels zu überzeugen, muss man nur den Place de l'Étoile befahren, wo die Vorfahrt klassischerweise rechts, das heißt für einfahrende Fahrzeuge, bleibt. Jedes Mal hat man das gleiche Gefühl: eine Arena zu betreten oder in einen Ring zu klettern. Der Étoile ist für einen Ausländer eine Initiationsprüfung. Pariser Freunde hatten mich gewarnt: »Solange du nicht um 19 Uhr um den Arc de Triomphe herumfährst, hast du nicht alles über unsere Psychologie verstanden.« Ich nahm all meinen Mut zusammen und stürzte mich in die »furia francese«. Ein sehr intensives Gymkhana, ein Remake von *Denn Sie wissen nicht was sie tun* (wer wird im letzten Moment nachgeben und bremsen oder vom Kurs abweichen?), ein wahrer Dschungel. Entgegen allen Erwartungen und trotz einiger kalter Schweißausbrüche kam ich un beschadet davon. Endlich Pariser!
Der Kreisverkehr steht auch im radikalen Gegensatz zu den

amerikanischen, chinesischen oder deutschen Autobahnkreuzen. Denn diese monströsen, aggressiven Ort zwingen, sofern man die richtige Spur verpasst hat, zu langen Umwegen von mitunter mehreren Dutzend Kilometern. Angesichts dieser öden Konstruktionen aus Beton oder Metall wirkt ein durchschnittlicher Kreisverkehr fast wie ein Dorfplatz. Und in gewissem Sinne ist er das auch, mit seinen Blumenbeeten und Dekorelementen, die Geschichte und Geschichten erzählen. Ob den Fahrer nun riesige Nagelskulpturen am Ortseingang begrüßen, Weinfässer, Blumenrabatte, Schriftzüge, Stadtwappen, Pflüge oder was auch immer: Es liegt eine Form von Poesie in diesen Postkartenansichten, die das Wesen des Ortes für den vorbeifahrenden Autofahrer zusammenfassen. Und aus der Luft betrachtet si nd die Kreisverkehre sogar atemberaubend schön, man schaue sich nur mal im Fernsehen die Übertragungen von Radrennveranstaltungen an, wenn sich etwa das Peloton der Tour de France wie eine lange, wogende Schlange darum windet.

L

Lamborghini

Es war eine unglaublich testosterongeschwängerte Geschichte, die zur Entstehung von Lamborghini geführt hat. Ein ungewöhnliches Duell zwischen zwei stolzen und hitzköpfigen Italienern, die sich ab den frühen 1960er Jahren bekämpften. Der eine, Enzo Ferrari, ehemaliger Rennfahrer und Manager von Alfa Romeo, hatte sein Unternehmen 1947 gegründet, der andere, Ferruccio Lamborghini, hatte 1948 mit seinem Schicksal als Bauer in der Provinz Umbrien gebrochen, um Traktoren herzustellen. Als begeisterter Rennfahrer hatte sich Lamborghini mit den Gewinnen aus seinem florierenden Geschäft mehrere Ferraris gekauft. Er war ein leidenschaftlicher Rennfahrer und neidete der Firma mit dem sich aufbäumenden Pferd den Erfolg. Als er sich 1960 darüber ärgerte, dass seine Boliden oft liegen blieben, beschloss er, sich bei Enzo Ferrari persönlich am Stammsitz in Maranello zu beschweren. Normalerweise, sollte man meinen, wird ein Hersteller alles tun, um einen guten Kunden herzlich zu empfangen, besonders wenn dieser unzufrieden ist. Diesmal war das nicht der Fall. Rasch verschärfte sich der Ton zwischen den beiden Unternehmern, die Herren

brachten sich gegenseitig auf die Palme, angefangen damit, dass Ferrari Lamborghini hatte warten lassen. Dann gab es eine schroffe Abfuhr, man zankte sich wie auf dem Schulhof. »Il Commendatore« ließ Lamborghini wissen: »Du kannst vielleicht einen Traktor fahren, aber keinen Ferrari! – Geh zurück zu deinen Traktoren, Du Bauer!« Es gibt mehrere Versionen von Enzo Ferraris markigen Sprüchen, doch welche Beleidigungen auch immer tatsächlich gefallen sein mögen: Lamborghini schäumte vor Wut. Gekränkt und gedemütigt von diesem Schlagabtausch, bei dem er den Kürzeren zog, beschloss er noch am selben Abend, eine eigene Sportwagenfertigung aufzuziehen. Mit einem einfachen, aber ambitionierten Ziel: Autos zu bauen, die schöner und schneller waren als die Ferraris. Um dieses Ziel zu erreichen, griff er ganz tief in seine Tasche. Er zog nach Bologna, um näher an den Autozulieferern zu sein, und heuerte ein Team aus jungen Talenten an, von denen einige bereits für Ferrari gearbeitet hatten. Bald darauf heuerte er jenen Mann an, der zum Schlüssel für das ganze Unterfangen werden sollte: den jungen Designer Marcello Gandini. Er hat unter anderem den Miura entworfen, der 1966 auf den Markt kam. Ein fantastisches Auto. Gandini, ein echtes Genie, das bei Bertone gelernt hatte, schuf danach eine spektakuläre Kreation nach der anderen: Urraco, Espada, Diablo und Countach. Letzterer wurde 1974 auf den Markt gebracht und ist für mich eines der schönsten Autos, die je auf der Welt gebaut wurden. Ich erinnere mich, dass ich eineinhalb Minuten lang nicht atmete, als ich ihn zum ersten Mal sah. Ich war damals acht Jahre alt. Ferruccio Lamborghini war 1993 verstorben, fünf Jahre nach Enzo Ferrari. Was seine Produkte betraf, so hatte er seine selbstgewählte Mission erfüllt: Seine Autos bewegten sich auf Augenhöhe mit den Sportwagen von Ferrari und ließen die Wagen mit dem sich aufbäumenden Pferd im Wappen des Öfteren sogar hinter sich gelassen. Das wirtschaftliche Überleben war indessen schwieriger gewesen. Das durch die Ölkrisen geschwächte Unternehmen ging durch mehrere Investorenhände, bevor es 1998 im Volkswagen-Konzern landete. Der damalige Chef des Unternehmens, Ferdinand Piëch, wollte ein diversifiziertes Markenportfolio aufbauen. Er hatte auch Bugatti und Bentley gekauft. Ich kam 2009 zum deutschen Konzern und hatte das Glück, als kaufmännischer Direktor von Audi in den Vorstand von Lamborghini berufen zu werden. Ich war unter anderem in die Überlegungen zur Entwicklung eines luxuriösen SUV eingebunden, der auf einer Audi-Plattform gebaut werden sollte und letztlich zum Urus von 2017 führte. Er hatte mehrere Jahre Vorsprung vor dem Purosangue, seinem Alter Ego, das Ferrari 2022 auf den Markt brachte. Der Urus wurde zu einem viel beachteten Erfolg und brachte die Marke in die Champions League, dorthin, wo nur die ganz großen Namen zu finden sind. Stefano Domenicali, der jetzt die Formel 1 leitet, und Stephan Winkelmann, der derzeitige CEO, saßen an den Schalthebeln des Unternehmens und leisteten hervorragende Arbeit. Belege gefällig? Potenzielle Käufer haben angeklopft, obwohl das Unternehmen nicht zum Verkauf stand. Ein Fonds machte dem Volkswagenkonzern, der das Unternehmen zu einem geschätzten Preis von nur 120 Millionen Euro erworben hatte, ein Angebot in Höhe von mehreren Milliarden Euro. Nun wird in der Konzernzentrale sogar ein Börsengang nach dem erfolgreichen Beispiel von Ferrari in Betracht gezogen: Der ehemalige Traktorenhersteller ist zu einem sehr, sehr guten Geschäft geworden.

Le Mans

von Jacky Ickx,
ehemaliger Rennfahrer

Irgendwo sind wir Piloten ziemliche Egoisten. Wir stehlen den Ruhm. Das ganze Licht ist für uns. Wenn es nicht klappt, sind wir die ersten, die vergessen werden, aber wenn es denn klappt, reichen die Höflichkeitsfloskeln, die wir dann absondern, bei weitem nicht aus, um die Realität abzubilden. Ich habe das 24-Stunden-Rennen von Le Mans bei zwölf Teilnahmen sechsmal gewonnen. Aber nochmal ganz von vorn. Ich betrachte uns Piloten als die Spitze des Eisbergs. Wir sind drei, die das Auto fahren und sich am Steuer ablösen, aber hinter den Kulissen haben Dutzende von Menschen,

Mechaniker und Ingenieure, ihr ganzes Wissen, ihre ganze Erfahrung und ihre ganze Leidenschaft in das Projekt gesteckt. Ohne sie ist ein Sieg unmöglich.
Nur wenige Menschen sind so viele Rennen gefahren wie ich. Im Laufe meiner Karriere habe ich einen Start nach dem anderen in allen Motorrad- und Autodisziplinen absolviert. Trial, Enduro, Tourenwagen, Formel 1, Langstrecke, Raid-Rallyes. Ich bin Cortina, Ford, Mirage, Ferrari und Porsche gefahren ... Aber wenn man zum ersten Mal in Le Mans ankommt, ändert sich die Dimension und man hört auf, rumzublödeln. Man spürt das Gewicht der Geschichte. Le Mans ist ein Monument, das schon sein 100-jähriges Bestehen gefeiert hat. Menschen werden meist nicht so alt.
Jeder, der an dieser legendären Veranstaltung teilnimmt, ist bereit, alles auf Sieg zu setzten, und sei es nur ein Mal. Sechsmal zu gewinnen ist also so, als würde man ins Kasino gehen und bei einem Dutzend Versuchen sechsmal den Jackpot knacken! Nach mir hat nur der Däne Tom Kristensen noch mehr erreicht. Er hat neunmal den Jackpot geknackt, achtmal davon in einem Audi. Das ist großartig!
Ich werde oft gefragt, welche Siege mich am meisten beeindruckt haben. Ich erinnere mich an zwei. Der in den Augen der Öffentlichkeit schönste war zweifellos der von 1969. Warum ist das so? Weil ein Sieg ohne Gefahr einem Triumph ohne Ruhm gleichkommt. Weil sich bei diesem Rennen alles in der letzten Runde entschied. Weil der Abstand bei der Zielankunft der geringste war, der je zwischen zwei Autos gemessen wurde. Die Zuschauer wussten bis zur letzten Sekunde nicht, wer gewinnen wird und konnten bis zum Schluss mitfiebern. Bis zur letzten Kurve. Dazu kommt: diese Ausgabe des Rennens leitete auch eine neue Ära der Fernseh-Berichterstattung ein. Die Bilder wurden zwar noch in Schwarz-Weiß übertragen, aber zum ersten

Mal gab es Luftaufnahmen, denn der Sender hatte eine Kamera an der Hintertür einer Breguet Atlantic befestigt. Drei Stunden lang herrschte absolute Spannung. Die Menschen rund um die Rennstrecke wurden schier verrückt, die vor dem Fernseher ebenfalls, denn dank der Bilder aus der Luft verpassten sie keine Minute des Duells zwischen dem Ford GT 40, den ich fuhr, und dem Porsche 908 des Deutschen Hans Herrmann.

Es gibt noch etwas anderes, das diesem Sieg eine besondere Bedeutung verleiht: Ich hatte es gewagt, mich beim Start atypisch zu verhalten. Damals rannten, nachdem das Startsignal gegeben war, die Fahrer über die Strecke zu ihren schräg in einer Reihe gegenüber abgestellten Autos. Ohne sich die Zeit zum Anschnallen zu nehmen, rasten sie dann los. Ich fand das zu gefährlich. Ich hatte mir meine Entscheidung reiflich überlegt und hatte auch keinem vom Team davon zu erzählen. Ich entschied mich, zu meinem Ford GT 40 zu laufen und als Letzter zu starten. Da es sich um ein Langstreckenrennen handelte, gehörten wir sowieso nicht zu den Favoriten. Daher hatte der Start eigentlich keine große Bedeutung. Es blieben 24 Stunden, um den Sieg zu holen. Im Nachhinein kann man natürlich sagen, dass ich – wäre ich Zweiter geworden, nur um einige Meter geschlagen – durch meinen Verzicht auf den Sprint zum Auto vielleicht jene entscheidenden Zehntel verloren hätte, die zum Sieg fehlten. Man hätte mir vorgeworfen, mich beim Start oberschlau angestellt und so den Sieg vergeigt zu haben! An diesem Tag, gleich in der ersten Runde, gab mir leider ein schreckliches Ereignis nur wenige Minuten später Recht.

Der Amateurfahrer John Woolfe, ein 37-jähriger britischer Industrieller, der sich einen Porsche 917 gekauft hatte, um an dem Rennen teilzunehmen, kam in der Kurve von Maison-Blanche unglücklicherweise von der Straße ab. Er kam dabei ums Leben, weil er geglaubt hatte, keine Zeit zu haben, sich anzuschnallen.

Dieser Unfall – und keineswegs meine Initiative – war der Grund dafür, dass bereits für das Rennen 1970 ein Startverfahren beschlossen wurde, bei dem die Fahrer nicht mehr über die Strecke rennen mussten.

Der Sieg von 1969 entschied sich

also in der allerletzten Runde. Um zu gewinnen, musste ich mich auf der langen Geraden in Les Hunaudières im Windschatten des Porsche halten. Das Auto war sehr schnell. Ich hatte nur eine Chance, ihn nur überholen, und das am Ende der fünf Kilometer langen Vollgas-Geraden. Wenn ich ihn dort aus dem Windschatten heraus überholen konnte, würde Herrmann danach nicht mehr zurückkommen. Drei Stunden lang hatten wir wie in einem Boxring den Gegner belauert. Wir wussten genau, wo wir besser und wo wir schlechter waren.
Was uns einen Strich durch die Rechnung machte, war, dass wir zwanzig Sekunden vor dem Ende des 24-Stunden-Rennens über die Ziellinie fuhren. Wir mussten also eine zusätzliche Runde dranhängen. Er wusste ganz genau, wann und wo noch eine Chance zum Angriff bestand, denn das hatte ich ihm ja schon in der vorherigen Runde bewiesen. Andererseits war uns beiden klar, dass uns unterwegs der Sprit ausgehen könnte und wir in dieser letzte Runde liegenbleiben könnten. Damals hatten wir ja auch noch keinen Boxenfunk, um uns zu informieren.
Ich musste meine Rennstrategie überdenken, und ich kam auf einen Trick, der bisher immer geklappt hatte, wenn ich ein Mädchen im Wagen hatte und weiterreichende Pläne: der Trick mit dem Benzinmangel. Als ich die Hunaudières in Angriff nahm, setzte ich den Blinker. Wie gesagt: Wir wussten beide, dass der Sprit nicht mehr lange reichen würde. Ich wurde immer langsamer, er tat es mir nach. Die Falle schnappte zu! Irgendwann nämlich dachte er sich: »Jetzt bin ich ihn los, jetzt greife ich an«, überholte und ging in Führung. Darauf hatte ich nur gewartet und saugte mich in seinem Windschatten fest. Und wie in der Runde zuvor kassierte ich ihn am Ende der Hunaudières – und gewann. Manchmal muss man eben ein bisschen nachhelfen, um sein Ziel zu erreichen! Ich war extrem glücklich. Auf dem Dach seines Autos inmitten von 250.000 Menschen zu stehen, die ihre Freude herausschreien, ist bewegend: Man fühlt sich in diesem Moment unendlich klein. Dennoch war mein schönster Sieg in Le Mans der von 1977. Ich hatte nach drei Rennstunden eine Panne am Steuer des Porsche 936, den ich mir mit

Henri Pescarolo teilte. Anders als er war ich aber glücklicherweise als Ersatzfahrer auf dem anderen Auto des Rennstalls gemeldet und stieg sofort um. Das Problem war, dass dieses Auto in den Tiefen des Klassements steckte. Es lag auf Platz 41 und hatte mehrere Runden Rückstand.
In manchen Rennen aber erlebt man eine Sternstunde und wächst über sich hinaus. Noch großartiger ist es, wenn diesen Moment das ganze Team erlebt. Und genau das passierte. Es war fantastisch, aus dieser Position heraus die Aufholjagd zu starten: Da alles verloren schien, konnten wir voll ans Limit gehen. Jede Stunde haben wir ein paar Plätze gutgemacht. Das war unglaublich! Ich habe einige solcher Rennen in meinem Leben mitgemacht, in denen einem alles zu gelingen scheint. Sie haben vor nichts Angst. Die ganze Nacht hindurch absolvierte ich einen Stint nach dem anderen und gab dabei Vollgas. Ich spürte keine Müdigkeit. Ich war aufgeputscht und verspürte eine unbändige Entschlossenheit. Auch die Mechaniker haben sich bei den Boxenstopps selbst übertroffen! Wir kletterten in der Rangliste immer weiter nach oben. Den Ingenieuren und der Rennstallleitung, die nicht mehr daran glaubten, dämmerte allmählich, dass plötzlich ein Sieg im Bereich des Möglichen lag. Die Renaults, die das Rennen anführten, fielen einer nach dem anderen aus. Gerade noch hatten wir acht Runden hinter dem Führenden gelegen, und plötzlich befanden wir uns in der gleichen Runde. Das veränderte alles! Daher auch mein Motto: »Never give up«, niemals aufgeben. Im Sport kann alles passieren. Am Morgen gingen wir in Führung. Aber die letzten Momente dieses zunächst verlorenen und letztlich dann doch gewonnenen Rennens waren atemberaubend. Der Motor lief auf fünf statt sechs Zylindern, wir wussten nicht, ob wir es ins Ziel schaffen würden. Der Drehzahlmesser war ausgefallen, wir fuhren nach Gehör und kamen durch. Manchmal passt eben einfach alles. Das sind unerhörte, faszinierende, unglaubliche Erfahrungen. Der Schutzengel hat bestimmt auch etwas damit zu tun!
Mit diesen beiden Siegen habe ich meinen ganz persönlichen Beitrag zur außergewöhnlichen Geschichte des 24-Stunden-Ren-

nens von Le Mans geleistet. Ich weiß das wohl, und ich bin stolz darauf. Doch es ist die Summe aus Abenteuern, Leidenschaften, menschlichem Einsatz, Begeisterung, Katastrophen und Enttäuschungen, die das 24-Stunden-Rennen zu dem gemacht hat, was es heute ist: eine Legende. Für alle Hersteller und Fahrer, die dort antreten (und es werden immer mehr) bleibt es das Rennen, das es zu gewinnen gilt. Nehmen Sie das Beispiel von Ferrari. Sie kehrten 2023, im Jahr des hundertjährigen Jubiläums, nach Le Mans zurück. Sie widerlegten alle Prognosen und gewannen. Dieser magische Moment hat die vielen frustrierenden Jahre in der Formel 1 ausgelöscht!

Schließlich sollten wir auch nie vergessen, dass der Erfolg einer Veranstaltung an der Zahl der Zuschauer gemessen wird. Das ist der Maßstab. Dank der Arbeit der derzeitigen Organisatoren hat Le Mans seine Attraktivität (250.000 Zuschauer im Jahr 2023!) und seinen fast familiären Charakter bewahrt, und das zu einer Zeit, in der die moderne Welt auch bei Veranstaltungen zu Bevormundung und Einschränkungen neigt. Es gibt überall Sicherheitsvorkehrungen. Man kann sich oft nicht mehr frei bewegen, oft sind viele Bereiche für die Öffentlichkeit gesperrt. Doch wie auch die Veranstaltung im britischen Goodwood beweisen die 24 Stunden, dass man mit einer professionell aufgezogenen Motorsport-Veranstaltung noch Geld verdienen kann, sofern man respektvoll mit denen umgeht, die diesen Zirkus am Leben erhalten: den Zuschauern. Man sollte sie wie liebe Gäste behandeln. Das ist es, was das 24-Stunden-Rennen noch viele Jahrzehnte lang am Leben erhalten wird.

LEDER

Es ist wie die berühmte Madelaine-Episode im Buch von Marcel Proust, eine plötzlich aufblitzende Erinnerung an die Kindheit: Der unvergessliche Geruch von Leder, subtil, aber stark, nie störend. Die weiche Narbung, ein wenig rissig, ein wenig glänzend, mit der Patina des Alters, aber nie Falten schlagend. Die funkelnden Namen: Connolly (lange Zeit Lieferant von Rolls-Royce, Aston Martin und Daimler), Bridge of Weir, Nappa ... Um dieses Glück zu erleben, musste man bis vor fünfzig Jahren nur in einen besser ausgestatteten Mittelklassewagen wie einen Peugeot 404 SL oder einen DS Prestige steigen: Ihre Polsterung stand der von Luxusautos fast in nichts nach. Heute ist dieses Gefühl leider so gut wie unerreichbar geworden, man muss Schecks mit fünf Nullen unterschreiben. Rolls, Bentley, Ferrari ... die Echtleder-Ausstattung, welche die Arbeit einer kompletten Sattlerei erfordert, wird immer teurer. Wegen des Rohstoffs, dem Vollnarbenleder. Und wegen der Verarbeitung der Häute, die, wenn sie fachgerecht durchgeführt wird, ein langwieriger Prozess ist und sich nur schwer automatisieren lässt: Reinigen, Entfleischen, Einweichen, Gerben, Färben und Trocknen ... Die Großserienhersteller sind gezwungen, hier und da ein wenig zu sparen. Nur so können sie dieses edle Material für möglichst viele Menschen zugänglich machen. Denn die Leidenschaft für Leder ist ungebrochen. Es ist wertvoll, robust, weniger schmutzempfindlich als Stoff und bequem zu pflegen. Was man dagegen sagen konnte war: Im Winter ist es eiskalt und im Sommer verbrennt man sich Oberschenkel und Rücken. Doch dank der klimatisierten Sitze ist das kein echtes Argument mehr.

Dennoch könnten die Tage dieser Ausstattung gezählt sein. Unter dem Druck von Tierschützern und Umweltorganisationen wird Echtleder zunehmend verpönt. Nicht ohne gute Gründe. Um eine Tonne Häute zu verarbeiten, werden mehr als 50.000 Liter Wasser benötigt. Und 130 verschiedene chemische Substanzen werden bei der Verarbeitung eingesetzt, auch wenn die Vorschriften im Laufe der Jahre sehr verschärft wurden. Das erklärt den Durchbruch von veganem Leder, das aus recycelten Naturfasern, Rinde oder Kork hergestellt wird. Tesla ist mit seinen Sitzen, die u. a. Apfelabfälle wiederverwenden, Vorreiter. Renault hat es zum ersten Mal im elektrischen Megane E-Tech verwendet. Volvo, Audi und sogar Bentley bieten es ebenfalls an. Diese schrittweise Umstellung ist notwendig. Auch wenn mir niemals die Schönheit des roten Leders in einem Lancia Aurelia B20 von 1957 oder des havannabraunen Connolly in einem Jaguar MK2 von 1962 aus dem Kopf gehen wird.

Lenkrad

Einige Autofahrer sorgen sich – oder freuen sich, je nach Standpunkt – um die Zukunft des Lenkrads. Sie haben nicht unrecht. In den selbstfahrenden Autos der Zukunft werden sie nicht mehr viel Platz einnehmen. Enge Parklücken, Staus, lange Autobahnfahrten: die künstliche Intelligenz wird die Kontrolle übernehmen und wir können Däumchen drehen oder unsere Hände sonstwie beschäftigen.

Bis zu dem Tag, an dem das Lenkrad vielleicht ganz verschwindet. Das käme einem Erdbeben gleich! Denn kein Accessoire symbolisiert das Fahren und die Freude, die es bereitet, besser als das Lenkrad. Keines stellt eine so direkte Verbindung zwischen uns, dem Auto und der Straße her.
Die Geschichte dieses fast perfekten Runds verlief nicht geradlinig. Es wurde 1894 von dem Franzosen Alfred Vacheron anlässlich des Rennens Paris–Rouen erfunden, er ersetzte damit bei seinem Panhard & Levassor die damals üblichen

Systeme mit Hebeln und Kurbeln. Verglichen mit diesen stellte es einen großen Fortschritt dar, aber seine Handhabung erforderte die Arme eines Möbelpackers. Um die Anstrengung zu verringern, wurden sein Durchmesser und seine Übersetzung mit zunehmendem Gewicht der Autos vergrößert. So hatte das Lenkrad Ende der 1940er Jahre beinahe die Dimension eines Wagenrades angenommen. Die Mode verordnete ihm einen zweiten, inneren Kreis, mit dem die Hupe und, je nach Konstruktion, auch die Blinker betätigt wurden. Der Ford Vedette von 1949 war der erste französische Wagen mit Hupenring, Anfang der Fünfziger war er bei nahezu allen europäischen Herstellern in Mode gekommen. Dennoch waren die Lenkräder groß und die Lenkradkränze dünn. Um wieder zu vernünftigeren Durchmessern zurückzukehren, musste die Servolenkung her. Diese großartige Innovation blieb jedoch lange Zeit ein Privileg der Luxuswagen, das nur langsam in die unteren Klassen durchsickerte. Das erste Patent war zwar schon 1932 angemeldet worden, doch erst zwei Jahrzehnte später kam mit dem Chrysler Imperial 1951 das erste Auto mit serienmäßiger Lenkhilfe. Ein halbes Jahrhundert später bringt nahezu jedes Auto in nahezu jeder Fahrzeugklasse eine Servolenkung mit. Die nun kinderleichte Bedienung hat einen Wandel in der Art, wie wir steuern und uns am Lenkrad geben, mit sich gebracht. Dank der Lenkhilfe muss man sich nicht mehr am Lenkrad festklammern wie an einem Schiffsruder bei Windstärke 8, sondern kann ruhig und entspannt auf Kurs bleiben, auch wenn der Unterarm lässig auf der Tür ruht oder sogar nach außen hängt. Die Position der Hände verrät viel über die Persönlichkeit des Fahrers. Cool, provokativ, fleißig, nervös ... Frauen, die viel vorsichtiger und bessere Fahrer sind (die Statistiken beweisen es), wenden oft das an, was man in der Fahrschule lernt: die Hände in der 10:10-Uhr- oder 9:15-Uhr-Position. Die »Jungs« hingegen halten es für ein Zeichen von Könnerschaft, wenn sie das Lenkrad mit nur einer Hand halten oder gar mit nur drei Fingern. Die Servolenkung erlaubte auch eine wesentlich variablere Sitzposition. In bestimmten Kreisen gerne praktiziert: .Die »Checker-Position« mit weit nach hinten geschobenem Sitz und entsprechend flach sitzendem Fahrer, der bei niedriger Geschwindigkeit das Lenkrad mit der flachen Hand dreht. Das Ende des Lenkrads wird einigen Männern vielleicht herbe Verlustgefühle bescheren, ähnlich wie das Verschwinden des Schaltknüppels wegen des rasanten Vormarsches der Automatikgetriebe (was zum großen Teil auf die zunehmende Bedeutung von Elektro- und Hybridfahrzeugen zurückzuführen ist) bedauert worden ist: Psychologen werden Ihnen natürlich sagen, dass der Schalthebel ein Ausdruck von Männlichkeit ist.

Dann werden die Männer am Steuer – pardon, ohne Lenkrad – mehr denn je so aussehen, wie die Romanautorin Christiane Collange sie 1981 beschrieben hat: »Allein in ihren Autos, die Finger in der Nase, können sich die Männer vorstellen, was sie tun würden, wenn sie Helden Man könnte natürlich auch das andere Geschlecht sanft parodieren: »Allein in ihren Autos, den Schminkpinsel in der Hand, können die Frauen …«

Doch so oder so: Der Tag liegt nicht mehr allzu ferne, an dem keiner mehr fragt: »Wer will ans Steuer?«.

M

Marchionne, Sergio

Dieser Mann ist in Italien eine Ikone. Er wurde seliggesprochen, weil er Fiat gerettet hat. Als er 2004 an die Spitze des Konzerns trat, verlor dieser täglich fünf Millionen Euro. Drei Jahre später waren die Bücher wieder ausgeglichen. Die Aktionäre waren die ersten, die davon profitierten. Während seiner sechzehnjährigen Amtszeit sprang die Bewertung des von der Familie Agnelli kontrollierten Konzerns von fünf auf 65 Milliarden Euro. Seine Bilanz ist also unbestreitbar sehr gut. Die Wahrheit ist vielleicht etwas differenzierter. Ich hatte das Glück, sieben Jahre lang an seiner Seite zu arbeiten, als ich die Marken Fiat, Abarth und später Alfa Romeo leitete. Ich kann daher behaupten, dass ich ihn gut kenne. Ich wollte nie über ihn und unsere gemeinsame Geschichte sprechen, seit er am 25. Juli 2018 im Zimmer eines Schweizer Krankenhauses verstorben ist. Er war 66 Jahre alt geworden. Aber er hat natürlich seinen Platz in diesem Buch verdient. Es ist an der Zeit, von dem Mann zu erzählen, der er in meinen Augen war.

Unser erstes Treffen fand an einem Juliabend in dem Büro statt, das ich in Turin als Leiter der Marke Lancia innehatte. Ich war 2002 von Toyota Europe zum Fiat-Konzern gewechselt. Er hatte seine Stelle zwei Jahre später angetreten. Wir hatten uns bis dahin noch nie getroffen. Es war spät, und niemand war mehr im Büro. Jemand klopfte an meine Tür. Das war er. Es war das erste Mal, dass ein Konzernchef unangekündigt auf dem Gelände in Mirafiori auftauchte. Ich erkannte ihn, weil ich sein Gesicht in der Zeitung gesehen hatte! Ich war wirklich überrascht. Er fragte mich auf Englisch: »What do you do?« Ich stellte mich als Manager von Lancia vor. Wir sprachen eineinhalb Stunden lang. Ich erzählte ihm von all den Vorzügen von Lancia, dass es eine außergewöhnliche Marke sei, und plädierte dafür, unbedingt Geld zu investieren, um sie zu retten. Er verstand wohl, dass mich ein Hauch von Wahnsinn umwehte, nämlich die Leidenschaft für Autos. Zwei Wochen später rief er mich an und sagte: »De Meo, Sie werden die Leitung von Fiat übernehmen.« Ich antwortete ihm: »Aber Signore Marchionne, das kann ich doch gar nicht!« Ich versuchte wirklich, ihn davon abzubringen. Fiat war das schwarze Loch im Gesamtunternehmen. Ich bezweifelte stark, der Aufgabe gewachsen zu sein. Aber er ließ nicht locker. »Machen Sie sich keine Sorgen, ich werde Ihnen helfen«, versprach er mir. Das Problem war das, was er unter Hilfe verstand. Meistens sah sie so aus, dass er ständig auf seinen engsten Mitarbeitern herumprügelte. Das hat mich aber dazu gebracht, mir ein dickes Fell zuzulegen. Und ich muss zugeben, dass er meine Karriere ins Rollen gebracht hat. Er hat mich aus dem Nichts geholt und mir Italiens industrielles Herzstück anvertraut. Ich war erst 37 Jahre alt!

Marchionne war wirklich kein Manager wie jeder andere. Er war ein sehr fleißiger, immersiver und besessener Arbeiter. In seinem Leben gab es keinen Platz für andere Dinge. Das wirkte sich auch auf den Umgang mit seinen Mitarbeitern aus, denen er mit extremer Wechselhaftigkeit begegnete: Er konnte von immenser Freundlichkeit oder erschreckender Unmenschlichkeit sein. Mal war er ein Engel, mal ein Dämon, und seine Einstellung passte vielen nicht. Er hatte die unangenehme Neigung, seine Mitarbeiter mit Zitronen zu verwechseln, die man bis auf den letzten Tropfen Saft auspresst,

bevor man sie wegwirft.

Diese Brutalität ging mit einer von allen anerkannten Professionalität einher. Im Alltag bewirkte sein Finanzwissen, das er sich in der Welt der Wirtschaftsprüfung angeeignet hatte, Wunder. Niemand analysierte die Zahlen besser als er. Auf Finanzanalysten wirkte er wie ein Schlangenbeschwörer. Seine Präsentationen zogen sie in ihren Bann, weil er jedes ihrer Argumente und jede Frage, die sie stellen mochten, kannte und seine Antworten das boten, was sie hören wollten.

Eine seiner größten Stärken war seine Agilität, seine Fähigkeit, sich blitzschnell auf jede neue Wendung einzustellen. Er hatte Visionen und packte jede sich bietende Gelegenheit beim

Schopf und sehr schnell die nächsten Züge seiner Verhandlungspartner antizipieren. Das ermöglichte es ihm, vielen Fallstricken auszuweichen. So agierte er beispielsweise sehr geschickt, als es um den russischen Autohersteller AvtoVAZ ging: Seelenruhig sah er dabei zu, wie sich Carlos Ghosn, der Chef von Renault-Nissan, bei der Übernahme verhob. Ein schwer verdaulicher Brocken, der Renault arg zu schaffen machte!

Er war auch ein gefürchteter Verhandlungsführer, ein Pokerspieler, der sehr oft gewann. Um seine Sonderstellung zu unterstreichen, pflegte der Sohn italienischer Emigranten in Kanada einen speziellen Look, der das Gegenteil von dem der großen Industriekapitäne war. Er hatte sich für das ständige Tragen eines schwarzen Pullovers entschieden (nachdem er den blauen abgelegt hatte), was ihm das Aussehen eines Universitätsprofessors verlieh. Jeder hatte diese Uniform schließlich akzeptiert, ähnlich wie man sich daran gewöhnt hat, Giorgio Armani immer in einem schwarzen T-Shirt zu sehen. Nur Silvio Berlusconi, der für die Eleganz seiner Anzüge bekannt war, zeigte sich darüber verärgert. Als er Premierminister war, sagte Berlusconi in meinem Beisein zu Marchionne: »Geht es Ihnen bei Fiat so schlecht, dass Sie sich nicht einmal eine Krawatte leisten können?« Gekränkt kritisierte Marchionne Berlusconi fortan bei jeder Gelegenheit. Nur der Papst hatte die Ehre, ihn mit Krawatte zu sehen ...

Wie sieht nun seine Bilanz aus, was hat er hinterlassen? Sergio Marchionne hat zunächst die Bücher von Fiat in Ordnung gebracht. Der Fiat-Konzern ging daraus gestärkt und mit einer höheren Bewertung hervor.

Ab 2009 brachte er auch Chrysler auf Vordermann, das ihm die Obama-Regierung während der Subprime-Krise für einen Spottpreis überlassen hatte. Auf der anderen Seite des Atlantiks wurde sein Image als Topmanager geprägt. Er rettete einen der Big Three, so der Spitzname der drei historischen amerikanischen Automobilgiganten (Chrysler, Ford und General Motors), was alles andere als sicher war. Dank seines Einsatzes erlebten insbesondere die Marken Dodge und Jeep eine wahre Wiedergeburt.

Im Jahr 2014 gewann er außerdem einen homerischen Kampf gegen die mächtige Einheitsgewerkschaft des US-amerikan-

ischen Unternehmens. Er überzeugte sie, ihm ihren 41,5-prozentigen Anteil am Aktienkapital abzutreten.
Im Hinblick auf die Interessen der italienischen Industrie fällt die Bewertung jedoch eher gemischt aus. Der Relaunch des Cinquecento war nicht nur seine Sache. In einem Automobilkonzern werden viele Leute für ein solches Projekt mobilisiert. An meiner Seite waren der Designer Roberto Giolito, der Ingenieur Mauro Pierallini und Lapo Elkann, der Mann für das Marketing. Aber Marchionne verstand sofort, dass dieses mythische Auto das Image der Marke, die er mir anvertraut hatte, wieder aufpolieren würde. Und dass dies ein Schlüsselmoment für den Konzern darstellte. Dabei war er kein Mann der Produkte, sondern ein Mann der Zahlen, ein Verhandlungsass. Dank seiner enormen Lesegeschwindigkeit und seiner geistigen Beweglichkeit konnte er jede sich bietende Gelegenheit ergreifen und geschäftlich nutzen. Er träumte davon, seine Karriere als Hauptaktionär von Ferrari, das er verehrte, zu beenden.
Seine letzten Tage waren von Tragik überschattet. Er fürchtete sich vor der Operation an seiner Schulter, die ihm schon lange Schmerzen bereitete. Bei seinem letzten öffentlichen Auftritt am 26. Juni 2018 hatte er sehr müde gewirkt. Das Leiden, das er vor allen (sogar vor seinem Hauptaktionär!) verheimlicht hatte, war invasiver und ernster, als er gedacht hatte. Da er während des Eingriffs der Chirurgen einen Schlaganfall erlitt, verstarb er wenige Tage später. Zum Zeitpunkt seines Todes war Marchionne ein einsamer Mann mit einem dicken Bankkonto. Er hatte mit seinen engsten Vertrauten gebrochen.
Er wird für mich wie ein Vater bleiben. Ein berühmter Vater, mit dem ich viel gestritten habe, was dazu führte, dass ich ihn verließ, um zu Volkswagen zu gehen. Aber ich werde ihm ewig dankbar sein, denn er hat mir die Tür geöffnet zum Markt der großen europäischen Führungskräfte. Ich werde ihn nie vergessen.

MARKEN

Eine Marke hat etwas Magisches an sich: Ein paar Quadratzentimeter erzählen eine Geschichte, die manchmal Jahrzehnte lang ist. Eine Reihe von Fakten, Bildern und Autos, die sich in unser Gedächtnis eingebrannt haben, haben eine Erzählung und einen Ruf geprägt. Im Fall von Ferrari ist es sogar eine Farbe, nämlich Rot, die all diese Arbeit leistet! Häufig werden Marken mit einer klar definierten Qualität in Verbindung gebracht: Volvo steht für Sicherheit, Toyota für Qualität, Mercedes für Prestige. Oder mit ihrer nationalen Kultur: Wenn man ein italienisches Auto kauft, gönnt man sich ein kleines Stück Sommer in Rom, eine Form von Lebensfreude. Mit einem deutschen Auto investiert man in Robustheit. Bei einem englischen Auto fährt man gedanklich mit einem etwas schrulligen Wagen durch die englische Landschaft. Anders sieht es aus, wenn man sich eine Waschmaschine oder einen Fernseher anschafft. Emotionen spielen da keine Rolle. Aus diesem Grund habe ich bei Fiat in Italien, Seat in Spanien oder Renault in Frankreich immer darauf geachtet, den Produkten etwas von der kulturellen Dimension ihrer Herkunftsländer mitzugeben.

Der erste Kontakt mit einer Marke erfolgt natürlich über den Namen. In der Automobilbranche hat man sich das Leben nicht schwer gemacht: Meistens hat

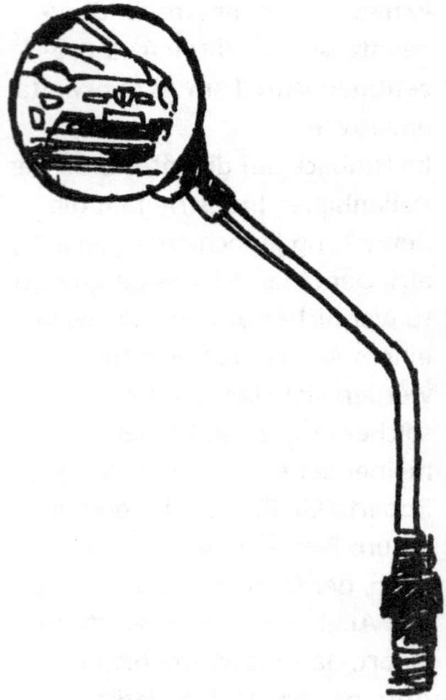

sich der Gründer selbst ein Denkmal gesetzt. Zum Beispiel Citroën, Ford, Peugeot, Renault, Rolls-Royce oder Ferrari. Das war sozusagen die Vorgeschichte des Marketings. Heute wäre es undenkbar, dass Apple Jobs und Tesla Musk hieße!

Wie baut man eine starke Marke auf? Obwohl ich aus dem Marketing komme, bin ich der Meinung, dass ein gutes Produkt wichtiger ist als eine gute Kommunikation. Marketing ist nur Fassade. Man kann den Markt nicht täuschen. Den

Bekanntheitsgrad zu steigern ist einfach, denn es ist eine Frage des Geldes. Je mehr Geld man ausgibt, desto bekannter wird die Marke. Ein gutes Image zu bewahren hingegen ist viel schwieriger, denn es setzt voraus, dass man die Dinge richtig macht. Vertrauen als wichtigster Pfeiler beim Aufbau einer Marke hat seinen Preis. Wenn man es verspielt, verliert man alles.
Es braucht Jahrzehnte, um ein Markenimage aufzubauen und zu festigen, und manchmal nur zehn Minuten, um es zu zerstören. Es gibt also keine Ewigkeitswerte, keine Garantien! Leider kann man nicht darauf hoffen, durch eine Neupositionierung wieder alles ins Lot zu bringen. Keiner Verbrauchermarke ist jemals der Vorstoß ins Premiumsegment geglückt. Das Einzige, was man tun kann, ist, an die ursprüngliche DNA anzuknüpfen.
Das habe ich getan, als ich während meiner Zeit im Fiat-Konzern Abarth wieder zum Leben erweckt habe. Man hielt nichts davon, denn diese Marke sei nur den über 60-Jährigen ein Begriff. Doch drei Monate nach Markteinführung wollten alle besser gestellten jungen Leute einen Fiat 500 Abarth haben! Manchmal muss man eben einfach die Werte der Vergangenheit wieder aufleben lassen. Gleichzeitig gibt es immer Platz für neue Marken. Asiatische Länder wie China sind ihnen gegenüber sehr aufgeschlossen, da ihre Bewohner glauben, dass morgen alles besser sein wird als gestern. Im Übrigen haben sich all diejenigen geirrt, die eine Konzentration des Marktes auf einige wenige Akteure vorhersagten. Ja, es haben sich zwar tatsächlich große Mehrmarkenkonzerne gebildet (Stellantis, Volkswagen), aber es gibt auch noch Raum für weitere Namen. Und neue Akteure, wie Tesla oder BYD, die es in der Zwischenzeit geschafft haben. In Europa aber schauen wir lieber in den Rückspiegel. Aber das macht auch unseren Charme aus!

Mercedes S-Klasse

Das ist DAS AUTO. Das Auto, das man mit auf die Arche Noah nehmen würde. Das Problem der Deutschen ist, dass sie liebend gerne komplexe Lösungen für komplexe Probleme finden. Damit wollen sie verhindern, dass die Konkurrenz es genauso gut macht. Das Gegenteil sind die

Amerikaner, die einfache Dinge mit möglichst einfachen Methoden erledigen wollen.
Kein Autohersteller, weder ein japanischer noch ein chinesischer, wird eines Morgens aufstehen mit dem Vorsatz: »Heute werde ich eine S-Klasse bauen.« Denn dieses Auto ist ein unglaubliches Ergebnis. Das Ergebnis von 150 Jahren Fachwissen. Generation für Generation der S-Klasse wurde zum jeweiligen Goldstandard in der Oberklasse.
Das erste Modell dieses Namens erschien 1972, doch es gab natürlich Vorgänger. Die Wahl der Bezeichnung »S« ist kein Zufall, denn sie knüpft wie selbstverständlich an die legendären Mercedes-Benz Sonderklasse-Modelle der Vorkriegsjahre an, an die »Großen Mercedes«. In den Jahren nach 1945 präsentierte der Stuttgarter Hersteller diverse weitere Spitzenmodelle, die in der Tradition dieser Klassiker standen, doch die Modellbezeichnungen wirkten nichtssagend und nüchtern. Das änderte sich nun, der ersten S-Klasse (Baureihe W 116) folgten 1979 die W 126-Modelle – jetzt auch als Coupé – und dann zum Modelljahr 1992 die etwas klobig wirkende W 140-S-Klasse mit einem V12-Motor als Spitzentriebwerk. Auch die technische Evolution, bis dahin eher verhalten verlaufen, legte mit der nächsten Baureihe (W 220, 1998) einen Zahn zu. Sie war wiederum vollgepackt mit Innovationen und brachte Sicherheitsmerkmale wie ESP (elektronisches Stabilitätsprogramm) und die Einparkhilfe bereits ab Werksausstattung mit – das war weltweit einmalig.
Auch die weiteren Generationen legten ein beachtliches Innovationstempo vor: 4-Matic-Allradantrieb und AMG-Sportwagen für die Generation ab 2005, Hybridantrieb und 585 PS starker V8-Bi-Turbo ab der nächsten Generation 2013. Die Liste ließe sich leicht verlängern.
Die Krönung der S-Klasse-Baureihen bilden seit dieser Zeit die fabelhaften Mercedes-Maybachs. Sie können in Sachen Luxus und Ausstattung problemlos mit Rolls-Royce konkurrieren. Nicht minder exklusiv und der längste und schwerste Mercedes, den das Werk zu bieten hat, war die S-Klasse 600 Pullman, die im März 2015 auf dem Genfer Salon vorgestellt wurde. Sie war sechseinhalb Meter lang und wurde vom 530 PS starken V12 angetrieben, der in einer späte-

ren Version auf 630 PS aufgestockt wurde. Passagierraum und Fahrerabteil waren hier abgeteilt, die Trennscheibe ließ sich mit einem Klick verdunkeln. Ein 47 cm großer, versenkbarer Bildschirm und vier gegenüber liegende Rücksitze sorgten für unvergleichlichen Komfort und Privatsphäre. Die S-Klasse, regelmäßig neu gestaltet, steht noch immer an der Spitze der automobilen Nahrungskette und begeistert die anspruchsvollsten Kunden auf der ganzen Welt.
Man hat mir manchmal vorgeworfen, ich würde nur Retrodesign machen und als Beispiele dafür die Neuauflage des Cinquecento bei Fiat oder die des R5 und des 4L bei Renault angeführt. Doch große Marken pflegten schon immer ihre Klassiker. Das gilt übrigens in allen Bereichen. Cartier hat die Tank, Rolex die Datejust oder Bic seinen Kugelschreiber. Die Aufgabe der Unternehmensleiter besteht darin, ihre Marke im Gedächtnis der Öffentlichkeit zu verankern, indem sie diese ikonischen Produkte weiterentwickeln. Die S-Klasse ist ein leuchtendes Beispiel dafür. Sie trägt die Unterschrift von Mercedes.

Mini

Die britische Automobilindustrie ist als unabhängige Kraft verschwunden. Alle ihre Juwelen wurden von internationalen, asiatischen oder europäischen Konzernen aufgekauft. Dennoch hat sie Geschichte geschrieben. Was für kreative Genies! Der Jaguar E-Type, der Aston Martin DB4, der Land Rover Defender, der Triumph Spitfire, der Rolls-Royce Corniche ... die Liste der Autos, von denen jeder Sammler träumt und die er in seiner Garage stehen haben mag, ist lang. Doch das Auto, das die Maßstäbe auf dem Weltmarkt verschoben hat, ist der kleinste von allen, der Mini.
Als Vorläufer aller Stadtautos auf diesem Planeten wurde er 1959 dank der Federführung des anglo-griechischen Ingenieurs Alec Issigonis geboren. Was mir sehr gut gefällt, ist, dass er in nur 220 Tagen entworfen wurde und dass das Serienmodell genau dem Prototyp entsprach. Die besten Ideen sind die, die sich schnell und einfach umsetzen lassen. Inspirierend! Damals war die Konstruktion mit ihrem quer eingebauten Frontmotor mit 850 cm^3 eine Innovation. Die umgekehrte Alternative zu den bisher als Standard in dieser

Klasse geltenden Heckmotor-Entwürfen wie Fiat 500, Volkswagen Käfer oder Renault Dauphine. Der Mini konnte trotz seiner Länge von lediglich 3,02 Metern vier Personen befördern und war auf Anhieb ein riesiger Erfolg.

Eine von John Cooper, dem Erfinder der modernen Formel 1, entwickelte Sportversion versuchte bald ihr Glück bei den großen europäischen Rallyes wie der Rallye Monte Carlo.

Nach einigen Misserfolgen gewann der britische Kleinwagen schließlich 1965 diese Königsprüfung. Der finnische Fahrer Tommi Mäkinen ließ weitaus leistungsstärkere Autos wie die Porsche 904 und 911, Saab 96 und DS 21 hinter sich. Auf der verschneiten Strecke zeigte der Mini eine fantastische Wendigkeit.

Der Mini wurde zum Modeobjekt. Seine einfallsreichen Variationen begeisterten. Es gab Coupés und Kombis, und die vier Beatles hatten eine ganz besondere Beziehung zu ihnen. George Harrison bemalte seinen mit psychedelischen Farben. Als er in dem Kultfilm *Magical Mystery Tour* auftauchte, wurde das Auto zum Symbol der Swin-

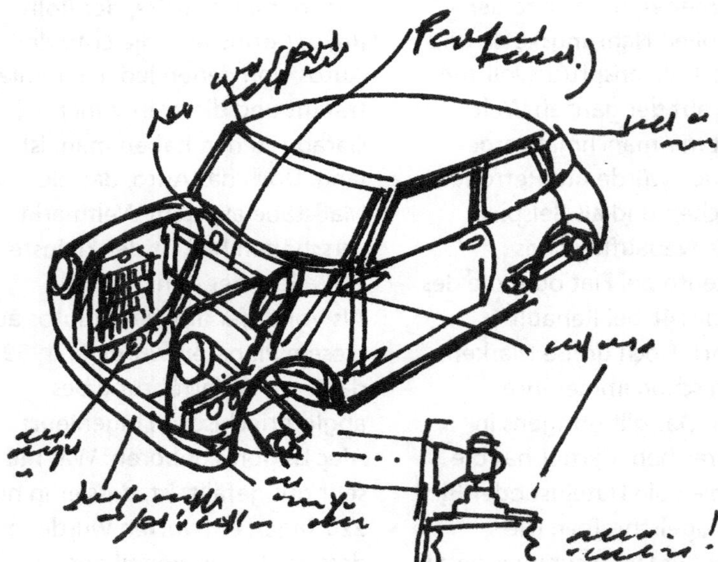

ging Sixties! Auch die französischen Stars liebten ihn. Brigitte Bardot fuhr mit dem Mini durch Saint-Tropez. Jacques Dutronc sang: »*Tout est mini dans notre vie / Mini-moke et minijupe.*« (Alles ist Mini in unserem Leben / Mini-Moke und Minirock). Zwischen 1959 und 2000 wurden etwas mehr als fünf Millionen Exemplare der Originalversion hergestellt. Nicht genug, um den Konzern British Leyland zu retten, der seit Ende der 1960er Jahre in ernsthaften Schwierigkeiten steckte, 1975 von der englischen Labour Party verstaatlicht und 1988 von Margaret Thatcher für lächerliche 150 Millionen Pfund Sterling an British Aerospace verkauft wurde. Honda beteiligte sich eine Zeit lang finanziell, bevor BMW das Unternehmen 1994 aufkaufte. Der bayerische Konzern übernahm die Produktion des Mini, bevor er 2001 die schöne Idee hatte, eine neue Version auf den Markt zu bringen, die viel größer und gedrungener war. Das symbolträchtige Auto wechselte somit den Markt, triumphierte aber dennoch. Ich kann diese Strategie nur gutheißen, denn ich habe 2007 mit dem Fiat 500 in Italien das Gleiche getan. Aber heute ist es der Ur-Mini, der uns als Vorbild dienen sollte für eine neue Generation von elektrischen Stadtautos. Die einzig richtige Lösung, um besser durch die Großstädte zu kommen, CO_2-Emissionen zu eliminieren und weniger Platz einzunehmen. Alles in unserem Leben sollte wieder mehr mini sein!

MISSERFOLGE

Ein Leichenwagen? Nein, ein Pontiac Aztek! Eine seltsame Kreuzung aus SUV und Minivan mit einem Hauch von Pick-up-Inspiration. Das US-amerikanische *Time Magazine* bezeichnete den Wagen als eine der 50 schlechtesten Erfindungen aller Zeiten. Das deutsche Wochenmagazin *Der Spiegel* nahm ihn in seine Top 10 der hässlichsten Autos auf. Und eine Umfrage der britischen Tageszeitung *The Daily Telegraph* katapultierte ihn auf den ersten Platz der 100 hässlichsten Autos. Von 2000 bis 2005 verkaufte sich diese Missgeburt auch in den besten Jahren nur 27.000 Mal, weit entfernt von den erwarteten 75.000 Exemplaren jährlich. Solche Misserfolge hat es in der Automobilbranche schon oft gegeben. Das mag man bedauern. Andererseits kann man sie auch als Preis für den ständigen Innovationsdruck sehen, dem unsere Industrie ausgesetzt ist. Kaum eine andere Branche ist in diesem Maße gezwungen, bei Neuentwicklungen solche Risiken einzugehen.

In Europa wird die Notwendigkeit, Risiken in Kauf zu nehmen, komplett falsch bewertet. In den USA dagegen nimmt man eine ganz andere Haltung dazu ein: Dort gilt das Scheitern als Motor des Lernens. Ein IBM-Manager sagte einmal: »Wenn man nicht jedes dritte oder vierte Mal einen Fehler macht, hat man es nicht genug versucht.« Ich für meinen Teil würde dagegen eher für jedes zehnte Mal plädieren, doch die Kernaussage stimmt: Um Erfolg zu haben, muss man die Möglichkeit des Scheiterns akzeptieren.

Es gibt meiner Meinung nach zwei Arten von Misserfolgen. Diejenigen, die auf ein Übermaß an Modernismus und Kühnheit, auf eine Form von übertriebener Antizipation zurückzuführen sind. Und solche, die auf echte Fehler zurückzuführen sind. Französische Firmen wie Renault sind mit der ersten Kategorie bestens vertraut, da das Unternehmen schon immer zu den Pionieren und Trendsettern gehörte. Manchmal musste man dafür einen hohen Preis zahlen. Beispiel gefällig? Der Avantime, dessen Name schon Programm war und der wegen seiner hohen, kutschenartigen Silhouette auf Rädern von Spöttern »Aftertime« oder »Bügeleisen« genannt wurde. »Un glorieux ratage«, ein »glorreicher Fehlschlag«, wie die Tageszeitung *Le Monde* titelte. Dieses ungewöhnliche Fahrzeug war eines der ersten, das die Grenzen zwischen den Fahrzeugkategorien verwischte, lange bevor man von »Crossovern« sprach, denn der Avantime war gleichzeitig Coupé und Minivan. Er hatte keine Mittelsäule zwischen den Vordertüren und den Rücksitzen, stattdessen rahmenlose Scheiben, ein riesiges Glasdach und einen lichtdurchfluteten Innenraum. Und ein Design, das es in sich hatte.

Zu nonkonformistisch? Wahrscheinlich. Zwischen 2001 und 2003 wurden nur 8552 Exemplare verkauft. Seitdem ist ihm eine Art Rehabilitation widerfahren. Der Wert dieses barocken Objekts steigt auf dem Sammlermarkt. Ein amerikanisches Museum in Nashville

(Tennessee) hat sogar beschlossen, ein Exemplar auszustellen. Ein Lokaljournalist, der es entdeckte, machte seinem Unverständnis Luft und fragte: Wie konnten die Franzosen einen solchen Entwurf nur verschmähen?

Ein anderer Renault litt 1983 darunter, seiner Zeit zu weit voraus zu sein: Der R11 TSE Electronic war das erste Fahrzeug, das mit dem Fahrer sprach. Lange vor »OK Google« forderte eine synthetische Stimme dazu auf, die Handbremse zu lösen oder den Ölstand zu prüfen. Das Armaturenbrett, das mit LCD-Anzeigen übersät war, verbreitete mit seinen bunt blinkenden Lämpchen Weihnachtsbaumstimmung. Aber als Geschenk betrachtet, war er ein Flop. Die Nutzer konnten mit solchen Merkwürdigkeiten nichts anfangen, und der ehemalige Staatsbetrieb packte die ganze Pracht wieder ein.

Bedauern heute auch über eine Sternschnuppe, die für ihren Futurismus teuer bezahlt hat: der Audi A2. Seine Vorstellung im Jahr 2000 war ein Schock: Leichtbau dank Aluminiumkarosserie, rekordverdächtige Aerodynamik, Dreizylindermotor, Start-und-Stop-System ... Seine CO_2-Emissionen lagen bei 81 g/km, was ihn zum absoluten Sparmeister und zu einem leidenschaftlichen Umweltschützer machte. Aber 20 Jahre zu früh. Es ist oft ein Fehler, zu früh Recht zu haben. Die Öffentlichkeit erinnerte sich nur an sein bizarres Design, seine schwache Leistung, sein Image, das zu weit von einem »echten« Audi war. Audi A2: nur 176.377 Verkäufe, verglichen mit der Million der A-Klasse. Einfach nur katastrophal.

Autos, die zu originell für ihre Zeit waren, gab es noch viele andere. Der Peugeot 1007 mit seinen zwei Schiebetüren; der Chevrolet Corvair mit seiner ungewöhnlichen Form, seinem Sechszylindermotor im Heck und seiner Einzelradaufhängung rundum; der Tucker Torpedo, der bereits 1947 mit einem Überrollbügel, einer Sicherheits-Windschutzscheibe aus laminiertem Glas, Scheibenbremsen und adaptivem Kurvenlicht aufwartete. Allesamt wunderbare Flops. Angesichts der technischen Fortschritte, die sie auf ihre Weise ermöglicht haben, kann man sie heute mit Nachsicht betrachten. Ebenso wenig kann man einigen sehr erfolgversprechenden Modellen vorwerfen, dass sie schlicht und einfach Pech hatten. Wer hätte den Jom-Kippur-Krieg 1973 und seine Folgen für den wunderbaren Citroën SM vorhersehen können? Wer hätte sich den Crash von 1929 vorhersehen können, als General Motors gerade dabei war, mit LaSalle eine neue Marke einzuführen, die zwischen Buick und Cadillac stehen sollte? Trotz ihrer Qualitäten scheiterten die Convertibles Typ 328 und 345 und stürzten in den Abgrund des Vergessens. Was den prunkvollen und sehr teuren Panhard Dynamic betrifft, so kam er zur gleichen Zeit wie die linksextremistische Volksfront in Frankreich. Diese gesellschaftlichen Verwerfungen verschreckten seine Zielgruppe, die wohlhabende Kundschaft.

Bei Autos, die ihre Schwierigkeiten sozusagen selbst verschuldet haben, kann man strenger sein. Die Quelle dieser Probleme sind oftmals Designfehler. Der Edsel (wie der Sohn von Henry Ford mit Vornamen hieß) ist ein Beispiel dafür. Mit ihm wollte Ford eine neue Sub-Marke etablieren, er sollte 1957 mit einem riesigen Investitionsaufwand in den Markt gedrückt werden: 18 verschiedene Versionen, zwei- oder viertürig, Cabrio mit Verdeck oder Hardtop, Kombi, V8-Motoren von 300 bis 350 PS. Das Marketingbudget zur Produkteinführung sprengte alle Dimensionen und gipfelte in einer Fernsehshow, die von Frank Sinatra, Bing Crosby und Louis Armstrong moderiert wurde. Doch all dies scheiterte an einer unglaublich verschnörkelten Formgebung. Am schlimmsten war der riesige, unproportionierte, vage ovale Kühlergrill, der ein Pferdehalfter symbolisieren sollte. Die Öffentlichkeit sah darin vor allem wahlweise eine Klobrille oder die Nachbildung eines weiblichen Geschlechtsorgans. Die Bilanz: 30.000 verkaufte Edsel, zehnmal weniger als für eine rentable Produktion nötig gewesen wären.

Sein Design wurde auch dem Fiat Multipla zum Verhängnis, der 1999 als Fiats Antwort auf den Erfolg des Renault Megane Scenic auf den Markt kam. Dabei war der Entwurf des Kompaktvans nach italienischem Vorbild aus den Fünfzigern durchaus pfiffig: Er konnte auf einer Länge von 3,99 m dank zweier Reihen mit je drei Sitzen sechs Passagiere und ihr Gepäck unterbringen. Dafür war eine respektable Breite von 1,87 m erforderlich. Das Lastenheft sah einen Innenraum vor, der so gestaltet war, dass er »die Menschen glücklich macht«, mit großen Glasflächen, die »... es ermöglichen sollen, die Passagiere glücklich zu sehen«. All diese Anforderungen wurden in einen Mixer geworfen, und heraus kam der Multipla, der sofort als »hässliches Entlein« verunglimpft wurde. Er wurde zum Gespött in der britischen Fernsehsendung *Top Gear* und von einer britischen Zeitschrift zum »hässlichsten Auto« gewählt. Die Verkäufer im Handel wurden aufgefordert, die Zeit, die sie mit ihren Kunden in Betrachtung des Exterieurs verbrachten, so kurz wie möglich zu halten und deren Aufmerksamkeit schnellstmöglich auf das Interieur zu lenken, in der Hoffnung, dass die clevere Innenausstattung das katastrophale Aussehen vergessen machen würde. In Italien waren die Verkaufszahlen ordentlich bis annehmbar. Aber auf den Exportmärkten waren die Verkaufszahlen sehr niedrig. Sollte man dem Designer, Roberto Giolito, die Schuld geben? Ein bisschen zu einfach. Er hat sich nicht immer geirrt: Er hat auch den 500er entworfen! Die Einführung eines neuen Modells ist äußerst komplex und erfolgt unter beträchtlicher Beteiligung von Abteilungen und Kompetenzträgern. Unaufhörlich müssen Abwägungen und Entscheidungen getroffen werden, und die wichtigsten Aspekte werden auf Geschäftsleitungsebene abgesegnet. Am Ende gibt der Chef den Ton an. Sehen Sie sich den Renault 14 an, ein weiterer Flop. Er hatte, objektiv betrachtet, genug Qualität, um mit dem Opel Kadett, dem VW Golf und Konkurrenten wie dem Citroën GS mithalten zu können. Dennoch entschied sich sein Schicksal schnell. Dafür gab es mindestens drei Gründe: seine fehlende Persönlichkeit, sein Peugeot-Motor, der die Verkäufer des Hauses in Argumentationsnöte brachte, und jene berühmte Werbekampagne, die ihn und seinen Besitzer mit einer Birne verglich. Trotz aller Versuche, dies mit gut ausgestatteten und leistungsstärkeren Versionen zu korrigieren, blieb der Renault 14 unbeliebt. Und ein Schelm, der Böses dabei denkt, ist, wer die Verantwortlichkeiten und Zuständigkeiten nachvollziehen kann.

Diese Art der Ernüchterung lässt sich genauso gut in den oberen Preisklassen finden, so zu sehen beim Volkswagen Phaeton, der 2002 die Ambitionen der Wolfsburger unterstreichen sollte, die Marke höher zu positionieren. Alles wurde in die Auslage gelegt, um ihn auf das Niveau der renommiertesten Premium-Konkurrenten zu heben: Repräsentative Abmessungen, eine äußerst hochwertige Verarbeitung und ein 450 PS starker W12-Motor. Das Projekt wurde von Ferdinand Piëch, dem Vorstandsvorsitzenden des Konzerns, vorgegeben und fast tagtäglich überwacht. Einige waghalsige Manager versuchten, gegen das Projekt zu protestieren oder zumindest die ausufernden Kosten zu senken. Sie wurden hinausgeworfen! Doch sie hatten Recht: Dieser Dampfer auf vier Rädern war ein Ausdruck von Hochmut und Stolz. Und ihr Präsident, dem bisher immer alles gelungen war, hatte diesmal etwas übersehen: Ein Markenimage lässt sich nicht über Nacht ändern. Die reiche Kundschaft hatte keine Lust, bis zu 100.000 Euro für einen »Volkswagen« auszugeben, dessen Design aus dem Passat extrapoliert schien. Erschwerend kam hinzu, dass das Händlernetz nicht darauf vorbereitet war, ein so hochwertiges Fahrzeug zu verkaufen. In der Folge setzte Volkswagen bei jedem verkauften Exemplar 28.000 Euro zu.

Dieses Problem der Positionierung ist in der Automobilbranche nicht ungewöhnlich und erklärt viele andere Misserfolge. Wie der des billigen Jaguar, des X-Type, der den Spitznamen »Baby Jag« trug. Er war nur eine Art umgestalteter Ford Mondeo und hatte nichts von einer echten Raubkatze, aber die damalige Geschäftsleitung wollte glauben, dass der prestigeträchtiger Name ausreichen würde, um Jaguar-Käufer für Ford-Technik zu begeistern. Daraus wurde nichts. Ich erinnere mich auch an das traurige Schicksal des Alfa Arna, der 1983 aus der Verbindung zwischen der Firma mit dem vierblättrigen Kleeblatt und Nissan entstand. Dieser Kompaktwagen sollte italienische Leistung und Charme mit japanischer Technologie und Seriosität verbinden. Auf dem Papier war das perfekt. In der Realität vereinte er nicht das Beste, sondern das Schlechteste beider Welten. Die japanische

Banalität und die italienische Unzuverlässigkeit.
In jener Reihe von »Frankenstein-Autos«, d. h. von Autos ohne klare Zielgruppe, die von der Chefetage durchgedrückt wurden, ist einer meiner Favoriten der Talbot Tagora. Eine Stufenhecklimousine mit klaren, fast rechteckigen Linien und elegantem Klassizismus, die zum Spielball widersprüchlicher Interessen und dadurch ruiniert wurde. Chrysler Europe hatte sie erdacht und wollte ihr das Simca-Markenzeichen anheften. Doch die Entwicklung erledigte Peugeot, das den Wagen später unter dem Namen »Talbot« verkaufte.
Das ist die Geschichte im Zeitraffer, hier der ganze Film: Ende der 1970er Jahre beschloss Chrysler Europe, im Wesentlichen bestehend aus Konzerntochter Simca, eine hochwertige Limousine zu entwickeln und zu vermarkten. Peugeot fand dieses Projekt im Papierkorb vor, als man dann Chrysler-Simca aufkaufte. Der neue Eigner war bereit, das Projekt zu Ende zu führen, aber nur unter einer Bedingung: Es mussten überall, wo es möglich war, Peugeot-Teile verwendet werden. Das begann schon beim Motor. Das bedeutete, dass die Ingenieure ihre Arbeit wieder aufnehmen mussten. Um beispielsweise den Dieselmotor des 604 unterzubringen, mussten die Vorderräder um einige Zentimeter verschoben werden. Und durch die Verwendung der 505-Hinterachse rückten die Hinterräder des Tagora zu weit in die Karosserie hinein. Das änderte die Proportionen. Als der Tagora 1979 auf den Markt kam, weigerten sich die Peugeot-Verkäufer beinahe, ihn zu anzupreisen, zumal er direkt mit dem Peugeot 604 konkurrierte.
Wir sprechen hier ja von Kuriositäten, hier ist eine weitere im Anflug: der elektrische Amber des russischen Herstellers Avtotor, der als der zukünftige slawische Tesla vorgestellt wurde. Sein burleskes Aussehen, die winzigen Scheinwerfer und die aufgeblähte Motorhaube machten ihn zur Zielscheibe von Spott und Häme in den sozialen Netzwerken: »Ein führerscheinfreier Kleinwagen, aber hässlich«, »Daneben ist der Fiat Multipla hübsch«, »Der erste e-Babybel«.
Ein Sprichwort besagt: »Gleichgültigkeit ist der Beginn des Scheiterns«. Ausnahmsweise irrt der Volksmund hier.

Mobilität

von Frédéric Mazzella, Vorsitzender und Gründer von BlaBlaCar

In einer Zeit, in der unsere Lebens- und Arbeitsorte dezentralisiert sind, ist Mobilität ein nicht zu vernachlässigender Parameter, denn sie ermöglicht, viele der Bedürfnisse gemäß der Maslowschen Pyramide zu befriedigen: Essen, Arbeiten, Verwandte sehen. Aber man kann sie nicht konzipieren, ohne sich einigen Fragen zu stellen. Die nach der Rolle der Mobilität bei der Schaffung sozialer Bindungen. Die Frage nach der Energie, die jede Art der Fortbewegung erfordert, und die Frage nach ihrer Rolle in der sozialen und ökologischen Krise, die wir durchleben. Müssen wir weiterhin überall hin- und wieder herfahren, nur weil wir es können, selbst auf die Gefahr hin, das zu schädigen, was bereits da ist?
Mobilität ist ein Wirtschaftssektor, dessen Markt so groß ist wie die Welt. Jeder bewegt sich. Der Sektor birgt daher ein ungeheures Potenzial für Innovationen, um sowohl den individuellen Erwartungen wie auch den bestehenden physischen, geografischen, wirtschaftlichen, ökologischen und kulturellen Einschränkungen gerecht zu werden. Unter all den potenziell zu beschreitenden Innovationspfaden sehe ich nicht nur eine, sondern gleich vier bahnbrechende Einflussfaktoren, welche die Mobilität der Zukunft prägen werden.

- **Konnektivität**
  80 % der Franzosen nutzen täglich das Internet. Die Digitalisierung hat sowohl in Städten als auch in ländlichen Gebieten neue Verkehrsangebote entstehen lassen. Straßenkarten sind nahezu

verschwunden und haben GPS-Navigationsgeräten Platz gemacht. Auch die Nutzung und der Umgang mit Fahrzeugen haben sich verändert. Drei von vier Franzosen besitzen ein Smartphone (98 % der 18- bis 24-Jährigen). Von einem Smartphone aus bucht man eine Mitfahrgelegenheit bei BlaBlaCar oder mietet ein Auto. In der Stadt schaltet man mit einem Klick ein Elektrofahrrad frei, bestellt ein Taxi oder ordert einen Mietwagen. Wir sind »vernetzt«, greifen aber immer noch auf die gesamte Palette der etablierteren Verkehrsmittel zu, auf Züge, Busse, U-Bahnen, Straßenbahnen oder ganz einfach unsere Fahrräder und Privatfahrzeuge. Die Digitalisierung ist aber auch Voraussetzung für die zweite bahnbrechende Innovation, nämlich das:

- **Autonomes Fahren**
  Entgegen der landläufigen Meinung ist die Innovation des autonomen Fahrens nicht nur einer Gruppe von einigen wenigen Glücklichen vorbehalten. Im Gegenteil, die Autonomie hat zuerst im öffentlichen Nahverkehr Einzug gehalten: 1983 wurde in Lille die erste autonome U-Bahn-Linie eingeweiht, zwölf Jahre, nachdem das Patent für die Erfindung des vollautomatischen Fahrsystems angemeldet worden war. Das war eine Weltpremiere. Und auch nicht an Schienen gebundene Fahrzeuge, die sich allein und ohne Fahrer fortbewegen, sind mancherorts bereits Realität. Beispiel: Die autonomen Shuttles des Start-ups EasyMile bewegen sich im Bois de Vincennes oder auch im Oncopole in Toulouse; Tesla erprobt seine Robotaxis, über die Waymo-App kann man in San Francisco fahrerlose Taxis buchen, und in China sind autonome Taxis keine Seltenheit mehr. Der Trend ist da, aber wie lange wird er andauern? In urbanen Zentren, so mein Tipp, wird sich die Mobilität höchstwahrscheinlich auf zentralisierte Fahrzeugflotten konzentrieren, die auf Abruf verfügbar sind.
- **Fahrgemeinschaften**
  Die technischen Innovationen einerseits und unsere digitale Bequemlichkeit andererseits haben einem weiteren Nutzungsmodell zu Popula-

rität verholfen: dem Teilen von Verkehrsmitteln, die historisch gesehen individuell genutzt wurden. Die Sharing Economy verändert unser Verhältnis zur Mobilität grundlegend. Frankreich hat in diesem Bereich Pionierarbe-it geleistet und ist weltweit die Nummer 1. Es ist heute die Nation mit den meisten Fahrgemeinschaften pro Einwohner. Doch es geht noch viel besser, denn im morgendlichen Stoßverkehr haben noch immer neun von zehn Autos nur eine Person an Bord, nämlich den Fahrer. Die nun so einfach gewordene Bildung von Fahrgemeinschaften kann die Auslastung auf 3,9 Personen pro Auto erhöhen. Das ist nicht einfach so daher gesagt, sondern statistisch belegbar: BlaBlaCar spart damit jedes Jahr 1,6 Millionen Tonnen CO_2 ein, was mehr ist als der gesamte CO_2-Ausstoß des Straßenverkehrs in einer Stadt wie Paris, einschließlich der Busse und des Verkehrs auf der Stadtautobahn.

- **Elektrizität**
  Der Traum vom Elektroauto ist alt. Der erste Prototyp eines Elektrofahrzeugs wurde von Robert Anderson im Jahr 1830 auf der Grundlage einer Kutsche entwickelt. 1881 wurde das erste brauchbare (weil wiederaufladbare!) Modell eines Elektroautos von drei Franzosen (wieder kräht der gallische Hahn: Kikeriki!) entwickelt: Camille Faure, ein Elektrochemiker, der an der Verbesserung von Bleibatterien arbeitete, Charles Jeantaud, ein Automobilkonstrukteur, und Nicolas Raffard, ein Maschinenbauingenieur. Im Jahr 1900 fahren in New York Vorläufer der »Yellow Cabs« mit Strom, und schon damals notierten Zeitgenossen, dass »Elektroautos keine unerträgliche Wolke schwarzen Rauchs hinter sich lassen«. Mit der Einführung des Ford T gerät das Elektroauto in Vergessenheit, bis 1973 die erste Ölkrise und das OPEC-Öl-Embargo die Karten neu mischten und uns unserer Abhängigkeit von fossilen Brennstoffen bewusst macht-en. Heute lässt der ökologische, geopolitische und physische Kontext der Erschöpfung der fossilen Ressourcen sehr deutlich die Dringlichkeit von Elektroflotten erkennen.

Dank dieser vier Innovationsbereiche sollten wir in der Lage sein, das übergeordnete Ziel zu erreichen, denn es geht angesichts einer Welt, die sich in Umbruch befindet, darum, Mobilität so zu definieren, dass diese relevant und modern zugleich bleibt. Es ist zwingend notwendig, die Fortschritte auf dem Mobilitätssektor vom Nutzen für die Menschen her zu betrachten und nicht umgekehrt. Nur wenn man sich dessen bewusst ist, kann man Entscheidungen über die Art und Weise der weiterhin erforderlichen Innovation treffen: Wie sollte die Mobilität in zehn, zwanzig oder dreißig Jahren aussehen? Eine Mobilität im Dienste des Menschen, die im aktuellen Kontext relevant ist, muss drei Herausforderungen berücksichtigen.

- **Die Auswirkungen auf die Umwelt**
  Alle Innovationen müssen dazu beitragen, unseren ökologischen Fußabdruck zu reduzieren. Alles andere wäre ein Rückschritt. Betrachten wir dazu noch einmal das Beispiel des Elektroautos. Es ist wichtig, dabei die globalen Herausforderungen zu berücksichtigen, die eine solche Vision mit sich bringt. Das führt zwangsläufig dazu, dass man die Dosis, das erforderliche Tempo der Innovationen, die in den Sektor implementiert werden soll, anpasst. Denn diese Umwälzung zwingt uns auch, über die Art und Weise nachzudenken, wie wir unsere Energie erzeugen. Wenn wir Strom aus Kohlekraftwerken gewinnen, verringert das unseren ökologischen Fußabdruck nicht. Manchmal ist die umweltfreundlichste Energie immer noch ... unsere eigene, indem wir einfach unser Fahrrad nehmen, um kurze Strecken zurückzulegen. Innovationen im Energiebereich sollten keine Ausrede sein, unseren gesunden Menschenverstand nicht zu nutzen.
- **Soziales**
  Die zweite Qualität der Mobilität muss darin bestehen, soziale Bindungen zu schaffen. Mobilität ist ein Motor für Entdeckungen und Staunen, und das nicht nur geografisch! Sie ist auch ein Antrieb für menschliche

Beziehungen. Mobilität zu teilen bedeutet auch, soziale Bindungen zu schaffen. BlaBlaCar hat Motivation und Nutzungsverhalten seiner Mitglieder untersucht. Daraus geht hervor, dass 60 % der Mitglieder die Plattform nutzen, um ihre Verwandten öfter zu sehen. Fahrgemeinschaften bieten aber nicht nur mehr Möglichkeiten, bestehende soziale Bindungen zu stärken, sondern sie schaffen auch Verbindungen zwischen Menschen, die sich vielleicht nie begegnet wären. Jedes zweite Mitglied hat durch die Begegnung mit Menschen, mit denen es eine BlaBlaCar-Fahrt geteilt hat, seinen Horizont erweitert und kam mit Menschen außerhalb des eigenen Bekanntenkreises in Berührung; 21 % der Mitglieder geben an, an Bord einer Fahrgemeinschaft persönliche Dinge preisgegeben haben, die sie so noch nie jemandem erzählt hatten!

- **Verfügbarkeit**
  Lange Zeit dachten wir, dass Mobilität in erster Linie dazu dient, die Welt für alle zu erschließen. Heute aber wird diese Ansicht kritisch hinterfragt, denn man nimmt ihre Grenzen wahr: Müssen wir, nur weil wir es technisch können und es schneller geht, alle mit dem Flugzeug reisen? In der Tat muss die durch die Mobilität ermöglichte Zugänglichkeit Hand in Hand mit der Schaffung sozialer Verbindlichkeiten und der Reduzierung des CO_2-Fußabdrucks auf diesem Sektor voranschreiten.

Sind wir also in der Lage, uns die omnipotente Mobilität von morgen vorzustellen, eine Art Transformation unserer bisherigen Art der Fortbewegung? Ich denke schon. Wir erblicken eine fünfte Entwicklungslinie, die eine Folge der Innovationen einerseits und der Berücksichtigung menschlicher Bedürfnisse andererseits ist: die Intermodalität. Wir werden alles miteinander kombinieren können! Ein bisschen Zug und Elektroauto, ein bisschen Bus und Fahrrad, alle Verkehrsmittel sofort zugänglich mit einigen vorfinanzierten Klicks, und schon sind wir am Ziel. Das ist der Heilige Gral, im Bereich der Mobilität eher als »MaaS« (Mobility as a Service) bezeichnet, den viele Akteure im Bereich der Fortbewegung suchen. Für eine

optimierte, d. h. schnelle, einfache und umweltfreundliche Fahrt von A nach B werden wir nacheinander mehrere Verkehrsmittel nutzen, die sich wie die Glieder einer Kette aneinanderreihen.
Jede der Krisen, die wir durchleben, birgt Ideen und Ansatzpunkte für Innovationen. Die Technologie spielt dabei natürlich eine Rolle. Aber sie muss im Dienste der Allgemeinheit erfolgen, in den Dienst unserer besten aller denkbaren Zukünfte gestellt werden. Sie muss eingesetzt werden, um Strukturen zu schaffen, die belastbar sind und den doppelten Anforderungen an positive Auswirkungen und Nachhaltigkeit gerecht werden. Es sollte uns nur eine Frage beschäftigen: »Ist es nützlich oder schädlich für die Zukunft der Gesellschaft und des Planeten?«
Wenn wir uns auf eine solche gezielte Gestaltung der Mobilität einlassen, wird sich unser Verhältnis zum Verkehr völlig verändern: Wir werden nicht mehr den Besitz eines Fahrzeugs genießen, sondern unsere Bewegungsfreiheit, unsere Entdeckungsfreude und unser Staunen voll auskosten! Kurz gesagt, eine Mobilität im Dienste einer Menschheit erleben, die sich bewegt, ohne alles auf ihrem Weg platt zu machen.

MUSIK

von Jean-Michel Jarre, Komponist

Ich hatte einen Großvater, der sowohl Ingenieur als auch Erfinder war. Er entwickelte einen Vorläufer des iPods, einen Plattenspieler mit eingebauten Batterien, mit dem man Chet Baker oder Edith Piaf hören konnte. Als ich zehn Jahre alt war, schenkte er mir einen deutschen Kassettenrekorder, der größer war als ich; ich begann, alles und jedes aufzunehmen. Eines Tages spielte ich eine Kassette rückwärts ab: Ich dachte, dass die Aliens mit mir sprechen würden! Von diesem Moment an begann ich, mit Tönen zu experimentieren. Später schloss ich mich der Gruppe für Musikforschung um Pierre Schaeffer und Pierre Henry an. Dort entdeckte ich einen völlig neuen Zugang zur Musik, nicht über Noten und Solfeggio, sondern über Klänge.

Musik ist in erster Linie Klang. Das Auto auch.
Bevor die Anfrage von Renault kam, hatte ich in meinem bisherigen Arbeitsleben noch nie mit Autos zu tun. Doch ich erkannte sehr schnell jene besonderen Herausforderungen, welche der Übergang zur Elektroenergie barg.
Die erste ist der Sicherheitsaspekt. Da Autos leise geworden sind, macht sie das potenziell gefährlich. Es gilt, sie akustisch zu verkörpern. Aber dieser Klang muss auch die Marke verkörpern, ohne dabei zu nerven.
Die zweite betrifft die Beziehungen der Verbraucher zu ihren Autos. Seit Jahrzehnten ist es eine Art Miniaturkonzertsaal, eine Blase, in der man noch empfänglicher für Musik sein kann als vielleicht zu Hause. Im Auto ist man von der Außenwelt isoliert und schaltet ab. In einem Elektroauto hingegen erlebt man ein wenig das Gegenteil, es vermittelt das Gefühl, wieder näher an die Außenwelt heranzurücken. Denn Elektroautos werden immer leichter, das mindert auch die Effizienz der Schalldämmung. Die Geräusche des Autos, die bislang durch die mechanische Reibung der Verbrennungsmotoren erzeugt wurden, müssen für das Elektroauto neu erfunden und über Lautsprecher übertragen werden.
Das bedeutet im Umkehrschluss, dass man dafür geeignete Ausstattungen erfinden muss.
Im Moment wird der Sound von einem kleinen Lautsprecher seitlich an der Motorhaube nach außen übertragen, meiner Meinung nach ohne genug Bass. Und je nachdem, in welche

Richtung das Auto fährt, hört man es mal mehr, mal weniger. Das ist nicht ideal. Mir ist natürlich bewusst, dass das Konzept »weniger ist mehr« auch für diesen Bereich gelten muss. Dieser Zwang wird oft als Einschränkung betrachtet. Doch wenn man komponiert, wenn man malt, wenn man schreibt, wenn man Politik macht, muss man es schaffen, mit sparsam eingesetzten Mitteln tiefgreifende Veränderungen zu bewirken.

Es ist entscheidend, dass die gesamte Klangkette von der Hardware (Verstärker, Lautsprecher usw.) bis hin zu den Inhalten stimmig ist. Das ist neu in dieser Branche: Normalerweise waren es Designer gewohnt, das Audiosystem völlig auszublenden, wenn sie ein Cockpit entwarfen. Danach platzierte man die Lautsprecher dort, wo noch Platz war, auf der Hutablage, in den Türtafeln, unter dem Teppich oder wo auch immer. Das muss sich ändern, denn warum sonst sollte man viel Geld für schöne Lautsprecher ausgeben?

Heutzutage müssen Marken natürlich in Schlüsselbereichen wie Schadstoffemissionen oder Energieeinsparung innovativ sein. Aber ihr Image in den Augen der Kunden hängt nun auch von Faktoren ab, die ihnen früher eher zweitrangig erschienen, wie zum Beispiel dem Klang. Das tägliche Erleben des Autofahrers wird durch das Motorengeräusch, die Akustik und die Schalldämmung bestimmt. Warum wurde das Sounddesign bisher kaum erforscht? Liegt es vielleicht daran, weil Frankreich eher ein Land der Literatur und des Kinos als der Musik ist?

Doch selbst wenn die Probleme mit dem richtigen Audiosystem gelöst sind – wie findet man den richtigen Sound?

Zu allererst gilt es, nicht in die Falle zu tappen. Die ersten auf dem Markt erhältlichen Sounddesigns waren von *Star Wars* und/oder Science-Fiction-Themen inspiriert. Ein Auto ist aber kein Raumschiff, auch kein Staubsauger oder eine Kaffeemühle: Die Regel lautet daher: Der zu komponierende Sound muss zum Fahrzeug passen.

Tatsächlich muss ein Autos in den tiefen bis zu den mittleren Lagen schön bassig klingen, um eine akustische Vorstellung von Komfort und Gediegenheit zu erzeugen. Lange Zeit gab es in der Wahrnehmung eine direkte Verbindung zwischen Akustik,

Qualität und Leistungsvermögen eines Autos. Heute aber, im Zeitalter der Geschwindigkeitsbegrenzungen, ist diese testosterongeschwängerte Reduzierung auf das Brumm, Brumm, Brumm bei Autos, die 250 oder 300 km/h schaffen könnten, ziemlich lächerlich. Wenn man so etwas heute auf der Straße hört, hat das etwas vom zwanzigsten Jahrhundert: Es wirkt einfach altmodisch. Daher die immer wieder neu zu beantwortende Frage: Wie kann man akustisch Mobilität, Geschwindigkeit und Kraft ohne übermäßige Lautstärke vermitteln?
Meine Vision ist die, dass man sich von den Geräuschen der Hovercrafts inspirieren lassen sollte, die sich auf dem Wasser fortbewegen. Sie vermitteln einen Eindruck von unbändiger Kraft und Geschwindigkeit – und sind dennoch fast lautlos.
Was heute wichtig wäre, ist die im Klang zum Ausdruck kommende Verkörperung von Mobilität, und nicht die von einer an Geschwindigkeit gekoppelten Motorleistung. In der Vergangenheit hatte ein potentes Auto meist etwas Bedrohliches an sich. Das ist heute nicht mehr so. Der Respekt vor der Umwelt steht im Vordergrund, man muss sich geschmeidig durch die Gesellschaft bewegen können. Das bedeutet, dass wir anders denken müssen.
Ebenso muss man beim Interieurdesign der Versuchung widerstehen, das Auto zuzukleistern. Es darf nicht der Eindruck entstehen, dass man in einen riesigen Flipperautomaten mit blitzenden Lichtern und einer Kakophonie von Geräuschen einsteigt, deren Abfolge nicht nachvollziehbar und deren Lautstärke unerträglich ist. Das wahrnehmbare Geräusch sollte das Gegenteil eines Radio-Jingles sein und stattdessen ein Gefühl von Sympathie und Wohlwollen hervorrufen. Es ist an der Zeit, dass wir auch klanglich einen anderen Bezug zur Technik herstellen. Wir müssen zeigen, dass technologischer Fortschritt nicht unbedingt kalt, roboterhaft und dystopisch sein muss, sondern wohlwollend und organisch sein und ein Gefühl der Behaglichkeit evozieren kann.
Im Grunde genommen geht es uns beim Elektroauto wie dem Maler vor einem leeren Blatt Papier: Wir müssen aus der Stille heraus Neues erschaffen.

N

Nummernschilder

Unsere belgischen Freunde haben Humor. Sogar, wenn sie ihr Nummernschild individuell gestalten. Seit 2014 dürfen sie das gegen eine Gebühr von 1000 Euro. APEROOO, BATMAN, CATCH-MEN ... 11.000 Belgier zahlen jedes Jahr diesen Betrag, um ihre Buchstabenfolge auswählen zu können. Das sind gut 70 Millionen Euro, die in den letzten zehn Jahren von der öffentlichen Hand damit eingenommen wurden. Was ja auch das erklärte Ziel der Reform war. Auch in Québec kann seit 2018 jeder seine Kreativität auf seinem Nummernschild zum Ausdruck bringen. Auch wenn es bedeutet, schlechten Geschmack zu beweisen. DRVAGIN, BURNS, GOGOBOY ... Die Verwaltung, die diesen Dienst anbietet, weist jeden Vorwurf, die Geschichte zu lax zu handhaben, weit von sich. Angeblich hat sie Dutzende von unpassenden Anträgen abgelehnt, so PRNHUB, FCKCOPS, COCAINE ... Und in jedem Fall werden 257,54 kanadische Dollar (knapp 180 Euro) erhoben, auch wenn der Antrag abgelehnt wurde.

So floriert das Geschäft mit den Nummernschildern auf der ganzen Welt, da die Länder sich auf die Personalisierung umstellen. Immer mehr Autofahrer wollen ihren sozialen Status auf dem kleinen Stück Metall zeigen. Das Phänomen nimmt in den Golfstaaten und in Asien, wo riesige Auktionen in einem Umfeld stattfinden, in dem sich nur Superreiche wohlfühlen, geradezu homerische Ausmaße an. Jahr für Jahr werden die Rekorde gebrochen. Im April 2023 erzielte die Plakette »P7«, eine islamische Glückszahl, bei einer Wohltätigkeitsveranstaltung in Dubai, die von Emir Mohammed bin Rashid Al Maktoum organisiert wurde, einen Preis von 15 Millionen Dollar. Das Objekt der Begierde wurde wie ein Picasso-Gemälde in einer Schatulle präsentiert und geschützt. Bis dahin hatte der Rekord bei 14 Millionen US-Dollar gelegen, erzielt in Abu Dhabi für eine andere magische Zahl: »P1«. Die Vereinigten Arabischen Emirate trieben den amerikanischen Snobismus auf die Spitze, der gebietet, so wenig Zeichen wie möglich in sein Nummernschild eingravieren zu lassen. Es heißt, dass einem einheimischen Tycoon der Zutritt zu einem

exklusiven Etablissement in Dubai verwehrt wurde, weil sein Rolls zu viele Ziffern auf dem Nummernschild hatte. Ein Hinterwäldler eben.
In Hongkong ist es kaum weniger verrückt. Jedes Jahr verhökert das Verkehrsministerium einige hundert Sonderkennzeichen an die Meistbietenden. Im Februar 2023 wurde das einfache »R« für 3,2 Millionen Dollar versteigert. »R« stand für »Rabbit«, da das Jahr des Hasen begann. Im Jahr 2021 ging das »W« für 3,8 Millionen weg. Eine Stufe darunter lassen es sich VIPs in der Regel mehrere Tausend Dollar kosten, um mit besonderen Buchstabenkombinationen ein Statement zu abzugeben. CARPEDM, MYTH, ELONMUSK ... Eine Möglichkeit, ihr Vermögen, ihre Hobbys, ihren Glauben oder ihren Humor zur Schau zu stellen. In Thailand wird die gleiche Leidenschaft gelebt. Einmal im Jahr versteigert der Staat eine Reihe von Spezialkennzeichen. Der Erlös ist für die Verkehrssicherheit bestimmt. 2022 war ein sehr gutes Jahr, als eine Serie von 301 Schildern mit der

begehrtesten Zahl 9 unter den Hammer kam, da die Ziffer angeblich Glück und ein langes Leben bringen soll. Den Vogel schoss die Kombination »9nn 9999« ab, die für 1,3 Millionen US-Dollar an eine lokale Risikokapitalgesellschaft verkauft wurde. Einige Jahre zuvor hatte ein junger Fahrer, der Sohn eines reichen thailändischen Geschäftsmannes, einen Scheck über 635.000 Dollar für sein Glückskennzeichen ausgestellt. Das war das Fünfzigfache des Wertes seines Autos, eines Nissan Almera.
In diesem neuartigen Casino sind die Amerikaner also längst schon in der Unterzahl. Dabei waren sie 1931 die Erfinder der personalisierten Platte, der sogenannten »Vanity Plate«.
Dabei gelten sie nicht unbedingt als zurückhaltende Spieler. Die teuerste Plakette der Welt befindet sich in ihrem Besitz: 20 Millionen Dollar! Dabei handelt es sich jedoch um eine Schätzung, da sie noch nie Gegenstand eines Geschäfts war. Warum ein solches potenzielles Vermögen? Weil die Buchstabenfolge das Wort »NEW YORK« bildet. Ganz einfach. Im Moment trägt sie ein bescheidener Volvo V70, dessen vorsichtiger Besitzer sich hütet, ihn auszuführen.
Nicht alle Staaten erlauben übrigens individuell gestaltbare und übertragbare Kennzeichen. Diejenigen, die dies tun, wie zum Beispiel Delaware, unterstützen natürlich aktiv solche Spekulation. Zweistellige Nummernschilder werden für viele tausend Dollar verkauft. Für drei- oder vierstellige Kennzeichen werden bis zu 1000 oder 2000 Dollar gezahlt. Angeblich war das Nummernschild mit der Ziffer »11« lange Zeit im Besitz eines normalen Bürgers aus Delaware. Als er starb, stellte es den größten Teil seines Vermögens dar – wertvoller als sein Haus – und wurde für 675.000 US-Dollar an einen Bauunternehmer verkauft.
In Wirklichkeit handhabt jeder US-Bundesstaat die Zulassungen so ziemlich nach eigenem Gutdünken. Eine der wenigen gemeinsamen Einschränkungen ist die Größe: 15 x 30 cm. Und auch hier dauerte es bis 1956, bis ein solches Abkommen unterzeichnet wurde. Für den Rest gilt: Jeder ist auf sich allein gestellt. Das vordere Kennzeichen zum Beispiel ist nur in etwa 30 Staaten vorgeschrieben. Digitale Vanity Plates sind seit kurzem in Kalifornien

erlaubt. Praktisch, um aus der Ferne »STOLEN« anzuzeigen, wenn das Fahrzeug gestohlen wurde. Nur dass es einer Gruppe von Cybersicherheitsforschern bereits gelungen ist, einige davon zu hacken. Farben, Designs, Werbeslogans ... all das liegt ebenfalls im Ermessen der lokalen Behörden, die nur die großen Richtlinien festlegen. Die Fahrer können frei aus dem Vollen schöpfen, um ihr persönliches Werk zusammenzustellen. Und sie lassen es sich nicht nehmen. In den USA sind die Kennzeichen schillernd und bunt.

Das genaue Gegenteil sind die französischen Kennzeichen, die ernst und monoton sind, bis hin zur Tristesse. Als Metapher für den zentralistischen Staat, der eifersüchtig auf seine Vorrechte pocht, besteht die einzige Freiheit darin, die Nummer des Departements zu wählen, das rechts auf dem Schild steht. Was mich als Italiener immer wieder erstaunt: Das am häufigsten gewünschte Departement ist Hochsavoyen. Dabei steht es nur an 27. Stelle, was die Bevölkerungszahl angeht. Die gleiche Merkwürdigkeit gilt für Corse-du-Sud, das am fünfthäufigsten ausgeschriebene Departement, obwohl es gemessen an seiner Bevölkerung lediglich auf Rang 96 steht. Die Autoren der Studie, die 2021 für eine Website den Verkauf von Kfz-Kennzeichen analysiert haben, sehen in dieser Verzerrung einen Ausdruck der Solidarität mit der korsischen Diaspora, die auf dem Kontinent sehr ausgeprägt ist. Der Fahrer, so ihre Vermutung, wolle damit zu verstehen geben, dass er Korse und damit ein »harter Hund« wäre, mit dem man sich besser nicht anlegte. Und jene Urlauber, die mit ihrem Fahrzeug die Insel der Schönheit besuchen, könnten es als eine Form der Versicherung betrachten.

Der Heilige Gral aller Vanity-Plates-Experten ist aber das ganz legale Fahren ohne Nummernschild. Das ist der Gipfel der Exzentrik! Einem Mann auf diesem Planeten ist dies gelungen: Steve Jobs, dem Gründer von Apple. Er nutzte ein kalifornisches Gesetz, das dem Besitzer eines neuen Fahrzeugs sechs Monate Zeit gab, um es anzumelden. Also kaufte er jedes halbe Jahr ein neues Auto. Immer das gleiche, ein Mercedes Cabriolet SL 55 AMG. Ganz einfach.

Nürburgring

Der Nürburgring ist eine Rennstrecke, die die grüne Hölle genannt wird. Diesen Spitznamen verdankt sie dem dreimalige Formel-1-Weltmeister Jackie Stewart. Der Nürburgring wurde Mitte der 1920er Jahre gebaut als Infrastrukturprojekt in der Eifel und ist nach wie vor der ideale Ort, um die Qualitäten eines neuen Autos zu testen und zu erproben, insbesondere, wenn es sich um ein Sportmodell handelt. Die Rennstrecke verfügt heute über zwei Kurse, nur auf der kürzeren (5,2 km) Formel-1-Strecke finden noch Wettbewerbe statt. Die längere Strecke, die Nordschleife (heute über 20 km) gilt rechtlich als Autobahn und steht allen, die den Nervenkitzel suchen, gegen eine Mautgebühr von etwa 30 Euro zur Verfügung. Auf dem Programm stehen 73 Kurven und Steigungen von bis zu 16 %, die sich auf einem sehr unebenen Gelände mitten im Wald aneinanderreihen. Man fährt oft blind, was die Erfahrung noch interessanter macht. Manchmal sind sogar Wohnmobile, Lkw und Busse auf dem Kurs zu sehen. So kommt es häufig zu Unfällen mit Toten und Verletzten, zumal sich bei den »Touristenfahrten« Zwei- und Vierräder aller Art auf der Strecke tummeln und die Fahrer zuvor keinen Nachweis ihres Könnens erbringen müssen: Jeder, der einen Führerschein hat und eine Karte löst, darf sich auf der Rennstrecke versuchen. Der Österreicher Niki Lauda hatte dort 1976 einen schweren Unfall, und er war nicht der einzige professionelle Rennfahrer, der dort verunglückte. Aber es ist der Ort, an dem ein Autoliebhaber einmal in seinem Leben eine Runde drehen muss. Es ist übrigens die komplizierteste Rennstrecke im Spiel Grand Turismo auf der PlayStation!

P

Parken

Ein Gegenstand, der seinen Besitzer im Ruhezustand mehr kostet als im Betrieb, ist ziemlich selten. In Städten, die die Parkgebühren auf das Niveau von Kaviar angehoben haben, ist dies beim Auto mittlerweile der Fall. Im Jahr 2022, dem letzten, für das entsprechende Zahlen bekannt sind, kostete die Gebühr für zwei Stunden Parken in New York durchschnittlich 43,10 US-Dollar – ein Weltrekord –, in Sydney 32,65 US-Dollar, in London 16,64 US-Dollar, in Amsterdam 12,73 US-Dollar. Und 11,50 Dollar in Paris, auf Platz 23. Ohne den unter der Bürgermeisterin der Hauptstadt, Anne Hidalgo, eingeführten SUV-Zuschlag zu berücksichtigen: Mit ihm stieg die Gebühr für eine Stunde Parken in den ersten elf Arrondissements der Hauptstadt für ein Fahrzeug mit Verbrennungsmotor über 1,6 Tonnen auf 18 Euro und für ein Elektrofahrzeug über zwei Tonnen auf 396 Euro pro Tag, 1.980 Euro pro Woche und mehr als 8.000 Euro pro Monat! Auch wenn diese Tarife bislang nicht für Anwohner, sondern nur für Besucher gelten: Der Gegenwert einer sehr luxuriösen Wohnung! Wer dem Parkdruck durch den Kauf eines innerstädtischen Stellplatzes entgehen möchte, wird feststellen: Auch beim Kauf spielen die Zahlen verrückt. In Hongkong wurden für einen wenige Quadratmeter großen Parkplatz 1,3 Millionen Dollar gezahlt. In New York erreichten die größten Schecks eine Million Dollar, bevor sich die Immobilienpreise wieder etwas beruhigten. Winston Churchill hatte Recht: »Im Kapitalismus haben die Menschen mehr Autos. Unter dem Kommunismus haben sie mehr Parkplätze«.
Automobilhistoriker sind sich einig, dass die größte Sorge der Autofahrer früher darin bestand, keine Panne zu haben. Heute hingegen besteht ihre größte Sorge darin, einen Parkplatz zu finden. Das Phänomen betrifft nicht nur die Metropolen, sondern breitet sich auch auf mittelgroße Städte aus, in denen es immer mehr ruhige und halbwegs fußgängerfreundliche Zonen gibt. Das macht den Lustfaktor nicht höher: Ein französischer Autofahrer verbringt im Durchschnitt zweieinhalb Monate seines Lebens damit, einen Parkplatz zu finden, ein deutscher rund 41 Stunden im Jahr, in manchen Städten sogar 60 und mehr. Und 30 % des Verkehrsaufkommens in Bal-

lungsräumen dürfte auf Autos zurückzuführen sein, die in der Hoffnung, endlich zum Stehen zu kommen, abbiegen und wenden.

Die Regulierung des Parkraums ist übrigens eine sehr alte Angelegenheit. Sie wird auf den assyrischen König Sennacherib zurückgeführt, der ein großer Bauherr und Stadtplaner war. Während seiner Herrschaft von 705 bis 681 v. Chr. wurde das Halten von Streitwagen entlang der Hauptstraße der Hauptstadt Ninive verboten, um den nötigen Platz für Truppenparaden und Prozessionen zu schaffen. Aus der Geschichte geht nicht hervor, wie die Abschreckung funktionierte. Wir können aber davon ausgehen, dass sie ziemlich robust war. Später wurden in Rom die gleichen Vorkehrungen getroffen, um den Verkehr in den sehr engen Straßen zu regeln.

Lassen Sie uns kurz die Jahrhunderte überspringen: Im Dezember 1607 verfügte ein Edikt von Heinrich IV., dass bestimmte Straßen frei von »Kutschen, Karren und Wagen« zu sein hatten. Unter Ludwig XV. wurden die Sänften ihrerseits aufgefordert, nicht einfach irgendwo zu parken. Spulen wir noch ein wenig weiter nach vorne, bis zum August 1928, als in Frankreich am 21. des Monats zum ersten Mal die Parkraumbewirtschaftung durch gebührenpflichtiges Parken durchgeführt wurde. Die blauen Zonen wurden in Frankreich 1960 zusammen mit der blauen Parkscheibe eingeführt (Paris hatte damit bereits 1957 begonnen), um die gemeinsame Nutzung des öffentlichen Raums zu organisieren und die Parkdauer zu begrenzen. Kassel zog 1961

nach und führte Parkscheibe und blauen Zonen ein. Das Beispiel machte Schule, seit 1979 gibt es EU-einheitliche Parkscheiben-Bestimmungen.
Nach Basel und Stockholm beschloss Duisburg 1954 als erste deutsche Stadt, Parkuhren, die in den 1920er Jahren in den USA erfunden worden waren, in der Innenstadt aufzustellen. 1971 kamen die ersten Parkuhren auch nach Frankreich. Und überall fühlten sie sich bald sehr, sehr wohl und vermehrten sich prächtig. Bis sie vor sechs oder sieben Jahren durch Parkscheinautomaten und digitale Parksysteme ersetzt wurden.
Alle diese Maßnahmen setzen Fahrer unter einen gewissen Druck. Die Kunst des innerstädtischen Einparkens wurde zur olympischen Disziplin erhoben. Dort zu versagen ist immer demütigend. Und es bleibt die gefürchtetste Aufgabe innerhalb der Fahrprüfung. Aber wie lange noch? Die elektronische Einparkhilfe (»park assist«), mit der immer mehr Fahrzeuge ausgestattet sind, übernimmt bereits die Führung. Morgen wird das autonome Fahren die ganze Arbeit übernehmen, einschließlich der Erkennung eines freien Platzes. Aber das wird das Problem des Platzmangels nicht lösen. Wie der Komiker Jean Yanne sagte: »Das Beste ist immer noch, ein bereits geparktes Auto zu kaufen«.

PEUGEOT

Mit über zwei Jahrhunderten ist Peugeot eines der ältesten Unternehmen Frankreichs. Was uns Respekt abnötigt, ist nicht nur die beeindruckend lange Firmentradition – die Familie Peugeot ist immer noch einer der Hauptaktionäre von Stellantis, dem Konzern, der aus der Fusion von PSA mit Fiat-Chrysler hervorgegangen ist –, sondern auch die unerschütterliche Heimatverbundenheit, denn noch immer ist die Marke in Montbéliard im Osten Frankreichs ansässig. Und nicht zuletzt die Liebe zur Industrie, die für den Wohlstand großer moderner Volkswirtschaften so unerlässlich ist. Die Peugeots haben viel zum Produktionsstandort Frankreich beigetragen. Sie waren sich manchmal uneins über den richtigen Weg, insbesondere 2014, als der chinesische Hersteller Dongfeng mit dem Segen des französischen Staates als Investor einstieg, um das Unternehmen zu retten, aber sie haben immer Wege gefunden, sich wieder zu versöhnen. Die Geschichte begann im Jahr 1810. Damals regierte in Frankreich noch Napoleon. Die beiden Brüder Jean-Frédéric und Jean-Pierre Peugeot beschlossen, die Getreidemühle ihrer Familie in Hérimoncourt im Département Doubs in ein Stahlwerk umzuwandeln. Sägen, Federn, Korsettstangen, Kaffeemühlen ... Die Palette der im Laufe des 19. Jahrhunderts hergestellten Produkte war breit gefächert. Der Löwe als Markenzeichen wurde 1847 eingeführt, als Hommage an das Wappen der Region Franche-Comté. Erst 1885 begann das Unternehmen, sich für bewegliche Objekte zu interessieren. Am Steuer saßen Eugène und Armand Peugeot, die Vertreter der dritten Generation, die verschiedene Velozipede entwickelten. Ein von einem Dampfkessel angetriebenes Dreirad, das »Peugeot Type 1«, erschient 1889. Armand Peugeot erkannte aber, dass zukünftig am Verbrennungsmotor kein Weg vorbeiführen würde, obwohl dieser in Europa gerade erst seine ersten Schritte machte. Er kaufte Motoren von der deutschen Firma Daimler und entwickelte 1891 seinen ersten pferdelosen Wagen. Andere folgten schnell. Im Jahr 1898 verließen 500 Autos die 1897 gegründete Fabrik in Audincourt, ebenfalls im Département Doubs.

Ende des 19. und Anfang des 20. Jahrhunderts kam es zu einer Spaltung innerhalb der Familie. Der einen Familienzweig favorisierte die Fahrradherstellung, der andere die Produktion von Autos. Es kam aber rasch wieder zu einer Annäherung, die Versöhnung wurde 1910 mit der Gründung der »Société anonyme des automobiles et cycles Peugeot« besiegelt. Die berühmte Fabrik in Sochaux wurde 1912 eingeweiht. Dort wurden Lastwagen hergestellt. Schätzungsweise hat Peugeot am Vorabend des Ersten Weltkriegs die Hälfte aller französischen Automobile hergestellt. In den 1920er Jahren wirbelte zwar Citroën den französischen Markt durcheinander, doch nicht genug, um das Unternehmen aus Montbéliard übermäßig zu schwächen.

Peugeot überstand dann auch die Krisen der 1930er Jahre ohne größere Blessuren. Wie auch die anderen Firmen der französischen Automobilindustrie war Peugeot während des Zweiten Weltkriegs gezwungen, für die deutsche Armee zu arbeiten.

Das Unternehmen lieferte beispielsweise Krankenwagen, Lastwagen, Panzerketten und Flugzeugmotoren. Nach dem Ende des Krieges brachte das Unternehmen mehrere erfolgreiche Modelle auf den Markt: Der 203 im Jahr 1948, der 403 im Jahr 1955 und der 404 im Jahr 1960 begeisterten nacheinander die Familien der Wirtschaftswunderjahre (die in Frankreich »Trente Glorieuses« heißen). Es war jedoch der kleine 204, der erste Fronttriebler des Unternehmens, mit dem Peugeot 1964 wieder ins Zentrum des Geschehens rückte. 1974 erwarb das Familienunternehmen eine Beteiligung an Citroën und verleibte sich den großen Konkurrenten 1976 vollständig ein. Offensiv legten die Peugeots 1978 mit der Übernahme von Chrysler Europe nach. In diesem Jahr stellten sie auch ihre Innovationsfähigkeit unter Beweis, indem sie den 604 D Turbo auf den Markt brachten, das erste Auto mit einem Turbodieselmotor in Europa. Während die Produktion von Zweirädern florierte (1974 wurden 550.000 Mopeds verkauft, darunter das ikonische Mofa der Baureihe 103), entwickelten sich Peugeots Kleinwagen-Modelle zu internationalen Bestsellern. Den Anfang machte der Peugeot 205 von 1983. Vom 206 wurden 8,4 Millionen Exemplare hergestellt. Und der 207 wurde 2007 zum meistverkauften Auto in Europa. Bis dahin lief es also alles wie geschmiert, die Welt der Löwenmarke war in Ordnung. Am 20. Juni 2008 wurde in Sochaux das 50-millionste Auto gefeiert, das Peugeot produziert hat.
In der Zwischenzeit setzte Peugeot auch im Motorsport

Duftmarken. Es war ein Geniestreich der Verantwortlichen, in dem bis dahin unbekannten Rallye-Copiloten Jean Todt eine begnadete Manager-Persönlichkeit zu entdecken. Unter seiner Leitung gewann der 205 Turbo 16 1985 und 1986 die Rallye-Weltmeisterschaft, bevor er 1987 bei der Rallye Paris–Dakar triumphierte. In der Folge gewann der 405 Turbo 16 seinerseits zweimal die legendäre afrikanische Rallye. Das Beste kam aber erst noch: Der Peugeot 908 feierte 2009 einen Doppelsieg bei den 24 Stunden von Le Mans und ein atemberaubendes Duell mit Audi bei der 2011er-Ausgabe dieses Klassikers.

Doch die Finanzkrise 2008 traf Peugeot besonders hart, und das Unternehmen konnte sich davon nur schwer erholen: 2,3 Milliarden Euro Verlust im Jahr 2012, 5 Milliarden Euro Verlust im Jahr 2013, und 2014 drohte sogar der Konkurs. Nach einem Psychokrimi zwischen der Regierung, insbesondere dem tumben Wirtschaftsminister Arnaud Montebourg, und den Aktionären des Konzerns, ausgetragen in den Medien, entschied sich der Staat, Peugeot zu retten. In der sich anschließenden Finanzierungsrunde nahmen sowohl der französische Staat als auch die chinesische Firma Dongfeng genügend Geld in die Hand, um sich jeweils 14 % des Kapitals zu sichern, was der Höhe der Familienanteile entsprach: Die Peugeots waren nun nicht mehr Herren im eigenen Haus. Mit den neuen Besitzverhältnissen kam auch ein neuer Chef, der ehemalige Renault-Manager Carlos Tavares. Unter seiner Führung erholte sich das Unternehmen, kaufte Opel und fand mit den Modellen 3008 und 5008 zurück in die Erfolgsspur. Deren Erfolg machte sogar die Konkurrenz neidisch, die alle versuchten, sich von ihnen inspirieren zu lassen.

Die Gründung von Stellantis im Januar 2021 stand am Beginn eine neuer Ära. Die Fusion von PSA (Peugeot-Citroën-Opel) und FCA (Fiat-Chrysler) war Ende 2019 eingeleitet. Die Familie Peugeot ist nun mit 7 % der zweitgrößte Aktionär des Konzerns, weit hinter Exor (Familie Agnelli), die 14,4 % der Aktien hält.

Peugeot ist nur eine der 14 Automarken dieses neuen Konzerns. Aber die Qualität seines industriellen Know-hows, seine Innovationsfähigkeit und die Loyalität seiner Belegschaft machen Peugeot in diesem Konstrukt unverzichtbar. Mehr denn je.

PORSCHE

von Dr. Wolfgang Porsche, Aufsichtsratsvorsitzender der Porsche AG

Die Leidenschaft für Sportwagen liegt bei uns in der Familie. Seit den Zeiten meines Großvaters drehte sich bei uns alles ums Auto, und daran hat sich über die Generationen bis heute nichts geändert. Im Jahr 2023 feierten wir das 75-jährige Jubiläum unserer Marke, und bei vielen Veranstaltungen durfte ich selbst hautnah erleben, dass sie jünger und lebendiger ist denn je.
Aus der kleinen Sportwagenmanufaktur, die mein Vater 1948 gründete, wurde eine weltweite Erfolgsstory.
Die größte Jubiläumsfeier mit mehr als 90.000 Porsche-Fans fand im Herbst 2023 auf dem kalifornischen Laguna Seca Raceway statt. Zusammen mit meinem Sohn Ferdinand konnte ich dort einige Runden im 356 „Nr. 1" Roadster drehen. Das war für uns sehr bewegend, denn es ist jener offene Zweisitzer, mit dem die Geschichte der Marke Porsche begann. Das erste Auto, das unseren Namen trug. Mein Vater träumte in den Nachkriegsjahren von einem Sportwagen, den er 1948 auch baute und auf den Markt brachte. Dieser Traum lebt bei Porsche nach einem Dreivierteljahrhundert unverändert weiter.
Oft frage ich mich, was mein Vater sagen würde, wenn er erlebt hätte, was heute aus seiner Vision geworden ist. Als der 356 in Serie ging, rechnete er damit, höchstens einige hundert Exemplare zu verkaufen. Aber nur wenige Jahre später, 1956, hatte ich als 13-Jähriger die Ehre, den 10.000. Porsche in Zuffenhausen vom Band zu fahren. In der Nacht zuvor habe ich vor lauter Aufregung kaum geschlafen. Als alles glücklich überstanden war, durfte ich in der ersten Reihe zwischen meinem Vater und meiner Großmutter Aloysia Platz nehmen und das geschmückte Jubiläumsauto bestaunen. Heute produzieren wir in unseren Standorten

Zuffenhausen und Leipzig 10.000 Fahrzeuge in deutlich weniger als zwei Wochen.
Eines ist mir wichtig: Trotz dieses Wachstums, des globalen Erfolgs und des Börsengangs sind wir im Kern ein Familienunternehmen geblieben, und das auch im übertragenen Sinn. Gemeint sind nicht nur die Familie, die hinter dem Unternehmen steht und die Marke prägt, sondern ebenso weltweit die Freunde, Kunden und Partner und nicht zuletzt die Beschäftigten. Sie alle werden von einer gemeinsamen Leidenschaft getragen und begründen das, was ich einmal den „Mythos Porsche" nannte.
Wenn wir bei Porsche in die Zukunft schauen, verlieren wir nie unsere Herkunft aus dem Blick. Tradition und Fortschritt, Kontinuität und Innovation gehören für uns untrennbar zusammen. Der 911 ist der beste Beleg dafür, denn er ist sich in den 60 Jahren seit seiner Weltpremiere treu geblieben. Er ist auch in der achten Generation ein kompakter Sportwagen, der die jeweilige Spitze der Automobiltechnik verkörpert. Der aktuelle 911 zeigt, wie sich die Porsche-Entwickler und Ingenieure immer wieder selbst in ihrem Streben nach Perfektion überbieten. Es gibt nichts, was im Lauf der Jahrzehnte nicht Dutzende Male hinterfragt, neu durchdacht, neu konzipiert und neu konstruiert wurde. Das ist auch das Geheimnis seiner ewigen Jugend.
Der 911 verkörpert für mich den Kern der Marke, die Seele des Unternehmens – und die seiner Schöpfer. Die Kunst ist, die Porsche-Identität zu bewahren und gleichzeitig in Performance, Effizienz und Design der Maßstab für die Klasse zu bleiben. Das ist bisher immer gelungen, und darauf sind wir stolz. Solidität, Robustheit, das menschliche Maß in Größe und Auftreten, eine gewisse Bescheidenheit, funktionelle Formen, keine unnötige Dramatik in der Gestaltung und eine Erdverbundenheit über Generationen hinweg – das sind die Eigenschaften, die zur Porsche-DNA gehören und ausgehend vom 911 auch unsere anderen zwei- und viertürigen Sportwagen prägen. Diese Linie setzt sich auch bei den rein elektrischen Baureihen Taycan und Macan Electric nahtlos fort.
Zufrieden mit dem Erreichten geben wir uns bei Porsche ohnehin nie. Das liegt schon in der Motorsporttradition des Hauses begründet. Mein Großvater konstruierte in den 1920er-

und 1930er-Jahren Rennwagen, die Motorsportgeschichte schrieben, und die ersten 356-Coupés nahmen als Leichtbau-Versionen schon 1951 an den 24 Stunden von Le Mans teil – der 356 SL mit Auguste Veuillet und Edmonde Mouche am Steuer wurde auf Anhieb Klassensieger. Wann immer es die Schulzeiten zuließen, durfte ich von Kindesbeinen an meinen Vater nach Le Mans oder zum Nürburgring begleiten. Schule schwänzen kam nicht infrage. An den Rennstrecken ergriff mich eine Faszination, die mich nie verlassen hat. Noch immer fühle ich mich als Fan, wenn ich – wie 2023 beim Debüt des imposanten Porsche 963 – in der Box mit unserem Werksteam Porsche Penske Motorsport mitfiebere. Aber es geht für mich nicht nur darum, einfach dabei zu sein, sondern darum, das ganze Team zu unterstützen. So leide ich bei Ausfällen und freue mich bei Erfolgen.

Der Rennsport ist eine gute Schule. Man lernt Bescheidenheit und ein gesundes Maß an Demut. Triumphe und Tragödien, Siege und Niederlagen liegen eng beieinander. Innerhalb eines Augenblicks kann sich alles verändern. Im Jahr 2016 war die Schlussphase in Le Mans an Dramatik nicht zu überbieten. Der führende Toyota rollte aus, als er gerade die Start-Ziel-Linie überqueren und die letzte Runde beginnen wollte. Er fiel damit komplett aus der Wertung. So haben wir auf den allerletzten Metern gewonnen, obwohl wir eigentlich schon geschlagen waren. Ich ging spontan in die Toyota-Box und gratulierte dem Rivalen zu seiner großartigen Leistung. Ich wollte zeigen, dass man nie den Respekt vor dem Gegner verlieren darf. Fairness bleibt im Sport oberstes Gebot.

Der Rennsport ist nach wie vor elementar für Porsche. Auch er gehört zu unserer DNA, und ich bin sicher, das wird auch in Zukunft so sein. Unzählige technische Innovationen fanden bei uns ihren Weg über den Rennsport in die Serie. Beispielsweise gewann 1976 in Le Mans mit dem Porsche 936 erstmals in der Historie des Rennens ein Fahrzeug mit Turbolader. In den Jahren der Ölkrise war dieser Sieg doppelt wertvoll. Damit konnten wir beweisen, dass Turbos effizient und ausgereift sind. Das beflügelte auch den Erfolg unserer Serienmodelle.

Der Rennsport bewährte sich auch als Vorreiter für die Serie, als wir 2014 mit einem neuen Werksteam

in die Spitzenklasse LMP1 des härtesten Langstreckenrennens der Welt zurückkehrten. Unsere drei Gesamtsiege in Le Mans 2015, 2016 und 2017 schrieben nicht nur die Erfolgsgeschichte bei den 24 Stunden fort. Der Porsche 919 Hybrid lieferte wertvolle Erkenntnisse für die Entwicklung der Hybrid-Serienfahrzeuge Panamera und Cayenne sowie des ersten vollelektrischen Porsche, des Taycan.
Bei Porsche haben wir früh das Tor zur Elektrifizierung aufgestoßen. Für diese strategische Entscheidung sind wir erhebliche unternehmerische Risiken eingegangen. Eigens für den Taycan wurde am Stammsitz in Stuttgart-Zuffenhausen ein komplett neues Werk errichtet. Zahlreiche neue Arbeitsplätze wurden geschaffen. Das sind klare Signale, dass wir bei Porsche auf die Zukunft der Elektromobilität setzen. Taycan und Taycan Cross Turismo haben sich inzwischen am Markt etabliert, und mit dem neuen Macan Electric wurde Anfang 2024 der erste vollelektrische SUV aus dem Hause Porsche vorgestellt. So erleben wir bei Porsche derzeit den Anbruch einer neuen Ära – mit einer Technologie, mit der sich mein Großvater schon vor mehr als 120 Jahren beschäftigte.
Da schließt sich für mich der Kreis zwischen Tradition und Fortschritt. Man darf nicht stehenbleiben und dennoch seine Wurzeln nicht verlieren, besonders in einer Zeit, in der die Diskussion um die individuelle Mobilität zunehmend schärfer geführt wird. Ich bin überzeugt, dass nicht nur Porsche, sondern die gesamte deutsche Automobilindustrie mit ihrer großen Tradition und ihrer immer wieder bewiesenen Fähigkeit zur Innovation eine große Zukunft haben wird.
Das Auto wird auch weiterhin seinen festen Platz in der Gesellschaft haben. Denn für Millionen Menschen auf der Welt verbindet sich mit ihm der Traum von Unabhängigkeit und Freiheit. »Das letzte Auto wird ein Sportwagen sein«, prophezeite mein Vater einmal.

Wir bei Porsche werden alles dafür tun, dass dieser Traum vom Sportwagen noch lange währt.

Porsche 911

Hier haben wir ein weiteres Monument der modernen Automobilgeschichte. Der Porsche 911 ist der ultimative Sportwa-

gen, den man dennoch jeden Tag fahren kann. Was ich am meisten bewundere, sind seinen Qualitäten, die sich ständig verbessern, seit er 1964 auf den Markt kam. Ein Beispiel für Kaizen auf deutsche Art, die Methode, die Toyota in Japan zum Erfolg verholfen hat. Von Version zu Version hat er sich stetig verbessert und ist dabei dem ursprünglichen Geist treu geblieben. Und bis heute sind sie auf allen Rennstrecken der Welt anzutreffen, wie zum Beispiel der 911 GT3 R, der 2025 in seiner Klasse das 24-Stunden-Rennen von Le Mans gewann.
Die ältesten Modelle erreichen auf dem Oldtimermarkt Höchstpreise, und die Kurse für die begehrtesten Autos sind längst schon durch die Decke gegangen und liegen mitunter bei über vier Millionen Dollar. Dies ist umso bemerkenswerter, als dass Porsche rein von den Stückzahlen her betrachtet kaum mehr als Kleinserienhersteller zu bezeichnen ist: Porsche werden in beachtlichen Stückzahlen gebaut, allein der 911 bringt es auf 50- bis 60.000 Einheiten pro Jahr. Einen Elfer kauft man sich, weil er einerseits wertstabil ist – in dieser Hinsicht eine Art Rolex des Automobils – und andererseits voll alltagstauglich, ohne dabei allzu viele Neider auf den Plan zu rufen. Er ist viel weniger protzig als ein Ferrari, auch was die Geräuschentwicklung angeht ... Ich denke, das liegt an der deutschen Kultur, die mehr zur Diskretion neigt als die italienische Lebensart.
Ich hatte die Gelegenheit, mehrere 911er zu fahren, vor allem, als ich bei Volkswagen in Deutschland arbeitete. Ein Porsche passt sich wie ein Handschuh der Hand an, sehr einfach zu fahren. Er kann aber auch ziemlich extrem werden, wenn man z. B. die GT2- oder RS-Versionen wählt: Von der eleganten Targa-Version bis hin zu den sportlichsten Modellen, die das Know-how eines professionellen Rennfahrers erfordern, ist für jeden Geschmack etwas dabei!
Die Kunst von Porsche besteht darin, dass sie es schaffen, die Modellpalette auf sehr strukturierte Weise weiterzuentwickeln. Es ist eine Art Religion mit zeitlich aufeinanderfolgenden, unveränderlichen Riten ...
Der erste 911 wurde 1963 auf der Frankfurter Automobilausstellung vorgestellt. Er hatte einen chaotischen Start. Zunächst hieß er »901«. Dieses Auto mit seinem schlichten Design war der natürliche Nachfolger des Porsche 356,

der 1948 auf den Markt kam. Um ihn zu ersetzen, beauftragte Mitte der 1950er Jahre der Gründer der Marke, Ferry Porsche, seinen Neffen, den jungen Ferdinand Piëch, mit der Entwicklung eines luftgekühlten Sechszylinder-Boxermotors mit 130 PS. Trotz seiner unbestreitbaren Qualitäten kam der neue 2+2-Sitzer mit der Nummer 901 zunächst nicht überall gut an. Zu allem Unglück musste er mitten in der Einführungsphase auch noch seinen Namen ändern. Da Peugeot alle dreistelligen Nummern mit einer Null in der Mitte sich hatte schützen lassen, musste er im Herbst 1964 umbenannt werden und hieß nun »911«. Natürlich reichte das nicht aus, um seine Attraktivität zu steigern, die Verkaufszahlen blieben lange Zeit schwach. Porsche musste sogar den Verkaufspreis um 2000 Mark senken. Das Auto wurde daher ständig überarbeitet, eine Einstiegsversion (der 912) und ein Targa-Cabriolet mit einem für den amerikanischen Markt entwickelten Überrollbügel ergänzten das Produktportfolio. Doch erst ab 1967 stiegen die Verkaufszahlen des Porsche 911 endlich an. Als 1972 ein erstes ultra-sportliches Modell mit beeindruckender Leistung in Gestalt des Carrera RS 2.7 auf den Markt kam, dessen Spoiler in das Heck integriert war (der berühmte »Entenbürzel«), markierte dieser Typ einen Wendepunkt in der Sportwagengeschichte. Zugleich war er der damals schnellste deutsche Serienwagen. Einen weiteren, nicht minder wichtigen Meilenstein stellt der erste 911 Turbo dar, der 1974 auf dem Pariser Salon stand. Er übertrug die beim Motorsport gesammelten Erfahrungen und technologischen Fortschritte mit Erfolg auf die Straße. Es folgten mehrere Generationen 911 mit optischen Facelifts und neuen Motorisierungen, Allradantrieb sowie der Umstellung von Luft- auf Wasserkühlung. Und jede neue Generation – 964, 993, 996, 997 oder auch 992 – schien die Essenz des Sportwagens neu zu definieren.
Walter Röhrl, Deutschlands größter Rallyefahrer und viele Jahre lang Porsche-Testfahrer, fand die richtigen Worte, um zu erklären, was die Faszination dieser über 60 Jahre alten Modellreihe ausmacht: »Was mich fasziniert, ist, dass jede neue Generation des 911 die vorherige übertrifft. Man weiß nie, wo und wann Grenzen erreicht werden.«

Q

»Wenn dieser Mann Nein sagt, dann heißt das auch Nein«. Mit einem Werbespot, in dem die Silhouette eines Managers in einem dunklen Anzug mit hinter dem Rücken verschränkten Händen in einem sehr geschäftsmäßig-streng wirkenden Büro zu sehen ist, wollte Renault eine ganz besondere Botschaft vermitteln: Autorität. Wir schreiben das Jahr 1988. Das nationale Unternehmen, dessen Fahrzeugen immer wieder mangelnde Zuverlässigkeit und Qualität bescheinigt wird, leitet zu dieser Zeit Raymond Lévy. Er nimmt das Problem endlich in Angriff. Der gerade erst ernannte Qualitätsmanager Pierre Jocou wurde beauftragt, eine Strategie »Totale Qualität« zu entwickeln. Er hatte größere Befugnisse als jeder seiner Vorgänger. Weil er es für nötig hielt, wurde die Einführung eines neuen Modells gestoppt, um Verbesserungen im Vorfeld vornehmen zu können und nicht erst dann, wenn es zu spät ist. Kaum ernannt, machte Pierre Jocou Nägel mit Köpfen und verzögerte die Einführung des R19 um mehrere Monate. Das machte viele in der Firma wütend, hatte dafür aber die volle Rückendeckung seines Präsidenten. Zur gleichen Zeit unterzeichnete dieser eigenhändig ein Sechs-Punkte-Manifest, das jeden Beruf, jede Hierarchiestufe im Unternehmen sensibilisieren sollte.
»Die totale Qualität hat unsere Priorität«, schrieb Raymond Lévy, »sie ist eine entscheidende Voraussetzung für unseren Erfolg, sie inspiriert unser Verhalten, die Art und Weise, wie wir zusammenarbeiten, und sie strukturiert unsere Organisation. Jeder von uns, ob als Einzelner oder als Gruppe, in seinem Beruf, bei seinen Entscheidungen und in seinem Handeln, setzt sich die Fehlerfreiheit beim ersten Versuch zum Ziel. Jeder von uns ist gleichzeitig Lieferant und Kunde in unserem Unternehmen und verpflichtet sich, dessen Rechte und Pflichten zu übernehmen. Der Einsatz unserer Bemühungen ist der Erfolg unseres Unternehmens: Seine Ergebnisse sind der Maßstab dafür.«
Das war ein Wendepunkt in der Geschichte von Renault, und so ähnlich lief es auch bei anderen Automobilherstellern. In vielerlei Hinsicht könnte ich die Worte meines Vorgängers

wiederholen. Denn der Kampf um Qualität ist nie zu Ende, auch wenn seit 1988 alle großen Akteure der Automobilbranche große Fortschritte erzielten. Aber das feit sie nicht vor Rückschlägen. Wieder und wieder gibt es Rückrufe auch von Neufahrzeugen, welche die Käufer zur raschen Rückkehr in die Autohäuser zwingen. Das ist einfach inakzeptabel!
Es gilt daher, unsere Anstrengungen verdoppeln, um so nah wie möglich an den unangefochtenen Champion auf diesem Gebiet, den Toyota-Konzern, aufzuschließen. Wir alle wenden bereits die Prinzipien des Toyota Production System (TPS) in unseren Fabriken an. Dieses auf dem »Lean Management« basierende System bietet nur Vorteile. Es senkt Kosten, weil es die Verschwendung von Materialien reduziert und die Fehlerquote bei der Herstellung senkt. Das »Gut beim ersten Mal« wird zur Regel erhoben. Die Erhöhung des Robotereinsatzes – auch das typisch für das System – hat die bisher auf Lager liegenden Teilebestände für die den einzelnen Fertigungsschritte überflüssig werden lassen, ebenso wie die Reparaturen am Ende des Produktionszyklus, die das Gegenteil einer Wertschöpfung darstellen, verschwunden sind. Zuvor gab es bei Renault zum Beispiel eine ganze Abteilung, deren Aufgabe es war, am Ende der Produktionslinie die bis dahin aufgetretenen Fehler an den Neufahrzeugen zu beseitigen! Diese Station zur Nachbearbeitung konnte daher 1992 aufgelöst werden.
1986 leitete der japanische Unternehmensberater Masaaki Imai, der bei Toyota eine wichtige Rolle in der Arbeitsorganisation spielte, aus diesem Ansatz sein »Kaizen«-Konzept ab, das zum Mantra der Industrie auf der ganzen Welt wurde. »Kai« bedeutet »Veränderung« und »zen« das »Beste«, also »Veränderung zum Besseren«. Anders ausgedrückt: Alle Maßnahmen unterliegen dem Streben nach ständigen Verbesserungen. Damit verändert sich auch das Qualitätsmanagements. Da es in jeden Arbeitsschritt, in jede Phase des Herstellungsprozesses integriert wird, geht es nicht mehr darum, die Qualität am Ende zu kontrollieren, sondern sie bereits bei der Entstehung des Produkts mit einzubauen.
Work in Progress!

R

Radaranlagen

Auf diesen Rekord könnten wir Italiener gerne verzichten: Italien hat die meisten Radargeräte in Europa, alle Varianten – Ampelblitzer, Abschnittsradare, mobile und stationäre Anlagen, Laserpistolen und weitere Methoden zur Geschwindigkeitsmessung – zusammengenommen: 22,1 Blitzer pro 1000 Kilometer Straßennetz. Frankreich folgt weit abgeschlagen auf Platz 8 mit 3,4 Geräten. Dazwischen liegen Belgien (19), Großbritannien (18,4), Deutschland (7,3) … Dafür sind die französischen Radargeräte viel produktiver als italienische: Obwohl es von ihnen siebenmal weniger gibt, stellen sie jedes Jahr 10–15 % mehr Bußgeldbescheide (Strafzettel) aus. Dies könnte belegen, dass entgegen anderslautender Gerüchte in der Heimat von Ferrari weniger Raser gezählt werden als in der Heimat von Bugatti.

Im Jahr 2021 erhielten die Franzosen 42,5 Millionen von der Polizei und der Gendarmerie unterzeichnete »Liebesbriefe«. Darunter 16,5 Millionen Bescheide aufgrund von stationären Radaranlagen, 13 Millionen elektronische Strafzettel, 12,8 Millionen Bescheide über Parkverstöße und 287.000 Bußgeldbescheide für weitere Verkehrsdelikte. Für das Staatssäckel ist das ein ziemlich gutes Geschäft, das ihm jährlich rund 1,9 Milliarden Euro einbringt. Für die Autofahrer hingegen ist es eine Suppe, die sie auslöffeln müssen. Und sie wird immer schlimmer, je mehr die Verwaltung ihre Jagd- und Eintreibungstechniken verbessert.

Wem verdanken wir dieses Ärgernis? Die Geschichte hat sich nicht den Namen des ersten Strafzettel ausstellenden Beamten vermerkt, sondern den des ersten Verkehrssünders. Es handelt sich um einen gewissen Walter Arnold, der Benz-Automobile in England in Lizenz produzierte. Am 28. Januar 1896 raste er mit einem seiner Autos wie ein Verrückter durch das Dorf Paddock Wood in Kent. Die Lokalzeitung berichtete, dass er mit 13 km/h statt der erlaubten 3,2 km/h durch den Ort bretterte und das ohne den gesetzlich vorgeschriebenen Mann, der jedem Autos mit roter Fahne voranzugehen hatte. Erschwerend kam hinzu, dass er der Aufforderung zum Anhalten nicht sofort nachkam, sodass der Polizist ihn auf dem Fahrrad verfolgen musste. Arnold wurde

zu einer Geldstrafe von einigen Schillingen verurteilt. Von dieser aufsehenerregenden Publicity profitierten dann die Fahrzeugverkäufe. In Frankreich wurde der erste Strafzettel am 3. Juli 1898 gegen ... eine Autofahrerin verhängt. Die Herzogin von Uzès, die übrigens die erste Frau war, die einen Führerschein machte, fuhr mit ihrem Delahaye mit 15 km/h durch den Bois de Boulogne. Zu schnell, wie die Justiz befand, die ihr eine Geldstrafe von fünf Francs aufbrummte. Nach diesem Abenteuer wurde es für den Autofahrer von Welt schick, wegen Tempoverstößen angehalten zu werden. Allerdings konnte man damals den Führerschein nicht einziehen. Lange Zeit reagierte die Umwelt recht nachsichtig auf solche Verstöße. Doch die Toleranz gegenüber Autofahrern nahm ab, je voller die Straßen wurden.
Das erste Patent für ein Radargerät stammt aus dem Jahr 1935. Es ist dem Briten Robert Watson-Watt zu verdanken. In den 1950er Jahren verschlechterten sich aber die Unfallstatistiken, denn die Verkehrsdichte nahm ständig zu. Das begünstigte die Einführung der ersten Radargeräte zur Geschwindigkeitsüberwachung.
In Deutschland fand die erste mobile Radarüberwachung im Februar 1959 statt, während in Frankreich die erste Anlage zur Geschwindigkeitsmessung 1956 in Betrieb gegangen war. Das Mesta-206-Gerät, das wegen seiner Ähnlichkeit mit unseren liebsten Gartengeräten auch »Grill« genannt wurde, war zwischen 1974 und 1988 das am weitesten verbreitete Radargerät. Es war ziemlich massiv und stand am Straßenrand neben dem Auto der Gendarmen. Man konnte die Überwachung schon von weitem sehen. Die Apps Waze und Coyote, die den Standort von Radarfallen verraten, gab es damals noch nicht, aber die Fahrer warnten sich gegenseitig durch Lichthupe. Die Technologie nutzte den Doppler-Fizeau-Effekt, bei dem die ausgesandten elektromagnetischen Wellen vom Fahrzeug reflektiert und gebeugt wurden, was es erlaubte, die Geschwindigkeit zu ermitteln. Aufnahmen vom Delinquenten hingegen machte es nicht, es gab keine Fotodokumentation der Überschreitung. 1997 wurde die Entfernungsmessung per Laser eingeführt. Dessen Reichweite liegt bei fast 900 Metern und er baut viel kompakter, wie Dreipunkt-

Seitenlaser oder auch Radarpistolen. Aber das Problem blieb bestehen: Es brauchte viel Personal, um all diese Geräte zu bedienen. Das führte zu einer Automatisierung des Radars und einer ebenfalls automatisierten Verarbeitung von Verstößen. Damit erhielt das Bußgeldverfahren eine fast industrielle Dimension. Wie der Übergang vom Colt zur Kalaschnikow.
Frankreichs erste automatisierte stationäre Radarfalle wurde am 27. Oktober 2003 mit großem Pomp auf einer Nationalstraße im Departement Essonne eingeweiht. Neben dem damaligen Verkehrsminister war auch der Innenminister Nicolas Sarkozy anwesend. Ein ungewöhnlicher Vorgang, der das Engagement des Staates für die Straßenverkehrssicherheit symbolisieren sollte, die von Staatspräsident Jacques Chirac zur nationalen Angelegenheit erklärt worden war. Es bestand in der Tat dringender Handlungsbedarf: Die Zahl der Verkehrstoten und Schwerverletzten stieg in einem besorgniserregenden Tempo an. Medial gesehen hätte die Sache besser beginnen können. Die beiden Minister wurden auf der Fahrt dorthin geblitzt, der eine mit 103 km/h und der andere mit 98 km/h, trotz eines geltenden Tempolimits von 70 km/h. Die Wochenzeitung *Auto Plus* hatte nämlich ihre eigene Messausrüstung auf einer Brücke nur wenige Kilometer vom Ort der feierlichen Übergabe entfernt aufgebaut.
Der Vorfall war schnell vergessen und das moderne Radargerät konnte seine glanzvolle Karriere beginnen. Die ersten zehn stationären Anlagen blitzten innerhalb von drei Tagen 3500 Fahrer. Zwei Monate später hatten die 70 Geräte, die bereits in Betrieb waren, 210.000 Strafzettel verschickt. Ende 2004 gab es 400 automatische Radargeräte, davon 232 stationäre und 168 mobile. Heute sind in Frankreich über 4600 Anlagen im Einsatz. Immer effizienter, immer besser geschützt. Oder sogar gepanzert. Denn im Laufe der Jahre sind »Blitzer« zu einem der Symbole des Staates geworden. Und damit zu einem der Ziele von Vandalismus, insbesondere während großer sozialer Krisen wie der der »bonnets rouges« (Rotmützen) im Jahr 2013 und der »gilets jaunes« (Gelbwesten) in den Jahren 2018 und 2019.
Dieser Unmut wurde auch nicht durch die Einführung der auto-

matisierten Kontrolle der Parkgebühren ab 2018 gemindert. Das papierlose Ticket hat den Parkschein aus dem Parkautomaten ersetzt und die Post-Parking-Pauschale ist an die Stelle des Tickets unter dem Scheibenwischer getreten. Damit machen sich die Gemeinden übrigens kaum mehr selbst die Hände schmutzig, das wird weitgehend privaten Unternehmen überlassen. Diese fahren dann die Straßen ab, scannen die Nummernschilder und können so säumige Zahler sofort ausfindig machen. Die besten Radargeräte kontrollieren mehr als 1000 Fahrzeuge pro Stunde. Sie haben sich ihren Spitznamen »Knöllchendruckmaschinen« redlich verdient. Übrigens: »Strafzettel« soll man gar nicht mehr sagen, denn formal handelt es sich um »Bußgeldbescheide«.

Eine weitere Neuerung besteht darin, dass der Staat den Kommunen viel Spielraum bei der Gestaltung der Bußgeldsummen einräumt. Einige machen von dieser Regelung regen Gebrauch und haben die Strafen zum Teil drastisch angehoben: Falsch geparkte Autos – und inzwischen auch Zweiräder – sind für sie eine Art Jackpot. Mehr als 330 Millionen Euro flossen beispielsweise im Jahr 2022 in die Kassen der Stadt Paris. Die Franzosen, wie auch die Italiener, könnten sich jedoch nicht beschweren, da die Höhe ihrer Strafzettel gedeckelt ist, im Gegensatz zu einigen anderen Ländern, in denen sie vom Einkommen des Täters abhängt. Daher können die Zahlen astronomische Höhen erreichen. In Finnland beispielsweise erhielt ein sehr erfolgreicher Geschäftsmann, der wiederholt geblitzt worden war, im Juni 2003 eine Geldstrafe von 121.000 Euro, weil er mit 82 km/h statt mit 50 km/h gefahren war. In der Schweiz hält der Besitzer eines Mercedes SLS AMG, der mit 290 km/h geblitzt wurde, den Rekord. Ein kleines Vergnügen, das ihn 679.000 Euro gekostet hat.

Lässt sich ein Waffenstillstand in diesem Wettrüsten erwarten? Objektiv gesehen, nein. Seit dem Erscheinen des ersten automatischen Radars geht der Trend zur ständigen Verfeinerung der Überwachungstechnik, und das wird auch so bleiben. Radargeräte zur Erkennung von Fahrgemeinschaften, Lärmmessungen, Umweltzonen (in der Schwebe), Telefonieren am Steuer und/oder nicht angelegte Sicherheitsgurte (in Arbeit), Radargeräte mit unsichtbarem Blitz (in Kürze) ...

Auch in Deutschland gehen Gemeinden dazu über, ihre Verwarn- oder Bußgeldbescheide zu digitalisieren, wobei aufgedruckte QR-Codes den Zahlungsvorgang vereinfachen sollen. Doch Vorsicht, damit kann natürlich Schindluder getrieben werden, etwa durch gefälschte Knöllchen, die, täuschend echt, Betrügern Zugriff auf die persönlichen Daten des Autofahrers ermöglichen. In Deutschland sind solche Fälle, bedingt durch das dezentrale System, noch nicht so weit verbreitet wie etwa in Frankreich, wo vor einiger Zeit eine Welle von gefälschten Strafzetteln durch das Land schwappte: Autofahrer erhielten Zahlungsaufforderungen, die denen der »Nationalen Agentur für die automatische Bearbeitung von Ordnungswidrigkeiten« (ANTAI) zum Verwechseln ähnlich sahen. Das Beunruhigendste daran war, dass dieses Piratenformular den Namen, die Adresse und das Kennzeichen des potenziellen Opfers enthielt und so absolut glaubhaft wirkte – wirklich extrem hinterhältig.

Doch noch tückischer ist ein weiteres Phänomen, das immer öfter auftritt: das der Nummernschild-Dublette. Das Prinzip ist unglaublich einfach: Ein Täter fährt mit einem Kennzeichen, das einem anderen Fahrzeug zugewiesen ist. So kann er eine Reihe von Verstößen begehen, und der Autofahrer, der Opfer des Missbrauchs wird, erhält eine Flut von Strafzetteln. Der wird dann Widerspruch einlegen und nachweisen müssen, dass er das nicht gewesen sein kann – das bringt Verdruss und kostet Zeit, Geld und Ärger, und wenn der Amtsschimmel gar zu störrisch ist, vielleicht sogar Punkte in der

Verkehrssünderkartei. In Deutschland noch die Ausnahme, erleben jedes Jahr mehrere Tausende Franzosen einen solchen Albtraum. Doch mitunter gibt es auch Erfreuliches zu berichten: Falschparker in Toulouse erhielten im August 2023 wegen eines Verwaltungsfehlers Strafzettel in Höhe von einem Cent.

REIFEN

von Florent Menegaux, Vorsitzender der Michelin-Gruppe

Es handelt sich vielleicht um das komplizierteste Rezept der Welt. Zweihundert Zutaten, die zusammengemischt und verarbeitet werden, verleihen jedem Reifen ein einzigartiges Leistungsprofil. Einer der Hauptbestandteile ist natürlich Kautschuk, aber zum Beispiel auch Ruß, der die Reifen verschleißfester macht und ihnen die charakteristische schwarze Farbe verleiht – anstelle des ursprünglichen Weiß des Latex. Nach geschicktem Mischen und dem genau bemessenen Hinzufügen von Textil- und Metalleinlagen zu Verstärkung geht es in die Backform. Ein Autoreifen benötigt etwa zehn Minuten, während ein Reifen für einen Ackerschlepper über eine Stunde lang backen kann. Wenn er schließlich aus seiner Verpuppung herausgeschält wird, ist es ein nahezu sinnliches Vergnügen, mit der Hand seine Krümmung nachzuahmen, das klare Profilmuster entlangzufahren und die Flanke zu streicheln.
Diese millimetergenaue Choreografie wird jeden Tag in den Reifenfabriken aufgeführt, um die Kunden mit Reifen unterschiedlichster Dimension – 195/65 R15, 235/55 R20, 205/45 R17 etc. – zu beliefern. Genauer gesagt: »205« gibt die Breite in Millimetern an, »45« die Höhe der Seitenwand in Prozent im Verhältnis zur Reifenbreite, »R« die Radialstruktur und »17« den Durchmesser in Zoll. Solche Angaben stehen auf jedem Rad, vier Mal an jedem Auto.
Der Reifen hat ein spannendes und bewegendes Schicksal hinter sich. Lange Zeit ließ er uns ständig an seiner Existenz teilhaben. Er war oft platt, verlor schnell Luft und hielt nicht ewig. Keine Fahrt in den Urlaub ohne einen Reifencheck. Wir nahmen die Straße genauso ernst wie das Meer, nämlich sehr ernst. Natürlich führten wir einen Rettungsring mit, er hieß »Reserverad«.

Bei manchen Autos, wie dem wunderschönen Rover P6, war das Ersatzrad am Kofferraumdeckel befestigt. Ein Kunstwerk. Heute hingegen verschwendet kaum noch jemand einen Gedanken daran. Der Reifen macht seine Arbeit so gut, dass der Autofahrer ihn allzu oft vergisst (im Gegensatz zur Alufelge, die immer aufwändiger verarbeitet wird und für die die Besitzer bereit sind, viel Geld auszugeben, aber das ist eine andere Geschichte ...). Im schlimmsten Fall signalisiert eine Anzeige auf dem Armaturenbrett, dass ein wenig Luft fehlt. Das Reserverad hingegen ist verschwunden.

Wir haben uns so sehr an den Reifen gewöhnt, dass wir auch die Wunder vergessen, die er jede Minute neu erschafft. Denn wir verlangen von ihm alles und das komplette Gegenteil gleich noch dazu: Er soll weich, aber steif, griffig, aber ausdauernd, leicht, aber widerstandsfähig sein. Denken Sie einen Moment lang daran, was man ihm alles zumutet: Belastung, extreme Temperaturen, Straßen und Wege, die manchmal sehr schlecht sind. Der Reifen sorgt unter allen Umständen für unsere Sicherheit.

Und bei genauerem Hinsehen sind Reifen und ihre Eigenschaften selten so aktuell gewesen. Reigfen stehten im Kampf für die Umwelt an vorderster Front. Ihr Rollwiderstand macht etwa 20 % des Kraftstoffverbrauchs eines Fahrzeugs und trägt damit 20 % zu dessen CO_2-Emissionen bei, wobei es je nach Reifen große Unterschiede gibt. Doch auf allen Gebieten wurden bereits enorme Fortschritte erzielt. Seit 1992 hat sich der Rollwiderstand bei gleichem Gewicht um 60 % verringert. Das reicht jedoch nicht aus, denn gleichzeitig sind die Fahrzeuge durch den SUV-Trend, aber auch durch immer mehr Sicherheits- und Komfortausstattungen enorm gewachsen. Die Fahrzeuggewichte haben sich nämlich seit 1960 um durchschnittlich 40 % erhöht.

Der Reifen ist außerdem für den Erfolg von Elektroautos unverzichtbar, die ihm sogar noch mehr abverlangen. Er muss mehr tragen: Bei batteriebetriebenen Fahrzeugen sind das 250 bis 700 kg zusätzlich! Der Reifen muss auch verschleißfester sein, denn das regenerative Bremsen stellt jedes Mal eine Belastungsprobe dar. Der Rollwiderstand wird von den Herstellern genauestens geprüft, da er die Reichweite des Fahrzeugs maßgeblich mitbestimmt. Ohne erhebliche Verbesserungen auf diesem Gebiet würde der Umstieg auf die Elektromobilität zu einem 20–30 % höheren Reifenverschleiß führen. Und wer hätte gedacht, dass das Geräusch, das der Reifen beim Fahren macht, zu einem Ärgernis werden würde? Bei einem Elektrofahrzeug macht der Abrollvorgang einen großen Teil des erzeugten Geräuschpegels aus, wodurch dem Reifen eine Schlüsselposition bei der Bewertung des Geräuschkomforts für den Fahrer zukommt.

Weit weg vom Individualverkehr muss sich der Reifen auf so unterschiedlichen Feldern wie der Luftfahrt, der Landwirtschaft, im Bergbau oder auf der Baustelle behaupten. Diese Spezialreifen haben eine beeindruckende Größe, sind bis zu fünf Meter hoch und kraxeln oft unter extremen Bedingungen. Sie sind ein Testlabor für sich. Dank der komplexen Profilmuster auf der Lauffläche wird die Temperatur auf etwa 100 °C begrenzt, während die Seitenwände so konstruiert sind, dass sie Verformungen von mehr als 20 Zentimetern tolerieren Eine Reihe von Sensoren erkennt jede Anomalie und sorgt dafür, dass Reparaturen frühzeitig eingeleitet werden.

Denn mehr als je zuvor ist der Reifen ein Feld der Innovation. Um sich davon zu überzeugen, genügt es, die leidenschaftlichen Forscher und Testfahrer zu treffen, die auf den Rennstrecken und in den Labors unseres

Forschungs- und Entwicklungszentrums in Ladoux bei Clermont-Ferrand neue Produkte entwickeln und testen.
Bei Michelin haben wir uns bereits entschieden: Unser Leitstern, unsere Vision ist ein Reifen, der zu 100 % aus Materialien besteht, die innerhalb eines Menschenlebens recycelt oder erneuerbar sind. Er wird wiederverwendbar sein und über eine austauschbare Lauffläche verfügen, was seine Lebensdauer verlängern wird. Er wird vernetzt und intelligent sein, um dem Fahrzeug die Daten zu übermitteln, die nur der unmittelbare-Kontakt mit der Straße liefern kann. Er wird unzerstörbar, weil er ohne Luft auskommen und daher absolut zuverlässig sein wird. Jeder Tag bringt uns diesem Ziel näher, an jedem Tag, an dem wir auf unseren Straßen unterwegs sind, wird diese Vision ein klein wenig konkreter.
Der Reifen als kleines Wunderwerk weist Eigenschaften auf, von denen auch viele andere Bereiche profitieren könnten, gerade im Hinblick auf Festigkeit und Elastizität. Dichtungen und Antriebsriemen wirken in dieser Hinsicht bereits wie entfernte Cousins. Auch unsere aufblasbaren Dächer oder Pavillons, mit denen sich in Minutenschnelle ein Schattenspender in der Stadt, ein Raum für die Notfallversorgung oder ein faradayscher Käfig errichten lässt, wären ohne die Reifenforschung nicht möglich gewesen. Doch bis dieses Material auch das letzte seiner Geheimnisse offenbart hat, wird uns der Reifen mit all seinen Zutaten immer wieder zum Staunen bringen.

Reisen

Es gibt nur wenige Wörter, die ich so sehr liebe wie dieses. Die Reise ist sowohl ehrwürdig – das französische Wort »Voyages« stammt in direkter Linie vom lateinischen »via« ab – als auch absolut modern. Sie passt sich den Epochen an und surft auf den technologischen Revolutionen. Sie steckt voller Verheißungen und tut für die Kultur so viel wie viele Bücher. Es ist wie eine Wunderkiste, weil jeder das hineinsteckt, was ihm gefällt. Für manche ist es das größte Glück, um die eigene Dorfkirche herum zu reisen. Für andere ist eine Reise ohne tausend Abenteuer nicht vorstellbar.
Die Straße war jahrhundertelang ihr Hauptspielplatz. Das Meer in

gewissem Maße auch. Reisen waren einer Minderheit vorbehalten: Königen, Händlern, Kriegern, Abenteurern ... Die Eisenbahn und später das Flugzeug ermöglichten einer größeren Anzahl von Menschen eigene Reiseerlebnisse. Doch es war das Auto, das Reisen zu einer täglich erlebbaren Selbstverständlichkeit gemacht hat. Laut den neuesten Statistiken des französischen Verkehrsministeriums spielen sich in Frankreich 50 % der Reisen innerhalb einer Entfernung von weniger als 200 Kilometern ab, 30 % zwischen 200 und 500 Kilometer und nur 20 % überschreiten die 500-Kilometer-Marke. Und fast drei Viertel dieser Reisen werden mit dem Auto zurückgelegt, weit vor dem Zug (14 %) und dem Flugzeug (2,5 %). Aus privaten Gründen reisen die Franzosen insgesamt durchschnittlich 32 Tage pro Jahr und legen dabei 6600 Kilometer zurück. Und in Deutschland? 44 % nutzen das eigene Auto für die Urlaubsreise, 37 % steigen in den Flieger und lediglich 8 % setzen sich in die Eisenbahn. Übrigens: Wann wird aus einem einfachen Ausflug eine Reise? Das ist eine sehr persönliche Angelegenheit, doch natürlich gibt es auch dafür amtliche Klassifizierungen. Danach ist eine Reise ab einer Übernachtung außerhalb der eigenen vier Wände würdig, »Reise« genannt zu werden. Das hätte unsere

Vorfahren zum Schmunzeln gebracht, für die jede noch so kleine Reise wie eine Expedition organisiert werden musste und tagelange Abwesenheit bedeutete. Zur Erinnerung: Die 1790 geschaffenen französischen Departements wurden so organisiert, dass ihr Verwaltungssitz von jedem Punkt des Bezirks aus in weniger als einem Tagesritt erreichbar war. Dann musste man im schlimmsten Fall nur einmal vor Ort übernachten und konnte am nächsten Tag wieder nach Hause fahren. Damals bedeutete das einen gewaltigen Fortschritt. Das Flugzeug hat den Rhythmus des Reisens durcheinandergewirbelt. Und auch wenn man mit ihm sehr schnell sehr weit reisen kann, haben Autoreisen eine andere Qualität, die oft schon vor der eigentlichen Reise-Realität beginnt, vielleicht sogar schon die Wahl des Autos beeinflusst. Beim Autohändler, auf dem Autosalon oder vor dem Online-Konfigurator. Jedes Modell beflügelt unsere Vorstellungskraft: Am Steuer eines Alfa Romeo fühlt man sich auf die hügeligen Straßen der Toskana versetzt; wenn man sich in einen Land Rover setzt, fährt man in Gedanken durch eine Dünenlandschaft.

Und wirklich jeder hat beim Autokauf sich am Steuer sitzen sehen und an die vor ihm liegenden Tausende von Kilometern gedacht, die er auf dem Weg zur Arbeit, ins Wochenende oder in den Urlaub mit seinem zukünftigen Auto teilen wird. Eine lange Reise übrigens, denn die Franzosen wie auch die Deutschen behalten ihr Auto im Durchschnitt 9,8 Jahre, zwei Jahre mehr als noch 2006.
Früher musste man sich auf eine Reise vorbereiten: Reifendruck, Bremsen auf Verschleiß prüfen, Ölstand ... Heute gibt es kaum noch mechanische Probleme, statt langwieriger Vorbereitung gibt es spontane Trips. Außer vielleicht an bestimmten Tagen wie Ferienbeginn mit gewaltigen Blechkarawanen. Oder bei Schneestürmen. Mitunter ist die Spontanität auch eingeschränkt, wenn man ein Elektroauto fährt. Tatsächlich hat die Elektromobilität wieder etwas Schwung in die Reise gebracht. Denn nun gilt es, die Routen entsprechend der Reichweite und den Ladestationen zu planen ... In jedem Fall, so ein großer Schriftsteller, »nimmt die übertriebene Schnelligkeit der Transportmittel der Straße jeden Reiz: Man wird wie in einem Wirbelwind mitgerissen,

ohne Zeit zu haben, etwas zu sehen. Wer sofort ankommt, kann auch gleich zu Hause bleiben. Für mich besteht die Freude am Reisen im Gehen und nicht im Ankommen«. Wer das gesagt hat? Théophile Gautier. Wann? Im Jahr 1859!

Renault

Renault, das ist Frankreich. Mit seinem Genie und seinen Wolkenkuckucksheimen, seiner Modernität und seinen Traditionen. Das 1898 gegründete Unternehmen hat in den letzten 125 Jahren in der Automobilindustrie immer wieder eine führende Rolle gespielt. Es erinnert mich an Filmfiguren, die stürzen und Staub schlucken, aber wieder auf ihr Pferd steigen, um erneut in den Kampf zu ziehen. Die Firma hat viele schwierige Zeiten durchlebt, aber sie hat immer die Ressourcen und die richtigen Ideen gefunden, um wieder auf die Beine zu kommen. Und sie hat immer wieder innovative Modelle gebaut, solche, die Geschichte geschrieben haben. Als ich im Juli 2020 an die Firmenspitze trat, hatte Jean-Dominique Senard damit begonnen, das Unternehmen wieder auf die Beine zu stellen. Alle standen noch unter dem Schock des abrupten Abgangs von Carlos Ghosn, dem allmächtigen CEO von 2005 bis 2019. Aus denselben Gründen war die Allianz mit Nissan, das Alpha und Omega der bis dahin verfolgten Strategie, in Untätigkeit erstarrt. Heute hat sich vieles geändert. Die Maschinerie ist wieder in Gang gekommen, und ich bin überzeugt, dass Renault sich anschickt, an die größten Zeiten seiner Vergangenheit anzuknüpfen. Der Übergang zu elektrischer Energie bietet in dieser Hinsicht eine einzigartige Gelegenheit.

Eine Rückblende. Die Geschichte des Unternehmens ist eins mit der des 20. Jahrhunderts. 1898 von den Brüdern Fernand, Marcel und Louis Renault gegründet, hat das Unternehmen zwei Weltkriege und mehrere große Krisen überstanden, darunter die von 1929 und die drei Ölkrisen. Von Anfang an ließ sich das Unternehmen in Boulogne-Billancourt nieder, einer an Paris angrenzenden Gemeinde, die es nie wieder verlassen sollte. Das erste Auto, das von Renault frères auf den Markt gebracht wurde, war ein Kleinwagen, der von einem Dreirad abstammte und mit einem von Louis Renault erfundenen Direktschaltgetriebe ausgestattet war. Louis war für die technische Entwicklung verantwortlich, führte eine Innovation nach der anderen ein und trug so wesentlich zur Entwicklung der noch sehr jungen Automobilindustrie bei. Die Brüder Renault verdoppelten ihre Anstrengungen, um ihre Verkaufszahlen zu steigern. Sie nahmen an Autorennen teil, um sich einen Namen zu machen. Während des Ersten Weltkriegs richtete sich das Unternehmen ganz auf die Bedürfnisse des Militärs aus, produzierte Munition, Flugzeugmotoren und sogar den damals besten Panzer der Welt, den Renault FT. Die Nachfrage war groß, was die Firmenleitung dazu veranlasste, die Fließbandarbeit einzuführen. Innerhalb weniger Jahre stieg die Firma in Billancourt zum größten privaten Konzern Frankreichs auf. Die Zeit zwischen den beiden Weltkriegen war geprägt von der Rivalität mit Citroën,dem zweiten großen Akteur der Branche. Dieser Konkurrenzkampf beflügelte das Wachstum beider Unternehmen. Die Produktpalette von Renault reichte von Kleinwagen bis hin zu Lastwagen. Mit dem Renault Grand Luxe, der mit Sechs- und Achtzylindermotoren ausgestattet war, wurde auch die Oberklasse bedient. Zwischen 1920 und 1930 legte Renault auch den Grundstein für zukünftige Expansionen. Bereits 1920 wurde ein Händlernetz aufgebaut, 1925 erschien die berühmte Raute als Markenlogo, und 1929 wurde die Fabrik auf der Île Seguin eingeweiht. Die Fabrik war revolutionär: Sie verfügte über mehrere Teststrecken, einen Hafen, um die Autos auf dem Wasserweg zu verschicken, und ein Kraftwerk. Leider war das Timing alles andere als ideal. Kaum war die Anlage eröffnet, wurde sie Opfer der Weltwirtschaftskrise von 1929, deren Auswirkungen noch mehrere Jahre lang nachwirkten. Die Produktion brach ein. Als die Volksfront, gebildet aus sozialistischen und kommunistischen Kräften, 1936 an die Macht kam, erschütterten soziale Unruhen das ganze Land. Die ersten Streiks brachen in den Renault-Werken in Billancourt aus, die zu Hochburgen des gewerkschaftlichen Protests wurden. Sie sollten dies lange Zeit bleiben. Der Zweite Weltkrieg folgte den Jahren der Flaute – dunkle Zeiten fürwahr. Wieder bereitete sich das Unternehmen in Billancourt

auf die Umstellung auf die Rüstungsproduktion vor. Doch die deutsche Besatzung änderte alles. Das Unternehmen wurde gezwungen, Lastwagen für die deutsche Wehrmacht zu produzieren. In der Folge wurde die Firma 1945 auf Anordnung des Nationalen Widerstandsrats (CNR) verstaatlicht. Als Zeichen dafür wurde sie in »Régie nationale des usines Renault« umbenannt. Sie stellte sofort unter Beweis, dass ihr kreatives Potenzial dadurch nicht gebrochen war. Mit Einführung des 4 CV im Jahr 1947 spielte die Régie eine entscheidende Rolle bei der Demokratisierung des Autos. Das »Cremeschnittchen«, so der deutsche Spitzname, war Frankreichs Antwort auf den deutschen Käfer, der zur gleichen Zeit auf der anderen Seite des Rheins auf den Markt kam. Bis 1955 war der 4 CV das meistverkaufte Auto in Frankreich. Die Régie nahm mit ihm an mehreren Sportwettbewerben teil. Eine speziell entwickelte Version des Wagens gewann in ihrer Klasse bei den 24 Stunden von Le Mans.

Nach dem 4 CV kam im März 1956 die Dauphine auf die Bühne. Wieder ein Triumph mit über zwei Millionen produzierten Exemplaren bis 1967. Wir sind mitten drin in den Zeiten der »Trente Glorieuses«, den Wirtschaftswunder-Jahren. Renault profitierte von diesen Jahrzehnten des Aufschwungs ganz besonders. Das verstaatlichte Unternehmen reihte eine Neuheit an die andere, und jede traf voll ins Schwarze: Der R4 im Jahr 1961, der R8 im Jahr 1962 oder der R16 im Jahr 1965 waren ideale, erschwingliche Familienautos und unglaublich populär und erfolgreich.

Aber zwei große Krisen sorgten für jähe Vollbremsungen. Die erste erfolgte im Mai 1968. Die Renault-Werke waren die ersten, die von streikenden Arbeitern besetzt wurden. Frankreich kam zum Stillstand. Um die verhärteten Fronten aufzubrechen, schaltete sich der gaullistische Premierminister Georges Pompidou in die Verhandlungen ein. Im Endergebnis wurden am 27. Mai die sogenannten »Grenelle-Verträge« (bezeichnet nach dem Verhandlungsort, einem Stadtbezirk von Paris) unterzeichnet, die eine Erhöhung des Mindestlohns um 35 % festschrieben. Einige Tage später liefen die Fließbänder wieder an. Die Franzosen gewannen an Kaufkraft, aber alles hat seinen Preis: Die von den Unternehmen zu tragenden Lohnkosten stiegen ...

Nach mehreren Wochen des Chaos ging es mit der Wirtschaft insgesamt wie auch mit Renault wieder aufwärts. Und wie: 1972 erschien der neue R5, ein Kleinwagen, der de facto den Platz des 4L in der Modellpalette einnahm. Er erschien – selten war ein Zeitpunkt glücklicher – zu Beginn der zweiten für die Automobilindustrie folgenschweren Krise. Wie die Ereignisse vom Mai 68 hatte auch diese niemand kommen sehen. Der Ölpreisschock von 1973 und seine Nachbeben von 1979 stürzten die westliche Welt in eine Rezession und Inflation. Die Preise an den Zapfsäulen schossen in die Höhe. Plötzlich war in den Medien nur noch vom Energiesparen die Rede. Das entwickelte sich zum Glücksfall für kleine Modelle wie den R5. Dieser Bestseller war die Speerspitze des Aufschwungs bei Renault. Doch er verhinderte nicht, dass sich die Bilanzen des verstaatlichten Unternehmens tiefrot färbten. Im Jahr 1984 verlor die Règie 12,5 Milliarden

Francs, was etwa zwei Milliarden Euro entspricht. Die sozialistische Regierung beschloss, Georges Besse mit der Sanierung des Unternehmens zu beauftragen, den Mann, der gerade den Aluminiumkonzern Pechiney umstrukturiert hatte. Doch der hatte keine Zeit zum Handeln. Im November 1985 wurde er von einem Kommando der Terrorgruppe »Action directe« vor seinem Haus ermordet. Frankreich stand unter Schock. »Die ersten Erfolge seiner Politik sind bereits für alle sichtbar«, erklärte Patrick Faure, der Generaldelegierte der Régie Renault, am nächsten Morgen: »Die Renault-Führung ist entschlossen, den von ihm vorgezeichneten Weg weiterzugehen.«

Sein Nachfolger Raymond Lévy, der kurz darauf ernannt wurde, machte sich an die Arbeit. Mit Hilfe des staatlichen Anteilseigners, der zwölf Milliarden Francs zuschoss, brachte er Renault wieder ins Gleichgewicht. Auf der Produktseite wurde er von einem unerwarteten Glückgriff: dem Espace, einen Familienvan, der 1979 von der Matra-Gruppe (Lagardère) entwickelt wurde und dessen Entwicklung Renault ab 1984 übernahm. Eine weitere gute Nachricht bestand darin, dass die Hersteller dank der Globalisierung, die ab den 1980er Jahren voll zum Tragen kam, neue Automobilmärkte erschließen konnten. Rund um den Globus bemühten sich die Hersteller darum, Allianzen zu schmieden oder Übernahmen zu tätigen. Der Volkswagen-Konzern übernahm 1986 die spanische Seat und 1991 die tschechische Firma Škoda. Die schwedische Firma Volvo, Spezialist für hochwertige Personenwagen und Lkw, suchte eine Anlehnung an Renault. Die beiden Unternehmen trafen 1990 eine erste Vereinbarung und kündigten im September 1993 ihre Verschmelzung an. Doch die Volvo-Aktionäre, von denen einige die Beteiligung des französischen Staates am neuen Unternehmen ablehnten, lehnte die Pläne kategorisch ab: Nur drei Monate später wurde alles abgeblasen!

Inzwischen war Renault in eine Aktiengesellschaft umgewandelt worden, Hauptanteilseigner war der Staat, und Louis Schweitzer übernahm 1992 das Ruder. Die 1996 von der Regierung Juppé beschlossene Privatisierung gab ihm freie Hand, um aktiv nach neuen Partnern und Möglichkeiten zu suchen. 1999 übernahm die Firma mit der Raute die Kontrolle

über Nissan, das sich in großen Schwierigkeiten befand, und kaufte Dacia in Rumänien. Diese beiden Transaktionen führten das Unternehmen in den kleinen Club der weltweiten Branchenriesen. Schweitzer betraute Carlos Ghosn, der einige Jahre zuvor bei Renault eingestiegen war, mit der Leitung von Nissan. Er startete ein umfassendes Kostensenkungsprogramm. Nach der Sanierung von Nissan wurde Ghosn zum alleinigen Herrscher an Bord. Er verfolgte ein Ziel: Renault zum Weltmarktführer in der Branche zu machen. Auf dem Wege dorthin kam es zu zwei weiteren Übernahmen, nämlich AvtoVAZ in Russland im Jahr 2013 und Mitsubishi im Jahr 2016. Doch alle Pläne fanden ein jähes Ende, als ihn am 19. November 2018 die japanische Justiz verhaftete. Das Unternehmen geriet in eine neue schwere Krise. Die letzte?
Kurze Zeit später, im Jahr 2019, trug mir Jean-Dominique Senard, der Vorsitzende des Verwaltungsrats, ein Mann mit großer Erfahrung, aber auch seltener Eleganz und hoher Ethik, den Posten als Generaldirektor an. Ich habe sofort an ihn geglaubt und keine Sekunde gezögert. Als junger Absolvent der Bocconi Management School in Mailand begann ich ja meine Karriere in der Marketingabteilung von Renault und war dort zuständig für das Programm Clio 2. Ich blieb mehr als sieben Jahre. Daher bin ich also der erste Chef von Renault, der unten in der Firma angefangen hat. Viele Leute rieten mir übrigens davon ab, den Posten zu übernehmen. Tatsächlich aber steigerte das meine Motivation um das Zehnfache. Es ist eine Konstante in meiner Karriere, dass ich immer nach großen Herausforderungen suche. Denn nur wenn die Situation schwierig ist, kann man etwas bewirken! Es braucht keine große Führungspersönlichkeit, wenn alles gut läuft! Ich habe bei Toyota, bei Fiat und im Volkswagen-Konzern viel gelernt, und ich hatte mir fest vorgenommen, diese Erfahrungen bestmöglich zu nutzen, sollte ich Chef eines Konzerns werden, was nun zum ersten Mal der Fall war. Renault ist ein Unternehmen, dem es in der Vergangenheit manchmal an Konstanz fehlte. Man war zum Beispiel Vorreiter im Bereich der Elektromobilität, hat dann aber diesen Bereich komplett vernachlässigt. In meinen Augen verfügt Renault über die beiden

wesentlichen Qualitäten, die es brauchte, um wieder auf die Beine zu kommen: Der Konzern hat außergewöhnliche Talente und eine Unternehmenskultur, die Mitarbeiter wertschätzt. Lange Zeit hielt man schiere Größe für den besten Garanten andauernder Wettbewerbsfähigkeit. Der Rest wäre ein Selbstläufer. Die jüngste Geschichte von Volkswagen wie auch von Renault, die 2012 bzw. 2017 kurzzeitig Weltmarktführer waren, hat aber bewiesen, dass Größe allein nicht vor ernsthaften Schwierigkeiten schützt. Auch Toyota als Nachfolger geriet wegen der Probleme mit der Tochterfirma Daihatsu in schwere See. Heute reicht es eben nicht mehr aus, nur ein Gigant zu sein.

Bisher gab es zwei Schulen. Die der Deutschen und von Toyota, die auf technologische Innovation und Globalisierung setzen, insbesondere bei der Komponentenfertigung, und die von Stellantis, das die kritische Größe überwinden will und muss, um Gestehungskosten zu senken (das war übrigens auch die Strategie von Ghosn als Vorsitzender der Renault-Nissan-Allianz).

Ich glaube, dass es einen dritten Weg gibt, einen, der auf Agilität und Innovation beruht. Aus diesem Grund wurde auch die Allianz mit Nissan komplett neu ausgerichtet. In Strategie und Struktur muss Renault zu einem Unternehmen werden, das sich an die neuen Realitäten auf den Automobilmärkten anpasst: Den Übergang zur Elektromobilität, die zunehmende Bedeutung der Software, die Berücksichtigung der Kreislaufwirtschaft ...

Mit dem Aufkommen unterschiedlicher und sehr viel Entwicklungspotenzial bietender Technologien ist ein neues Kapitel der Automobilgeschichte aufgeschlagen worden. Die Märkte sind in Bewegung. Wir müssen schlank bleiben, um ohne überflüssigen Ballast Stürmen trotzen und große Wellen abreiten zu können. Wir müssen beweglich, offen für neue Ideen und risikobereit sein. Renault kam aus einer Krise und hatte nichts zu verlieren. Eine ideale Ausgangsbasis, um das Unternehmen wiederaufzubauen und zukunftssicher zu gestalten. Von nun an muss es unser einziges Ziel sein, die Kunden immer wieder neu zu überraschen.

Renault, Louis

Diejenigen, die ihn kannten, haben ihn als wortkarg, schweigsam und einsam beschrieben. Es ist eine Untertreibung zu sagen, dass ich nicht wie Louis Renault aussehe, der Gründer des Unternehmens, das seinen Namen trägt und das ich heute leiten darf. Aber wir haben etwas gemeinsam. Wie ich war er ein Autonarr. Ich empfinde einen enormen Stolz, dass ich dazu beitragen kann, die Geschichte, die er begonnen hat, weiterzuschreiben. Denn er gehört zu dem kleinen, exklusiven Club der Begründer der europäischen Automobilindustrie. Seine Kollegen heißen Carl Benz, Giovanni Agnelli, Henry Ford, Ferdinand Porsche und André Citroën. Auch heute, da das erste Viertel des 21. Jahrhunderts zu Ende geht, klingen die Namen dieser Giganten noch immer nach.

Im Februar 1899 war Louis Renault einer der allerersten, die sich in das verrückte Abenteuer des Autobaus stürzten, unterstützt von seinen Brüdern Marcel und Fernand. Wie bewegend sind doch die zeitgenössischen Fotos der drei Gründer, die in ihrer ersten Fabrik posieren, ohne ein Lächeln zu zeigen und ohne in die Linse des Fotografen zu schauen! Mit akkurat gepflegtem Schnurrbart beziehungsweise Bart, dem Gehrock und der Melone beweisen die Brüder Renault Klasse.

Innerhalb des Trios war Louis der Ingenieur, der die Autos erfand. Bereits 1898, am Weihnachtsabend, sorgte er für Aufsehen, als er mit seiner ersten Kreation die Rue Lepic in Montmartre hinauffuhr. Gerade erst von der Wehrpflicht befreit, stellte er das Auto selbst her und wurde dabei von einem Regimentskameraden unterstützt.

An diesem Abend, den er mit Freunden in einem Kabarett verbrachte, verzeichnete er zwölf Bestellungen. Und alle Käufer leisteten eine Anzahlung!

Da man nun in der Pflicht stand, auch zu liefern, nahm Louis seine Brüder mit ins Boot, um das Unternehmen »Renault frères« zu gründen. Der Sitz ist in Billancourt. Von dort wird er nicht mehr weggehen. Das kleine Unternehmen startet mit Volldampf. Im Jahr 1900 stellen die 100 engagierten Arbeiter bereits 179 Autos her. Die drei Brüder beweisen gesunden Geschäftssinn. Einerseits beteiligen sie sich an Autorennen wie der Fernfahrt Paris–Toulouse–Paris, die sie ge-

winnen, was die Zuverlässigkeit ihrer Autos beweist, andererseits knüpfen sie bereits ein weltweites Netz von Vertretern. 1903 gilt Renault mit 1000 in Billancourt montierten Einheiten als der größte Autohersteller der Welt. Leider stirbt Marcel bei einem Unfall während des Rennens Paris-Madrid. Louis kann glücklicherweise noch auf die Hilfe von Fernand zählen, der die elterliche Knopffabrik übernommen hat, diese dann aber liquidiert, um sich voll und ganz der Automobilbranche zu widmen. Gemeinsam verkaufen sie 1500 Taxis in Paris und bringen einen ersten Renault-Bus auf den Markt. Ein Flugzeugmotor folgt 1907. Alles, was sich mit einem Motor fortbewegt, interessiert sie!
Als Fernand 1908 einer Krankheit erliegt, steht Louis Renault allein am Steuer. Er ist ein unermüdlicher Arbeiter, ein Besessener. Er rackert sieben Tage die Woche. Er richtet sich sogar eine Werkstatt auf seinem Anwesen in Herqueville in der Normandie ein, die er gerne seinen Freunden zeigt. Seine Frau, die Sängerin Jeanne Hatto, versucht ihn zu entlasten, indem sie etwa die großen Komponisten Gabriel Fauré und Maurice Ravel an

ihren Tisch lädt. Denn die Musik ist das einzige Hobby, das ihn ein wenig vom Geschäft abzulenken vermag. Doch die Beziehung des Paares zerbricht unter seinem Lebensrhythmus. Jeanne und Louis trennen sich, obwohl sie sich weiterhin gut verstehen, kurz vor Ausbruch des Ersten Weltkriegs.
Auf der Unternehmensseite läuft es allerdings gut. Im Jahr 1911 reist der Unternehmer in die USA, wo Renault bereits seine Autos verkauft. Sein Ruf ist ihm in die Staaten bereits vorausgeeilt, man kennt ihn auch jenseits des Atlantiks. In Philadelphia trifft er den Ingenieur Frederick Winslow Taylor, der gerade seine Theorie der horizontalen Arbeitsteilung entwickelt hat. In Detroit lernt er Henry Ford kennen. Die

beiden Männer teilen die gleiche Auffassung von ihrem Beruf. Sie verabscheuen große Reden und bevorzugen das Handeln in den Fabriken. Nach dem Krieg werden sie sich noch viele Male treffen. Nach seiner Rückkehr nach Frankreich verliert Louis Renault keine Zeit, um das, was er in den USA gelernt hat, zuhause anzuwenden. Er führt in seinen Fabriken den Taylorismus ein, was soziale Spannungen nach sich zieht, die er mitunter energisch unterdrückt. Das bringt ihm den Ruf als harter und rücksichtsloser Chef ein. Als der Krieg ausbricht, ist seine Firma zum größten französischen Automobilhersteller aufgestiegen. Da er nicht an die Front muss, mobilisiert er sämtliche Reserven seines Unternehmen für die Rüstung.
Er stellt Granaten her, fungiert als Zulieferer von Gewehrherstellern und entwirft in Rekordzeit Panzer, die besser und beweglicher sind als die bisherigen von der Armee eingesetzten. Außerdem produziert er Flugmotoren für die Breguet 14, die mit ihrem 300 PS starken Motor schneller ist als ihre deutschen Konkurrenten.
Nach Kriegsende heiratet der Industrielle ein zweites Mal, diesmal die Tochter eines Notars, Christiane Boullaire. Ihr gemeinsamer Sohn, Jean-Louis, wird 1920 geboren. Hat er nun endlich den ersehnten Nachfolger? Louis Renault hat schon sehr genaue Pläne für den Lebensweg seines Filius: Sobald Jean-Louis alt genug ist, wird er diesem alle technischen Fertigkeiten beibringen und ihn zu Praktika in die Fabriken schicken, wahrscheinlich weil es in seinen Augen keine bessere Schule gibt als die Praxis, was er selbst am besten weiß.
Gleichzeitig blüht das Unternehmen weiter auf. Längst schon tragen nicht nur seine Autos zum Wirtschaftswachstum des Landes bei. Renault verbreitert die Geschäftsgrundlage, diversifiziert insbesondere in Traktoren, Triebwagen und Flugzeugmotoren. Im Jahr 1933 rettet Renault sogar den Flugzeugbauer »Société des avions Caudron« aus ernsten finanziellen Schwierigkeiten.
Die Jahre zwischen den beiden Weltkriegen sind vor allem durch die Rivalität mit André Citroën geprägt. Es ist schwer, unterschiedlichere Charaktere zu finden. Der eine ist introvertiert und begeistert sich für technische Entwicklungen aller Art, der andere ist ein Partylöwe und gewiefter Marketingexperte mit jeder Menge innovativer Ideen.

In Wirklichkeit ergänzen sie sich. Doch sie belauern sich und gönnen sich nicht die Butter auf dem Brot. Kurz gesagt: Sie inspirieren sich gegenseitig. Von Billancourt bis zum Quai de Javel im 15. Arrondissement von Paris, wo sich Citroën niedergelassen hat, ist es nur ein kleiner Schritt ... Zu dieser Zeit konzentriert sich ein Großteil der französischen Automobilindustrie vor den Toren der Hauptstadt.
Es gibt allerdings einen Bereich, in dem Louis Renault deutlich besser abschneidet als sein Rivale, und dieser betrifft die Verwaltung und das Management. Als die Wirtschaftskrise der 1930er Jahre einsetzt, beweist er Weitblick, baut die Belegschaft ab und senkt die Gemeinkosten. André Citroën ist weniger vorsichtig und geht 1934 bankrott ... Doch die Zeiten werden auch für Renault düster. Soziale Konflikte erschütterten das Unternehmen, insbesondere nachdem die Volksfront 1936 die Regierung stellt: Renault ist den Kommunisten ein ebenso unversöhnlicher Gegner wie den Banken. Ohne seine üblichen Kontakte zum Staatsapparat hat Louis Renault Mühe, das Unternehmen auf Kurs zu halten. Und die Zeiten werden noch härter. Zumal Hitler aus seinen kriegerischen Absichten keinen Hehl macht.
Der Krieg lässt nicht lange auf sich warten. Während der Besatzungszeit verlangen die Deutschen, dass die Fabriken in Billancourt Militärlastwagen für die Wehrmacht herstellen.
Der Industrielle, der an seiner Firma festhält, leistet keinen aktiven Widerstand. Er ist besessen vom Gedanken, sein Unternehmen irgendwie am Leben zu erhalten. Das ist nicht einfach, denn die Bombenangriffe der Alliierten zerstören im März 1942 einen Teil der Werksanlagen. In seiner Bewegungsfreiheit eingeschränkt, jähzornig und müde, verliert er allmählich den Boden unter den Füßen. Seine Gesundheit verschlechtert sich. Hätte er anders handeln können oder müssen? Es steht mir nicht zu, darüber zu urteilen. Einige Wochen nach der Befreiung wird er selbst zum Gefangenen. Man klagt ihn wegen Kollaboration mit dem Feind an und nimmt ihn am 27. September 1944 in Fresnes in Haft. Er ist zu dem Zeitpunkt bereits schwer krank und stirbt am 24. Oktober 1944 allein in einem Krankenhaus. Sein Ende hätte nicht trauriger sein können, doch sein industrielles Erbe lebt fort. Und das für lange Zeit.

Rennstrecken

von Jean Alesi,
ehemaliger Formel-1-Fahrer

Für einen Fahrer sind große Rennstrecken so etwas wie die Gipfel, die ein Bergsteiger mindestens einmal in seinem Leben besteigen muss. Es handelt sich um Denkmäler. Monaco, Monza oder Indianapolis sind über 100 Jahre alt! Wenn man auf diesen Strecken unterwegs ist, spürt man die Magie der Geschichte. Zu diesen mythischen Orten des Motorsports gelangt man, wenn man auf seiner Karriereleiter ganz nach oben gestiegen ist. Ich habe alle bezwungen. Und ich bin auch auf solchen Kursen gefahren, die es nicht mehr gibt. Ich bin zum Beispiel in Rouen-les-Essarts gefahren, wo ich in der Formel 3 gewonnen habe, und in Clermont-Ferrand-Charade, wo in den 1960er und 1970er Jahren der Große Preis von Frankreich in der Formel 1 stattfand. Letztere ist übrigens vielleicht die beeindruckendste Rennstrecke, die ich in meinem Leben gefahren bin. Wir rasten auf einer zur Rennpiste umgebauten Straße ohne Sicht durch den Wald. Jedes dieser Monumente hat seine eigene Charakteristik. Monza ist mit Abstand mein Favorit. Ein Tempel der Geschwindigkeit, in dem man mit irrsinnigem Tempo zwischen den Mauern dahinfliegt, da die Tribünen sehr nah an der Strecke liegen. Zu meiner Zeit erreichten wir mit unseren ultraleichten Autos eine Geschwindigkeit von 360 km/h. Ich hatte das Glück, fünf Jahre hintereinander mit einem Ferrari dort fahren zu dürfen. Die Begeisterung, die um uns herum herrschte, war unbeschreiblich. Die Tifosi waren für uns da, sie wollten, dass wir auf die Pole-Position fuhren und das Rennen gewannen. Im Auto sah ich, wie die Fahnen geschwenkt wurden und die Leute aufstanden, wenn wir vorbeifuhren. Es war ein einzigartiges Gefühl.
Ich stelle Monaco an die zweite Stelle meiner Favoritenliste: Mit den Formel-1-Boliden der 1990er Jahre war es die totale Ekstase für den Fahrer. Wie Ayrton Senna habe ich Stadtkurse immer geliebt. Im Fürstentum konnte man an die Grenzen gehen und sogar leicht die Leitplanken berühren. Unsere Autos waren aber wendiger als die heutigen Formel-1-Autos. Alle Kurven sind unübersichtlich, das ist eine ganz besondere Herausforderung. Seltsamerweise war uns beim

Fahren nicht bewusst, wie Jetset-tauglich dieser Grand Prix ist, da wir uns in unserer Blase befanden. Diese Dimension wurde mir erst nach dem Ende meiner Karriere bewusst.
Dann fand ich Suzuka toll, eine Strecke in Form einer Acht, auf der es viel bergauf und bergab geht. Man fährt unter anderem durch einen Tunnel. Das ist wirklich eine magische Strecke für mich. Doch man darf sich nicht täuschen: Der kleinste Fehler kann einen nach einem Ausrutscher auf einer der vielen mit Gras bewachsenen Freiflächen gegen die Leitplanke werfen. Außerdem gefielen mir Montreal wegen seiner untypischen Art und Silverstone wegen seiner Kurvenkombination, die sehr hoher Geschwindigkeiten erlaubt.
Andererseits bin ich im Gegensatz zu den anderen Fahrern weniger ein Fan von Spa-Francorchamps. Für mich ist es eine überbewertete Rennstrecke. Sicherlich gibt es eine Kurve, die für Zuschauer und Journalisten sehr beeindruckend ist, und zwar am Ausgang der berühmten Steilwand. Die Fahrer fahren dort

ohne Sicht mit 300 km/h hinein. Aber ich kann nicht akzeptieren, dass es jedes Jahr an dieser Stelle einen Toten gibt. Es sind Piloten, die nach einem Fahrfehler auf die Straße zurückkatapultiert und dann von einem anderen Auto gerammt werden. Eine Rennstrecke, auf der ein Fehler tödlich ist, sollte es heute nicht mehr geben.

Ich hatte auch keinen Appetit auf Budapest und Adelaide, da diese Strecken für mich nicht sehr interessant waren. Es fehlte ihnen an Persönlichkeit.

Neben der Formel 1 habe ich auch zwei außergewöhnliche Orte, die an den entgegen gesetzten Enden der Welt liegen, in sehr guter Erinnerung. Zum einen Pau am Fuße der Pyrenäen, dessen Streckenführung in der Stadt keinen Fehler verzeiht, denn die Rennstrecke ist von Bordsteinen gesäumt. Man muss sie nur berühren, um eine Felge zu beschädigen oder eine Aufhängung zu verbiegen. Und dann Indianapolis, auf der anderen Seite des Atlantiks: Man betritt den Indianapolis Motor Speedway, der mitten in der Stadt liegt, durch ein großes Portal, und wer den sich anschließenden Tunnel passiert, findet sich inmitten eines riesigen Stadions mit 300.000 Plätzen wieder. Man bekommt es im Fernsehen nicht mit, aber die Rennstrecke ist sehr schmal und bildet eine Art Oval mit vier 90-Grad-Kurven. Die Durchschnittsgeschwindigkeit beträgt 375 km/h. Das bedeutet, dass man Spitzenwerte von 400 km/h erreicht! Man hat keine Zeit, in den Rückspiegel zu schauen, so schnell kommt man in jede Kurve. Spotter überwachen das Rennen ganz oben von der Tribüne aus und informieren uns über Funk über eine potenzielle Bedrohung durch einen Konkurrenten. Das ist verrückt.

Als Mann aus Avignon habe ich schließlich eine besondere Beziehung zum Circuit Paul Ricard, auf dem ich mein erstes Rennen fuhr und dem vorzustehen ich heute die Ehre habe. Ich fühlte mich dort wie zu Hause. Als Teenager besuchte ich alle Wettkämpfe, die dort stattfanden. Ich bin dort 200 Mal gefahren, habe aber nur ein einziges Mal gewonnen, in der Formel 3. Beim Großen Preis von Frankreich 1989 gab ich dort mein Debüt in der Formel 1. Ich belegte den vierten Platz. Meine Karriere hat hier begonnen.

Roboter

Keine Roboter, keine Autos! Der Aufstieg der Automobilindustrie ist eng mit der fortwährenden Automatisierung ihrer Produktionslinien verbunden. Die ersten Roboter kamen Anfang der 1960er Jahre in den Fabriken von General Motors und Ford zum Einsatz, Ende der 1970er waren sie schon vielerorts die Regel. Zunächst ging es den Herstellern nur darum, ihre Kosten zu senken und die Produktivität zu steigern. Die ersten Maschinen waren recht langsam und wiederholten einfache, immer gleiche Aufgaben. Ihre Leistung verbesserte sich jedoch schnell. Im Karosseriebau erledigen inzwischen 80 Personen und 300 Roboter die Arbeit von 3000 Personen. Die gleiche Entwicklung ist beim Lackieren zu beobachten, einem sehr anstrengenden Beruf. Roboter haben auch eine entscheidende Rolle bei der Verbesserung der Qualität gespielt, da sie das Risiko menschlicher Fehler ausschalten. Dank ihnen hat auch die Arbeitssicherheit stark zugenommen. Heute erfordert nur noch die Endmontage von Autos, der Moment, in dem zum Beispiel das Armaturenbrett oder die Türverkleidungen eingebaut werden, manuelle Eingriffe.
Der technologische Fortschritt schaltet nie in den Pausenmodus. Ständig erscheinen neue Robotergenerationen auf der Bildfläche. Sie sind intelligenter, autonomer und kollaborativer. Dank künstliche Intelligenz sind sie in der Lage, Formen zu erkennen und mit Menschen zusammenzuarbeiten. Die »Cobots«, wie die kollaborativen Roboter genannt werden, erledigen sehr komplexe Schweißaufgaben mit extremer Präzision und einer vom Menschen nicht zu leistenden Reproduzierbarkeit. Autonome mobile Roboter, die den innerbetrieblichen Teiletransport durchführen, sind in der Lage, sich eigenständig in Lagerhäusern zu bewegen und Entscheidungen zu treffen, indem sie Laserscanner und Objekterkennungsalgorithmen verwenden. Das versetzt sie in die Lage, Hindernisse zu umgehen, was in einem Just-in-Time-System dazu beiträgt, dass die Produktion nicht zum Stillstand kommt.
Diese neue Generation von Geräten gehört zu den Wachstumstreibern in der für die Automobilindustrie produzierenden Robotikbranche. Laut dem Marktforschungsunternehmen

Mordor Intelligence wird der Weltmarkt bis 2028 jährlich um 11 % wachsen. Alle Hersteller erneuern oder erweitern ihren Bestand. China ist jedoch die treibende Kraft. Schätzungsweise steht die Hälfte aller 2021 weltweit installierten Fertigungsroboter in chinesischen Fabriken, die sich auf den Elektroantrieb spezialisiert haben. Bei diesem Tempo dürfte das Land schnell zu den Ländern mit den meisten Robotern aufschließen. Laut einem Bericht der International Federation of Robotics (IFR) ist Südkorea mit 2867 Robotern pro 10.000 Beschäftigte derzeit der größte Roboteranwender in der Automobilindustrie, weit vor Deutschland (1500) und den USA (1457).

Insgesamt sind mittlerweile eine Million Roboter in den Fabriken der Hersteller im Einsatz. Das entspricht einem Drittel des Bestands in allen Branchen zusammengenommen! Ein besseres Indiz für die Bedeutung der Automobilindustrie in der Weltwirtschaft kann es nicht geben.

Es ist natürlich schade, dass in diesem Bereich europäische Maschinenbauer immer weiter ins Hintertreffen geraten. Abgesehen vom Marktführer ABB, der sowohl schweizerisch als auch schwedisch ist, tragen die meisten Roboter-Champions asiatische Farben. Kuka, ein deutsches Unternehmen, wurde von einem chinesischen Haushaltsgerätekonzern aufgekauft, während Fanuc, Yaskawa und Nachi-Fujikoshi aus Japan stammen. Auf diesem hart umkämpften Markt gibt es laut IFR weniger Start-up-Unternehmen als in der Vergangenheit. Nur einige Koreaner, die durch einen dynamischen Binnenmarkt und eine sehr anreizorientierte Industriepolitik begünstigt werden, versuchen einen Durch-

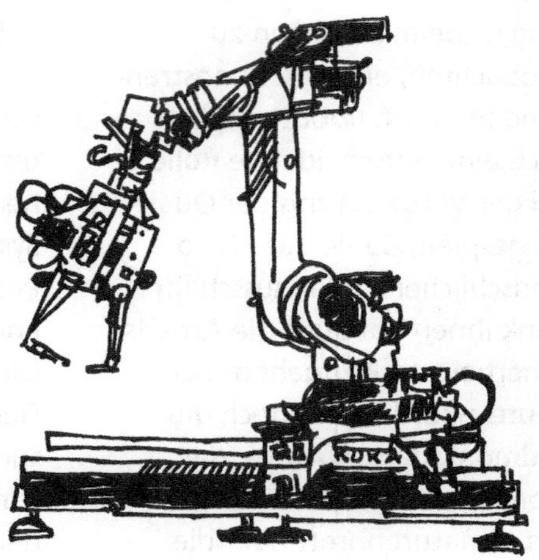

bruch. Für die Fahrzeughersteller des alten Kontinents ist dies jedoch kein Hindernis: Sie können immer noch sehr gute Autos mit Robotern bauen, die anderswo hergestellt werden!

Rolls-Royce

Dieser Mythos auf vier Rädern hat es in sich. An Bord dieser Wagen ist alles Luxus, Ruhe und Genuss. Der magische Name eröffnet eine Welt, in der feinstes Leder, lackiertes Holz, üppige Teppiche und prächtige V-Motoren vorherrschen. Keine andere Marke, egal in welchem Bereich – Haute Couture, Schmuck, Lederwaren – wird so sehr mit absolutem Luxus in Verbindung gebracht wie Rolls-Royce. Und das ohne Unterbrechung, seit über einem Jahrhundert. Und doch: Hinter dieser glitzernden Welt verbergen sich Dramen, Leid und spektakuläre Wendungen.

Alles beginnt mit Charles Rolls, geboren 1877 in London, und Henry Royce, geboren 1863 zwei Stunden von Birmingham entfernt. Von ihrer Herkunft her hätten sie sich eigentlich nie treffen dürfen, viel zu unterschiedlich waren die Gesellschaftsschichten, aus denen sie kamen.

Ersterer war der Spross einer reichen und illustren Aristokratenfamilie, der in Eton und später in Cambridge studiert hatte. Doch als Jüngster erbte er nicht viel. Er war »the spare« (der Ersatzmann), wie ein gewisser Prinz Harry 120 Jahre später. Im Gegensatz zu diesem war er jedoch ein harter Brocken. Er war verrückt nach Autos, Flugzeugen und Mechanik und wechselte mit größter Selbstverständlichkeit zwischen Smoking und Blaumann. Er steuerte selbst zahlreiche Rennwagen und hatte sich verschuldet, um ein luxuriöses Autohaus zu eröffnen. In seinem Schaufenster standen hauptsächlich ausländische Importmodelle, da die britische Autoindustrie zu Beginn des 20. Jahrhunderts noch in den Kinderschuhen steckte. Diese teuren Fahrzeuge frustrierten ihn aber, denn sie waren unbequem, unzuverlässig und hatten ein miserables Fahrverhalten. Ganz klar: Das ging besser, und so beschloss er, jenen idealen Wagen, der ihm vorschwebte, selbst zu bauen.

Kommen wir zum anderen »R«, zu Henry Royce. Wir wechseln in eine Welt, wie sie Charles Dickens hätte entwerfen können. Henry

war der Sohn eines einfachen Müllers, der früh verstarb, nachdem er bankrott gegangen war. Mit zehn Jahren trieb Henry sich auf den Straßen Londons herum, schlug sich durch mit miserablen Jobs und hungerte. Seine Rettung war die Eisenbahn, bei der er mit 15 Jahren als Lehrling anfing. Als harter Arbeiter, der sich ebenfalls für Mechanik zu begeistern wusste, eignete er sich technisches Wissen in verschiedensten Bereichen an, arbeitete in einer Werkzeugfabrik und später bei einem Stromerzeuger. Im Jahr 1886, im Alter von 23 Jahren, war er dank seiner umfassenden Ausbildung dann in der Lage, in Manchester sein eigenes Unternehmen zu gründen und begann mit der Herstellung von elektromechanischen Geräten sowie später von Elektroantrieben für Kräne und Laufkräne. Der Erfolg ließ nicht lange auf sich warten, denn Royce war ein Perfektionist, der auf höchste Qualität bedacht war. Und er wurde reich, im Jahr 1900 kaufte er sein erstes Auto, einen Zweizylinder-Decauville. Aber der enttäuschte ihn, er mochte ihn nicht: Der Motor lief nicht rund, hatte Fehlzündungen, sabberte und machte Krach. Henry krempelte die Ärmel hoch und beschloss, den Decauville gründlich zu verbessern. Er brachte ihm

Manieren bei und verwandelte ihn 1902 in ein Traumauto. Seine Überarbeitung hatte Wunder bewirkt. Keine Vibrationen mehr, Anfahren bei Viertelgas, Laufruhe ... Die Autoliebhaber waren begeistert. Daraufhin wurden zwei weitere Exemplare gebaut, eines davon für Royces Mitarbeiter Henry Edmunds.
Zentrale Figur, dieser Edmunds. Er bewunderte Royces Talent und hatte in seinem Adressbuch die Daten von Charles Rolls stehen. Also tat er alles, um diese beiden so gegensätzlichen Charaktere im Stil der TV-Serie Die Zwei zusammenzubringen. Das Unterfangen gestaltete sich zunächst schwieriger als erwartet. Der Aristokrat rümpfte die Nase ob dieses Autodidakten, hatte keine Lust, nach Manchester zu reisen und hielt nicht viel von Zweizylindern. Standesgemäße Fortbewegung war erst mit vier, besser sechs Zylindern möglich.
Der ehemalige Straßenjunge aus der Gosse, der sich ganz nach oben gearbeitet hatte, hielt seinerseits nicht viel von dem Mann, den er als verhätscheltes Muttersöhnchen einschätzte. Eine Reise nach London zu diesem Schnösel kam schon gar nicht in Frage. Er weigerte sich. Mit viel Diplomatie gelang es Henry Edmunds schließlich, ein »Gipfeltreffen« zu organisieren. Der Ort war das Midland Hotel in Manchester, ein hohes Backsteingebäude, das auch heute noch elegant aussieht. Winston Churchill war später hier Stammgast und hinterließ die Erinnerung an seinen Heißhunger.
Am 4. Mai 1904 trafen sich die beiden Rs im Speisesaal des Lokals. Und dann: Liebe auf den ersten Blick! Henry Royce entdeckte einen leidenschaftlichen Mechaniker, der wie kein anderer über Autos sprechen konnte und bereit war, sich auch in die kleinsten Details der Konstruktion oder Herstellung einzuarbeiten. Charles Rolls bewunderte das industrielle Genie seines älteren Bruders im Geiste und die Qualität des überarbeiteten Decauville. Am Abend vertraute er einem Freund an: »Ich habe den größten Ingenieur der Welt getroffen.« High Five! Die Firma Rolls-Royce wurde gegründet. Henry sollte die Autos bauen, Charles die Werbung und den Verkauf übernehmen. Und auch die Produktspezifikationen definieren, denn der junge Aristokrat kannte die Wünsche und Erwartungen der »Schönen und Reichen« ganz genau. Der 40/50 HP Silver Ghost aus dem

Jahr 1907 traf bei der avisierten Zielgruppe voll ins Schwarze und entpuppte sich als echter Publikumsmagnet.
Charles Rolls hatte aber noch eine andere Leidenschaft, das Fliegen. Und dieser widmete er sich mit vollem Einsatz. Am 2. Juni 1910 überquerte er zum ersten Mal den Ärmelkanal von England aus in Richtung Frankreich. Aber statt dort zu landen, kehrte er um und flog erneut über den Ärmelkanal zurück nach Dover. Diese erste Nonstop-Überquerung des Kanals durch einen Engländer mit anschließender Rückkehr ohne Landung auf französischem Boden machte ihn zum Volkshelden. Doch bei einem Flugmeeting einen Monat später brach das Heck seiner Maschine ab, das Flugzeug stürzte ab und der Held starb: Royce stand nun allein an der Spitze der Firma.
Eine erdrückende Aufgabe, der sich der Patron mit vollem Einsatz widmete. Doch 1911 wurde Royce einerseits aufgrund der Überlastung und andererseits als Folge der Unterernährung, die er in seiner Jugend erlitten hatte, schwer krank. Dazu kam ein Krebsleiden. Im Jahr 1912 musste er sich einer schweren Operation unterziehen, die Ärzte gaben ihm dennoch nur noch wenige Monate zu leben. Royce strafte jedoch den ärztlichen Pessimismus Lügen, erholte sich und ignorierte nun die Anweisungen der Weißkittel. Anstatt sich auszuruhen, stürzte er sich wieder in die Arbeit. Er arbeitete fast zwanghaft. Er gönnte sich kaum eine Auszeit, dachte nicht daran, sich zu schonen, und vergaß auch schon mal das Essen. Seine Ärzte wurden nun richtig wütend und zwangen ihn, sich an einem ruhigen Ort, weit weg von seinen Fabriken, niederzulassen. In den Sommermonaten auf dem Land in Sussex, im Winter in Le Canadel in Südfrankreich.
Das wiederum führte zu einer regen Reisetätigkeit seitens seiner Mitarbeiter und erforderte einen hohen logistischen Aufwand, denn ein Großteil des Stabs und der Entwicklungsabteilung folgte dem Chef auf seinen Reisen. Auch wenn die Arbeitstage, bedingt durch die strengen medizinischen Auflagen, nun etwas geregelter abliefen: Royce ließ nicht locker und gebärdete sich mitunter durchaus auch tyrannisch. Der engagierte Rolls-Royce Enthusiasts' Club (RREC), in dem Tausende von Rolls-Royce-Besitzern organisiert sind, beschreibt das so: »Trotz dieser alljährlichen Wanderungen, die ihr Familienle-

ben beeinträchtigten, blieben die Mitarbeiter bei der Stange. Sie wussten, dass sie mit einer außergewöhnlichen Persönlichkeit zusammenarbeiteten.«
Tatsächlich gelang es Royce auf dem Krankenbett, die Silver-Ghost-Modelle weiter zu verbessern und die neuen Modelle Phantom I und II auf den Markt zu bringen. Sie waren Monumente des Luxus und des Komforts und wurden von den gekrönten Häuptern und den Reichen der Welt sofort begeistert aufgenommen.
Ein weiterer Geniestreich bestand in der Entwicklung des RR-Flugzeugmotors, einem V12-Aggregat, mit dem 1929 ein Flugzeug den Geschwindigkeitsweltrekord von 576 km/h aufstellte. Henry Royce wurde 1930 im Alter von 66 Jahren von König George V. zum Ritter geschlagen.
Trotz seiner angeschlagenen Gesundheit überraschte er 1931 die Geschäftswelt, indem er die damals angeschlagene Marke Bentley aufkaufte. Eine erfolgreiche Wette, die Rolls-Royce zu neuer Dynamik verhalf. Der in vielen technischen Bereichen bewanderte und darüber hinaus noch als Automobilhistoriker bekannte Paul Badré hat eine sehr interessante Theorie entwickelt, die von der RREC Association aufgegriffen wurde. »Die Perfektion des Silver Ghost lag in der so erfolgreichen Zusammenarbeit zwischen Charles Rolls, dem Inspirator, und Henry Royce, dem Konstrukteur, die beide in ihren Fachgebieten bemerkenswert waren. Die ohne Rolls von Henry Royce konstruierten Modelle entsprachen dessen eigenen, fast ausschließlich technischen Kriterien. Es waren hervorragende Autos, aber es fehlte ihnen das Flair, der Funke, den Rolls mit eingebracht hatte. Nach und nach entwickelten sich die Rolls-Royce zu Royce-Royce. Es fehlt ihnen etwas.« Die Übernahme von Bentley war laut Paul Badré die Ingredienz, die gefehlt hatte und Rolls-Royce »den Chic, die Sportlichkeit und die Ausstrahlung ... zurückgab« und so in die Lage versetzte, »wieder außergewöhnliche Autos zu bauen«.
Royce starb am 22. April 1933 in seinem Haus in Sussex. Wenige Stunden zuvor hatte er noch eifrig an der Entwicklung eines Systems gearbeitet, um die hinteren Stoßdämpfer vom Lenkrad aus verstellen zu können. Eine Gedenktafel an seiner südfranzösischen Residenz in Canadel erinnert daran, dass »in

diesem Anwesen von 1911 bis 1931 Sir Henry Royce, Mechaniker, wohnte«. Ein wunderbares Zeugnis für die Bescheidenheit eines außergewöhnlichen Mannes, dessen Erbe bis heute gedeiht, auch unter den Bannern von BMW, das Rolls-Royce aufkaufte, und Volkswagen, dem Eigentümer von Bentley.
Seit den Tagen des ersten Silver Ghost haben zahllose Phantom, Silver Cloud, Silver Shadow, Corniche, Silver Spirit, Spur und Spectre die Reichen, Schönen und Berühmten zu den roten Teppichen dieser Welt gebracht. Die zeitlose Silhouette, das luxuriöse Boudoir-Interieur und die innovative Mechanik wird am Ende der langen Rolls-Hauben gekrönt von »Emily«, der legendären Kühler-Skultur »Spirit of Ecstasy«, die keinen Tag gealtert ist. Sie wurde 1911 vom Bildhauer Charles Sykes geschaffen, als Reaktion auf die stil- und geschmacklosen Fantasien, die damals so manchen Kühlergrill zierten. Die Statuette ist ein Symbol für unerschütterliche Erhabenheit der Fortbewegung. Manche schwören sogar, sie lächeln gesehen zu haben, als David und Victoria Beckham in der Netflix-Dokumentation über sie mit britischem Humor Rolls-Royce huldigten. Der Spieler fragte seine Frau, die nicht zugeben wollte, dass ihre Eltern wohlhabend waren, hartnäckig: »Sei ehrlich, in welchem Auto hat dich dein Vater zur Schule gebracht?«

Route 66

Es spielt keine Rolle, ob man über Los Angeles, Flagstaff, Albuquerque oder durch ein Nest wie Texola (Oklahoma) auf die Route 66 gelangt: Das Gefühl, an die Tür eines denkmalgeschützten Gebäudes zu klopfen und die Schwelle zu einer Legende zu überschreiten, ist überall das gleiche. Auf den Kilometern, die gar nicht so schnell vergehen (Geschwindigkeitsbegrenzung auf 65 mph, etwa 100 km/h, und der Sheriff meint das ernst), blättert man im großen Geschichtsbuch der Vereinigten Staaten. Es ist kein Zufall, dass das 3942 Kilometer lange Band zwischen Chicago und Santa Monica (Kalifornien) den Spitznamen »the Mother Road«, die »Mutter aller Straßen«, erhalten hat. Die Route 66 erzählt die Geschichte der Eroberung des Westens, führt durch die Hochburgen des Aufbaus des Landes

und veranschaulicht den rasanten Aufstieg des Automobils. Jeder von uns trägt ein klitzekleines Stückchen Route 66 im Herzen, egal ob tatsächlich erlebt oder in der Fantasie. Und das ist tatsächlich ein wenig einschüchternd, wenn man sie zum ersten Mal sieht. Denn keine andere Straße der Welt hat die Literatur, den Film und die Musik so sehr inspiriert. Die Romane von John Steinbeck (*Die Früchte des Zorns*) und Jack Kerouac. Die Filme *Easy Rider, Bagdad Café, Thelma und Louise, Forrest Gump, Cars*. Die Musik von Nat King Cole, den Rolling Stones, Chuck Berry, Bruce Springsteen ... So werden Mythen geschaffen.
Doch wie sah die Realität aus, damals, als die Straße jung war? Sie war hart, unerbittlich und auch heroisch, wie so oft in den Vereinigten Staaten.
Die Idee einer großen transkontinentalen Ost-West-Achse entstand Anfang des 20. Jahrhunderts. Denn um die beiden Ozeane zu verbinden, gab es damals nur die Eisenbahn, die 1869 eröffnet worden war. Die Reise dauerte zwei Tage und drei Nächte. Denn das Straßennetz steckte noch in den Kinderschuhen und war chaotisch. Es führte ohne Gesamtplan von Stadt zu Stadt. Nur wenige Wege waren asphaltiert, viele führten in die Wüste, über Ebenen oder Berge und endeten dort im Nichts. Dennoch wurde das Auto jeden Tag wichtiger. Ford erfand die Fließbandmontage und brachte sein Modell T auf den Markt, das den Weg für den individuellen Massenverkehr ebnete. 1910 gab es in den USA nur 180.000 motorisierte Fahrzeuge. Zehn Jahre später waren es 17 Millionen: Schwindelerregende Zahlen, doch das Straßennetz blieb kümmerlich.
Im Jahr 1916 – endlich! – konnte sich die Bundesregierung in Washington zum Handeln durchringen. Präsident Woodrow Wilson entschloss sich zu einer echten nationalen Verkehrspolitik. Perspektivisch sollte daraus das erste zwischenstaatliche Verkehrsnetz entstehen.
Für dieses pharaonische Projekt wurde der Unternehmer Cyrus Avery aus Tulsa (Oklahoma) verpflichtet. Der Kongress gab die Mittel dafür 1925 frei. Im Jahr darauf begannen die Bauarbeiten für die Route 66.
Wie kam es übrigens zu diesem Namen? Das Straßennetz war so aufgebaut, dass die Straßen in aufsteigender Reihenfolge nummeriert wurden. Die Straßen

von Ost nach West erhielten gerade Nummern, die von Nord nach Süd ungerade. Für die neue Verbindung wäre eigentlich die Nummer 60 dran gewesen. Verdammt! Die 60 hatte sich kurz zuvor eine Straße geschnappt, die durch Kentucky und Virginia führte.
Wie wäre es mit 62? Nein, Cyrus Avery zog 66 vor. Das hatte vollendet, zu normal.
Und tatsächlich waren die Anfänge episch. Tausende von Arbeitern mühten sich ab, um Kilometer für Kilometer eine Strecke zu bauen, die im Großen und Ganzen dem Verlauf der Eisenbahnstrecke folgte. Viele Abschnitte waren unbefestigt. An Tagen mit starkem Regen verwandelte sich die Piste in

Klang, und die Doppel-6 sollte sowieso Glück bringen, wie es hieß. Und warum »Route« und nicht »Road«? Nicht aus Frankophilie. Der Begriff erinnerte an Abenteuer, Entdeckung, Langstrecken, Dramen und Epen. »Road« klang viel zu zivilisiert, zu

einen Schlammstrom.
Um die neue Straße bekannt zu machen, organisierten ihre Befürworter 1928 einen gigantischen Lauf-Wettbewerb über 5500 Kilometer, der sich an der Tour de France für Radfahrer orientierte. Es war eine Art völlig

übertriebener Ultramarathon, ein Rennen mit Tagesetappen von 26 bis 130 Kilometern und einem riesigen Begleittross im Stil einen Wanderzirkusses. Die Rennleitung versprach die »erstaunlichste athletische Leistung der Geschichte«. Die Sportler schliefen in Zelten, durchlebten extreme Hitze und bittere Kälte. Natürlich lichteten sich ihre Reihen, die Zahl derjenigen, die ausfielen oder aufgaben, wuchs permanent. Am Ende kamen von den 275 Teilnehmern noch 55 ins Ziel. Nach 87 Tagen des Leidens kassierte der Gewinner, ein gewisser Andy Payne, eine Prämie von 25.000 Dollar (damals eine sehr hohe Summe), die er in den Bauernhof seiner Familie investierte. Dieses Großereignis, von dem zunächst kaum jemand Notiz genommen hatte, wurde im Laufe der Wochen immer bekannter. Am Ende war die amerikanische Öffentlichkeit Feuer und Flamme für die Gefangenen dieser Straße. Innerhalb weniger Wochen war die Route 66 berühmt geworden.
Das änderte nichts daran, dass die Krise von 1929 einen Baustopp erzwang. Auf der Straße zogen lange Elendskarawanen ruinierter Familien, die in der Hoffnung auf ein besseres Leben nach Westen zogen. Dasselbe Bild bot sich einige Jahre später, als eine erbarmungslose Dürre und monströse Sandstürme Tausende von Familien aus dem Mittleren Westen dazu zwang, ihr Land aufzugeben. Es ging nach Kalifornien. Die 66, die John Steinbeck als »Straße der Flüchtlinge« bezeichnete, rückte daraufhin noch ein wenig mehr in das kollektive Bewusstsein des Landes. Aber sie war immer noch nicht vollständig asphaltiert!
Erst 1938 war sie es und wurde zu dieser mächtigen Verkehrsader, die zwei Jahrzehnte lang die gesamte Wirtschaft des Landes bewässern sollte. Die Straße wurde schnell zum Symbol der Moderne, der Freiheit, der Mobilität, des Reisens und verkörperte letztlich auch den amerikanischen Traum. Und vor allem war sie eine Hymne an das Auto. Oder an das Motorrad. Oder an den Lastwagen. Oder an das Wohnmobil. Kurz gesagt, an alles, was Räder und einen Motor hatte.
Entlang der Route 66 schossen Lebensmittelgeschäfte, Tankstellen, Diners, Drive-ins und Motels (Kofferwort aus »Motor« und »Hotel«) wie Pilze nach dem Regen aus dem Boden. Es wurde

viel spekuliert, neue Städte entstanden, und die Neonreklamen überboten sich gegenseitig in ihrem Glanz. Um in diesem schnell wachsenden Dschungel Aufmerksamkeit zu erregen, errichteten die Geschäftsleute fünf bis zehn Meter hohe Werbefiguren aus Fiberglas, die sogenannten »Muffler Men« (Muffler für »Auspuff«). Diese Kolosse warben, je nachdem, wie sie aussahen oder was sie in den Händen hielten, für das Geschäft ihres Besitzers. Sie wurden zu Ikonen der Route 66 und erhielten allesamt Spitznamen. Zu meinen Favoriten gehörten »Tall Paul« mit seinem riesigen Hotdog in Atalanta, »Paul Bunyan« mit seiner Holzfälleraxt in Livingston und »Chicken Boy« mit seinem Hühnerkopf in LA. Die 66 erlebte außergewöhnliche Boomjahre, verbunden mit einer gewissen Anarchie. Und die Dollars flossen in Strömen.

Und dann begann plötzlich, so schnell wie ihr Stern aufgegangen war, der Niedergang der Route 66. Den entscheidenden Schlag versetzte ihr Präsident Dwight D. Eisenhower, der die deutschen Autobahnen bewunderte und 1956 das National Highway Programm ins Leben rief. Ein sehr ehrgeiziges Projekt, das breite, gut ausgebaute und direkte Schnellstraßen zwischen den Bundesstaaten vorsah. Sie sollten um die Städte herumführen, um die Zentren zu entlasten. Die neuen Highways erwiesen sich als wesentlich sicherer als die 66, die im Laufe der Jahre immer gefährlicher wurde. Die Straße wurde sogar als »Bloody Highway« oder »Death Alley« bezeichnet. Gründe dafür waren die Enge, die schlechte Beschilderung, die wenigen Fußgängerüberwege, die monströsen Staus ... So verlor die Straße nach und nach an Bedeutung. Schließlich wurde sie 1985 vollständig herabgestuft und ihr Status als Nationalstraße aberkannt. Heute sind einige Abschnitte von Wildkräutern überwuchert, die Werbung besteht überwiegend nur noch aus »Ghost Signs« (Geisterschildern) und es gibt schätzungsweise 3000 verlassene Motels. Manchmal liegen die Wracks schöner amerikanischer Autos am Straßenrand und die Ruinen von Tankstellen, Spielhöllen und General Stores spuken durch die Landschaft.

Und doch ist die 66 unbesiegbar. Ihre suggestive Kraft ist so groß, dass sie jedes Jahr von Tausenden

von Enthusiasten weiter befahren wird. Die Geisterstädte werden sogar zu einer romantischen Kulisse. Man taucht mit Freude in die Vintage-Atmosphäre ein, die von Gemeinden und Unternehmern mit viel Geschick gepflegt wird.
Die 66 hält also den Rekord als die emotionalste Straße der Welt. Andere Straßen haben ihr mit Superlativen längst den Rang abgelaufen. Zum Beispiel den als die längste Nationalstraße der Welt. Heute ist das der Highway 1 in Australien: 14.500 Kilometer, die Perth, Brisbane, Sydney und Melbourne verbinden. Die Palme für die höchste befahrbare Straße geht an Indien. Sie führt über den 5602 Meter hohen Khardung-La-Pass – steile Serpentinenstraßen, die es aber nicht schaffen, der Yungas-Straße in Bolivien, die auf 4000 Metern Höhe verläuft, ihren Rang als gefährlichste Straße der Welt streitig zu machen: 60 Kilometer Haarnadelkurven, ausgefahrene Seitenstreifen, die unmittelbar in den Abgrund blicken lassen, und todesmutige Fahrer, die trotz der Enge entschlossen sind, ihren Weg zu erzwingen. Jedes Jahr gibt es Dutzende von Unfällen – den Spitznamen »Straße des Todes« hat sie sich wahrlich verdient. Unendlich sicherer ist natürlich die Strecke zwischen der saudi-arabischen Stadt Harad und der Grenze zu den Vereinigten Arabischen Emiraten, die den Preis für die geradlinigste Route der Welt gewonnen hat. 263 Kilometer lang, endlos von der Wüste gesäumt und ohne eine einzige Kurve.
Perspektivwechsel, kommen wir zur luftigsten Straße der Welt: Sie befindet sich in China, in der Provinz Guizhou, auf der Beipanjiang-Schrägseilbrücke, 565 Meter über dem Boden. Schwindelfreiheit ist hier ein Muss. Und die teuerste der Welt? Ich zögere, es zu sagen, denn mehreren Umfragen zufolge soll sie ... französisch sein. Die als »neue Küstenstraße« bezeichnete Straße befindet sich auf der Insel La Réunion und wurde dem Meer abgerungen. Mit zahlreichen Kunstbauten, Dämmen und Viadukten werden Felsstürze verhindert, die auf der alten Straße häufig den Verkehr blockierten. Ein immenser Fortschritt und eine technische Meisterleistung. Doch die Rechnung ließ den Rechnungshof und einige Abgeordnete aufhorchen: 2,5 Milliarden Euro Kosten für zwölf Straßenkilometer. Die Erbauer der Route 66 würden ihren Augen nicht trauen ...

Rue Nationale 7

De toutes les routes de France,
d'Europe
Celle que j'préfère est celle
qui conduit
En auto ou en auto-stop
Vers les rivages du Midi
Nationale 7
Il faut la prendre qu'on aille
à Rome à Sète
Que l'on soit deux trois quatre
cinq six ou sept
C'est une route qui fait recette
Route des vacances
Qui traverse la Bourgogne
et la Provence
Qui fait d'Paris un p'tit
faubourg d'Valence
Et la banlieue d'Saint-Paul-de-Vence
...

Was für die USA die »Route 66«, das ist für Frankreich die »Rue Nationale 7«: Die Mutter aller Straßen, Sehnsuchtsort und Symbol unbeschwerter Wirtschaftswundertage. Chansonier Charles Trenet hat ihr schon in den Fünfzigern ein musikalisches Denkmal gesetzt. Nahezu jeder Franzose kennt diese mittlerweile zum Kult gewordenen Liebeserklärung an diese Straße. Und unweigerlich damit verbunden ist eine Melodie, die uns schon beim Lesen des Liedtextes einen Ohrwurm beschert, der den ganze Tag nicht mehr aus unseren Köpfen verschwindet. Nostalgie einer vergangenen Epoche, Erinnerungen an ein Frankreich ohne Autobahnen, an das Frankreich der Nachkriegszeit. Es war bei Weitem nicht alles perfekt. Aber der Wiederaufbau gab allen Arbeit, die Familien genossen den bezahlten Urlaub und man kaufte sich Autos wie den Renault 4 CV, den Peugeot 203 oder den Simca Aronde, um einmal im Jahr dem Alltagstrott zu entfliehen. Dann, wenn der Sommer kam, machten wir uns auf den Weg in den Süden, beladen wie Maultiere.
Natürlich gab es auch andere wichtige Strecken wie die Nationalstraße 10 nach Bordeaux und ins Baskenland oder

----Text und Musik: Charles Trenet, 1955. Singgemäße Übersetzung: Von allen Straßen Frankreichs und Europas / Führt die, die ich am liebsten mag / Ob mit dem Auto oder als Anhalter / Zu den Küsten des Mittelmeers / Die National 7 / Man muss sie nehmen, ob es nach Rom oder Sete geht / Ob man zu zweit, dritt, viert, fünft, sechst oder siebt ist / An dieser Straße klingelt die Kasse / Ferienstraße / Die sich durch Burgund und die Provence zieht / Die Paris zu einem kleinen Vorort von Valence macht / und zu einem Stadtteil von Saint-Paul-de-Vence ...

die Nationalstraße 20 nach Limoges und Toulouse, aber es war die Nationalstraße 7, die sehr schnell den Spitznamen »Autoroute du Soleil«, Straße zur Sonne, erhielt und für die alljährlich nach Süden rollende Ferien-Karawane stand wie keine andere.
Diese Straße hat unbestreitbar die Autoleidenschaft der Franzosen genährt. Mit ihren unzähligen Tankstellen, kleinen Bistros und gastronomischen Stationen hat sie auch die Wirtschaft der durchquerten Gebiete angekurbelt. Auf ihre Weise erzählt sie von einem Frankreich, das es nicht mehr gibt, das aber nicht aus unserer Erinnerung verschwunden ist.
Wie so oft bei den Galliern spielten meine Vorfahren, die Römer, eine wichtige Rolle beim Bau dieser Straßenachse. Bis zu ihrer Ankunft gab es in Gallien zwar ein Netz von Wegen, die aber lediglich lokale Bedeutung hatten und in der Nutzung beschränkt waren. Die Armeen von Cäsar und seinen Nachfolgern benötigten jedoch eine ausgebaute, überregionale Infrastruktur, um die Nachschubversorgung zu sichern. Zwanzig Jahre vor Christus begannen daher die Römer von Lyon (Lugdunum) aus mit dem Straßenbau. Diese Stadt, die Rom etwa zwanzig Jahre zuvor dort gegründet hatte, wo zuvor eine gallische Siedlung gewesen war, bildete den Ausgangspunkt für das gallische Straßennetz. Planerischer Kopf dahinter war Marcus Vipsanius Agrippa, General und Schwiegersohn des Kaisers Augustus.
Die Straße Lyon–Aix–Arles–Marseille, die dem linken Rhôneufer folgt, hieß daher »Via Agrippa« und darf als Vorläufer der Nationalstraße 7 gelten. Sie stellt übrigens die Verbindung zur »Via Aurelia« her, die am Mittelmeer entlangführte und dabei ungefähr denselben Verlauf nahm wie die heutige Straße.
Später übernahmen die französischen Könige die Aufgaben der römischen Kaiser. Auch bei ihnen stand der Ausbau der Straßeninfrastruktur im Mittelpunkt ihrer Bemühungen. Ein entscheidender Fortschritt ergab sich im 15. Jahrhundert, als Ludwig XI. die königliche Post einrichtete. Um von Paris nach Lyon zu gelangen, wurde eine Straße über Moulins gebaut. Die ersten regelmäßigen Passagiertransporte auf dieser Strecke erfolgten ab dem

16. Jahrhundert. Zu dieser Zeit wurden auch Ulmen entlang der Strecken gepflanzt, einerseits als Fahrwegbegrenzung, andererseits auch als Schattenspender. Nach der Revolution 1789 nahm Napoleon die Dinge selbst in die Hand. Der Anschluss der Grafschaft Nizza an die junge Französische Republik im Jahr 1793 ließ ihn den Bau einer Straße zwischen Nizza und Menton in der Nähe der italienischen Grenze in Angriff nehmen, trotz teilweise sehr großer Schwierigkeiten und komplizierter Baumaßnahmen, wie bei der Überquerung der Var. Bereits 1792 überquerte eine erste, von Napoleons Militäringenieuren errichtete Holzbrücke den Fluss in Saint-Laurent-du-Var. Und auch wenn sie in den folgenden Jahrzehnten, insbesondere durch Hochwasser, mehrfach beschädigt wurde, blieb die Brücke bis 1863 in Betrieb. Erst als die Eisenbahngesellschaft PLM den Fluss mit einem Viadukt überspannte, wurde sie abgerissen. Neben der Eisenbahnbrücke wurde auch eine Straßenbrücke mit einer gusseisernen und damit robusteren Fahrbahn-

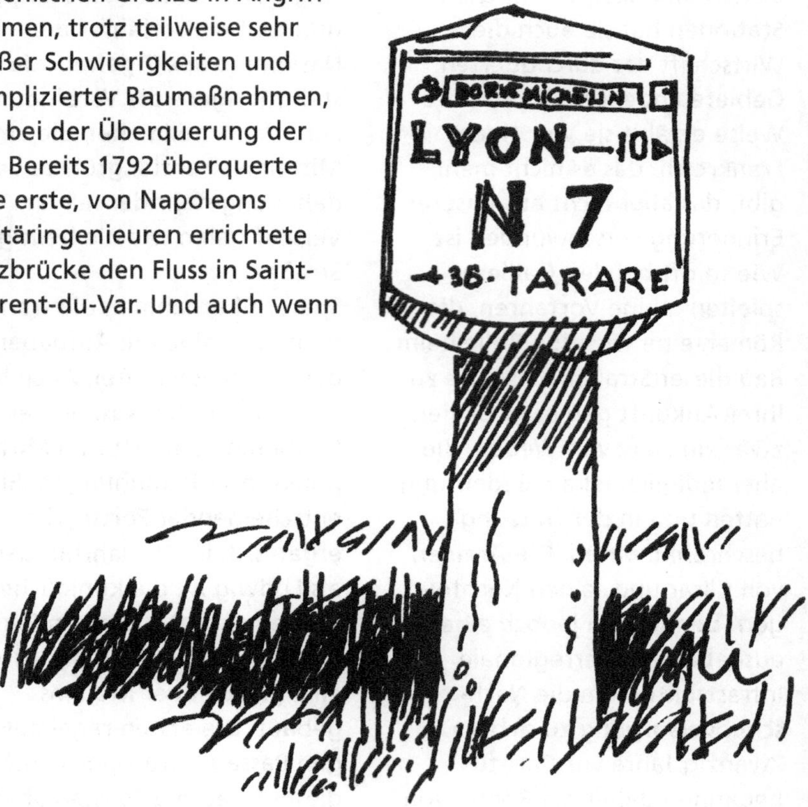

oberfläche gebaut. Dadurch wurde die Grafschaft Nizza erschlossen, die 1814 unter sardische Kontrolle geraten war und am 24. März 1860, dem Tag der Unterzeichnung des Vertrags von Turin, endgültig zu einem französischen Departement wurde.
Inzwischen hatte die Straße einen Namen erhalten. Ein Name, der sich übrigens im Laufe der politischen Systeme ändern wird. Im Jahr 1811 ist Napoleon noch an der Macht. Da er 1804 zum Kaiser gekrönt wird, erhält die Straße den Namen »Route impériale 8«. Etwas später, 1824, wird sie zur »Route royale 7«, da jetzt die Bourbonenkönige – Ludwig XVIII. bis 1824, danach Karl X. – wieder das Sagen haben.
Der Straße ist das gleich, sie verbindet Paris mit Antibes und Nizza, ist 948 Kilometer lang und durchquert 13 der 1789 geschaffenen Departements. Im Jahr 1860 hat man sie bis nach Menton verlängert und ihr so ihre endgültige Gestalt gegeben. Sie behält ihre Ziffer 7, nimmt aber 1870, nach dem Sturz von Napoleon III., den Status einer Nationalstraße an. Im 19. Jahrhundert befährt man diese Strecke mit der Postkutsche. Die Reise von Paris nach Marseille dauert fünf Tage. Nicht ohne Risiko: Es kommt zu zahlreichen Unfällen, oft zu Lasten der Pferde, die dabei sterben.
Mit dem Aufkommen des Automobils ändert sich alles. Ab den 1920er Jahren sind es vor allem die Reichen und Superreichen, die darauf ihren Urlaubsorten an der Côte d'Azur entgegen steuern. In der Folge entstehen große, hochklassige Restaurants, die ihnen die Möglichkeit bieten, Gourmetpausen einzulegen. Beispiele: »La Pyramide« des Küchenchefs Fernand Point aus Wien im Jahr 1925, das Hotel-Restaurant »Les Platanes« von Jean-Baptiste Troisgros in Roanne im Jahr 1930, das etwas später »Les Frères Troisgros« hieß, oder das »Maison Pic« in Valence im Jahre 1936. Dann kommt der Krieg, und mit seinem Ende beginnt die Demokratisierung des Autos. Jetzt beginnt auch die zwei Jahrzehnte währende Blütezeit der Nationalstraße mit der Nummer Sieben, eine Zeit, in der diese Straße populär wird wie keine zweite. Selbst wenn der Aufbruch in die Ferien jedes Mal zu monströsen Staus führt. Die von Lapalisse, Vienne oder

Lavaur sind legendär. Dort stehen die Menschen stundenlang in der prallen Sonne Schlange. Die Motoren überhitzen. Man bleibt liegen. Aber man findet immer eine Werkstatt, die schnell helfen kann. Und die Fahrer, ihre Familien und ihre Mechanik können sich bei einem Zwischenstopp in den Raststätten erholen; man isst gut und günstig ... Als Beweis für die Bedeutung dieser Straße im Leben der Franzosen mag das Kartenspiel *1000 bornes* dienen (in Deutschland heißt das Spiel *1000 Kilometer*), das ein Verleger von Fahrschulmaterial 1954 in Anspielung auf die Länge der Nationalstraße 7 (996 km) eingeführt hat: Es wurde zu einem riesigen Erfolg. Bis heute wurden ungefähr 15 Millionen Exemplare verkauft! Jeder Franzose hat es mindestens einmal im Familienkreis gespielt.

Diese Ära, die sich in das kollektive Gedächtnis Frankreichs eingebrannt hat, endet abrupt im Jahr 1971, als die Autobahn A6 zwischen Paris und Lyon in Betrieb geht. Ihr folgte 1974 die Autobahn A7, welche Lyon und Marseille durchgehend miteinander verbindet. Mit deren Einweihung findet zugleich auch eine mehr als zwanzigjährige Straßenbau-Phase ihren Abschluss, an deren Ende Frankreich seinen Rückstand gegenüber anderen europäischen Ländern aufgeholt hat. Denn in Italien wurde zum Beispiel die Autobahn A1, die Mailand mit Neapel verbindet, bereits 1964 von Premierminister Aldo Moro freigegeben. Und in Deutschland wurden die Hauptachsen des Straßennetzes zwischen 1918 und 1933 in Zeiten der Weimarer Republik konzipiert, lange bevor Hitler an die Macht kam.

Der Wunsch, schneller ans Ziel zu gelangen, hat die Auffassung von einer Urlaubsreise radikal verändert. Damit verschwand auch eine gewisse Lebensart. Der Lauf der Zeit. Nun müssen sich die Verkehrsteilnehmer auf Autobahnraststätten drängeln, die trotz ihrer Bemühungen niemals denselben Charme haben werden wie die Innenstädte von Moulins oder Montélimar. Und zum Ferienanfang gibt es noch immer gigantische Staus, vielleicht länger noch als zuvor, etwa zwischen Valence und Orange. Doch objektiv betrachtet und ohne Verklärung betrachtet neigt sich die Waag-

schale eindeutig hin zur Autobahn: Die Verkehrssicherheit hat deutlich zugenommen, und dadurch, dass man schneller am Meer ist, hat man tatsächlich auch mehr vom Urlaub.
Was aber ist aus der Nationalstraße 7 geworden? Sie ist nicht verschwunden, aber die Strecke wurde von Unterbrechungen, Umleitungen und Kreisverkehren zerhackt. Die meisten Tankstellen haben geschlossen, ebenso die kleinen Restaurants. Wer tanken will, muss bei den unansehnlichen Einkaufszentren anhalten, die sich an den Stadträndern ausgebreitet haben. Nur auf der Hälfte ihrer Strecke heißt sie noch so.
Immerhin: Noch immer kann man von Paris nach Menton fahren, ohne dabei die Autobahnen zu benutzen.
Die mythische Straße hat übrigens immer noch ihre Liebhaber, seit der jüngsten Energiekrise ist sie sogar wieder in Mode gekommen. Immer beliebter wird sie auch bei den immer zahlreicher auftretenden Fahrern von Wohnmobilen, die auf ihren mehrtägige Roadtrips entlang der Straße die unglaublichen Reichtümer des französischen Kulturerbes entdecken können: das Schloss von Fontainebleau, Montargis, das auch »Venedig des Gâtinais« genannt wird, die Kathedrale Saint-Apollinaire in Valence, den Papstpalast in Avignon oder Èze, das einen außergewöhnlichen Blick auf die Riviera bietet.
Einige Gemeinden entlang der historischen Strecke setzen inzwischen voll auf die Nostalgiekarte. In Montélimar, der Hauptstadt des Nougats, empfängt ein Museum der Nationalstraße 7 die Besucher. In Roanne haben Enthusiasten eine halb verfallene Tankstelle restauriert. Im Departement Allier stellt Lapalisse alle zwei Jahre die berühmten »Bouchons«, die kilometerlangen Staus zu Ferienbeginn nach, für welche die Stadt berühmt geworden war. Aus ganz Frankreich kommen 1000 chrom- und lackglänzende Oldtimer aus den 1950er und 1960er Jahren zusammen.
Fahrer, Familien und Gendarmen sind stilecht gekleidet und Akteure eines erstaunlichen, temporären Museums mit rund 30.000 Besuchern, um »die guten alten Zeiten der Nationalstraße 7« zu feiern. Solche Events unterstreichen meine Überzeugung, dass das Auto nach wie vor ein wichtiger Bestandteil kollektiven Glücks ist.

S

Sammler

Oldtimer sind gewinnbringende Geldanlage. Ihre Preise klettern manchmal in unglaubliche Höhen. Auf Auktionen in Paris, London oder Los Angeles lösen sie bei Sammlern Hysterie aus. Im August 2023 wurden bei der Monterey Car Week in Pebble Beach, Kalifornien, fast 300 Millionen Euro umgesetzt. Mehr als 760 Autos wurden zu einem Durchschnittspreis von 388.613 Euro verkauft. Der teuerste Wagen, ein Ferrari 412 P Berlinetta Rennwagen, der 1967 in nur vier Exemplaren hergestellt worden war, erzielte einen Preis von über 30 Millionen US-Dollar. Neunzehn Ferraris waren übrigens unter den Top 30 der zu den höchsten Preisen verkauften Autos zu finden. Ein GTB/4, der dem Schauspieler Steve McQueen gehört hatte, erzielte zum Beispiel einen Preis von fünf Millionen Euro.

Was für eine Umkehrung! Es gab eine Zeit, in der sogenannte »Oldtimer«, die heute Millionen wert sind, auf dem Schrottplatz landeten. Wir befinden uns in den 1950er und sogar 1960er Jahren. Der Besitz eines Autos war erschwinglich geworden, und während die Deutschen auf einen Käfer hofften, träumten die Franzosen davon, sich einen Citroën 2 CV, einen Simca Aronde, einen Renault 4 CV oder einen Peugeot 203 leisten zu können, um mit der Familie in den Urlaub zu fahren. Nach den »Wilden Zwanzigern« und den Jahren vor Ausbruch des Zweiten Weltkriegs, den Zeiten, als sich die breite Masse kein Auto leisten konnte, etablierte sich das Auto allmählich als Alltagsgegenstand und wurde zu einem banalen Fortbewegungs- und Fluchtmittel – je moderner, desto besser. Nur einige wenige Unverbesserliche, die man bestenfalls für Originale hielt, verehrten weiterhin die schönen Autos von damals und vergaßen sie nicht. Diese »Verrückten« bezeichneten sich selbst als »chasseurs de vieux tacots«, als »Oldtimer-Schatzjäger«.

Einige waren auf der Jagd nach Bugattis, andere nach Hispanos, Voisins oder Delages. Wenn sie Glück hatten, konnten sie in der Scheune eines Bauern oder in einer alten Garage auf solche Schätze stoßen.

Marc Nicolosi, der Gründer der Rétromobile, der weltweit ersten Messe für Oldtimer, war einer dieser Pioniere. Er erinnerte sich: »Bugattis, Hispanos, Voisins, Delahayes und Talbots

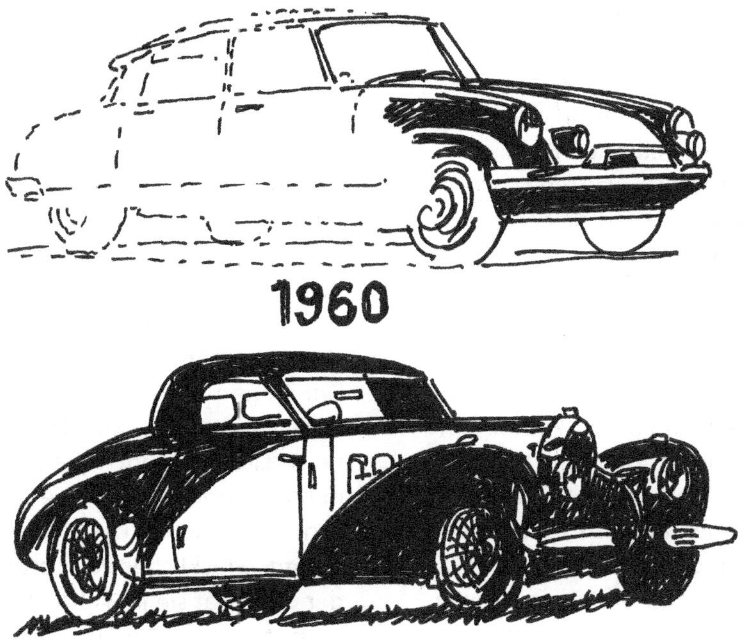

waren leicht zu finden, und wir waren wählerisch; mit Freunden trafen wir uns morgens und sagten: ›Achtung! Heute holen wir nur Bugattis.‹ Oder: ›Heute gehen wir nur auf Hispanos!‹ Das hat uns Spaß gemacht. Und wenn wir etwas anderes fanden, nahmen wir das nicht mit.«
Der erste, der daraus ein richtiges Geschäft machte, war Jean De Dobbeleer, ein belgischer Garagist. Dieser Oldtimer-Fan durchkämmte mit Hilfe von Informanten ganz Frankreich und kaufte dann Hispano-Suiza, Delage, Lorraine-Dietrich und andere De-Dion-Boutons, die er in den Nebengebäuden von Schlössern oder auf großen Landgütern gefunden hatte auf und dann in die USA weiter. Insgesamt exportierte er zwischen 1950 und 1960 sage und schreibe 140 Bugattis nach Übersee. Sein amerikanischer Agent, der Universitätsprofessor Gene Cesari, erklärte dazu: »Wir verdienten keine großen Provisionen, aber es war unsere Leidenschaft.« Für nichts gekauft, für nicht viel mehr verkauft, befinden sie sich heute in prestigeträchtigen amerikani-

schen Museen oder kommen auf den Auktionen in Pebble Beach an, wo sie gigantische Preise erzielen: fünf, zehn oder sogar zwanzig Millionen Euro.
In den 1960er Jahren tauchte dann eine wichtige Persönlichkeit in der Sammlerszene auf: Fritz Schlumpf, ein Textilfabrikant, dessen Fabriken in Mulhouse im Elsass angesiedelt waren. Innerhalb von zehn Jahren trug dieser Pionier eine Sammlung von mehr als 450 Autos zusammen. Die ältesten stammen aus den 1890er Jahren, die jüngsten (die »Klassiker«) aus den 1960er Jahren. Er war der Einzige, der den Wert dieser Modelle erkannte, bei denen es sich oft um Einzelstücke handelte. Ein Team von Facharbeitern, Mechanikern, Karosseriebauern und Sattlern restaurierte sie unter strengster Geheimhaltung. Schlumpf stellte sie auf 17.000 m² in einer ehemaligen Fabrik aus, die von 900 Bronzeleuchten beleuchtet wurde, Nachbildungen der 32 Straßenlaternen der Alexandre-III-Brücke in Paris: »Das ist das schönste Automobilmuseum der Welt«, behauptete Fritz Schlumpf zu Recht. Doch von der Textilkrise schwer getroffen, ging sein Konzern 1977 in Konkurs. Es war eine Zeit extremer sozialer Spannungen, und das Schlumpf-Drama wurde von den Feuilletons der Gazetten begierig aufgegriffen und weiter befeuert. Die Gewerkschaften besetzten das Gelände, benannten es in »Arbeitermuseum« um und forderten den Verkauf der Sammlung, um die Verluste des Unternehmens auszugleichen. Der wegen Veruntreuung von Firmenvermögen und Steuerhinterziehung angeklagte Unter nehmer verlor alles. Seine Sammlung wurde beschlagnahmt. Glücklicherweise stufte der Staatsrat sie im April 1978 als historisches Denkmal ein und verhinderte so eine Zerschlagung der Sammlung. 1980 wurde sie für 44 Millionen Francs an die neu geschaffene »Association du Musée national de l'automobile« verkauft, die von den lokalen Gebietskörperschaften und dem Automobile Club de France (ACF) gegründet worden war, um das Museum in Mulhouse zu retten. Seit Juli 1982 ist das Museum für die Öffentlichkeit zugänglich, doch sein 1989 verstorbener Schöpfer hat es nie wieder besucht.
Wie gesagt: Bis Ende der 1960er Jahre interessierten sich nur wenige Menschen überhaupt für

Oldtimer. Nur Schlumpf und einige US-amerikanische Milliardäre wie William F. Harrah und John W. Shakespeare legten Sammlungen an. Sie suchten zunächst nach Modellen der Messing-Ära (die vor 1914 hergestellt wurden) mit Azetylen-Scheinwerfern. Dann entdeckten sie die französischen Bugatti, Talbot, Hispano, Delahaye und Delage, die italienischen Alfa Romeo und Lancia sowie die deutschen Mercedes, BMW und Horch. Diese hinreißenden Fahrzeuge aus der Vorkriegszeit mit ihren prächtigen Karosserien und oft außergewöhnlichen mechanischen Leistungen erlangten so endlich die ihnen zustehende Anerkennung. Und ihre Preise begannen zu steigen: 1950 war ein Bugatti Typ 57 nur den Schrottpreis von damals knapp 3000 Francs wert, während ein neuer Citroën DS 19 gut 930.000 Francs kostete. Im Jahr 1960 war derselbe Bugatti zwar schon 300.000 Francs wert, doch noch immer nur ein Drittel eines Citroën DS. 1970 kostete der Bugatti dann schon so viel wie eine neue DS 21 ... Eine schöne Entwicklung, aber auch ein Preis, der für viele Liebhaber erschwinglich blieb. Einer der Sammler aus diesen frühen Jahren erinnert sich: »Wir kamen aus allen sozialen Schichten, aber wenn wir uns trafen, waren wir alle Freunde, angetrieben von der gleichen Leidenschaft für die schönen Autos von damals. Jeden Samstag trafen wir uns in einer Garage und setzten uns auf Kisten, mit Zeitungen als Tischdecke, einer Flasche Wein und Wurst. Dort saßen Intellektuelle und Handwerker, Millionäre und Habenichtse. Und man fachsimpelte stundenlang über Bugatti, Hispano oder Voisin.« Der Schlossherr saß neben dem Studenten, dem Mechaniker, dem Bankier, dem Lehrer, dem Künstler, dem Industriellen oder dem Gendarmen ... und den ersten Fachhändlern. Echte Autoliebhaber, die gerne mit den »alten Schätzchen« aus den 1900er Jahren oder den schnellen Delage, Bugatti oder Hispano aus den 1930er Jahren fuhren. Wenn ein Motor kaputt ging, ersetzte man ihn durch einen anderen, den man bei einem Schrotthändler gefunden hatte, weil es einfacher war, und auch, weil eine Reparatur zu teuer war. Diese Zeiten sind vorbei. Die Globalisierung, die Mediatisierung und vor allem das

Internet haben alles auf den Kopf gestellt. Der Auktionator Hervé Poulain erklärt es sehr gut: »Sobald heute irgendwo auf der Welt ein schönes Auto in einer Scheune gefunden wurde, geht die Nachricht um die ganze Welt.« Auktionen werden live übertragen, mit Bietern natürlich im Auktionssaal, aber vor allem am Telefon und im Internet. Der Auktionsverlauf wird von den Medien, Händlern und Käufern Minute für Minute verfolgt, so wie Börsenhändler die Kurse der Börsenindizes überwachen. Ein in Paris vorgestelltes Auto wird von Tokio aus von einem Anonymus hinter seinem Computer gekauft. Die Ferraris, Porsches, McLarens und Bugattis, die für fünf oder sechs Millionen Euro, manchmal sogar für bis zu zwanzig Millionen Euro weggehen, werden nie wieder fahren. Als Geldanlage mutieren sie zu Museumsstücken, die manchmal bei Schönheitswettbewerben ausgestellt werden. Beispiel: 2017 erzielte ein Bugatti-Cabriolet 57 S mit einer Karosserie von Vanvooren bei einer amerikanischen Auktion einen Preis von sieben Millionen Euro. Einer seiner früheren Besitzer, ein französischer Amateur, erklärte: »Ich hatte dieses Auto 25 Jahre zuvor gekauft, es war eine Liebe auf den ersten Blick, keine Investition! Ich bin Tausende von Kilometern damit gefahren, ohne an den Preis zu denken. Ich habe es genossen.« Wird sich der neue Besitzer nach der Zahlung von sieben Millionen Euro überhaupt trauen, damit zu fahren und es zu genießen? Die großen Auktionshäuser wie Artcurial aus Frankreich, Gooding & Company aus den USA, Bonhams und Christie's aus England oder RM Sotheby's aus Kanada bestimmen die Spielregeln. Es gibt drei Kriterien, die den Preis eines Oldtimers bestimmen. Erstens die »matching numbers«, die übereinstimmenden Nummern von Fahrgestell, Motor und Karosserie. Sie belegen, dass der Wagen ab Werk ausgeliefert wurde. Zweitens die Geschichte des Fahrzeugs: eine prestigeträchtige Erfolgsbilanz (bei einem Rennwagen), Vorbesitzer (Könige, Motorsportchampions, Prominente und so weiter). Und drittens die Marke: An der Spitze der Tabelle steht Ferrari für die »Klassiker-Ära« (1950er bis 2000er Jahre), Mercedes, Bugatti, Duesenberg für die Vorkriegszeit. Auch Porsche, Alfa

Romeo, Aston Martin und sogar Exemplare fast unbekannter Marken können Spitzenwerte erreichen, und das aus tausend guten Gründen, die nur die gewieftesten Spezialisten zu beurteilen vermögen. Doch trotz der Globalisierung und der steigenden Preise ist der Sammlermarkt kein alleiniges Privileg von Superreichen und auch nicht zur Spielwiese von Spekulanten geworden (die wie an der Börse dabei auch ihr letztes Hemd verlieren können). 2023 gab es in Frankreich laut den offiziellen Zahlen der Fédération française des véhicules d'époque (FFVE) gut 800.000 Oldtimer und wahrscheinlich fast ebenso viele Sammler. Denn diese Leidenschaft ist unabhängig vom Geldbeutel. Sie beschränkt sich nicht auf millionenteure Ferraris. Sie beginnt bei profanen Citroën 2 CV (der bis zu 120.000 Euro kosten kann, wenn er Null Kilometer auf dem Tacho hat), und wie beliebt die »Ente« ist, zeigt der Blick in die Clubszene: Allein in Frankreich gibt es etwa zehn davon, die sich dem ikonischen Citroën widmen, und anderen Ländern sieht es ähnlich aus. Diese Sammler sind die zahlenmäßig größte Gruppe – und vielleicht auch die glücklichste.

Schumacher, Michael

Ist er der größte Fahrer in der Geschichte der Formel 1? Eine schwierige Frage, auf die es keine hundertprozentige Antwort gibt. Denn Juan Manuel Fangio oder Ayrton Senna vor ihm, Lewis Hamilton oder Max Verstappen nach ihm haben ebenfalls großartige Erfolge vorzuweisen. Aber Michael Schumacher nimmt in meinen Augen dennoch eine Sonderstellung ein. Er war nicht nur sieben Mal Weltmeister, sondern er ist auch der einzige, der das Rot von Ferrari auf allen Rennstrecken der Welt zum Leuchten gebracht hat! Dieser ultraschnelle Fahrer hat jede Wettbewerbsklasse, in der er antrat, dominiert.
Der unweit von Köln in Hürth-Hermülheim geborene Ferrari-Pilot gewann seine erste Kart-Meisterschaft bereits im Alter von fünf Jahren. Unerschrocken ließ er Konkurrenten hinter sich, die deutlich älter waren als er. Vielleicht lag es daran, dass er zwei Jahre lang auf einem von seinem Vater Rolf Schumacher entwickelten Gerät mit Rasenmähermotor trainiert hatte. Seine Eltern spielten sowieso eine Schlüsselrolle bei seinem

sportlichen Aufstieg, sie wurden sogar Angestellte des Kartclubs, in dem er trainierte. 1984 wurde er im Alter von 15 Jahren deutscher Juniorenmeister im Kartsport.
Alles entwickelte sich positiv für den jungen Michael, der von zwei Freunden der Familie finanziell unterstützt wurde: Gerd Noack, einem Teppichhändler, und Jürgen Dilk, einem Hersteller von Spielautomaten. Letzterer begleitete ihn bis an die Tür zum Spitzensport.
Nachdem er in verschiedenen Einsitzer-Formeln geglänzt hatte, wurde er von dem ehemaligen Rennfahrer Willi Weber entdeckt, der ihn in der Formel 3 fahren ließ. Nach drei Saisons, in denen er zahlreiche Siege errang, wechselte er zu den Langstreckenrennen, bei denen er einen Sauber-Mercedes steuerte. So wurde er beispielsweise 1991 Fünfter beim 24-Stunden-Rennen von Le Mans. Im selben Jahr machte er auch einen Abstecher in die Formel 3000, das Vorzimmer der Formel 1.
Und Michael Schumacher musste nicht lange warten, um durch die letzte Tür zu treten, um die letzte Stufe zu Königsklasse des Motorsports zu erklimmen. Der Ire Eddy Jordan gab ihm in seinem F1-Rennstall beim Großen Preis von Belgien in Spa Francorchamps einen Platz, weil kurzfristig das Cockpit des französischen Fahrers Bertrand Gachot frei geworden war, der in England inhaftiert worden war. Bei den Testfahrten beeindruckte er seine älteren Kollegen Ayrton Senna und Alain Prost auf Anhieb, auch wenn ein Kupplungsschaden ihn zwang, das Rennen in der ersten Runde abzubrechen. Doch allein diese Vorstellung genügte meinem Freund Flavio Briatore, um ihn unverzüglich für den von ihm geleiteten Benetton-Rennstall engagierte.
Jetzt konnte ihn nichts mehr aufhalten. Er avancierte schnell zu einem der besten Fahrer der Formel 1 und holte 1994 und 1995 seine ersten beiden Titel am Steuer eines Benetton-Rennwagens. Das öffnete ihm die Türen bei Ferrari. Der Franzose Jean Todt, der zu einem seiner engsten Vertrauten wurde, nahm ihn unter Vertrag, und zwischen 2000 und 2006 heimste er fünf Jahre lang Pole-Positions, Siege und Titel ein. Der von seinen Fans »Schumi« gerufene Schumacher erhielt in jenen Jahren einen neuen Spitznamen:

»Der Rote Baron«. Die deutsche Öffentlichkeit wird sich immer daran erinnern, dass er im Laufe seiner Karriere sieben Mal bei seinem Heimrennen gewonnen hat, vier Mal auf dem Hockenheimring und drei Mal auf dem Nürburgring. Kein Fahrer hat in seinem Heimatland so gut abgeschnitten.
Am Ende der Saison 2006 trat er ein erstes Mal in den Ruhestand, bevor er 2010 ein Comeback am Steuer eines Mercedes versuchte. Mit seinen 40 Jahren war er jedoch langsamer geworden, die Kombination Schumacher und Mercedes funktionierte nicht. Seine Ergebnisse waren enttäuschend. Daher zog er sich am Ende der Saison 2012 endgültig zurück. Alles endete leider mit einem Skiunfall, den er im Dezember 2013 im französischen Skiort Méribel erlitt. Seitdem ist er nicht mehr in der Öffentlichkeit aufgetreten. Sein Bruder Ralf und sein Sohn Mick, der als Werksfahrer von Alpine bei Langstreckenrennen fungiert, sorgen dafür, dass der Name der Familie im Motorsport nicht vergessen wird.
Denn dieser Champion, der zu einer Legende der Formel 1 geworden ist, verdient unsere höchste Wertschätzung.

Sicherheit

von Jean Todt,
Sondergesandter des UNO-Generalsekretärs

Ich habe meine Karriere in der Automobilbranche zu einer Zeit begonnen, als der Motorsport sehr gefährlich war. Im Laufe der Jahre wurden aber auf dem Gebiet der Sicherheit große und bedeutende Fortschritte erzielt, und auch ich bin mir sehr schnell der Tragweite des Problems bewusst geworden.
Ich habe die Verbesserung der Sicherheit zu einem der Schwerpunkte meines Handelns gemacht.
Das Halo-System wurde während meiner Präsidentschaft bei der FIA (Fédération Internationale de l'Automobile) in allen einsitzigen Fahrzeugklassen eingeführt. Das war schwierig, denn ich hatte mit vielen Vorbehalten zu kämpfen. Aber wenn man von etwas überzeugt ist und davon, dass man damit Leben retten kann, muss man dafür einstehen. Sicherheit ist zudem heute auch das Kernmandat in meiner Funktion als Sondergesandter des Generalsekretärs der Vereinten Nationen für Verkehrssicherheit.

Am Anfang, als ich noch Copilot im Rallyesport war, kannte ich die Gefahr nicht und konnte sie nicht einschätzen. Aber nach und nach wurde mir das Risiko bewusst, und ich begann, mich selbst zu schützen. Als ich später Teamchef bei Peugeot und dann bei Ferrari wurde, gehörte zu den obersten Prioritäten in meinem Pflichtenheft, die Autos und die Ausrüstung so sicher wie möglich zu machen. Leider musste ich in dieser Zeit immer noch teilweise sehr schwere Unfälle miterleben. Ich hielt es für wichtig, etwas dagegen zu unternehmen.

Als ich 1993 zu Ferrari kam, beschlossen wir, ernsthaft etwas gegen Unfälle auf der Rennstrecke zu tun: Sicherheit rückte nun ganz oben auf meine Agenda. Die Folge: Zwischen 1994 und 2024 gab es nur einen einzigen Toten auf der Rennstrecke, einen Toten zu viel allerdings: den jungen Franzosen Jules Bianchi, der 2015 an den Folgen des Unfalls beim Großen Preis von Japan im Oktober 2014 starb. Heute, mit den seitdem ergriffenen Maßnahmen, wäre dieser Unfall wahrscheinlich wesentlich glimpflicher abgelaufen. Das bedeutet nun nicht, dass die Formel 1 zu 100 % sicher ist, aber man ist heute auch bei Highspeed-Crashs nicht mehr allzu sehr überrascht, wenn der Fahrer selbst aus dem Auto steigt: Im Rennsport wurden also spektakuläre Fortschritte erzielt.

Nachdem ich Ferrari verlassen hatte, wurde ich zum Präsidenten der FIA gewählt. Auch hier standen Sicherheitsüberlegungen im Zentrum meiner Tätigkeit, im Rennsport, aber auch auf den Straßen. Und sie gewannen noch mehr an Gewicht, vor allem als ich erfuhr, dass es damals weltweit jedes Jahr 1,3 Millionen

Verkehrstote gab: Verkehrsunfälle waren die häufigste Todesursache bei jungen Menschen im Alter zwischen fünf und 29 Jahren, und jährlich gab es 40 bis 50 Millionen Verletzte, von denen einige bis an ihr Lebensende behindert blieben. Das löste etwas in mir aus. Ich war an einem Punkt in meinem Leben angelangt, an dem ich etwas zurückgeben wollte. Das kann man am besten im Rahmen seines Fachgebiets.

Mit meinem Freund Professor Gérard Saillant, einem bekannten orthopädischen Chirurgen, beschlossen wir ein Grundlagenforschungszentrum für neurologische und psychiatrische Erkrankungen, das ICM, das »Institut du cerveau et de la moelle épinière«, zu gründen. Bis zu 1000 Forscher arbeiten für dieses Institut auf dem Gelände des Pariser Krankenhauses Pitié-Salpêtrière zusammen. Es wurde 2010 ins Leben gerufen.

Im Jahr 2015 wurde ich vom Generalsekretär der Vereinten Nationen, Ban Ki-moon, zum Sondergesandten für Verkehrssicherheit ernannt. Später wurde ich in dieser Funktion von António Guterres wieder-ernannt.

Zu den Dingen, die ich heute vorrangig tue, gehört, dass ich als Sondergesandter des Generalsekretärs der Vereinten Nationen und als Pilger in Sachen Verkehrssicherheit unterwegs bin: Ich spreche mit Regierungen, mit dem öffentlichen wie auch dem privaten Sektor, damit die stille Pandemie, die Seuche der Verkehrsunfälle bekämpft wird.

Einige Länder haben nicht auf mich gewartet: In den letzten fünfzig Jahren haben die europäischen Länder die Zahl der Todesopfer auf ein Fünftel reduziert, während die Zahl der Fahrzeuge um das Dreifache gestiegen ist. Die Klassenbesten sind die kleinen, hochgebildeten Länder wie Dänemark, Schweden, die Schweiz oder die Niederlande. Auch England hat sehr gute Arbeit geleistet. Ebenso wie Australien, Südkorea oder Japan. Leider befinden sich 92% der Opfer in Entwicklungsländern, wo viele Nachteile zusammenkommen: keine Bildung, keine Einhaltung der Verkehrsregeln, alte Fahrzeuge, schlechte Straßen, wenig öffentliche Verkehrsmittel und schlechte Rettungsdienste.

In diesen Ländern ist den

Einwohnern nicht bewusst, wie verletzlich man als Fußgänger, Fahrer eines zwei- oder vierrädrigen Fahrzeugs oder Passagier eines Verkehrsmittels im Straßenverkehr sein kann; 70 bis 75 % der Unfälle betreffen Fußgänger und Zweiradfahrer.
Oft sind meine Gesprächspartner überrascht, wenn ich ihnen diese Zahlen präsentiere.
Einige, nicht alle, haben Lust, sich für diese Sache zu engagieren. Andere wiederum ergreifen die Initiative und kontaktieren uns mit der Bitte, sie zu begleiten.
Die erste Herausforderung besteht darin, ein Bewusstsein für das Problem zu schaffen. Ich war kürzlich in El Salvador in Mittelamerika, wo der amtierende Präsident mir gegenüber die Verkehrssituation nach der Bandenkriminalität als die zweitgrößte Geißel seines Landes bezeichnete. Nachdem er 60.000 Menschen ins Gefängnis gebracht hat, wollte er nun der Erhöhung der Verkehrssicherheit Priorität einräumen.
Ein weiteres Beispiel: Im afrikanischen Sierra Leone gibt es 33 Verkehrstote pro 100.000 Einwohner (fast siebenmal so viele wie in Frankreich). Die Behörden des Landes versicherten mir, dass sie sich für eine Änderung der Situation einsetzen würden.
Die Kosten dieser weltweiten Unsicherheit im Straßenverkehr sind schrecklich: Zwei Billionen Euro pro Jahr auf globaler Ebene. In Frankreich schätzt das Wirtschaftsministerium, dass die jährlich 3200 Toten und 200.000 Verletzten die Allgemeinheit 52 Milliarden Euro kosten; die Schätzungen für Deutschland – wo die Zahl der Verkehrstoten bei etwa 3000 und die der Verletzten bei rund 360.000 liegt – geht man von volkswirtschaftlichen Schäden in Höhe von rund 38 Milliarden Euro aus. Auch in den USA sind Verkehrsunfälle die häufigste Todesursache bei den unter 54-Jährigen. Die Zahl der Unfallopfer ist dreimal so hoch wie in Frankreich, und die Kosten belaufen sich auf 340 Milliarden US-Dollar pro Jahr. Die Unfälle verursachen Kosten in Höhe zwischen 2 % und 7 % des BIP des jeweiligen Landes.
Nachdem wir das Problem nun erst einmal adressiert haben, stellt sich die Frage nach geeigneten Gegenmaßnahmen: Was können wir also tun?
Zunächst werden wir mithilfe einer weltweiten Werbekam-

pagne, die in Zusammenarbeit mit dem Plakathersteller JCDecaux durchgeführt wird, durch einige einfache, aber starke Botschaften die Öffentlichkeit sensibilisieren. In den nächsten zwei Jahren werden in 1000 Städten und 80 Ländern 14 Prominente, darunter meine Frau, Schauspielerin und UNDP Goodwill Ambassador Michelle Yeoh, die Sängerin Kylie Minogue, die Schauspielerin Julie Gayet, der Tennisspieler Novak Djokovic, der Schauspieler Patrick Dempsey, der Sänger Youssou N'Dour, die Rennfahrer Charles Leclerc und Mick Schumacher, das Supermodel Naomi Campbell oder die Fußballer Didier Drogba und Ousmane Dembélé für das Anlegen von Sicherheitsgurten auf Vorder- und Rücksitzen, für das Tragen von Motorradhelmen, für Geschwindigkeitsbegrenzungen und gegen den Gebrauch von Telefon, Alkohol und Drogen am Steuer werben. Würden diese einfachen Regeln befolgt werden, würde sich die Zahl der Opfer in allen Entwicklungsländern sofort mindestens halbieren. Ich setzte darauf, dass die Botschaft dieser prominenten Idole Beachtung findet. Die Kampagne wurde am 2. und 3. März 2024 auf Einladung der Elfenbeinküste und damit zum ersten Mal in Afrika gestartet, denn nach wie vor sind in dieser Region die meisten Straßenverkehrsopfer zu beklagen.

Auch in den Industriestaaten gibt es noch Handlungsbedarf. Man darf sich nicht mit den bereits erzielten Fortschritten zufriedengeben. EU-weit gibt es die Vision, die Zahl der Toten und Schwerverletzten bis 2030 auf die Hälfte zu reduzieren. Eine Maßnahme wären häufigere Geschwindigkeitskontrollen. Vorbild ist die Schweiz, in der ich lebe: Eine geringe Geschwindigkeitsüberschreitung (52 statt 50 km/h) führt zum sofortigen Führerscheinentzug für zwei Monate und der Zahlung einer Geldstrafe von 1000 bis 2000 Schweizer Franken. Erhöhtes Gefahrenbewusstsein und Disziplin bei den Fahrern einerseits und konsequente Einhaltung bestehender Gesetze andererseits sind die beiden Maßnahmen, die unbedingt gefördert werden müssen.

Ich werde oft gefragt: Wie kann es sein, dass aus »Mister Speed« der »Mister Road Safety« geworden ist? Ich liebe die Geschwindigkeit, in der Tat. Aber nicht auf der Straße. Wenn man schnell fahren will, muss man auf eine geeignete Rennstrecke gehen. Die Debatten über Tempolimits sind vor diesem Hintergrund überflüssig. Wenn wir durch diese Maßnahme Leben retten können, sollten wir sie auch einführen. Ein Auto, das konstant 80 km/h statt 90 km/h fährt, erreicht bei einer Stunde Fahrzeit lediglich um sechs Minuten später das Ziel! Auch die Städte müssen Regelungen erlassen, welche alle neuen Mobilitätsformen berücksichtigen: Elektrofahrräder, Roller, Scooter ... Es ist wichtig, dass jeder Verkehrsteilnehmer, der sich so fortbewegt, Verantwortung übernimmt, auch ohne dass er einen Führerschein hat.

Menschen machen oft Fehler. Sie müssen sich aber dessen bewusst werden, dass sie im Verkehr nicht nur für sich selbst, sondern auch für andere eine Gefahr darstellen.

In diesem Kampf für mehr Sicherheit haben auch die Autohersteller eine Rolle zu spielen. Sie haben zum Beispiel mit dem ABS schon bemerkenswertes geleistet, aber sie können noch besser werden. Das Problem besteht insbesondere darin, dass je nach Land, in dem ein Auto gebaut oder verkauft wird, Unterschiede in der Sicherheitsausstattung vorhanden sind. Ein Europäer wird gegenüber einem Peruaner oder Kolumbianer bevorzugt, denn deren Wagen wird vielleicht keine elektronische Stabilitätskontrolle aufweisen. Ein weiteres Problem ist das Alter der Fahrzeuge – weniger in den Industrieländern als vielmehr in Afrika, Asien oder Lateinamerika, wohin in Europa aussortierte alte Autos in schlechtem Zustand oft verschifft werden. Auch das führt leider zu Opfern, wiewohl es besser ist, in einem sehr verschlissenen Auto unterwegs zu sein als zu viert ohne Helm auf einem Motorrad! Nebenbei bemerkt, möchte ich noch zur Qualität der verfügbaren Sicherheitsausrüstung etwas anmerken: In Ruanda, wo die Bevölkerung sehr diszipliniert ist, trägt jeder einen Helm. Da diese jedoch sehr billig sind, zerbrechen sie bei einem Unfall wie Glas. Deshalb haben wir belüftete Helme für weniger als 20 US-Dollar entwickelt, die die höchsten UN-Standards für Helme erfüllen. Die Verwendung eines hochwertigen Helms senkt das Risiko schwerer Verletzungen um 69 %. Unsere Herausforderung besteht also darin, die Länder zum Kauf dieser Helme zu ermutigen und Hersteller zu finden, die sie produzieren können. Wir wissen bereits, dass das Produktionspotenzial bei sieben Millionen Stück liegt.

Die Vereinten Nationen haben sich zum Ziel gesetzt, die Zahl der Todesopfer im Straßenverkehr bis 2030 zu halbieren. Meiner Meinung nach sind Unfälle im Straßenverkehr eine schleichende, leise sich ausbreitende Pandemie. Ich möchte sie in das Licht der Öffentlichkeit zerren. Wird genug getan? Die Antwort lautet »nein«, aber alles, was getan wird, ist besser, als nichts zu tun. Doch was kann man noch mehr machen, und dieses vor allem besser? Das ist von entscheidender Bedeutung. Wir können nicht einfach auf das selbstfahrende Auto warten, das tatsächlich die Risiken verringern wird, aber erst in dreißig oder fünfzig Jahren und wahrscheinlich nur in den am weitesten entwickelten Ländern auf den Markt kommen wird. Bis dahin besteht die Gefahr, dass -zig Millionen Menschen ihr Leben verlieren. Natürlich könnte die Ausbreitung von Kriegen in mehreren Ländern diese Anstrengungen behindern. Doch eines Tages bat mich der damalige Präsident von Afghanistan auf dem Davoser Forum um ein Gespräch. Er meinte: »Wie können Sie uns helfen? Bei uns sterben viel mehr Menschen auf der Straße als im Krieg.«

Eine erschütternde Feststellung.

SUV (Sport Utility Vehicle)

Je mehr man mit dem Finger auf sie zeigt, desto mehr scheinen die Verbraucher sie zu lieben. SUVs, die von Umweltschützern verschrien sind, stehen in allen europäischen Ländern an der Spitze der Verkaufszahlen. Das geht so weit, dass dieser Anglizismus (SUV steht für »sport utility vehicle«) in den allgemeinen Sprachgebrauch eingegangen ist. Und seit 2018 auch in die Wörterbücher, dort charakterisiert als »voluminöse Kraftfahrzeuge, die sich durch eine erhöhte Karosserie und eine starke Motorisierung auszeichnen und zwischen einem

Geländewagen und einem Minivan angesiedelt sind«. Eine griffige Definition, aber dennoch nur die halbe Wahrheit und kaum ausreichend, um die ganze Vielfalt des Angebots darzustellen. Klein, mittelgroß oder groß, stadttauglich oder geländegängig, preiswert oder sehr teuer, kastig oder coupéhaft – für jedes Marktsegment, für jeden Geschmack gibt es den passenden SUV-Typ. Zwischen den leichtesten und den schwersten liegen mehr als eine Tonne Fahrzeuggewicht. Meist handelt es sich um Familienautos mit einer angetriebenen Achse, die den braveren Minivans ähneln, ihnen in der Publikumsgunst aber den Rang abgelaufen haben. Was sie bei der Käuferschicht so beliebt macht: Sie vermitteln ein Gefühl der Sicherheit, eine bessere Sicht auf die Straße und mehr Platz für Gepäck bei gleicher Länge. Das ist der Range-Rover-Traum, der für jeden erschwinglich ist. Die SUV-Mode kam, wie so oft, aus den USA. Der Jeep Wagoneer, der 1963 auf den Markt kam, machte den Anfang, gefolgt von zahlreichen Modellen, die von Pick-ups abgeleitet wurden und daher Lkw-Gene trugen. Es dauerte jedoch bis Mitte der 1990er Jahre, bis diese neue Kategorie auch in Europa auftauchte. Die Japaner Toyota mit dem RAV4 und Honda mit dem CRV waren die ersten, die kompakte Fahrzeuge mit selbsttragender Karosserie im Geländewagenstil, Pkw-Komfort und auch Allradantrieb auf den Markt brachten. Die deutschen Mercedes und BMW zogen nach und präsentierten die berühmte M-Klasse und den X5, leistungsstarke und sehr hochwertige Autos. Aber erst ab 2010 erwuchs daraus eine mächtige Welle, welche die gesamte Industrie erfasste, wobei Fahrzeuge wie der Dacia Duster, Peugeot 3008 oder Volkswagen Tiguan vorneweg fuhren. Neue Marktteilnehmer wie die koreanischen Unternehmen Kia oder Hyundai zogen mit dem Sportage oder dem Tucson nach und verstärkten diesen Trend. Diese waren vielleicht weniger sportlich, meist ohne Allradantrieb, dafür aber sehr gut ausgestattet und preisgünstiger, erreichten eine breite Zielgruppe und demokratisierten das SUV. Alle Hersteller sprangen nun auf diesen Erfolgszug auf, in den Design- und Entwicklungsabteilungen wurde das SUV-Format auf die gesamte Modellpalette übertragen. X1, X2, X3 und X4 bei BMW. Q2, Q3 oder Q5 bei Audi, 2008, 3008, 5008 bei Peugeot – diese Aufzählung ließe sich beliebig fortsetzen, auch ausgesprochene Luxusmarken wie Bentley, Aston Martin, Lamborghini und auch Porsche haben inzwischen SUVs im Angebot. Praktisch alle Modelle stehen mit Hybridmotor oder sogar ausschließlich als Hybrid zur Verfügung, einige haben bereits auf 100 % Elektroantrieb umgestellt.

Sind SUVs umweltschädlicher? Studien zeigen, dass der Abstand zu den anderen Fahrzeuggattungen gering ist. Ihre Kraftstoffeffizienz liegt je nach Größe um 5 bis 15 % unter der von konventionellen Limousinen. Dafür sind sie oft aerodynamischer als Minivans, deren Daseinsberechtigung aber nie in Frage gestellt wird. Die Überlegungen, diese Fahrzeuge höher zu besteuern, was immer mal wieder zu hören ist, könnte sozial ungerecht und wirtschaftlich gefährlich sein, denn nach welchen Kriterien soll und kann man zwischen kleinen, mittleren und großen SUVs unterscheiden? Zumal der Umstieg auf Elektroautos nicht ohne Folgen für die Größe der Autos bleibt. Die Batterien sind mindestes 20 Zentimeter hoch und unter dem Fahrgastraum platziert, wodurch die Fahrzeuge zwangsläufig in der Höhe und sogar in der Länge wachsen. Ich wette also, dass wir noch lange SUVs aller Art auf den Straßen sehen werden. Ein Zeichen dafür ist, dass Tesla sein Modell Y in diesem Segment positioniert hat.

T

Tesla

Meine erste Begegnung mit einem Tesla war fast slapstickreif. Es war im Jahr 2011, als ich die Marketingabteilung bei Volkswagen leitete. Eines Abends stellte uns der Leiter der Produktstrategie, Matthias Müller, der später Chef von Porsche und dann des Volkswagen-Konzerns wurde, in dem Hotel, in dem der Konzern ein Seminar veranstaltete, wie immer ein neues Modell der Konkurrenz vor. Diesmal bekamen wir ein seltsames, ziemlich unwahrscheinliches Gerät zu sehen: den ersten Tesla!

Es handelte sich tatsächlich um einen Lotus Elise Roadster, der hinten mit Batterien vollgestopft war. Wir fuhren um das Viertel herum und waren überrascht von der Beschleunigung und der Lebendigkeit des »Dings«. Durchdrungen von der Volkswagen-Kultur, prüften wir aufmerksam die Montage, den Komfort und die Verarbeitung. Unsere Urteile waren ziemlich herablassend und unsere Kommentare ein wenig ironisch. Um ehrlich zu sein, erschien uns das Objekt exotisch.Nur zwei Jahre später, im Jahr 2013, war Schluss mit lustig.

Kompletter Szenenwechsel. Ich bin von Natur aus neugierig und Innovationen gegenüber sehr aufgeschlossen. Daher begann ich, als das Model S auf den Markt kam, mich genauer mit Tesla zu beschäftigen. In meinem Kopf leuchteten alle Warnlampen hell auf. Und bei einem jährlichen Treffen des Topmanagements warnte ich vor der Bedeutung des sich anbahnenden Phänomens.

Ich war nicht der Einzige, der so dachte. 2014 wechselte ich als Vorstand für Vertrieb und Marketing zu Audi. An einem der Tage, an dem das Board tagte, überraschte Ferdinand Piëch, der damalige Vorstandsvorsitzende des Volkswagen-Konzerns, seine Managementblase, indem er in einem Tesla vorfuhr. Anstatt seines üblichen R8 Coupés mit V10-Motor. In der Meute der deutschen Repräsentationswagen, die auf dem Parkplatz aufgereiht waren, stach das Model S wie ein Fremdkörper hervor. Piëch sprach nicht viel, er arbeitete viel mit Symbolen. Hier wollte er seinen Teams signalisieren: »Passt auf!«. Das war für mich die Bestätigung, dass eine mächtige Entwicklung in Gange gekommen war und dass diese gigantische Dimensionen annehmen könnte. Und genau das trat ja dann auch ein.

Der Aufstieg von Tesla war rasant. Eine Modellreihe, die quasi aus dem Nichts auftauchte und innerhalb weniger Jahre den Löwenanteil des Elektromarkts eroberte. Die von Elon Musk gegründete Marke war ein Elektroschock für die gesamte Automobilindustrie. Sie hat bewiesen, dass sich immer noch neue Autokonzepte mit hoher Rentabilität umsetzen lassen. Wir hatten uns in einer Technologie eingerichtet, die seit 125 Jahren im Großen und Ganzen gleich geblieben war, als – badaboum! – ein scheinbar launischer Typ beschloss, eine ganze Branche herauszufordern. Wenn man mir sagt, dass man mit Autos kein Geld mehr verdienen kann, antworte ich, dass einer der reichsten Männer der Welt Autos herstellt. Das meistverkaufte Fahrzeug in Europa im Jahr 2023 war – über alle Energieträger hinweg – der Tesla Model Y. Dieser außergewöhnliche Erfolg symbolisiert auch den disruptiven Geschäftsansatz, der dem Silicon Valley eigen ist, und das, was es hervorzubringen vermag. Elon Musk hat nicht versucht, Batterien auf mehr oder weniger erfolgreiche Weise an Verbrennungsmodelle anzupassen, sondern er hat mit einem weißen Blatt Papier begonnen. Er hat keine Software in ein Auto implementiert, er hat ein Auto um ein Smartphone herum konzipiert. Wer einen Tesla kauft, tritt in ein Universum ein, in ein komplettes System, wie es Apple aufgebaut hat. Gleichzeitig spielerisch und einfach in der Anwendung. An Bord aktualisiert sich das Betriebssystem automatisch Over-The-Air, über WLAN werden neue Merkmale eingerichtet und bestehende Funktionen verbessert. Der Routenplaner zeigt mit äußerster Präzision den Standort und die Verfügbarkeit von Superchargern an, der Verbrauch wird je nach Ladezustand des Autos und Fahrweise vorausberechnet, eine Sentinel-Funktion ermöglicht es, die Umgebung des Autos wie bei der häuslichen Alarmanlage zu filmen und aufzuzeichnen. Optionen können jederzeit online gekauft werden, das Aufladen wird automatisch per Lastschrift abgerechnet ... Kurz gesagt, Tesla hat es sofort verstanden, die Herzen der technisch versierten Autofahrer anzusprechen. Aber auch Autofahrer, die sich um die Zukunft unseres Planeten sorgen, sind nicht bereit, auf Fahrspaß zu

verzichten – Tesla bietet zugegebenermaßen viel davon – oder sich den Kopf über das Aufladen der Batterien zu zerbrechen. Für viele von ihnen bedeutet das Fahren eines Teslas, Teil einer Gemeinschaft von Enthusiasten zu werden. Wie der der Motorradfahrer. Oder wie der weltweiten Gemeinde der Mac-Fans. Aber Elon Musk ist Ingenieur und nicht nur Marketing-Ass. Deshalb hat er auch die industriellen Prozesse revolutioniert und enorm an Produktivität gewonnen. So ist es ihm beispielsweise gelungen, die Anzahl der Steuergeräte, die das Fahrwerk und die Fahrhilfen steuern, drastisch zu reduzieren. Er hat die unzähligen kleinen Teile, die normalerweise zusammengeschweißt werden, durch Module ersetzt, die nur noch zusammengesteckt werden müssen. Um die Versorgung mit Batterien zu gewährleisten, baute er als Erster »Gigafactories«. Und das in Rekordgeschwindigkeit. Nur zwei Jahre benötigte er für die 2022 in der Nähe von Berlin eröffnete Anlage. Dort dauert es nur zehn Stunden bis zur Ablieferung eines Autos. Das geht zwei bis drei Mal schneller als bei den traditionellen Herstellern. Die können nämlich ihre historisch gewachsenen Fabriken nicht mit einem Fingerschnippen umwandeln und dem Gott Watt widmen.

Diese Gründung von Tesla aus dem Nichts wäre ohne die unzähligen Milliarden Dollar, die unermüdlich in das Unternehmen gepumpt wurden, nicht möglich gewesen. Musks Persönlichkeit und seine Überzeugungskraft sorgten dafür, dass die Aktionäre selbst dann noch zuwarteten, als sie Ende der 2010er Jahre, als die Firma kurz vor dem Untergang stand, schon kurz vor der Meuterei standen. Der erste Gewinn,

721 Millionen US-Dollar, fiel erst 2020 an. Hier kommt die absolute Überlegenheit der amerikanischen Wirtschaft und insbesondere des Silicon Valley am deutlichsten zum Ausdruck: Wenn die Finanzmärkte an eine disruptive Technologie glauben, sind sie zu unerschütterlicher Unterstützung fähig. Die etablierten Hersteller haben dieser Form der Wettbewerbsasymmetrie (siehe Abschnitt »Uber«) nur wenig entgegen zu setzen.
Es stellt sich die Frage, ob Elon Musk diese Begeisterung der Anleger verdient. Tatsache ist, dass er auf geniale Weise auf dem gesellschaftlichen Trend zum Elektrofahrzeug reitet. Dieses wird als die Lösung aller Probleme, als die Antwort auf alle durch den Verkehr verursachten Übel angepriesen. Natürlich ist es nicht so einfach. Das vollelektrische Fahrzeug stellt die gesamte Wertschöpfungskette, die Geopolitik der Rohstoffe, die Recyclingwege usw. auf den Kopf. In Erwartung einer zukünftigen Bilanz verkörpert Elon Musk perfekt den amerikanischen Traum, seine Kultur des Fortschritts und seinen Glauben an die Zukunft. Er ist der Game Changer, dessen Marke sich als Referenz etabliert hat. Wie lange noch? Ist es noch möglich, Widerstand gegen diese Dampfwalze zu leisten? Ich bin zutiefst davon überzeugt. Die chinesischen Autohersteller sind die ersten, die das beweisen. Ihre Modelle haben spektakuläre Fortschritte vorzuweisen und einige lassen sogar Teslas alt aussehen. Wenn man in Shanghai, Peking oder Kanton unterwegs ist, haben die Amerikaner im Vergleich zur lokalen Produktion bereits ein kleines Déjà-vu-Erlebnis. Sie scheinen einen Teil ihres Vorsprungs und ihrer Exklusivität verloren zu haben. Sie wirken fast schon wie Basismodelle. Das ist eine Schande!
Dieser Trend hat auch Europa erreicht. Auch bei uns hat die Banalisierung der Teslas eingesetzt. Wenn Elon Musk sagt: »Die Nachfrage nach Tesla ist unendlich«, dann ist das stark zu bezweifeln. Außerdem musste er seine Preise senken, um größere Stückzahlen zu erreichen, was die Gewinnspanne von 20 % auf 7 % sinken ließ: Nachfrageschwankungen kann sich auch ein Tesla nicht entziehen
Es stimmt, dass die Tech-Branche nach dem Motto »The winner takes it all« tickt. Tatsächlich müsste Tesla, um seine extravagante Börsenbewertung zu

rechtfertigen, langfristig 20 Millionen Automobile (oder 25 % des Weltmarkts) pro Jahr verkaufen. Unendlich mehr als die 1,81 Millionen, die 2023 erreicht wurden oder die 1,77 Millionen im Folgejahr. Denn die Automobilbranche kennt Dutzende von Protagonisten. Und wenn der Käufer zu viele Teslas in seiner Straße sieht, möchte er vielleicht eine andere Marke kaufen. Eine mit Tradition, mit Geschichte, eine, die Stil, Design und Charme hat. Kurz gesagt: eine, die überrascht. Das dürfte bei künftigen Tesla-Modellen nicht unbedingt der Fall sein.

Tim und Struppi

Jedes Mal, wenn ich mich in die Tim-und-Struppi-Alben vertiefe, habe ich das Gefühl, den Salon der schönsten Sammlerautos zu besuchen. Ich bin überwältigt, weiß nicht, wo ich mich hinstellen soll, und kann mich nicht zwischen den Dutzenden und Aberdutzenden von Autos entscheiden, von denen eines schöner und realistischer als das andere ist und mit denen Hergé seine Abenteuer gefüllt hat. Ein Festival von mächtigen Limousinen, sportlichen Roadstern und eleganten Kombis. Eine Parade von Lieferwagen, Motorrädern, Abschleppwagen, Oldtimern, Lastwagen, gepanzerten Fahrzeugen ... Ihnen allen wird durch das Talent und die Akribie des belgischen Autors und Zeichners ein Denkmal gesetzt. Kein anderer Comic hat das Auto so sehr in den Vordergrund gestellt, in keinem anderen spielen Autos ein so zentrale Rolle. Und ich würde gerne wetten, dass er bei Tausenden von jungen Lesern die Berufung zu Mechanik und Design geweckt hat.

Tintin-Experten – im Französischen erschienen die Comicalben unter dem Titel »Les aventures de Tintin« – streiten sich über die genaue Anzahl der im Gesamtwerk abgebildeten Modelle. Sind es 214, 208 oder doch nur 198? Das spielt wirklich keine Rolle. Das Gesamtwerk ist meisterhaft. Vom ersten Comicstrip im Jahr 1929 bis zum letzten im Jahr 1983 lässt er uns den großen Umbruch in der Automobilzivilisation live miterleben. Einige Marken steigen auf, andere verschwinden. Die Energiekrise (schon!) dient als Rahmenhandlung für *Im Reiche des schwarzen Goldes*. Der exponentielle Anstieg des Verkehrs und die Probleme beim Recycling von

Autowracks (da schon!) spiegeln sich in *Tim in Amerika*. In der Schlussszene von *Kohle an Bord* werden Staus und die aufkommende Unverschämtheit des modernen Autofahrers angeprangert …

Als Autor des Referenzbuchs *Tintin, Hergé, les autos* (Éditions Moulinsart, 2004, nicht in Deutsch erschienen) beschreibt der Autor, der Anwalt Charles-Henri de Choiseul Praslin, das Auto bei Tintin als den mächtigsten Protagonisten der Comics: »Es ist ein mechanisches Objekt, dem durch den Willen des Autors ein – ganz imaginärer – Stellenwert zukommt und das zu einem Instrument des Schicksals wird. Es steht auch für ein Kindsein, das sich in jeder Lebensstufe findet und auch im Erwachsenen unsterblich bleibt. Mit ihm verleiht Hergé, der die Katastrophe des Ersten Weltkriegs als Kind erlebte, seiner Überzeugung Ausdruck […], dass es meistens einer guten Fee bedarf, in diesem Fall einer ganz modernen, um die Helden dem Tod entgehen zu lassen, der sie ständig bedroht.«

Wenden wir uns nun einer wahrhaft quälenden Frage zu: Was wäre, wenn man aus der

ganzen Auto-Fantasie nur ein einziges Auto auswählen müsste? Dann müsste ich eine besondere Zuneigung für den Lancia Aurelia B20 GT eingestehen, der in *Der Fall Bienlein* auf die Jagd nach den Entführern des Professors geschickt wurde. Das knallrote Coupé wurde von Signore Arturo Benedetto Giovanni Giuseppe Pietro Archangelo Cartofolli da Milano gefahren. Seine Eleganz mit Fliege und Lederhandschuhen wird nur noch von seiner Meisterschaft am Steuer übertroffen. »*Ich sseige Ihnen jetzt, dass italienisch Auto und Fahrerr sind beste von Welt! Avanti! Suchen wir amico professore!*«

Italiener sind die besten Autofahrer der Welt? Das sage nicht ich, sondern Hergé. Und er kannte sich damit aus, denn seine Begeisterung für alles Mechanische entwickelte sich sehr schnell zu einer alles verzehrenden Leidenschaft. Auch wenn er bis zu seinem 31. Geburtstag im Jahr 1938 warten musste, bis er sich seine ersten Schlüssel leisten konnte. Es war der Schlüssel zu einer komfortablen Opel Olympia Cabriolimousine, die er in *König Ottokars Zepter* mit großer Sorgfalt porträtierte. Eines der erfolgreichsten Modelle des deutschen Tochterunternehmens von General Motors, das der Zeichner wie folgt beschrieb: »Es war ein hervorragendes kleines Auto, das damals locker 140 km/h schaffte! Ultramodern ...« Zwei weitere Sportwagen, die Hergé besaß, hatten die Ehre, gezeichnet zu werden. Ein göttlicher blauer Porsche 356, der diskret in der letzten Vignette von *Kohle an Bord* skizziert wurde. Und ein Lancia Aprilia, den der Autor einmal als »echtes Automobil« bezeichnete und der den Emir Ben Kalish Ezab in *Im Reiche des Schwarzen Goldes* erfreute. Einer der Biografen von Hergé, Benoît Peeters, bestätigt: »Er fuhr gerne sehr schnell, manchmal auf Rundkursen oder auf Rennstrecken.«

Die Brillanz und die Lust an der Geschwindigkeit tauchen bereits im ersten Band, *Tim im Lande der Sowjets*, im Jahr 1929 auf. Ihnen verdankt der junge Reporter sogar sein Aussehen. Er pilotiert gekonnt einen Amilcar, einen echten Rennwagen, der 115 km/h erreichen kann. Dann stiehlt er einen brummenden Polizeiwagen. Plötzlich, in der Ecke einer Zeichnung zu sehen, tritt er so vehement aufs Gas, dass die Haare von Struppis Herrchen fliegen: Die berühmte Haartolle

ist geboren. Sie wird den jungen Helden für immer charakterisieren.
Sehr schnell wird Hergé zum Meister in der Kunst, das Ballett der Autos in Szene zu setzen. Er ist der Vater dieser millimetergenauen Orchestrierung von Verfolgungsjagden, Schleudern, Abkommen von der Straße, Drehen um die eigene Achse ... Lange bevor das Kino damit anfing. Die Tintinophilen haben ausgerechnet: In den ersten 17 Alben gab es 22 schwere Unfälle! Aus denen der Held natürlich jedes Mal unverletzt hervorgeht. Ironischerweise bietet der klebrige Freund von Tim und Kapitän Haddock, der Versicherungsvertreter Fridolin Kiesewetter, den beiden immer wieder einen Vertrag an, obwohl sie sich eindeutig als die schlimmsten Draufgänger der Welt erweisen ...
Die Reproduktion der Autos erfolgt nach den ersten Bänden, in denen der Strich noch etwas unpräzise ist, mit einem ungeahnten Detailreichtum. Hergé nutzt vielfältige Quellen, konsultiert technische Dokumentationen, sichtet Pressefotos und verlässt sich auf eigene Beobachtungen. Sein Ziel ist es, auch die kleinsten Details einer Felge oder den kleinsten Bestandteil eines Armaturenbretts mit extremer Genauigkeit nachzubilden. Schon bald bekam er Hilfe von talentierten Mitarbeitern, die später selbst Starzeichner wurden: Jacques Martin (*Alix, l. Frank*) und Bob De Moor. Dieser wurde zum Beispiel 1965 für zehn Tage nach Großbritannien geschickt, um die Neuauflage von *Die Schwarze Insel* vorzubereiten. Er kehrte mit Kisten voller Skizzen und Katalogen zurück. Der Wohnwagen der Marke Eccles, der im Album zu sehen ist und von einem sympathischen Triumph Herald 1200 gezogen wird, ist eine direkte Folge dieser Arbeitsweise. Allerdings mit einem Unterschied: Für die Zwecke der Zeichnung befindet sich die Tür des Wohnwagens auf der rechten Seite, also auf der Straßenseite, da man dort links fährt. In der Wirklichkeit undenkbar und gefährlich!
Die Anzahl der Modelle, die Hergé im Laufe der Jahre auf diese Weise gezeichnet hat, lässt einen schwindelig werden. Er war ein Kreativstudio für sich. Er legte übrigens großen Wert darauf, so gut wie nie das gleiche Fahrzeug in zwei verschiedenen Abenteuern abzubilden. Nur selten bricht er mit dieser Regel:

Der Jeep fährt durch *Im Reiche des Schwarzen Goldes* und *Reiseziel Mond*. Der 2 CV taucht sowohl in *Der Fall Bienlein* als auch in *Die Juwelen der Sängerin* auf. Man muss dazu sagen, dass Tim trotz der vielen Stunden, die er am Steuer verbracht hat, nie ein Auto besessen hat. Mit zwei Ausnahmen: Er kaufte einen Amilcar in Tim im *Lande der Sowjets* und einen Ford T in *Tim im Kongo*. Die Wahl des Model T erfolgte nicht zufällig. Es symbolisierte in den Augen des belgischen Zeichners das Vehikel schlechthin, das der modernen Automobilindustrie den Weg ebnete. »Hergé«, so sein Biograph Charles-Henri de Choiseul Praslin, »erweist ihm seine Referenz, indem er es zum Titelmotiv von Tim im Kongo erhebt und schon auf dem Cover die Freude am Leben und am Reisen ausdrückt, ohne dabei den unzerstörbaren Charakter [des Autos – d.Üs.] zu unterschlagen.«
Apropos Ford: Hergé hatte eine besondere Beziehung zu dem Riesen aus Detroit. In den Jahren nach 1930 arbeitete er an der *Ford Revue* mit, einer aufwändig gemachten Kundenzeitschrift, für die er zahlreiche Zeichnungen lieferte. Vielleicht erklärt das auch, warum die amerikanische Marke in den Abenteuern überrepräsentiert ist. Dazu gehören der samtweiche V8 in zahlreichen Versionen (Taxi, Cabrio usw.), der Matford-Abschleppwagen (*Die Krabbe mit den goldenen Scheren*), der Custom, der Zephyr usw. Andererseits fehlen Modelle, die Hergé bewunderte, in den Büchern oder tauchen nur kurz auf. Dies gilt für den Käfer, die DS und die Jaguar-Modelle Mk I und Mk X, die weniger berühmt sind als die Coupés XK und E-Type …
Die Fans dieser Marken können aber beruhigt sein: Exegeten messen dem keine besondere Bedeutung bei. Im Gegensatz zu den anderen bedeutungsschweren Entscheidungen Hergés, wie etwa der, Mercedes lange Zeit zum bevorzugten Fortbewegungsmittel der Bösewichte zu machen. Da ist der Mercedes SK der deutschen Polizei zu Beginn von *Tim im Lande der Sowjets*. Dann der schwere und mächtige Mercedes 24/100/140 der GPU, der furchterregenden sowjetischen Geheimpolizei. Dann der 220 und der 300 der Bordsteinagenten, die versuchen, Bienlein zu entführen.

Übrigens, welcher Hersteller verbirgt sich hinter der prächtigen offiziellen Limousine des Diktators Tapioca in *Tim und die Picaros* aus dem Jahr 1976? Kein reales Vorbild, es handelt es sich um die Kreuzung eines Mercedes 600, Symbol der Wirtschaftskraft der alten Bundesrepublik, und eines Zil 114, Allegorie der sowjetischen Bürokratie, die sich ihres Niedergangs und des bevorstehenden Untergangs nicht bewusst war. In seinem Referenzbuch stellt Charles-Henri de Choiseul sehr treffend Folgendes fest: »Dieser automobile Synkretismus zwischen der Verehrung des Kapitalismus für eine seiner wichtigsten Schöpfungen und der säkularen Religion des Kommunismus drückt perfekt die politische Botschaft aus, die in *Tim und die Picaros* so klar hervor tritt. In den letzten Bildern bleibt der Slum genau derselbe, als General Alcazar die Macht von General Tapioca übernimmt! Diese Diktaturen stehen sich nur scheinbar gegenüber, denn sie nehmen sich nichts und sind austauschbar, mit identischem Ergebnis!«
Hergé hatte eine weitere, ganz eigene visuelle Regel – eine »Bewegungssyntax«, wie seine Bewunderer sagen –, um die Bösewichte zu stigmatisieren: die Fahrtrichtung. Wenn Tim oder ein positiver Held fährt, bewegt sich das Fahrzeug von links nach rechts, das heißt in Leserichtung. Wenn Banditen am Steuer sitzen, fahren sie von rechts nach links, also entgegen der Leserichtung. Dadurch wird dem Leser unbewusst das Gefühl vermittelt, dass hier die Dinge nicht so laufen, wie sie sollten. Hergés Biografen haben eine weitere Regel festgestellt: Das Auto, das von den positiven Helden gefahren wird, wird von vorne gezeigt. »Die Front kann an ein Gesicht erinnern, die Scheinwerfer an Augen und der Kühlergrill an ein Lächeln. Im Gegensatz dazu wird das Auto der Bösewichte, wo immer möglich, von hinten gezeigt. Diese Position drückt Flucht und Feigheit aus.«
So führen Hergés Autozeichnungen »zu etwas, das zwar keinen Anthropomorphismus darstellt, aber auch nicht weit davon entfernt ist.«
Manchmal stelle ich mir die Frage: Welche Modelle würde Hergé heute in den Vordergrund stellen, wenn er ausnahmsweise für ein letztes Album zurück-

kehren würde? Wetten, dass es Hybrid- oder Elektroautos wären, die häufiger von Frauen gefahren werden, die weniger aggressiv sind und Fußgänger weniger belästigen? Und welche Marken? Ich habe da so meine Vorstellungen ...

TOYOTA

Das ist das Problem der Klassenbesten: Sobald man glaubt, bei ihnen ein kleines Formtief zu erkennen, fällt man gerne über sie her. Toyota ist der größte Autohersteller der Welt mit 10,8 Millionen verkauften Fahrzeugen im Jahr 2024, einschließlich Daihatsu und der Luxusmarke Lexus.

Oh weh! Im ersten Quartal 2023 wurde dem unverwüstlichen Corolla vom frechen Tesla Model Y die Krone als meistverkauftes Auto der Welt geraubt. Der japanische Riese, der als Pionier des Hybridantriebs gilt, schien sich auf seinen Lorbeeren ausgeruht und die größte Revolution der Automobilbranche seit ihrer Gründung, den Übergang zum Elektroantrieb, verschlafen zu haben. In dem von der NGO Transport & Environment erstellten Index zur Vorbereitung auf die Energiewende in Europa erreichte Toyota nur 35 von 100 Punkten, während die besten Unternehmen 70 Punkte erzielten. Und während die großen Hersteller von Renault über Volkswagen bis hin zu Stellantis und Mercedes ankündigten, ab 2030 keine Verbrenner mehr in Europa verkaufen zu wollen, machte der Japaner Anstalten, damit bis zum Jahr 2035 zu warten, dem von der Europäischen Union vorgegebenen Stichtag.

Hat man den Fuß vom Gas genommen? Natürlich nicht ... Stille Wasser sind tief, das gilt besonders für Toyota, wie ich aus fünf Jahren voller Leidenschaft und Lehren selbst bezeugen kann. Ich hatte in Brüssel gearbeitet, um die Einführung des Yaris in Europa zu leiten. Ich war also nur mäßig erstaunt, als der Konzern im Juni 2023 mit einem Paukenschlag die baldige Einführung einer neuen Batteriegeneration mit beeindruckenden Werten ankündigte: 1000 Kilometer Reichweite (Paris–Parma! Lyon–Rom!) sollten bereits 2026 möglich werden, später dann 1500 Kilometer, und das Aufladen von 10 % auf 80 % eine Sache von zehn Minuten. Außerdem, so war zu erfahren, forsche die

Entwicklungsabteilung seit mehreren Jahren an Halbleiterbatterien, auch »Festelektrolytbatterien« genannt, arbeitete, die eine höhere Energiedichte als die von fast allen Marktteilnehmern verwendeten Lithium-Ionen-Batterien bieten sollen. Das Problem: Festelektrolyte dehnen sich beim Laden und Entladen aus und ziehen sich zusammen. »Dadurch können Risse entstehen, die die Bewegung der Ionen zwischen Kathode und Anode behindern«, erklärte Keiji Kaita, der Chef des Forschungs- und Entwicklungszentrums für Kohlenstoffneutralität, bei der Vorstellung des Projekts. Doch diese Schwierigkeiten haben die Ingenieure angeblich erfolgreich überwunden.

Dieses spektakuläre Comeback, dessen Beweis natürlich noch erbracht werden muss, verdeutlicht einmal mehr die Einzigartigkeit der Toyota-Saga. Sakichi Toyoda, ein genialer Erfinder, hat, um die Effizienz seiner Textilfabrik zu steigern, Anfang des 20. Jahrhunderts eine Webmaschine entwickelt, die sich bei Störungen automatisch abschaltete. Damit definierte er zwei Grundlagen, die nicht nur die Zukunft von Toyota prägen, sondern auch die gesamte Industrie revolutionieren sollten: die Möglichkeit, Probleme während des Herstellungsprozesses zu erkennen, was das Risiko von Defekten senkte, und die Verringerung der Anzahl der Mitarbeiter, die die Maschine

überwachen, was die Kosten reduzierte. Es war sein Sohn Kiichiro Toyoda, der 1933, nachdem er sich in Europa und den USA inspirieren ließ, das Familienunternehmen in ganz andere Sphären katapultierte. Das Textilgeschäft trat in den Hintergrund, die Zukunft gehörte dem Automobil. Nach einigen Prototypen und viel Herumprobieren kam schließlich 1936 das erste Serienauto auf den Markt. Es hieß AA. Der Name »Toyoda« klang übrigens schlecht und wurde durch »Toyota« ersetzt, nachdem auf dem gesamten Archipel eine Befragung durchgeführt worden war. Es gab 27.000 Antworten. Einer der Gründe, warum aus dem »d« ein »t« wurde, besteht in der Schreibweise im Japanischen: Toyota erfordert acht Schriftzeichen, und diese Zahl steht für Glück und Wohlstand. Der AA wurde in einer Auflage von 2000 Stück produziert.

Doch der Zweite Weltkrieg und die unmittelbare Nachkriegszeit machten alle Pläne von Kiichiro Toyoda zunichte. Im Jahr 1950 musste die Toyota Motor Corporation sogar Konkurs anmelden. Die japanische Regierung rettete das Unternehmen mit Subventionen, und die US-Armee, die in Korea kämpfte, bestellte Tausende von Kleintransportern und Lizenz-Jeeps. Die Firma startete wieder durch und lieferte einen Bestseller nach dem anderen.

Der erste davon war der 4×4, der ab 1960 Land Cruiser hieß. Ursprünglich entwickelt für die Army, waren die Geländewagen billiger als die Land Rover, galten aber als ebenso leistungsstark und zuverlässig. Sie wurden rasch zum Renner. Dank der rustikalen und unermüdlichen Mechanik, dem Lkw-Leiterrahmen und den Pedalen, die so weit auseinander lagen, dass man auch mit dicken Stiefeln fahren konnte ...

Es folgte 1966 der kompakte Corolla. Der Golf-Konkurrent, heute in der zwölften Generation, wurde mittlerweile über 50 Millionen Mal produziert. Damit ist er das meistverkaufte Modell in der Automobilgeschichte.

1967 folgte der sexy 2000 GT, eine geglückte Mischung aus einem Jaguar E-Type und einem Ferrari 250 GTO. Er spielte die Rolle des James-Bond-Autos in *Man lebt nur Zweimal*. Es folgten 1970 das Celica Coupé, das vom Ford Mustang inspiriert wurde, 1994 der RAV4, der Vorläufer aller heutigen SUVs, der revolutionäre Prius, der 1997 den Weg für den elektrischen Hybridantrieb ebnete, der Yaris ... Und noch viele andere, die alle vom Toyota-Mantra geprägt sind: Zuverlässigkeit, Servicequalität, erschwinglicher Preis.

Hinter diesem Erfolg steht scheinbar eine besondere Form der Einfachheit. Man könnte die Produkte des Herstellers schlicht als »gut unter allen Umständen« bezeichnen. Keine Aufgeregtheiten. keine dramatischen Krisen. Doch diese Banalität ist trügerisch, denn seit den 1950er Jahren hat die japanische Firma eine der fortschrittlichsten und effizientesten Organisationen der Welt entwickelt. Ich habe sie in Aktion gesehen, als ich Direktor von Toyota Europa war, und sie ist atemberaubend. Ich erkannte, dass Bescheidenheit auf allen Ebenen ein Schlüsselelement darstellt, und lernte, dass die Kunst, dem Kunden zuzuhören und ihn zu respektieren, oberste Priorität besitzen muss. Ich verbrachte Stunden auf Parkplätzen, um anonyme Autofahrer zu treffen und mir ihre Meinung anzuhören. Ich setzte mich hinter das Steuer von Dutzenden von Autos der Konkurrenz, um mir die Inspiration zu holen, die wir für die Verbesserung unserer eigenen Modelle brauchten. Die Devise lautete stets: Raus aus der Blase, rein ins Geschehen. Von japanischen Führungskräften lernte ich, mich zu trauen, fünfmal dieselbe Frage zu stellen, ohne mich zu schämen, um sicherzugehen, dass man alle Aspekte eines Themas verstanden hat und den Dingen auf den Grund gegangen ist.

Kein Wunder also, dass die Toyota-Methode in Managementschulen auf der ganzen Welt studiert wird, in Dutzenden von Büchern behandelt und von Generationen von Führungskräften immer wieder analysiert wird. Die Methode basiert auf dem Toyota-Produktionssystem (TPS), deren Kernstück die bedarfsgerechte Produktion darstellt. Die Produktion erfolgt im Rhythmus der Bestellungen, »just-in-time«. Das TPS beinhaltet auch das »Jidoka«, um Fehler in der Produktion sichtbar zu machen. Jeder Mitarbeiter hat das Recht, den Prozess zu unterbrechen, sobald eine Fehlfunktion auftritt. Das Prinzip dahinter lautet, stets zur Quelle des Problems vorzudringen, dessen Ursprung schnell zu finden, um es dann rasch zu lösen. Diese Vorgehensweise, die auf eine kontinuierliche Verbesserung der Arbeitsprozesse abzielt, heißt »Kaizen«.

Es ist schwierig, ein so ehrgeiziges Konstrukt wie das TPS in wenigen Zeilen zusammenzufassen. Um die Essenz zu verstehen, empfehle ich oft einen Artikel aus der *Harvard Business Review* (*HBR*), der 2008 (er ist keinen Tag gealtert!) von drei wissenschaftlich arbeitenden Autoren verfasst wurde. »Kein Unternehmen praktiziert den Taylorismus besser als Toyota«, so die Kernaussage. »Was anders ist, ist, dass Mitarbeiter nicht nur als Handlanger betrachtet werden, sondern als Wissensarbeiter, die an den Frontlinien des Unternehmens die Weisheit der Erfahrung sammeln. Toyota sammelt Ideen von allen und überall: in der Werkstatt, im Büro, auf dem Feld.« Diese Firmenkultur, so die drei Autoren, fördert bewusst widersprüchliche Standpunkte und fordert die Mitarbeiter heraus, Lösungen zu finden, indem sie Unterschiede überbrücken, anstatt Kompromisse einzugehen. Eine solche Kultur der Spannungen erzeugt innovative Ideen.

»Die Mitarbeiter sollten eine einfache Sprache beibehalten, wenn sie miteinander kommunizieren. Bei Präsentationen fassen sie Informationen, Ziele, Analysen und Aktionspläne auf einem einzigen Blatt zusammen. Gleichzeitig fördert die Geschäftsleitung aber die Entstehung eines komplexes Netzwerks sozialer Netzwerke, weil sie will, dass ›jeder alles weiß‹.« Diese offene Kommunikation ermutigt auch, Fehler oder Schwierigkeiten anzusprechen. Auf diese Weise hat Toyota eine Organisation implementiert, die bemerkenswert tolerant auf Fehlversuche und Scheitern reagiert.

»Der weltgrößte Autohersteller hat eine strenge Hierarchie, gibt aber die Freiheit, sich zu widersetzen«, erklären die Akademiker in ihrem Beitrag für die *HBR*. »Gegenteilige Meinungen zu äußern, nicht blind den Befehlen der Chefs zu folgen, sind erlaubte Verhaltensweisen.« Umgekehrt gilt: Wenn die Geschäftsleitung Mitarbeiter befördert, lobt sie sie nicht. »Sie gibt ihnen zu verstehen: ›Glückwunsch zur Beförderung, aber viele andere waren auch nur um Haaresbreite davon entfernt, ausgewählt zu werden. Vergessen Sie das nicht, wenn Sie Ihre Arbeit machen‹. Es geht darum, den Mitarbeitern Demut beizubringen, indem man sie daran erinnert, dass ihr Erfolg auch den Bemühungen ebenso erfolgreicher Kollegen zu verdanken ist.«

Viele Ziele, die den Mitarbeitern gesetzt werden, bleiben zudem bewusst vage, um deren Energien in verschiedene Richtungen lenken können, was Spezialisten zwingt, zusammenzuarbeiten und ihre Elfenbeintürme zu verlassen. Vor langer Zeit erklärte beispielsweise der ehemalige Konzernchef Katsuaki Watanabe, dass es das Ziel sei, ein Auto zu bauen, das die Luft reinigt, Unfälle verhindert und Menschen mit nur einer Tankfüllung von einem Ozean zum anderen bringt. So kam es, dass der Prius trotz anfänglicher Misserfolge die Karriere machte, für die er bekannt ist. Laut Toyota, so die Autoren des von *HBR* veröffentlichten Artikels, muss man verrückte Herausforderungen anbieten, die unerreichbar scheinen. Aber dann in kleinen Schritten vorangehen. Der »Toyotismus« zerlegt also ein großes Ziel in viele kleine, überschaubare Herausforderungen. Er fördert Experimente und Initiativen, um die schwierigsten Passagen einer jeder dieser Herausforderungen zu überwinden.

Ein Beispiel für diesen einzigartigen Weg ist die Gründung der Marke Lexus, die 1983 nach einer Reise des damaligen Präsidenten Eiji Toyoda nach Los Angeles beschlossen wurde. Um ihn dort mit den entsprechenden Ehren zu empfangen, musste ein Mercedes mobilisiert werden, da es in der Toyota-Palette kein Premiummodell gab. Das war eine Ohrfeige! Ein Affront! Der Big Boss beschloss sofort, das Projekt »F1« (»F« für »Flaggschiff«) zu starten. Das Ziel: einen Konkurrenten für die deutschen Premiummarken zu schaffen. Sechs Jahre später kam der Lexus LS 400 auf den Markt. Der Beginn eines großen kommerziellen Erfolgs.

Das Erstaunlichste an diesem Management ist seine Fähigkeit, sich an die Gepflogenheiten der zahlreichen Länder anzupassen, in denen Toyota vertreten ist. Einschließlich des am kompliziertesten zu verwaltenden Werkes in einem Land, das 258 Käsesorten besitzt: dem Standort in Valenciennes, in dem im Jahr 2023 274.000 Yaris und Yaris Cross entstanden.

Der von Kiichiro Toyoda gegründete Konzern hat also den »Fluch des B-Segments« besiegt und bewiesen, dass in Frankreich ein rentabler Kleinwagen hergestellt werden kann. Zwar kommen die Motoren für den Yaris Cross aus Polen, die Hybridsysteme und die

Elektronik aus Japan. Insgesamt werden in der Fabrik im Norden Frankreichs nur 10 bis 15 % der Wertschöpfung des Fahrzeugs erzielt. Aber nehmen wir es sportlich: Toyota Valenciennes ist tatsächlich zur größten Autofabrik Frankreichs aufgestiegen.

TRABANT

Die Geschichte des Trabant ist ein Lehrstück, zweifellos eines der überzeugendsten, um die Überlegenheit des kapitalistischen und marktwirtschaftlichen Modells gegenüber seinem sozialistischen Gegenstück zu verdeutlichen. Der »Trabi«, wie er von den Bewohnern der DDR (Deutsche Demokratische Republik) liebevoll genannt wurde, hat eine lange Karriere hinter sich, denn zwischen 1957 und 1991 wurden fast drei Millionen Exemplare hergestellt. Im Laufe der Jahre wurden zwar verschiedene Generationen und Versionen auf den Markt gebracht, doch im Gegensatz zu den Autos, die auf der anderen Seite des Eisernen Vorhangs entstanden,

gab es nie einen wirklichen Fortschritt. Am Ende seines Lebens war er immer noch das, was er von Anfang an gewesen war: ein technologisch veraltetes Automobil. Das hielt ihn jedoch nicht davon ab, heiß begehrt zu sein, da die Ostdeutschen bereit waren, zehn Jahre auf ein solches Auto zu warten. Ein Beleg dafür, dass die Menschen auch im Osten den Wunsch hatten, sich frei zu bewegen! Sie mussten nur sehr, sehr geduldig sein ...

Der Trabant entstand aus einer politischen Entscheidung Mitte der 1950er Jahre heraus. Zu dieser Zeit erlebte die europäische Automobilindustrie einen Boom und brachte immer mehr Autos auf den Markt. Familien begannen, sich ein Auto anzuschaffen, natürlich auch, um in den Urlaub zu fahren. In Frankreich trat beispielsweise die Dauphine die Nachfolge des 4 CV an. In Italien erschien 1955 der Fiat 600, dem 1957 schnell der ikonische Fiat 500 folgte. Vor allem aber lief in Westdeutschland die Produktion des VW Käfer auf Hochtouren, einem Entwurf, den Ferdinand Porsche mit dem Segen Adolf Hitlers ab 1938 in Großserie in Wolfsburg produzieren sollte. Der Käfer war ein großer und weltweiter Erfolg. Das weckte Begehrlichkeiten, im Wettbewerb der Systeme musste das Regime in Ostberlin ebenfalls mit einem »Volksauto« nachziehen. Die Mauer war noch nicht errichtet, die Ostdeutschen hatten dieselben Bestrebungen wie ihre Nachbarn im Westen, mit denen sie noch problemlos kommunizieren konnten. Nur war die Wirtschaft in diesem Teil des Landes nach sowjetischem Muster organisiert worden: Praktisch alle Unternehmen standen unter der vollständigen Kontrolle des Staates. Die Anordnung konnte nur von oben erteilt werden.

Sie kam 1954. Das Ministerium für Maschinenbau gab seine Anweisungen. Es forderte die Herstellung eines zweitürigen Kleinwagens, der über »zwei Haupt- und zwei Nebensitze« verfügen sollte, wie das Ministerium verfügte. Das Auto sollte leicht (um die 600 kg) und aus Kunststoff sein, da das Land nicht über die Kapazitäten zur Herstellung ausreichender Mengen an Stahl verfügte. Der Preis stand von vornherein fest: 4000 Ostmark. Ein lächerlicher Preis, wenn man ihn in westliche Währungen umrechnete. In der DDR begann man nicht ganz bei Null, denn man verfügte in Zwickau, im Herzen von Sachsen, über große und traditionsreiche Automobilwerke, die vor dem Krieg zur Auto-Union-Gruppe gehörten. Zwei davon, die ehemaligen Werke von Horch und Audi, wurden für die Produktion zum »VEB Sachsenring Automobilwerke Zwickau« verschmolzen, während der ursprüngliche Entwurf technisch auf einem Vorkriegs-Kleinwagen der Marke DKW – ebenfalls zur Auto Union gehörend – basierte. Ab 1948 war dieser – übrigens auch in Westdeutschland – noch einmal aufgelegt worden. Der erste P50-Prototyp des neuen DDR-Volkswagens war eine glatte Enttäuschung und strotzte vor Mängeln. Die Ingenieure mussten den sozialistischen »Volkswagen« von Grund auf überarbeiten, was über den Zwischentyp P70 letztlich zum Ziel führte.

Die ersten Exemplare des völlig neu konstruierten P50 verließen das Werk pünktlich zum Jahrestag der russischen Revolution am 7. November 1957, aber die eigentliche Serienproduktion begann erst im August 1958.

Der P50 erfüllte Punkt für Punkt die Vorgaben, die das Ministerium vier Jahre zuvor festgelegt hatte – abgesehen vom Preis, der ließ sich nicht halten. Um die teilweise unrealistischen Wünsche erfüllen zu können, mussten die Ingenieure auf Plan B zurückgreifen, denn die Vorkriegsbauweise mit kunstlederbespannter Sperrholzkarosserie kam nicht in Betracht. Stattdessen intensivierte man die Bemühungen, Karosserieteile aus einer Art Kunststoff zu produzieren, denn in der DDR gab es nicht genügend Tiefziehbleche noch Möglichkeit, diese zu produzieren. Tatsächlich bestand die Karosserie aus einer gewagten Mischung aus Phenolharzen und Baumwollfasern, dem berühmten »Duroplast«. Nur das Fahrzeugskelett bestand aus Stahlblech, die Karosserieteile wurden dann aufgeklebt. Der Trabant hatte einen 500-cm^3-Zweitaktmotor mit einer kärglichen Leistung von 18 PS. Dieser war, anders als beim Käfer mit seinem Heckmotor, vorne eingebaut. Den Benzintank platzierte man über dem Motor, sodass der Kraftstoff, den Gesetzen der Schwerkraft folgend, ohne eine Pumpe zum Vergaser gelangen konnte. Wer tanken wollte, musste die Motorhaube aufklappen. Der erstaunlich geräumige Kleinwagen war weder besonders lang (3,36 m) noch schwer. Mit etwas Anlauf schaffte er eine Höchstgeschwindigkeit von 95 km/h. Aber Vorsicht vor Unfällen, denn einige der verwendeten Materialien setzen bei einem Brand giftige Stoffe frei.

Jetzt musste nur noch ein Name gefunden werden. Die Unternehmensleitung entschied sich nach einer Umfrage unter der Belegschaft für den Namen »Trabant«, das im Deutschen dem sowjetischen »Sputnik«, »Satellit«, entspricht. Die Sowjetunion, der große kommunistische Bruder, hatte gerade, noch vor den USA, den ersten künstlichen Satelliten »Sputnik 1« in die Umlaufbahn gebracht, um die Überlegenheit des sozialistischen Gesellschaftssystems zu beweisen.

Der Trabant war von einer sehr durchwachsenen Qualität, um es vorsichtig auszudrücken. Aber das war den Umständen geschuldet. Er war nicht teuer. Und er hatte ein klares und sehr charakteristisches Design. Auf den ersten Blick schien er im Vergleich zu einigen westlichen Kleinwagen gar nicht so rückständig zu sein. Doch während sich dort die Ära der Kleinstautomobile mit Zweitaktmotor allmählich dem Ende zuneigte, gab es in Ostdeutschland keine Alternative zum Zweitakt-Trabant, der nie mehr als eine Basismotorisierung bot.

Währenddessen waren die Funktionäre in großen, bequemen Limousinen unterwegs, dem Wolga aus der Sowjetunion oder dem Tatra, der aus der Tschechoslowakei importiert wurde. Der Kommunismus war keine klassenlose Gesellschaft.

Die DDR-Ingenieure hatten auch nur wenig Chancen, es ihren Kollegen im Westen gleichzutun und von Grund auf neue Autos zu entwickeln, dazu fehlten die Mittel. Also mussten sie sich mit kleinen Verbesserungen begnügen. Daher entwickelten sie ihr Baby im Rahmen des ihnen Möglichen in kleinen Schritten weiter. Sie brachten alsbald eine schmucklose Kombiversion als Lieferwagen auf den Markt und dann auch einen zweifarbigen, etwas luxuriöseren Kombi, sogar mit Schiebedach. Sie konzentrierten sich jedoch auf den Zweizylinder-Zweitaktmotor, dessen Leistung 1960 auf 20 PS und im

Oktober 1962 auf 23 PS erhöht wurde. Zu diesem Zeitpunkt wurde eine neue Version mit dem Namen P60 auf den Markt gebracht. Mit einem leichteren Fahrgestell und einem verbesserten Getriebe konnte dieser ostdeutsche Volkswagen die 100-km/h-Marke überschreiten. Doch seine Lebensdauer war kurz. Bereits im März 1964 wurde er durch den P601 mit geraderen Linien und größeren Fensterflächen abgelöst. Im Wesentlichen handelte es sich jedoch um dasselbe Auto, das erneut in mehreren Versionen angeboten wurde, darunter auch ein Kübelwagen für rein militärische Zwecke.

Der P601 hielt sich sechsundzwanzig Jahre lang. In dieser Zeit wuchs die Nachfrage schneller als die Produktionskapazität. Die Lieferzeiten betrugen in den 1980er Jahren bis zu fünfzehn Jahre! Nur wer über entsprechende Beziehungen verfügte oder Verwandtschaft im Westen hatte, die dann mit Devisen einen Trabant-Neuwagen bezahlte, musste nicht so lange – oder überhaupt nicht – warten ... Die Ersatzteilfertigung band einen großen Teil der Produktionskapazitäten: Schätzungsweise 35 % der hergestellten Teile dienten dazu, defekte Teile zu ersetzen. Bei westlichen Herstellern lag diese Zahl zu keiner Zeit höher als zehn Prozent.

Mit einem gewissen Fatalismus gesegnet, lachte die ostdeutsche Bevölkerung lieber über die Unzulänglichkeiten dieses Volkswagens. Immer mehr Witze über den Trabi machten die Runde. Beispiele gefällig? Wie wär's mit dem: *Wann erreicht ein Trabi seine Höchstgeschwindigkeit? Wenn er abgeschleppt wird!* Oder: *Wie viele Leute braucht man, um einen Trabi zu bauen? Zwei, einen, der faltet, und einen, der klebt.* Auch gut: *Was ist ein Trabi auf einem Berg? Ein Wunder!*

Gelähmt von staatlicher Ineffizienz, gefesselt von rigiden Vorgaben und behindert durch den allgegenwärtigen Materialmangel, verlor die ostdeutsche Auto mobilindustrie den Anschluss.

Derweil drehte sich in Moskau der Wind: Michail Gorbatschow kam an die Macht und startete Anfang 1986 die Operation Perestroika (Wiederaufbau). In Berlin hingegen verweigerte sich das Regime von Erich Honecker den sowjetischen Reformbemühungen, musste aber einsehen, dass ein Wandel, zumindest auf technischem Gebiet, unvermeidlich war, denn auf den angestammten Exportmärkten waren die Zweitakt-Modelle nicht mehr absetzbar. Daher akzeptierte man das Angebot der Bundesrepublik zu Technologietransfers. 1984 kam es zur Vereinbarung mit Volkswagen über die Produktion des Einliter-Vierzylinder-Viertaktmotors aus dem VW Polo in Ostdeutschland; das Aggregat sollte auch in den Trabant eingebaut werden. In der Realität zeigte sich aber, dass durch die jahrzehntelange Planwirtschaft die Industrie nicht in der Lage war, die Fertigung aufzunehmen. Auch die zahlreichen Änderungen, die an dem Auto vorgenommen werden mussten, um einen Viertakter im Motorraum unterzubringen, waren nicht machbar. Das Projekt wurde, obwohl schon Milliarden investiert worden waren, eingestellt, was wieder einmal die Fehlfunktionen der staatlich gelenkten ostdeutschen Industrie unterstrich.

Das Ende war nahe. Als 1989 die Mauer fiel, gingen die Bilder der Trabants, die frei in den Westen fuhren, um die Welt. Sie wurden zum Symbol für die wiedergewonnene Freiheit. Ein Schwanengesang. Deutschland wurde wiedervereinigt. Zwar liefen in Zwickau immer noch Autos vom Band, aber sie verstaubten auf einem großen Parkplatz neben der Fabrik. Die historisch einmalige Entscheidung von Bundeskanzler Helmut Kohl, die Ostmark im Verhältnis 1:1 in D-Mark umzuwandeln, gab den Ostdeutschen die Möglichkeit, endlich im Westen hergestellte VW Golf und Opel Kadett zu kaufen. Zwischen ihnen und dem Trabant – auch wenn es den nun doch noch mit VW-Motor gab – lagen Welten! Die Produktion des Trabant wurde im Mai 1991 endgültig eingestellt. Aber es gibt ein Leben nach dem Tod. Inzwischen avancierte das Auto zum Kultobjekt. Einige sammeln ihn, andere wollen ihn in ein Elektroauto verwandeln. Und am Checkpoint Charlie in Berlin hat ein Trabi-Museum eröffnet.

Was ist nun vom Trabant geblieben? Technisch nichts, aber emotional ganz viel. Auf seine Weise hat er eines der außergewöhnlichsten Kapitel der Automobilgeschichte geschrieben.

U

Uber

Keine Fiesta bis tief in die Nacht an diesem 3. August 2023. Seit sein Gründer Travis Kalanick 2017 wegen eines als toxisch empfundenen Managements und einer nachgewiesenen Vorliebe für orgienähnliche Partys abgesetzt wurde, hält sich Uber möglichst aus den Schlagzeilen heraus. Dabei hätte das Unternehmen an jenem Augusttag durchaus Grund gehabt, den Champagner zu köpfen: Zum ersten Mal seit seiner Gründung im Jahr 2010 konnte der VTC-Champion (VTC = Mietwagen mit Fahrer) ein Quartal mit Gewinn abschließen: 394 Millionen US-Dollar, für das Gesamtjahr 2023 waren es dann gut 1,9 Milliarden Dollar. Damit war das Unternehmen noch immer kein Himmelsstürmer geworden, aber es sorgte zumindest für eine freudige Überraschung, gerade in Anbetracht der 31,5 Milliarden Dollar Verlust, die in den dreizehn Jahren zuvor aufgelaufen waren. Nur wenige Unternehmen haben ihre Aktionäre so lange darben lassen.

Aber kann man Uber, das zur absoluten Ikone der disruptiven Technologien geworden ist, überhaupt etwas vorwerfen? Der Kreuzritter der neuen Mobilität. Das Symbol – im Guten wie im Schlechten – für die wirtschaftlichen und sozialen Umwälzungen, die durch mobile Anwendungen ausgelöst werden. Die Speerspitze der Gig Economy, in der der Arbeitnehmer durch einen Freiberufler ersetzt wird. Wie viele Unternehmen in der Geschichte haben in so kurzer Zeit ganze Geschäftsbereiche auf den Kopf gestellt? Wie viele haben es so schnell geschafft, in den allgemeinen Sprachgebrauch einzugehen?

»Uberisieren«: Ein Verb, das 2014 zum ersten Mal von Maurice Lévy, dem Vorsitzenden des Mediendienstleiters Publicis, in einem Interview mit der *Financial Times* verwendet wurde: »Jeder beginnt zu befürchten, dass er uberisiert wird. Es ist die Vorstellung, dass man plötzlich aufwacht und feststellt, dass sein historisches Geschäftsmodell verschwunden ist …«. Das Prinzip einer digitalen Plattform besteht darin, einen Anbieter und einen Kunden direkt miteinander in Verbindung zu bringen. In diesem Sinne lassen sich viele Tätigkeiten uberisieren: Transportdienstleistungen, Expresslieferungen von Einkäufen, Computer, Design, Heimwerken, Liebesbegegnungen – Plattfor-

men bieten die Möglichkeit zu direkter Interaktion, und Uber hat dieses Geschäftsmodell auf den Mobilitätssektor ausgeweitet.
Das Uber-Epos begann im Dezember 2008 ganz prosaisch in Paris. An einem kalten, verschneiten Abend liefen sich Travis Kalanick und sein Partner Garrett Camp die Hacken ab, ohne ein Taxi zu finden. Eine Erfahrung, die damals Millionen von Stadtbewohnern auf der ganzen Welt teilten. Vor allem in den Industrieländern, wo die Fahrer mit Taxischein in mächtigen Lobbyvereinigungen organisiert waren, die ihre Mitglieder schnell zu Streiks und Blockaden aufrufen konnten. Ihnen wurde, je nach Land und Stärke der Lobby, auch ein starker Einfluss auf die Wahlen nachgesagt. Ganz sicher aber achtete die Gruppe ganz stark auf die Anzahl der vergebenen Lizenzen, unter ihrem Druck war es nahezu unmöglich, den Fahrdienstsektor zu reformieren und die Zahl der Personenbeförderungsscheine zu erhöhen. Ich lese mit Amüsement diesen Artikel aus *Le Monde* vom 5. Dezember 1949: »Die Vertreter der Gewerkschaft der Pariser Taxifahrer wurden heute Morgen im Arbeitsministerium empfangen [...]. Sie erhielten die Zusicherung, dass es in Kürze einen Erlass geben würde, um die Zahl der Taxis, die im Departement Seine (Paris und etwa 80 nahegelegene Gemeinden, Anm. d. Übers.) verkehren dürfen, auf 10.000 zu begrenzen. Vor dem Krieg hatte diese Zahl bei 14.000 gelegen.« Und im Dezember 2008, dem Tag, an dem sich der spätere Gründer von Uber auf unseren Bürgersteigen die Füße abfror? Da lagen wir mühsam bei 18.500 Lizenzen.

In dieser bürokratisch erstarrten Landschaft platzierte Travis Kalanick seine Splitterbombe. Nach seiner Rückkehr nach Kalifornien machte er sich an die Arbeit und setzte seine Pariser Erleuchtung in die Tat um: eine Plattform zu schaffen, die Kunden und gerade in der Nähe befindliche freie Fahrer miteinander in Verbindung bringen kann. Das ging schnell. Im Jahr 2010 nahm UberCab, das später zu »Uber« verkürzt wurde, in San Francisco den ersten Fahrgast an Bord. Im Jahr darauf wurde der Dienst in Paris eingeführt. Er wurde zum Helden der einfachen und billigen Fortbewegung. Derjenige, der uns zu jeder Tages- und Nachtzeit mit einem einfachen Tippen auf unser Smartphone sanft mit einem sauberen schwarzen Auto abholte, mit einer Flasche Wasser und Süßigkeiten im Innenraum als Zugabe. Was für eine Rache an den arroganten Taxifahrern! Im Jahr 2015 vermittelt die Plattform bereits in 253 Städten in 51 Ländern Fahrdienstleistungen. Das Unternehmen wird zu diesem Zeitpunkt mit 41 Milliarden US-Dollar bewertet. Im Jahr 2019 geht es an die Börse. Seine Marktkapitalisierung steigt auf über 80 Milliarden US-Dollar. Heute beansprucht Uber für sich, weltweit durchschnittlich 25 Millionen Fahrten pro Tag durchzuführen. Mehr als fünf Millionen Chauffeur- und Lieferdienste arbeiten für das Unternehmen. Uber ist der unangefochtene Marktführer in einem durch Taxi-Lizenzen abgeschotteten Segment. Und dennoch werden 74 % der US-amerikanischen Mietfahrten über Uber gebucht. Das Unternehmen diversifiziert im Akkord, man hat den Eindruck, einer Hydra gegenüberzustehen: Paketdienste, Essenslieferungen mit Uber Eats, Fahrradverleih, Flugbuchungen, Schiffsreisen, Hubschrauberflüge und Ballonfahrten ... Das ehemalige Start-up-Unternehmen setzt einen Baustein nach dem anderen auf seinem Weg zu einer Super-App, die alle Mobilitätsformen vereinen kann. Sein Ehrgeiz scheint grenzenlos zu sein und wird durch folgende Aussage seines Generaldirektors Dara Khosrowshahi im August 2023 zusammengefasst: »Profitabilität ist kein Selbstzweck, sondern ein Mittel, um unsere Mission zu erfüllen und ein Unternehmen aufzubauen, das Generationen prägen wird.«

Dieser von lautem medialen

Trommelfeuer begleitete Durchbruch erfolgte nicht ohne soziale Härten, Anfeindungen und Polemik. Der VTC-Champion hat sich vom Befreier zum Tyrannen gewandelt. Ein Gefühl, das durch die Veröffentlichung der »Uber Files« im Jahr 2022 noch verstärkt wurde, in denen enthüllt wurde, dass der Gründer des Fahrdienstvermittlers zu allem bereit war, um sein Geschäftsmodell auf dem ganzen Planeten zu verbreiten. Wie der Darth Vader einer neuen, ultraflexiblen Welt. »Die Kombination aus Megadaten, Algorithmen und Netzwerkeffekten macht uns zu unfreiwilligen Totengräbern der Lohnarbeit«, so beschreibt es der Digitalunternehmer und Kognitionswissenschaftler Bruno Teboul. Eine Welt, in der sich Lieferanten und Kunden ständig gegenseitig bewerten, in der »jeder zu seinem eigenen Big Brother wird«.

Ab Mitte der 2010er Jahre begann sich die öffentliche Meinung gegen Uber zu wenden, und die Stadtverwaltungen begannen, gegen das Unternehmen vorzugehen. Der kalifornische Gigant wurde öfter verklagt, verlor oft vor Gericht und war gezwungen, seinen Fahrern bestimmte Rechte zuzugestehen, hohe Geldstrafen zu zahlen oder Taxi-Anbieter wegen »unlauteren Wettbewerbs« zu entschädigen. So geschehen in New York, London, Genf, Paris, Lyon, Rom, Mailand, Barcelona ...

Können diese Rückschläge seine Zukunft gefährden? Wahrscheinlich nicht. Erstens, weil das neue Management aus dem Medienschaden, der durch den Zynismus der ersten Generation an Führungskräften verursacht wurde, gelernt hat. Zweitens, weil alle eingeleiteten Diversifizierungen es ermöglichen sollten, einen möglichen Rückgang der Rentabilität des VTC-Geschäfts auszugleichen. Da er eben diesen Weg nicht eingeschlagen hat, musste sein großer Konkurrent in den USA, Lyft, einen Nettoverlust von 1,2 Milliarden US-Dollar bis 2022 hinnehmen und Massenentlassungen ankündigen.

Schließlich gibt es noch einen letzten Grund, der Uber bestärkt und Europa über seine eigenen Schwächen nachdenken lassen sollte: Es kann seine Entwicklung im Eiltempo dank des für das Silicon Valley typischen Umfelds finanzieren. Investoren zögern dort kaum, Milliarden von Dollar zu investieren, wenn sie vom disruptiven Charakter eines

Start-ups und dessen Potenzial überzeugt sind. Das Ziel ist es dann, eine uneinnehmbare Position aufzubauen und die Rivalen zu vernichten. Das Unternehmen kann jahrelang Geld verlieren. Das ist so lange kein Problem, solange das Wachstum anhält und die Aktionäre darauf hoffen können, ihre Anteile eines Tages mit großem Gewinn weiterzuverkaufen. Dieses Umfeld führt zu Titanenkämpfen zwischen jungen Firmen, die in Investorengeldern schwimmen. Doch nur die mit den tiefsten Taschen überleben. Wehe denen, die schwächeln! Die belgische Plattform für Essenslieferungen Take Eat Easy ging 2016 zu Boden, als ihre Aktionäre das Scheckbuch plötzlich zuklappten! Sie rechneten damit, dass die Konkurrenten Uber Eats und Deliveroo noch einmal wahnsinnige Summen einsetzen würden, um den Markt zu erobern.
Es heißt Stopp oder den Einsatz erhöhen, dazwischen gibt es nichts. Unterstützt von einer geduldigen Schar an Investoren mit langem Atem, hat Uber einen nach dem anderen viele europäische Fahrdienstvermittler zermürbt. Andererseits, und das war eine unglaubliche Überraschung, hat es der kalifornische Riese nicht geschafft, das traditionelle Taxigewerbe zu töten.
Im Gegenteil: Er verhalf ihm sogar zu einem zweiten Frühling, indem er die Branche zwang, sich anzupassen. Das beste Beispiel dafür ist das französische Unternehmen G7, das bei der Einführung von VTC nicht gerade beliebt war. Doch das Unternehmen hat sich völlig neu aufgestellt, die Geolokalisierung eingeführt und sein Angebot verbessert. Paradoxerweise wird G7 heute für die Qualität seiner Dienstleistungen und den Fahrstil seiner Fahrer gelobt, während sich die Leistungen von Uber verschlechtert haben. Wenn es nur eines Beweises bedurft hätte, dass Konkurrenz oft das Geschäft belebt – hier wurde er erbracht.

UHREN

von Richard Mille,
Gründer von Richard Mille

Die Welt des Automobils ist bei mir seit dem Taufbecken präsent. Diese zwanghafte Leidenschaft hat mich während meiner gesamten Karriere begleitet. Deshalb habe ich nie aufgehört, nach Brücken zwischen dieser Welt

und der Welt der Uhren, meinem Beruf, zu suchen.
Ich begann in der Uhrenabteilung von Matra. Ihre Flaggschiffe hießen »Yema« oder »Jaz«, französische Marken, die Matra-Tochter Lagardère später an die japanische Seiko weiterverkaufte. Ich war für den Export zuständig und hatte meinen Sitz im Haut-Doubs. Anekdote am Rande: Als ich mein erstes Gehalt bekam, ging ich direkt zum Renault-Händler. Ich wollte mir eine Alpine kaufen. Der Händler wollte die drei letzten Gehaltsabrechnungen sehen. Hatte ich nicht, ich war in der Probezeit. Daraufhin rief er meinen Chef an, den er kannte, und fragte, ob ich meinen Job behalten würde. Da dieser bejahte, konnte ich eine Alpine A110 1300 kaufen.
Bei Matra avancierte ich zum kaufmännischen Leiter, aber mich interessierten schon damals multifunktionale Produkte. Ich hatte zum Beispiel die Uhr für Jean-Louis Étienne hergestellt, der als erster Mensch allein den Nordpol erreichte. Wir hatten auch Uhren für die französischen Raumfahrer hergestellt.
Die Uhrenindustrie war schon immer eng mit der Welt der Autos verbunden. Symbolträchtige Modelle wie die »Daytona« von Rolex, die »Monaco« von Heuer, die »Mille Miglia» von Chopard oder die «Montoya«- und »Barrichello«-Serie von Audemars Piguet verkörperten eine oftmals komplizenhafte Beziehung. Marken wie Longines oder Hublot waren ebenfalls Formel-1-Partner.
Als ich 2001 die Marke Mille gründete, wollte ich einen Schritt weiter gehen und mehrere technische Konzepte aus der Automobilbranche auf die Uhrmacherei anwenden. Bis dahin war die Verbindung dieser Tätigkeit mit dem Automobil eher oberflächlicher Natur. Beispiele: Man stellte Armbänder her, die ein bisschen nach Auto aussahen, oder Zeiger, die an Teile eines Tachos oder an Lenkradspeichen erinnerten. Das Interessante an der Uhrmacherei ist aber, dass die Dimensionen, in denen man arbeitet, so klein sind, dass sie echte technische Herausforderungen darstellen.
Zunächst widmete ich mich der Stoßfestigkeit. Wir waren die ersten, die Platinen, also die Werkplatte als Basis des Mechanismus, aus Titan verwendeten. Warum? Weil es ein extrem steifes Material ist. Die Metalle, die bis dahin verwendet wurden, waren nicht steif genug. Für

Räderwerke, deren Toleranzen im Hundertstelmillimeterbereich liegen, sind weichere Metalle keine geeignete Basis. Bei Mille-Uhren wird alles, was aufgehängt werden muss, stoßfest gelagert. Das bestätigten dann unsere verschiedenen Crashtests. Sie waren viel materialmordender als die, welche die Uhrenindustrie bis dahin praktiziert hatte. Als ich in der Branche anfing, hieß es, dass man mit einer Uhr nicht Golf spielen könne. Ich habe den Beweis erbracht, dass man es kann, wenn man die Dinge richtig angeht. Die Uhr, die wir für Rafael Nadal gemacht haben, verkraftet Stöße von bis zu 13.000 g!

Die Verbindung mit dem Auto zeigt sich auch in der Wahl von immer leichteren Materialien. In dieser Hinsicht sind die Formel-1-Boliden sehr inspirierend, da sie extreme Objekte sind. Im Motorsport ist die Suche nach dem geringsten Gewicht eine Obsession.

Wir waren auf dem Gebiet der Luxusuhren die ersten, die Grundplatten aus Kohlefaser hergestellt haben. Daher rührt unsere Partnerschaft mit Ferrari und McLaren. So haben wir mit Ferrari eine Uhr entwickelt, die den Weltrekord in Sachen Dicke hält: nur 1,75 mm! Dadurch konnte ich auch eine Uhr für Rafael Nadal entwerfen, die weniger als 18 g wiegt – das Gewicht eines Briefes.

Natürlich standen diese Eigenschaften im Widerspruch zu den bisher gültigen Regeln für Uhren im Luxussegment: Um wertvoll zu sein, musste eine Uhr viel wiegen. Mit so fragil wirkenden Produkten auf den Markt zu kommen, die ziemlich schlicht sind und Hightech-Materialien verwenden, schockierte alle.

Meine ersten Uhren bestanden aus Titan: Sie waren ultraleicht, aber sie kosteten zwei- bis

dreimal so viel wie eine Golduhr. Die Kunden liebten diese frühen Modelle, aber es dauerte eine Weile, bis sie sie wirklich annahmen.
Wie die Motorenhersteller in der Automobilindustrie haben wir versucht, unsere Leistung zu optimieren. In der Uhrmacherei hat man immer auf die sogenannte »Gangreserve« Wert gelegt. Man zieht seine mechanische Uhr auf, und sie läuft dann zweiundsiebzig Stunden oder sogar noch länger. Das ist ein quantitatives Konzept, das mich nie interessiert hat. Es funktioniert wie eine Benzinreserve bei einem Auto. Das hat nichts mit Leistung zu tun. Mir schwebte ein System vor, das wie ein Drehmomentsensor an einem Auto funktioniert: ein System zur Leistungsanzeige, aber für etwas unendlich Kleines. Bei einer Uhr ist die Maßeinheit Dezi-Newton-Millimeter, bei einem Auto hingegen lautet die Messgröße Newton-Meter.
Eine weitere Ähnlichkeit mit dem Auto besteht darin, dass wir auch die Reibung auf ein Minimum reduziert haben. Normalerweise wird die Genauigkeit einer mechanischen Uhr in Sekunden/Tag bemessen. Ein gutes Ergebnis liegt in der Regel in einem Bereich von vier bis acht Sekunden am Tag. Wir haben uns deutlich verbessert. Insbesondere durch die Arbeit am Zahnprofil der im Gangwerk arbeitenden Zahnräder. Bei einer limitierten Serie von zehn Uhren haben wir eine in der Uhrenbranche noch nie dagewesene Leistung erzielt: weniger als eine Sekunde im Monat, ermittelt unter Aufsicht eines Notars für das letzte aus der Produktion genommene Stück. Schließlich haben wir, wie in der Formel 1, auf Ergonomie und Komfort geachtet. So wie sich heute ein Einsitzer der Morphologie des Fahrers anpasst, muss eine Uhr leicht am Handgelenk anliegen, sich beim Tragen nicht bemerkbar machen, aber sich leicht aufziehen lassen. Darauf lege ich Wert.
All das erklärt, warum 95 % unserer männlichen Kunden Autonarren sind. Das ist der gemeinsame Nenner. Einige sammeln beides, Uhren und Autos, so wie ich es tue. Im Laufe der Jahre habe ich sehr viele Rennwagen gekauft, darunter etwa 100 Formel-1-Autos. Sie sind alle in perfektem Zustand. Ein Mechaniker lässt den Motor einmal am Tag laufen. Ich kann Ihnen sagen: Eine solche Leidenschaft kann einen auffressen!

W

Wankel

Eines der Dinge, die mich an der Geschichte des Automobils am meisten faszinieren, ist der ungewöhnliche Ideenreichtum von Ingenieuren und Konstrukteuren, die innovativ sind und neue Wege beschreiten. Manchmal sind diese Ideen zu gewagt und zum Scheitern verurteilt. Doch das ist das Spiel: Es gibt keine Fortschritte ohne Risiken. Der Wankelmotor mit seinem rotierenden Kolben ist ein schönes Beispiel für eine solche Innovation, die keinen Markt gefunden hat, der ich aber dennoch Tribut zollen möchte. Er wurde bereits in den 1950er Jahren entwickelt und Ende der 1960er Jahre auf den Markt gebracht. International wurde er stark beachtet, und NSU verkaufte Lizenzen weltweit. Das Interesse aus Frankreich führte zur Gründung eines deutsch-französischen Unternehmens namens »Comotor«, das 1967 aus einer Allianz zwischen dem deutschen Hersteller NSU, der später bei Audi unterschlüpfte, und dem französischen Unternehmen Citroën hervorging. Die Technologie selbst verdanken wir einem Ingenieur von NSU, Felix Wankel, der sich von der im 16. Jahrhundert erfundenen Flügelzellenpumpe inspirieren ließ. Seine ersten Forschungen führte er in den 1920er Jahren in seiner Werkstatt in Heidelberg durch. Nach dem Zweiten Weltkrieg heuerte er 1951 bei NSU an. Vor ihm hatten mehrere Teams über Jahrzehnte hinweg an einem solchen Triebwerk geforscht, es aber nicht geschafft, einen Motor mit diese Technik funktionsfähig zu machen. Wankel gelang dies, wenn auch nicht ohne Schwierigkeiten. Die deutsche Marke testete ihn zunächst in Kompressoren für Motorräder. 1959 verkündete NSU den Durchbruch und gab bekannt, die Probleme des Rotationskolbenmotors nunmehr gelöst zu haben. Ohne zu sehr ins technische Detail zu gehen, versprach der Motor mehrere Vorteile: Er reduzierte Vibrationen, die innermotorische Reibung und damit auch die Geräuschemissionen. Außerdem benötigte ein solches Aggregat weniger Teile. Der Motor versprach also, sowohl leiser als auch kostengünstiger in der Herstellung zu sein. Von einer Serienreife war der Wankelmotor aber noch enttäuschend weit entfernt. Eines der ersten Autos, das 1963 damit ausgestattet wurde, der NSU Spider, hatte große Probleme mit der Zuverlässigkeit. Ähnlich erging es dem Cosmo Sports 110S, den der japanische Hersteller Mazda 1967 auf den Markt brachte, nachdem er die Lizenz für diese Technologie erworben hatte. Auch der später von Comotor produzierte Wankelmotor sollte nie in die Erfolgsspur finden. In Frankreich war der 1972 eingeführte Citroën GS birotor ein Misserfolg. Der NSU Ro80 verkaufte sich etwas besser, aber die Ölkrise von 1973 läutete das Ende der viel zu energiehungrigen Technologie ein. Das Ende? Nicht für Mazda, das als einziges Unternehmen weiterhin daran glaubte Den letzten Sportwagen mit Wankelmotor, den berühmten RX-8, baute Mazda bis 2012. Die japanische Marke gewann sogar 1991 mit dem Mazda 787B, der mit einem 700 PS starken Vierrotor-Wankelmotor ausgestattet war, das 24-Stunden-Rennen von Le Mans. Felix Wankel starb zwar bereits 1988, aber sein Name erlebte damit posthum einen wohlverdienten Moment des Ruhms, und ganz zu den Akten gelegt hat Mazda den Wankel immer noch nicht ...

WASSERSTOFF

Wir wissen schon lange, wie man Autos mit Wasserstoff betreibt. Mehrere Modelle sind bereits auf dem Markt, darunter auch Nutzfahrzeuge. In Paris fahren täglich 400 Toyota-Taxis ohne Probleme. Die Technologie ist also erprobt und robust. Wie funktioniert das Ganze? Ein Minikraftwerk, eine Brennstoffzelle, die mit Wasserstoff betrieben wird, der selbst wie ein Kraftstoff in einem Tank mitgeführt wird, erzeugt Strom, der die Batterie des Fahrzeugs ständig mit Energie versorgt. Das Fahrzeug fährt also mit Strom. Diese Technologie bietet mehrere wesentliche Vorteile:

- **Sie erlaubt eine Verringerung des Fahrzeuggewichts.**

Die Batterien müssen nicht so groß und schwer sein. Man muss bedenken, dass sie im Durchschnitt 500 Kilogramm wiegen – so viel wie eine Kuh! Die Reichweite liegt mit einem entsprechend großen Tank bei bis zu 650 Kilometer.

- **Die CO_2-Emissionen gehen während der Fahrt gegen Null.**

Es handelt sich also um eine mehr als glaubwürdige Alternative zum klassischen Batteriesystem, das derzeit für den Übergang zum Elektroantrieb bevor-

zugt wird. Für kleine bis mittlere Nutzfahrzeuge, die emissionsfrei auf längeren Strecken eingesetzt werden sollen, scheint sie sogar unverzichtbar zu sein: Nur so lassen sich akzeptable Reichweiten erzielen, ohne riesige Batte-riepakete spazierenfahren zu müssen, die ihrerseits Nutzlast und Laderaum einschränken. Der Einsatz von Wasserstoff reduziert auch die riesigen Mengen an Materialien wie Kupfer oder Lithium, die für die Herstellung von Batterien aus dem Boden geholt werden müssen.
Problem: Bisher wurde Wasserstoff durch die Verbrennung fossiler Energieträger erzeugt. Europa hat sich aber nun endgültig entschieden, in diesem Punkt Abhilfe zu schaffen. Alles begann mit dem Krieg in der Ukraine, welcher der deutschen Industrie schlagartig das russische Erdgas entzogen hat. Billiges Erdgas hatte bislang die Fabriken am Laufen gehalten. Jetzt begann die Suche nach Alternativen. Ziel ist, stattdessen Wasserstoff zu nutzen, der wettbewerbsfähiger ist als das aus den USA oder Katar importierte Gas. Daher wurde ein großer europäischer Investitionsplan zum Aufbau von Produktionskapazitäten für die Erzeugung von sauberem Wasserstoff aufgelegt. Konkret sollen riesige Anlagen zur Elektrolyse entstehen, die mit erneuerbaren Energien (Sonnenkollektoren, Windkraftanlagen) betrieben werden. Der Wasserstoff wird dann durch Pipelines, sogenannte Hydrogenpipelines, zu den Verbraucherstandorten fließen. Laut einer Studie der Internationalen Energieagentur wird der Preis für die Herstellung von Wasserstoff deutlich unter dem Preis liegen, der bei der Nutzung von Kernenergie anfällt. Dies gilt umso mehr, als man sich heute sicher ist, über ausreichende Mengen an erneuerbaren Energien zu verfügen, um den Bedarf zu decken. Im Jahr 2028 werden die in China produzierten Solarmodule eine Stromerzeugungskapazität haben, die 250 Atomreaktoren entspricht. Das ist enorm! Hinzu kommen die Kapazitäten der Windkraftanlagen, die ebenfalls stark und schnell wachsen werden. Wenn alle geplanten Investitionen in einem angemessenen Zeitraum getätigt werden, werden wir über astronomische Mengen an Wasserstoff verfügen, die unsere Industrie dekarbonisieren und unsere Souveränität sichern werden. Ist das eine gute Nach-

richt für die Automobilindustrie? Unbestritten.
Wenn Wasserstoff einmal produziert ist, besteht die größte Herausforderung in seiner Verteilung. Ohne den Aufbau eines entsprechenden Netzes wird es nicht gehen. Zuerst werden die großen Industriegebiete mit Wasserstoff versorgt werden müssen. Jetzt kommt die gute Nachricht: Diese Versorgungsleitungen werden mehr oder weniger den großen europäischen Autobahnachsen folgen. Es ist also denkbar, dass nach Errichtung entsprechender Tankstellen davon auch der Schwerverkehr profitiert.
Um in dieser Richtung voranzukommen, sieht eine EU-Verordnung namens »AFIR« vor, dass die Mitgliedstaaten bis 2030 alle ein Netz von Ladestationen errichten müssen. An den Hauptverkehrsadern sollte dann alle 200 Kilometer eine Wasserstofftankstelle zu finden sein. Die Preise für diesen Kraftstoff dürften sich dann an dem von Dieselkraftstoff orientieren, was ihn besonders attraktiv macht. Zunächst gingen wir davon aus, dass Wasserstoff aufgrund der logistischen Einschränkungen nur für den Verteilerverkehr nutzbar wäre, denn diese Nutzfahrzeuge kehren regelmäßig zu ihrer Basis zurück und können dort tanken. Doch dann könnte die Nutzung dieses ursprünglich für Lkw vorgesehenen Netzes auf eine viel breitere Basis gestellt werden, längere Strecken wären kein Thema mehr. Das würde den Markt öffnen und die Ampeln für den Treibstoff aus Wasserstoff auf grün schalten!

WAZE

Ich bin ein Fan von Waze. Ohne diese App hätte ich mich auf meinen Reisen oder während meiner Aufenthalte im Ausland tausendmal verfahren. Ich wäre nie pünktlich und ohne schlechtes Gewissen zu meinen Verabredungen an manchmal unwahrscheinlichen Orten gekommen. Ich mag besonders die französische Version, da sie die Wahl zwischen gut fünfzehn lokalen Dialekten bietet, darunter auch nur schwer verständlichen. Und es macht mir Spaß, von einem zum anderen zu wechseln, ich habe dabei das Gefühl, ein wenig von dieser Gegend und ihrem pennälerhaften Humor kennenzulernen. Im Vergleich dazu ist das italienische Waze mit nur drei verschiedenen Dialekten fast

waze

schon eine traurige Erscheinung, und in Deutschland gibt es gar keine Sprachalternative.
Hinter dieser scheinbaren Leichtigkeit verbirgt sich eine furchterregende Maschinerie. Innerhalb von 15 Jahren ist Waze zur absoluten Referenz unter den Navigationsanwendungen geworden, die weltweit von 180 Millionen Autofahrern kostenlos genutzt wird, davon 20 Millionen in Frankreich, dem drittgrößten Markt nach den USA und Brasilien. Dieser Erfolg ist um so faszinierender, weil er ohne die Einstellung von Heerscharen von Kartografen zustande kam. Die titanische Arbeit des Sammelns und Aktualisierens von Informationen in Echtzeit ist das Werk einer Gemeinschaft von Freiwilligen, die sich voller Leidenschaft voll und ganz der Sache von Waze verschrieben haben. Die Millionen von Daten, die sie in jedem Moment übermitteln, werden von einem komplexen Algorithmus verarbeitet, der die bestmögliche Route nach den vom Fahrer gewählten Kriterien bewertet – die kürzeste, die schnellste, die grünste etc. Dieses kollaborative Prinzip ist in der Geschäftswelt einzigartig. Das Magazin *Capital* fasste es vor einigen Jahren mit folgender Schlagzeile zusammen: »Wie Waze dank euch Millionen scheffelt«. Gut erkannt.
Die Geschichte begann 2006 in Tel Aviv, wo sich auch heute noch der Hauptsitz des Unternehmens befindet, als Ehud Shabtai, ein junger Hochschulabsolvent in Philosophie und Informatik, es satt hatte, auf Schnellstraßen geblitzt zu werden. Das damals

sündhaft teure GPS, das ihm seine Freundin gerade geschenkt hatte, war ihm keine große Hilfe. Also begann er, das Gerät so zu modifizieren, dass sich die Verkehrsteilnehmer gegenseitig die Position von Radarfallen melden konnten. Innerhalb von zwei Wochen waren fast alle Radarfallen in Israel verzeichnet ... Im Gegenzug erhielten alle, die an der Operation mitgewirkt hatten, eine Warnung auf ihrem GPS, wenn sie sich ihnen näherten. Das kleine Programmiergenie hatte damit gerade die Anwendung erfunden, die unsere Art zu fahren revolutionieren sollte.

Die Sache wurde 2008 ernst, als sich Shabtai zwei seiner Freunde anschlossen, die Ingenieure und Unternehmer waren und über Erfahrungen in der Start-up-Szene verfügten. Auf der Grundlage der Fahrten seiner ersten Nutzer entwickelte das kleine Team einen Algorithmus, der automatisch Straßen auf einer leeren Karte einzeichnen konnte. Um diese Karte zu vervollständigen, setzte Waze auf die Zusammenarbeit mit anderen. Und zwar auf globaler Ebene! Ein Spielsystem mit Belohnungen und Geschenken (z. B. ein iPad) wurde entwickelt, um möglichst viele Autofahrer zu motivieren, die Datenbank kontinuierlich zu erweitern. Der Open-Source-Ansatz war ein Volltreffer, es hagelte nur so von Informationen: Stockender Verkehr, Staus, Unfälle, Straßenzustand, Geschäfte, Kraftstoffpreise an Tankstellen, Anwesenheit von Polizisten ... Die Mitglieder der großen Waze-Familie sind produktiv und korrigieren sich zudem untereinander. Es ist unmöglich, Lügen zu erzählen, denn diese würden sofort von einer ganzen Reihe anderer Nutzer widerlegt werden. Das ist einfach magisch! Die App muss weder Informationen sammeln noch verifizieren und kann sich auf die technischen und kommerziellen Aspekte konzentrieren. Viele der Daten, die von der Wazers-Community gesammelt werden, werden für den Verkauf von zielgerichteter und somit lukrativer Werbung verwendet. Auf diese Weise verdient die israelische Firma Geld.

Das Faszinierende daran ist auch die Tatsache, dass es Waze versteht, die Flamme der Begeisterung bei Millionen von Freiwilligen am Brennen zu halten. Die engagiertesten von ihnen geben an, mindestens zehn Stunden pro Woche für ihre »Kirche« zu arbeiten. In den Ferien sind es sogar bis zu 15 Stunden. Sie scheuen sich auch nicht vor den undankbarsten Jobs, wie dem Ablesen von Autobahngebühren. Die meisten dieser Süchtigen sind natürlich Autoliebhaber, aber auch Open-Source-Freaks. Es gibt eine Form der Selbstverwaltung bei ihnen. Aber es gibt keine Anarchie. Die Organisation ist fest in sechs Stufen hierarchisch gegliedert, vom Anfänger bis zum Champion. Nur die Ranghöchsten können die Karten von Hauptverkehrswegen wie Autobahnen freischalten und verändern. Ein Vorrecht, das die meisten Freiwilligen von Waze nicht haben!

Um die Truppen zu motivieren und den Gruppengeist zu pflegen, organisiert die App, wie andere Online-Communitys auch, »Meetups«, also regelmäßige lokale Veranstaltungen. Bei dieser Gelegenheit trifft man sich, schließt Freundschaften und beschäftigt sich auch mit bestimmten Themen und Problemen wie zum Beispiel der Frage, wie eine Waze-technisch kaum kartierte Stadt erschlossen werden kann. Oder die Bewältigung von Krisen. Alles sehr ernsthaft und seriös. Alle zwei Jahre wird die Crème de la Crème der weltweiten Contributors zu einem »mega meetup« in Tel Aviv eingeladen.

Diese verzehrende Leidenschaft hätte 2013, als die App von Google aufgekauft wurde, leicht erlöschen können. Freiwillig für ein Start-up-Unternehmen zu arbeiten, das sogar sehr profitabel ist, ist okay. Aber für einen multinationalen Konzern mit unverschämten Gewinnen? Viele der Pioniere wollten ihre Zusammenarbeit beenden. Die meisten blieben jedoch, nachdem sich der Riese aus Mountain View verpflichtet hatte, nicht an den Gründungsprinzipien zu rütteln. Und bis jetzt hat er sein Versprechen auch gehalten! Waze und Google sind nach wie vor zwei unabhängige Unternehmen. Waze hat seine eigene Karte beibehalten und verwendet keine Daten von Google Maps, außer seinen Satellitenbildern. Google Maps beschränkt sich darauf, von Zeit zu Zeit Informationen von Waze zu übernehmen. Nicht viel mehr.

Wer die Entwicklung über die Jahre beobachtet, wird auch feststellen, dass Waze, der Freibeuter, sich zu einer Quasi-Institution entwickelt hat und sich inzwischen ganz seriös

bemüht, etwa die Folgen des sogenannten »Waze-Effekts« zu lösen: Um Staus zu vermeiden, empfiehlt die App Ausweichrouten etwa über Nebenstrecken, Landstraßen oder durch Wohngebiete, wo dann natürlich die Welt Kopf steht. Der sogenannte »Waze-Effekt« verlagert das Problem also nur auf kleine Straßen, die gar nicht für ein solches Verkehrsaufkommen ausgelegt sind. Das Unternehmen, dem lange Zeit Arroganz vorgeworfen wurde, sucht inzwischen Kontakt mit den Interessenvertretungen verärgerter Anwohner und mit den Gemeinden, um diese Auswüchse möglichst einzudämmen. Dabei arbeitet es auch mit regionalen Fremdenverkehrsämtern zusammen, um die sommerlichen Thrombosen auf den Zufahrten zu den Nationalparks, in den Bergen und an den Küsten oder den kleinen charmanten Dörfern zu verringern. Wenn ein solcher Touristenmagnet kurz vor dem Kollaps steht, warnt die App die Fahrer, schlägt den Besuch alternativer Orte vor, empfiehlt das Parken und das Umsteigen auf einen Shuttlebus und so weiter. Wirklich nicht dumm.
Es gibt noch ein weiteres untrügliches Zeichen für den Aufstieg von Waze. Immer öfter wird es direkt in das On-Board-Multimediasystem von Autos integriert, sodass Waze-Funktionen über das Fahrzeugdisplay abgerufen werden können und nicht mehr nur über das Smartphone. Ich bin ebenso stolz wie glücklich verkünden zu können: Renault ist Vorreiter dieser Entwicklung, der Austral und der Megane E-Tech eröffnen diesen Reigen. Der Rest der Modellpalette wird folgen; Hersteller wie Ford, BMW und auch Polestar springen auf diesen Zug auf.
Wenn die Entwicklung so weitergeht, könnte die App ihre Seele verlieren, befürchten einige ihrer treuen Anhänger. Keine Sorge, antwortet man in der Zentrale in Tel Aviv, der Erfolg der App beruht auf der Nutzergemeinschaft, deren Integrität unangreifbar ist – wie eine Anekdote aus der jüngsten Vergangenheit beweist: Die britische Polizei wollte besonders schlau sein und zeigte falsche Radarfallen an, um die Autofahrer dazu zu bringen, den Fuß vom Gas zu nehmen.
Die Wazers benötigten aber lediglich zehn Minuten, um den Schwindel zu entdecken und sie von der Karte zu entfernen. Echt stark!

von Maurice Lévy,
Präsident von Publicis Groupe,
zwischen 1987 und 2017

Ich habe die Automobilwerbung schon immer geliebt, selbst bevor ich mir überhaupt vorstellen konnte, eines Tages mein Berufsleben in der Werbung zu verbringen, geschweige denn, dass ich einen großen Teil meiner Karriere damit verbringen würde, Kampagnen für Renault umzusetzen, zu entwickeln oder einfach nur zu beaufsichtigen. Zweifellos war das Bild des Florida (Renault) mit dem Superstar Brigitte Bardot nicht ganz unschuldig an meiner frühen Begeisterung für dieses Sujet, aber je mehr ich die Automobilwerbung entdeckte, desto mehr verfiel ich ihr. Sie war Ausdruck von Modernität und Macht, von Abenteuer, Verführung, Eleganz, Stil, Luxus, Freiheit und Flucht zu fernen Horizonten ... Alle Träume des Teenagers oder jungen Mannes, der ich war, fanden sich in diesen Seiten, Plakaten, Filmen wieder. Es gab keine Autowerbung ohne schöne Frauen, große Hotels oder majestätische Monumente im Hintergrund oder weite Landschaften. Auf mich wirkte es magisch. Wir waren weit entfernt vom Nutzwertgedanken, denn es war die Zeit der Leidenschaft für Autos.

Seit nunmehr über 50 Jahren ist die Automobilwerbung nicht nur mein Beruf, sondern meine Leidenschaft. Bis auf wenige Ausnahmen folgt die Autowerbung weder dem berühmten USP (**U**nique **S**elling **P**oint: Hervorhebung eines einzigartigen Vorteils, der das Produkt definiert und von der Konkurrenz abhebt) noch den klassischen Marketingregeln. Das Aussehen des Autos, seine Ausstrahlung, seine Linie oder sein Design, seine objektiven Eigenschaften in Bezug auf Straßenlage, Fahrverhalten, Komfort, sein »Gesicht«, die Marke und ihre Geschichte – all das formt seine Persönlichkeit und steuert den Werbeauftritt. Es ist interessant zu sehen, wie sehr die talentiertesten Werbefachleute vor Ideen sprühen, wenn sie von ihrem zu bewerbenden Fahrzeug berührt und inspiriert werden, oder lust- und einfallslos agieren, wenn das Gegenteil der Fall ist.

Man könnte fast sagen, dass das Auto die Vorstellungswelt des Kreativen prägt und nicht etwa umgekehrt.

Als Bill Bernbach (das »B« von DDB) die legendäre Kampagne für den Volkswagen Käfer kreierte, brachte er das Wesen des VW auf den Punkt, er verhalf dem Volkswagen zu einem unverwechselbaren Außenauftritt. Dies wird immer einer der großen Momente in der Werbekommunikation auf der anderen Seite des Atlantiks bleiben.
Als Publicis die Kampagnen für den Renault 5 entwickelte, wurde daraus ein einzigartiges Feuerwerk an Kreativität, das unter dem Slogan »*Super Car*« bis heute im Gedächtnis blieb und von einen Zeichentr ckfilm über pfiffige Motive bis hin zur comichaften Anzeigenserie »*Adieu, grausame Welt*« reichte, lanciert zum Abschied der Baureihe: Es wurden alle Register gezogen und eine bis dahin unübertroffene Vielfalt an Ausdrucksformen gefunden.
Für den Clio, der keine hervorstechenden Eigenschaften aufwies, aber an sich ein Konzentrat all dessen darstellte, was das moderne Automobil zu bieten hatte, lautete die Botschaft: »*Er hat alles, was ein großer hat*«, und dieser Slogan hat sich in der Werbung durchgesetzt ebenso wie als Maßgabe bei der Weiter- und Neuentwicklung des Autos. Und das hat letztlich, in der aktuellsten Ausgabe, den Clio zum wettbewerbsfähigsten und meistverkauften Auto Europas gemacht.
Wenn ich so über die Geschichte der Automobilwerbung nachdenke, gibt es wahrhaft einige Sternstunden aus der Frühzeit,

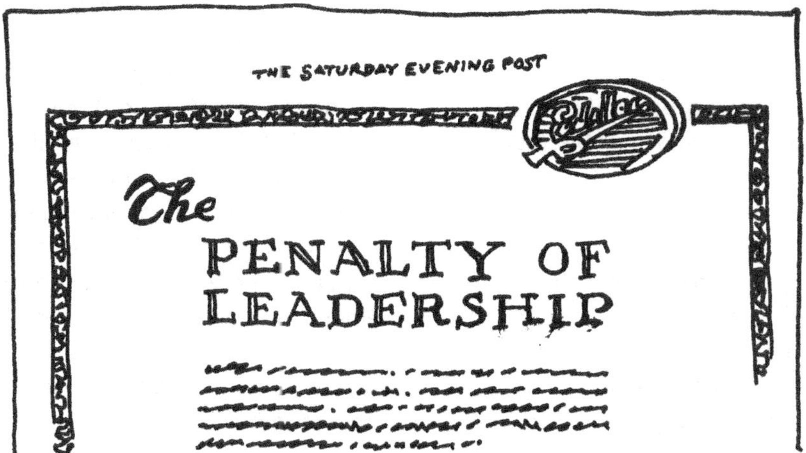

die es wert sind, dass man sich daran erinnert.
Das erste »Monument« der Werbung im Allgemeinen und der Automobilwerbung im Besonderen ist natürlich die ikonische *»Penalty of Leadership«*, die Anzeige, die einziges Mal erschien, am 2. Januar 1915 in der *Saturday Evening Post*. Nur Text, keine Illustration, und dass es um Cadillac ging, war nicht ersichtlich. Ein bemerkenswert gut geschriebener, sehr geschickter Text, der unterschwellig suggerierte, dass alle Kritik in Wirklichkeit eine Anerkennung der herausragenden Leistungen von Cadillac ist. Es war auch die Zeit, in der man sich Zeit zum Lesen nahm und in der die Anzeigen reich an schöner Schrift im Dienste der Botschaft waren, mit einem Satz, der auf alle zutreffen könnte:
»If the leader truly leads, he remains the leader. [...] That which is good or great makes itself known, no matter how loud the clamor of denial.«
(Wenn der Führer wirklich führt, bleibt er an der Spitze. [...] Was gut und groß ist, spricht für sich selbst, egal wie laut die Kritik ist.)
Nach dem Ford T, der 1908 aus Henry Fords Fabriken rollte (*»Jede beliebige Farbe, solange sie schwarz ist«*) und 15 Millionen Mal verkauft wurde, erschien zwanzig Jahre später, 1928, der Ford A auf dem Markt. Zur Einführung wurde eine Anzeige (*»The New Ford Car«*) geschaltet, eigenhändig von Henry Ford unterzeichnet, überschrieben mit *»Eine Anzeige von besonderer Bedeutung an alle Autobesitzer«*. In diesem sorgfältig geschriebenen Text – es gab auch hier kein Bild vom Fahrzeug, sondern eine Portraitaufnahme von Henry Ford, was der Anzeige den Charakter eines persönlichen Anschreibens gab – erklärte Ford, warum man einen Ford A kaufen sollte und strich dessen Vorteile heraus. Hier liest man auch den erstaunlich aktuellen Satz: *»Sie kaufen kein Auto, sondern den fortschrittlichsten Ausdruck einer neuen Idee von moderner und wirtschaftlicher Fortbewegung.«*
Was sollte Chrysler angesichts der Flut von Ford A (megaerfolgreiche Markteinführung) und General Motors, das mit Cadillac und Chevrolet alle Marktsegmente bediente, dem entgegensetzen? Walter Chrysler, lange vor Lee Iacocca, entschied sich für einen lautstarken, aggressiven Auftritt, um potenzielle Käufer von seinem neuen Wagen zu überzeugen:

»Look at all three! But don't buy any low-priced until you have driven the new Plymouth ...« (Vergleichen Sie alle drei Hersteller! Aber kaufen Sie kein günstiges Auto, bevor Sie nicht den neuen Plymouth gefahren haben.)

Der Text ist hervorragend und demonstriert, ohne jemals die Konkurrenten zu nennen, die Überlegenheit des neuen Plymouth. Er bringt die neue Marke auf Augenhöhe mit den etablierten Branchengrößen.

Diese drei Anzeigen sind von geradezu erschreckender ästhetischer Qualität, Nüchternheit und Wirksamkeit. Sie nehmen die erbitterten Kämpfe um die Gunst der Kunden vorweg, welche sich die Automobilhersteller in den folgenden Jahrzehnten liefern werden. Alle Elemente guter Werbung sind bereits vorhanden und finden sich auch heute noch in der Kommunikation wieder, die mal mehr, mal weniger geschickt, aber mit hoher grafischer Qualität und unter Einsatz modernster technischer Mittel Aufmerksamkeit für das jeweilige Produkt weckt.

Bestes Beispiel dafür ist die Reihe der fünf- bis zehnminütigen Filme, produziert für die Welt des Internets und inszeniert von einigen der gegenwärtig besten Regisseure wie John Frankenheimer, Alejandro González Iñárritu, Ang Lee, Guy Ritchie, Tony Scott und John Woo. Diese wahren kleinen Meisterwerke kreierte die Agentur Fallon für BMW, und sie haben zwei Stars, nämlich Clive Owen und seinen BMW – *»The Ultimate Driving Machine«*.

Großes Kino gibt es aber nicht nur in der virtuellen, sondern auch der realen Welt: Wer erinnert sich nicht an jenen spektakulären Clip, in dem ein Audi Quattro auf einer Skisprungschanze die schwindelerregende Fahrt nach oben antritt? Gibt es eine bessere visuellen Umsetzung des ewigen Claims *»Vorsprung durch Technik«* und vor allem eine bessere Demonstration sowohl der überragenden Straßenlage als auch der einzigartigen Qualität des Quattro-Konzepts?

Kommen wir vom Spektakulären zu einer besonderen Form der Schlichtheit, wie sie bei der gesamten Anzeigenserie für den Renault Espace verwirklicht wurde, wo das Fahrzeug in einer reduzierten, aber außergewöhnlichen Landschaft platziert wurde. Dieser schlichte Stil korrespondierte mit der

Botschaft *»on n'a jamais été aussi bien sur terre que dans l'Espace« (Es ging uns auf der Erde nie so gut wie im Weltraum* – ein Wortspiel, denn »Espace« bedeutet dem Wortsinn nach »Weltraum«, stand aber von nun an auch für ein geräumiges Auto.)

Werbung kann auch Komödie bedeuten, zur Einführung des Clios gab's in England auch heute noch unvergessene Spots um die Erlebnisse von Vater, Tochter und Clio. Diese Mini-Soaps für den Clio mit Nicole und Papa waren zeitweise so populär, dass bei einem Fußballspiel im Europapokal, als der Stadionsprecher den Namen des Fußballspielers »Papin« ankündigte, die Menge aufsprang und wie ein einziger Mann »Nicole« zurückschmetterte ...

Wenn man von sehr populären Kampagnen spricht, die einen bleibenden Eindruck hinterlassen haben, darf man die zur Einführung des neuen Fiat 500 im Jahr 2007 nicht vergessen. Die Aufgabe war nicht leicht, denn es galt, einerseits an die Popularität und die Bedeutung des kleinen Italieners für die Gesellschaft zu erinnern und anderseits die Brücke hin zu einem modernen, vor Lebendigkeit sprühenden Fahrzeug zu schlagen. Die Einführung war in dieser Hinsicht ein kleines Meisterwerk, komponiert aus Reminiszenzen an die großen historischen Momente aus den Jahren des Ur-Cinquecento, die bis in die heutige Zeit nach-wirken, und schönen Produktdemonstrationen des Neuen.

Man könnte nun doch meinen, dass der Autowerbung wie auch der Branche selbst irgendwann nichts Neues mehr einfiele. Weit gefehlt: Seat wagte im Jahr 2018, eine komplett neue Marke einzuführen – für die Volkswagentochter mutig, und für den Mutterkonzern die erste Neugründung einer Pkw-Marke überhaupt. Die Erfahrungen beschränkten sich bislang auf den Relaunch verblasster Marken, so wie Škoda wiederbelebt worden war. Renault hatte mit Dacia ebenfalls eine andere osteuropäische Marke reanimiert. Aber auf dem alten Kontinent hatte schon lange keiner der etablierten Konzerne mehr eine neue Marke aufgebaut. Mit »Cupra« beschloss VW, eine starke Seat-Submarke zu etablieren: mit einer zielgerichteten Kundenansprache, einem sehr typischen Produkt und einer nicht minder typischen

Werbung. Und weil bei »Cupra« Produkt, Charakter und Umfeld zusammenpassten, fand die Marke ihre Zielgruppe – so passgenau platziert, dass auf manchen Märkten nur noch Cupras verkauft werden, kein Seats mehr.

Zum klassischen Werbeinstrumentarium gehört außerdem Humor. Schönes Beispiel dafür ist die in Frankreich berühmte TV-Kampagne der Marke Renault *»Das wird nie funktionieren«*, bei der die Kritiker des Fortschritts bei jeder Entwicklung oder Innovation der Marke auf die Schippe genommen wurden ...

Das Besondere an der Automobilwerbung ist jedoch, dass sie Autofahrer und ihre Passagiere in allen Lebenslagen begleitet, von ausgedehnten Spaziergängen bis hin zu den verrauchten Staus in der Stadt oder den Stationen des Lebens: erstes Auto, erster Flirt (und mehr), Hochzeit, Streit, Familie, Freud und Leid usw., und das hat Renault mit seiner Aktion *»Les voitures à vivre« (Autos zum Leben)* so gut hinbekommen.

Den Charakter und die Persönlichkeit einer Marke oder eines Modells auszudrücken, geht weit über das rationale Marketing hinaus, das nur auf die Wettbewerbsvorteile eines Autos abhebt. Es geht um Emotion, oder vielleicht sogar um Emotionen: Das Auto ist nicht nur die Befriedigung eines Bedürfnisses oder der Ausdruck eines Status oder einer Leidenschaft, es ist in gewisser Weise die Verlängerung des Autofahrers in der Fülle der Augenblicke seines Lebens, mit Glück und Unglück, mit Freude und Trauer, vor allem aber mit dem Gefühl, in seinem privaten, sicheren Innenraum zu sein, um die Augenblicke in ihrer Fülle zu erleben, ein zweites Zuhause, fast ein zweites »Selbst«.

Manchmal werde ich gefragt, warum so viel Geld in Werbefilme für Autos gesteckt wird. Dafür gibt es Gründe. Zum einen das Bedürfnis, wahrgenommen zu werden, was eine hohe Qualität erfordert, zum anderen die Tatsache, dass der Werbeplatz immer teurer geworden ist. Vor zwanzig Jahren war der teuerste Spot der Welt (während des Super Bowl) vier Millionen Dollar für 60 Sekunden wert. Heute sind da mindestens 15 Millionen. Werbetreibende und Agenturen können sich bei solchen Summen keine Fehler erlauben. Und last but not least: Man muss unbedingt etwas zu sehen, zu bewundern, zu erleben und zu fühlen

geben, was in jeder Hinsicht wirklich bemerkenswerte Filme voraussetzt.
Wir dürfen nie vergessen, dass es in der Automobilwerbung vor allem um Leidenschaft geht, darum, Emotionen und ein Kribbeln auszulösen, und man muss spüren, wie der Puls schlägt, schlägt, schlägt …

Wolfsburg

Willkommen in »Volkswagen Town«! In Wolfsburg, einer abgelegenen Stadt in Mitteldeutschland, arbeiten die meisten der 125.000 Einwohner direkt oder indirekt für den deutschen Automobilriesen. Das Firmengelände erstreckt sich über acht Hektar. Es ist eine Stadt in der Stadt: 45.000 Arbeitnehmer sind am Hauptsitz, in der riesigen Fabrik, die zu den größten der Welt gehört, oder in dem im Jahr 2000 eröffneten Freizeitpark Autostadt beschäftigt, der dem Auto gewidmet ist. Die Autostadt wird jährlich von über zwei Millionen Menschen besucht und ist damit eine der meistbesuchten Sehenswürdigkeiten in Deutschland – ein untrüglicher Beweis für die Verbundenheit der Menschen mit ihrer Marke. Viele nutzen sogar die Möglichkeit, ihren Golf, Passat oder Tiguan dort in Empfang zu nehmen und damit nach Hause zu fahren. Um diesen feierlichen Moment noch zu verfeinern, übernachten sie im Ritz-Carlton, einem 5-Sterne-Hotel im Herzen des Geländes. Es bietet einen atemberaubenden Blick auf die Schornsteine des Fabrikkraftwerks aus den 1930er Jahren. Abgesehen davon ist Wolfsburg nun nicht gerade der spaßigste Ort auf der ganzen Autowelt. Man arbeitet und schläft dort, mehr nicht! Ich habe drei Jahre dort verbracht, als ich 2009 zum Marketingdirektor des Volkswagen-Konzerns ernannt wurde. Zum Glück konnte ich berufsbedingt diesem Ort sehr oft entfliehen … Aber es ist andererseits ein Ort, an dem man für das Auto lebt, es gleichsam inhaliert.
Zu meiner Überraschung war ich nicht der einzige Italiener dort. Sehr weit davon entfernt. Meine Landsleute und ihre Nachkommen sind in Wolfsburg allgegenwärtig. Im Volkswagenwerk, in den Gewerkschaftsgremien oder in den Geschäften. Es gab sogar das Viertel »Klein Italien«. Wie »Little Italy« in New York!
Eine Präsenz, die wir in erster Linie dem Dritten Reich zu

verdanken haben. Als Adolf Hitler Ende der 1930er Jahre beschloss, eine Autofabrik zu errichten, um das Auto des Volkes, den späteren Käfer, herzustellen, wählte er einen Ort, der weitab von allem lag. Es ging darum, diese strategische Anlage im Hinblick auf die drohenden Konflikte so gut wie möglich zu schützen. Auf Wunsch des Diktators wurde die neue Stadt rund um die Fabrik zunächst »Stadt des Kdf-Wagens« genannt, in Anlehnung an den Namen der Parteiorganisation »Kraft durch Freude«. Doch den Planern des Projekts mangelte es an Arbeitskräften vor Ort. Hitler wandte sich an Mussolini. Dieser schickte prompt Arbeitskräfte. Zum Dank schenkte Hitler seinem italienischen Verbündeten das neoklassizistische Gebäude der italienischen Botschaft im berliner Bezirk Tiergarten.

Die Autoproduktion kam aber nicht richtig in Gang. Bei Kreigsbeginn wurde die junge Fabrik sofort auf die Herstellung von Militärgütern und Munition umgestellt. Zwischen 1940 und 1945 entstanden dann VW-Kübelwagen vom Typ 82 für die deutsche Armee und weitere Rüstungsgüter bis hin zu Flugzeug- und Raketenteilen. Nach Kriegsende wurde die Werksanlage unter britische Verwaltung gestellt. Sie war durch Bombenangriffe zu zwei Dritteln zerstört worden. Der britische Major Ivan Hirtz erhielt den Auftrag, sie wieder in Betrieb zu nehmen. Im desorganisierten Deutschland der Nachkriegszeit war nichts einfach. Doch er meisterte diese Aufgabe hervorragend, denn die Karosseriepressen hatten, gut versteckt, den Krieg überstanden. Bereits Weihnachten 1945 verließen 55 Volkswagen Typ 1 die Werkstätten. Zur gleichen Zeit wurde die Stadt auch in »Wolfsburg« umbenannt, benannt nach einem kleinen Dorf in der Nähe. Volkswagen startete dann durch, beflügelt durch den Wirtschaftsboom, bis 1955 liefen eine Million Käfer vom Band. Diese Leistung war nur zu bewältigen, weil regelmäßig neue Wellen von Gastarbeitern in der Stadt eintrafen. Die Fabrik wurde zu einer Art Treffpunkt für die Völker der Welt. Im August 1961 erfolgte der Mauerbau. Der Kalte Krieg führte dazu, dass plötzlich mitten durch Deutschland eine unüberwindbare Grenze wuchs. Und sie führte direkt an Wolfsburg vorbei, das im Westen lag. Viele Arbeitnehmer, die auf der Ostseite wohnten, kamen nun nicht mehr an ihre Arbeitsstelle. VW-Chef Heinrich Nordhoff braucht dringend neue Arbeitskräfte. Und wieder kam die Lösung aus Italien. Da Nordhoff katholisch war, kam er auf die Idee, seinen transalpinen Importeur zu bitten, die Katholische Aktion zu mobilisieren, damit sie über 2000 Italiener mit ihren Familien nach Wolfsburg schickte. Sie kamen aus den ärmsten Regionen Kalabriens, Siziliens oder Venetiens im tiefsten Winter 1962 nach Deutschland. Es war bitterkalt, und nach 18 Uhr wurde ihnen eine Ausgangssperre auferlegt. Dennoch gelang es ihnen, sich zu integrieren. Im Jahr 2012 organisierte ich das Jubiläum der italienischen Gemeinde in Wolfsburg, um den fünfzigsten Jahrestag dieses Ereignisses zu feiern. Und das ist auch nur gerecht: Volkswagen hat ihnen viel zu verdanken.

Z

Z, Generation

Die neuen Generationen würden sich vom Auto abwenden, liest man allenthalben. Ich bin mir da nicht so sicher. Ich glaube das nicht. Es sind vor allem materielle Faktoren, die ihren Eintritt in den Markt verzögern. Zunächst einmal dauert ihre Ausbildung oft länger. Zweitens heiraten sie später und werden später Eltern, und drittens ist ihr Bewusstsein für die Umweltfolgen der Mobilität gewachsen. Vor allem aber sind die Autopreise in die Höhe geschnellt, zumal sich die Unterhaltskosten für ein Automobil in den letzten 15 Jahren mehr als verdreifacht haben, von 3500 Euro auf rund 13.000 Euro. Die Versicherungen sind sehr teuer, Werkstattkosten, Kraftstoff, Führerscheinkosten, Parkgebühren, Bußgelder ... Da die Kaufkraft nicht in demselben Maße Schritt gehalten hat, verzichten viele zumindest vorübergehend auf die Anschaffung eines eigenen Wagens.
Die Zahl der Personen, die im Alter von 25 Jahren einen Führerschein besitzen, sinkt dennoch nicht proportional. Sie nähert sich immer noch der 80-%-Marke. Das widerspricht dem Storytelling vieler Umweltaktivisten. In Paris, Berlin oder Stockholm kann man auf ein Auto verzichten, nicht aber in Carcassonne, Varese oder Straubing-Bogen. Ich glaube nicht unbedingt an die Entfremdung der jungen Leute. Ein Zeichen für mich ist, dass die Netflix-Serie über die Formel 1 bei ihnen ein Hit war. Ein weiteres Indiz sehe ich im Erfolg des Formel-4-Wettbewerbs, den der Youtuber Squeezie auf der Rennstrecke von Le Mans veranstaltet. Es liegt an den Automobilherstellern, Produkte anzubieten, die für sie genauso fortschrittlich und überraschend sind wie ihre Computer oder Smartphones. Wir müssen sie zum Träumen bringen und ihnen ebenso unglaubliche wie erschwingliche Produkte bieten oder diese erfinden. Dann wird auch die Generation Z wieder zu uns zurückkehren.

Zagato, Ugo

Einen Maserati oder Aston Martin zu besitzen, wäre für die meisten Menschen die Erfüllung aller ihrer automobilen Träume. Aber für eine Handvoll sehr (sehr) wohlhabender Ästheten gehört noch mehr dazu: Ihr Auto muss ein »Z« tragen. Es steht für

»Zagato«, einen der talentiertesten unabhängigen Karosseriebauer der Welt, einen Pionier dieser typisch italienischen Kunst, Luxusautos zu verschönern und zu sublimieren. Eine große Familie, zu der Bertone, Pininfarina, Ghia, Anderloni (Erfinder des Touring-Konzepts) usw. gehören. Unter ihnen steht Ugo Zagato für eine ganz besondere Note innerhalb dieses Konzerts. Zunächst durch seine Vorliebe für Kleinserien, die dem prestigeträchtigen Kunsthandwerk nahe kommen. Zweitens durch den Einfluss, den die Luftfahrtindustrie auf ihn ausübte. Bis zu seinem 28. Lebensjahr, im Jahr 1919, arbeitete er für die Officine Aeronautiche Pomilio an den Flügeln und Leitwerken der damaligen Doppeldecker. Als der Krieg vorbei war, entließ das Unternehmen massenhaft Mitarbeiter. Zagato eröffnete in der Nähe von Mailand seine erste Karosseriewerkstatt für Autos, um die Grundlagen, die er bei der Arbeit mit Flugzeugen gelernt hatte, anzuwenden: Leichtigkeit, Aerodynamik, Schnelligkeit. Da er beim Auto von Grund auf neu anfing, musste er sich nicht um die Gewohnheiten der damaligen Zeit kümmern, die noch stark von den Techniken der Pferdefuhrwerke geprägt waren. Er war frei, neue Wege zu gehen, und wusste diese Freiheit auch zu nutzen. Er führte eine Fülle von Innovationen ein: Gerippe aus Stahlprofilen anstelle von Holz,

zahlreiche Teile aus Aluminiumlegierungen, Nietverbindungen, ein sehr tiefer Schwerpunkt usw. Erst Fiat, dann auch Alfa Romeo bedienten sich seines Talents. Seine Autos waren bei Rennen erfolgreich, insbesondere bei der Mille Miglia (Tausend Meilen), einem berühmten Langstreckenrennen zwischen Rom und Brescia. Das Rennen 1928 wurde von einem Alfa 1500 Sport gewonnen, 1929 gewann ein 1750. Auch die Fiat Topolino und Balilla, die das berühmte »Z« trugen, erzielten gute Ergebnisse. 1938 waren sogar 36 Autos am Start, die aus den Werkstätten des Maestro stammten. Nach dem Krieg versah Ugo Zagato Modelle von Fiat, Aston Martin, Lancia und Jaguar mit Sonderkarosserien, später kamen Maserati und Porsche hinzu. Und Geniestreiche wie der Fiat 1400 »Panoramica«, bei dem die Scheiben bis in das Dach hineingezogen wurden, was einen lichtdurchfluteten Innenraum ergab. Oder der Maserati A6G 54 aus dem Jahr 1954, der Aston Martin DB4 GTZ aus dem Jahr 1960 und viele andere unantastbare Ikonen, deren Preise längst schon Rekordhöhen erreicht haben. Einige von ihnen tragen einen doppelten Höcker (»double bubble«) auf dem Dach, eine Erinnerung an die Herkunft der Marke aus der Luftfahrt. Als Ugo Zagato 1968 starb, übernahm sein Sohn die Geschäfte. Danach folgte sein Enkel, der noch heute das Steuer in der Hand hält. Nach einem weniger inspirierenden Zwischenspiel in den 1970er Jahren besann sich die Werkstatt auf ihre Wurzeln und verwöhnt seither reiche Liebhaber mit phänomenalen Einzelstücken auf Basis von Autos, die selbst schon im Serienzustand phänomenal sind … Der Raptor zum Beispiel, 1996: Diablo-Technik mit V12-Lamborghini-Motor, aber Kohlefaser-Karosserie. Oder der Porsche Carrera GT V10 610 PS, dessen Karosserie Zagato wunderbar verfeinerte. Das Highlight dieses Kaleidoskops der Kostbarkeiten ist der Aston Martin DBS auf Superleggera-Basis, der 2020 auf den Markt kam. Seine Motorhaube, die so lang ist wie ein Tag ohne Autofahren, verbirgt einen auf 760 PS leistungsgesteigerten V12-Motor. Es wurden nur 19 Exemplare produziert. Doch damit nicht genug und eine Marketing-Aktion sondergleichen: Dieses Monument war ausschließlich zusammen mit einem zweiten Aston Martin

Zagato zu bekommen, dem DB4 GT Continuation, einem atemberaubenden Nachbau des Modells von 1959. Gesamtpreis: Sieben Millionen Euro. Ist das unvernünftig? Vielleicht. Unvergleichlich? Auf jeden Fall. Solche exklusiven Modelle sind heiß begehrt. Doch ist diese Maßlosigkeit im Luxus auch vertretbar? Die Frage ist berechtigt. Doch die Grenzen des bis dahin Vorstellbaren immer weiter zu verschieben ist auch in der Haute Couture, in der Formel 1 und in anderen außergewöhnlichen Bereichen zu beobachten. Und es befruchtet Forschung und Innovationen. Viele der dort erstmals gezeigten Features finden später ihren Weg in den Massenmarkt.

ZULIEFERER

von Hildegard Müller, Präsidentin des Verbandes der Automobilindustrie (VDA)

Die deutsche Automobilindustrie steht an einem entscheidenden Wendepunkt. Klimaschutz, digitale Vernetzung und globale Marktverschiebungen verändern eine Branche, die für Deutschland die Schlüsselindustrie ist. Es sind insbesondere die Zulieferer – häufig familiengeführte, mittelständische Unternehmen genauso wie DAX Konzerne –, die diesen tiefgreifenden Wandel aktiv mitgestalten. Sie entwickeln zahllose Innovationen, sichern hunderttausende Arbeitsplätze und tragen entscheidend zur Wettbewerbsfähigkeit der deutschen Automobilindustrie. Viele Unternehmen aus dem industriellen Mittelstand sind »Hidden Champions«, die oftmals unbemerkt von der breiten Öffentlichkeit einen entscheidenden und hoch innovativen Anteil zum internationalen Ansehen von Produkten »Made in Germany« beisteuern.
Ohne ein starkes Netzwerk von Zulieferbetrieben würde eine leistungsfähige Automobilproduktion in Deutschland nicht funktionieren. Die Zulieferbetriebe – von den Startups über mittelständische Familienunternehmen bis zu den großen Unternehmen, die in vielen Ländern auf der Welt Standorte haben – bilden das Rückgrat der deutschen Automobilindustrie. Die Zulieferer sichern über 240.000 Arbeitsplätze und tragen durch ihre hohe Leistungsfähigkeit und Spezialisierung maßgeblich zur Wertschöpfung in Deutschland bei.

Historische Entwicklung und mittelständische Vielfalt

Die Wurzeln dieser Industrie reichen bis zu den Anfängen des Automobils zurück. Schon um 1900 entstanden in Deutschland die ersten Automobilpioniere – und mit ihnen ein Netzwerk spezialisierter Zulieferer. Im Wirtschaftswunder nach 1945 wuchs dieses Netz explosionsartig: Hunderte neuer Familienunternehmen entstanden, die sich jeweils auf einzelne Komponenten wie Getriebe, Bremsen oder Zündtechnik konzentrierten. Viele von ihnen wuchsen im Laufe des 20. Jahrhunderts auch zu Global Playern heran.
Unternehmen des automobilen Mittelstands investieren überproportional in Forschung und Entwicklung. Sie weisen somit eine überdurchschnittliche Innovationsleistung auf. Gleichzeitig sind sie häufig stark in ihrer Heimatregion verwurzelt und tragen dort maßgeblich zu Ausbildung, Beschäftigung und starken regionalen Wirtschaftsstrukturen bei.
Hinzu kommt: Zulieferer mit Stammsitz in Deutschland haben über 10.000 Produktionsstandorte weltweit – und auch künftig werden neue Produktionskapazitäten im Ausland aufgebaut. Ihre globale Verankerung ist somit so stark ausgeprägt wie die der großen Hersteller. Diese Internationalisierung ist für unseren Erfolg unverzichtbar. Die Produktivität, Internationalisierung und Fokussierung auf spezifische Märkte machen die Unternehmen zu unverzichtbaren Akteuren einer wettbewerbsfähigen und nachhaltigen Wirtschaft.

Transformation und Investitionen: Auf dem Weg zur neuen Mobilität

Die Branche – und damit auch der automobile Mittelstand – durchläuft die größte Umbruchsphase ihrer Geschichte. Die Unternehmen unserer Branche müssen gleichzeitig den Umstieg auf alternative Antriebe und Klimaneutralität, die Digitalisierung von Fahrzeugen und Produktion sowie eine effizientere Energienutzung meistern.
Die deutsche Autoindustrie ist bereit für diesen Wandel: Allein von 2025 bis 2029 werden rund 320 Milliarden Euro in Forschung und Entwicklung fließen sowie etwa 220 Milliarden Euro in neue Werke, Maschinen und Anlagen – vor allem für klimafreundliche Antriebstechnologien und Produktionsverfahren. Dieser

Kraftakt unterstreicht das klare Bekenntnis der Branche zur Mobilität der Zukunft.
Doch es gibt Grund zur Sorge: Ein wachsender Anteil dieser Investitionen fließt ins Ausland. Deutschland bleibt zwar wichtigster Produktions- und Entwicklungsstandort, doch Investitionen werden zunehmend zurückgestellt, ins Ausland verlagert oder ganz gestrichen. Das zeigen Umfragen unter mittelständischen Betrieben der deutschen Automobilindustrie immer wieder. Wenn neue Fabriken und Projekte vermehrt jenseits unserer Grenzen entstehen, drohen viel Wertschöpfung und viele Arbeitsplätze in Deutschland verloren zu gehen. Das wäre fatal, denn dadurch erodiert das industrielle Fundament Deutschlands. Deutschland und Europa müssen deshalb sicherstellen, dass sie beide als international wettbewerbsfähiger und attraktiver Produktions- und Entwicklungsstandort erhalten bleiben.

Mittelständler unter Druck

In den kommenden Jahren stehen Automobilzulieferer vor enormen Investitionen, denn die Transformation der Branche erfordert hohe Ausgaben für Forschung und Entwicklung sowie den Umbau von Anlagen. Zudem sind mittelständische Unternehmen gefordert, in ihre wirtschaftliche Widerstandsfähigkeit zu investieren, beispielsweise durch Restrukturierungen, Zukäufe oder notwendige Kapazitätsanpassungen. Denn die Unternehmen stehen vor vielen strukturellen Herausforderungen: der konjunkturelle Abschwung, die mangelnde Wettbewerbsfähigkeit des Standorts Deutschland sowie die weltweite Konsumzurückhaltung führen zu sinkenden Produktionszahlen, angespannten Lieferketten und schwankenden Kosten für Energie, Arbeitskräfte und Rohstoffe.
Gerade die vielen mittelständischen Zulieferer spüren dabei einen drastisch verschärften Finanzierungsdruck. Steigende Zinsen und zusätzliche Anforderungen der Banken verteuern Kredite und erschweren notwendige Investitionen. Immer mehr Zulieferunternehmen klagen über deutlich erschwerte Kreditbedingungen. In Zeiten, in denen Großaufträge erhebliche Vorfinanzierungen erfordern, ist das besonders problematisch. Kleine Unternehmen und solche mit hohem Fremdkapitalanteil sind davon überproportional betroffen.

Wir alle sind nun gefordert, neue Wege zu beschreiten: Neben traditionellen Bankkrediten sollten Zulieferer verstärkt Beteiligungskapital und alternative Finanzierungsformen erschließen – etwa über regionale Investoren, Förderprogramme oder zusätzliche Eigenmittel. Auch staatliche Förderkredite und Garantien können helfen, den dringend benötigten Wandel zu finanzieren. So bleiben die Mittel frei, um Forschung, Entwicklung und wichtige Umstellungen zu stemmen.
Aktuell führt Deutschland im internationalen Vergleich immer noch bei Steuer- und Bürokratiebelastung. Hohe Lohnnebenkosten, Vermögens- und Erbschaftssteuern sowie komplexe Genehmigungsverfahren schwächen unsere Wettbewerbsfähigkeit. Hier braucht es dringend Entlastung.

Internationale Wettbewerbsfähigkeit und geopolitische Risiken

Unsere Zulieferindustrie operiert in einem globalen Umfeld, das sich rasch verändert. Aktuelle Krisen zeigen, wie verletzlich weltweite Lieferketten sind – vom Chipmangel bis zu Engpässen bei Rohstoffen. Resiliente Zulieferer machen es deshalb vor und setzen auf Diversifizierung und verlässliche Partnerschaften entlang der gesamten Wertschöpfungskette. Gleichwohl stellen protektionistische Tendenzen und Handelskonflikte auch für sie eine ernste Gefahr dar. Maßnahmen wie Zölle schaden allen Seiten: Sie verteuern Autos weltweit, beschränken die Auswahl für Verbraucherinnen und Verbraucher und schwächen langfristig den Innovationsdruck. Wir erleben, dass immer mehr Länder sich wirtschaftlich zunehmend abschotten. Gerade deshalb müssen wir uns entschlossen für offene Märkte und faire Spielregeln einsetzen – etwa durch neue Freihandelsabkommen mit internationalen Partnern.
Was wir dabei allerdings immer wieder erleben: Der Abschluss von Freihandelsabkommen bedarf zu viel Zeit. Teilweise jahrzehntelange Verhandlungen über Detailpunkte führen dazu, dass wir wertvolle Zeit verlieren und sich potenzielle Partner anderweitig orientieren. Das darf die europäische Politik nicht länger zulassen. Deswegen braucht es jetzt pragmatische Lösungen, wie z. B. EU-only-

Abkommen, die einen schnelleren Abschluss ermöglichen. Zusätzlich muss eine Überfrachtung der einzelnen Abkommen mit immer weiteren Themen vermieden werden. Freihandelsabkommen spielen für die Automobilindustrie eine zentrale Rolle, denn sie erleichtern den Zugang zu internationalen Märkten und führen dazu, dass Handelsbarrieren wie Zölle reduziert werden. Dies fördert den Export deutscher Fahrzeuge und Fahrzeugteile und stärkt die internationale Wettbewerbsfähigkeit der Branche.

Politik braucht mehr Mut und Zuversicht

Die Forderung nach einem stärkeren Einsatz der europäischen Politik für internationale Kooperation verdeutlicht auch: Wir brauchen eine übergeordnete Wettbewerbsstrategie für Deutschland und Europa. Wir sollten uns nicht in Detaildebatten verlieren, sondern mutig anpacken. Deutschland und Europa als Spitzenstandorte für Technologie, Produktion und Innovation müssen gestärkt werden. Zugleich müssen faire Wettbewerbsbedingungen gesichert werden. Daher ist es gerade jetzt an der Zeit, mehr Europa zu wagen. Unser Erfolgsrezept ist der Binnenmarkt: Ein starkes, geeintes Europa ist heute unser bester Garant für Wohlstand und Sicherheit. Wir brauchen einheitliche europäische Standards statt neuer Regulierung. Es wird jetzt ein klares Bekenntnis zur Energie- und Kapitalmarktunion sowie zu strategischen Rohstoffpartnerschaften benötigt.

Europa verfügt über einen enormen Schatz an Können und Kreativität. Wir sind vielfach Weltspitze bei Patenten und Innovationen und haben exzellente Köpfe in Zukunftsfeldern wie künstlicher Intelligenz oder Softwareentwicklung. Diese Stärken müssen wir jetzt ausspielen. Wenn die Politik die richtigen Rahmenbedingungen schafft – weniger Bürokratie, eine geringere Steuer- und Abgabenlast, verlässliche Planungsbedingungen –, werden die Zulieferer mit voller Kraft Innovationen vorantreiben. Sie können dann erneuerbare Antriebe, digitale Mobilitätslösungen und energieeffiziente Produktionsverfahren entwickeln, die unsere Wettbewerbsfähigkeit weltweit stärken.

Zukunft gemeinsam gestalten
Zulieferer sind ein wichtiger Eckpfeiler unserer Branche und der deutschen Industrie. Aus diesem Grund ist es jetzt höchste Zeit, dass die Politik in Deutschland und Europa strukturelle Verbesserungen vornimmt. Um den automobilen Mittelstand wettbewerbsfähig zu halten, sind dringend bessere Rahmenbedingungen erforderlich. Es kommt darauf an, dass Politik, Wirtschaft und Gesellschaft an einem Strang ziehen – nur dann können wir die aktuellen Herausforderungen meistern. So können wir Deutschlands Stärken nutzen, Innovationen fördern und unsere globale Wettbewerbsfähigkeit stärken.
Gemeinsam gestalten wir den Automobilstandort von morgen – digital, klimafreundlich und resilient. Die Zulieferindustrie nimmt dabei eine Schlüsselrolle ein, als Garant für Beschäftigung, Wachstum und Wohlstand.

ZÜNDSCHLÜSSEL

Es ist erstaunlich, aber es gibt tatsächlich ein Accessoire, dessen zahlreiche Innovationen im Laufe der Jahrzehnte nur zu einem Ergebnis geführt haben: seinem völligen Verschwinden. Das ist die Geschichte des Zündschlüssels, der sich in einem Jahrhundert von einem Sesam-öffne-dich zu einem ... Nichts entwickelt hat, zu einer einfachen App, die im Smartphone untergegangen ist. In den heroischen Anfängen des Automobils musste man die Kurbel drehen, um den Motor zu starten. Ein gutes Händchen war gefragt. Und wehe, wenn die Kurbel zurückschnellte, wenn das Manöver misslang. Der Rückschlag konnte sehr heftig sein. 1910 starb in den USA ein Fahrer an den Folgen eines solchen Fehlschlags. Wegen dieser Tragödie beschloss Henry M. Leland, der Gründer von Cadillac, eine Alternative zu finden. Zwei Jahre reichten aus. Im Jahr 1912 präsentierte die Firma Delco den elektrischen Anlasser mit Schlüssel. Alle amerikanischen Marken übernahmen ihn. In den 1920er Jahren gelangte die Erfindung über den Atlantik. Fortschrittlich war auch die Erfindung des Lenkradschlosses 1931 durch den Franzosen Neiman. Doch Autofahrer benötigten nun immer zwei Schlüssel: einen zum Öffnen, den anderen zum Starten. Erst in den Sechzigern

verschmolzen beide Schlüssel zu einem einzigen. In den 1990er Jahren folgte eine Feuerwerk an Innovationen. Zuerst kam die Zentralverriegelung, dann die drahtlose Fernbedienung. Die Fahrer, die das Privileg hatten, ein Auto mit einer solchen Fernbedienung zu besitzen, erkannte man daran, dass sie mit einer leicht lässigen Geste – piep! – ihr Auto aus der Ferne verriegelten oder öffneten. Nicht so wie die armen Leute, die sich mit dem Schloss abmühen mussten. Vor allem bei Regen.

Der Schlüssel wusste es noch nicht, aber seine Tage waren gezählt. In den Labors arbeiteten die »Daniel Düsentriebs« des Autos bereits an der kontaktlosen Technologie. Zuerst die einfache Karte, die man in die Brieftasche steckt, dann der virtuelle Schlüssel, der auf dem Smartphone gespeichert wird. Heute ist es vorbei mit der alltäglichen Frage: »Wo habe ich meinen Schlüssel hingelegt?«. Das einzige Überbleibsel der altmodischen Zündung ist der Druckknopf. Porsche ist übrigens der einzige Hersteller, der ihn immer noch links vom Lenkrad anbringt. Der Ursprung dieser Marotte soll in den Langstreckenrennen liegen, die früher mit abgestelltem Motor gestartet wurden. Beim Start hatte man beim linksseitig platzierten Schlüssel die rechte Hand frei, um praktisch gleichzeitig den ersten Gang einzulegen und so ein paar Zehntelsekunden herauszuholen. Die Wirklichkeit war aber viel profaner: Diese Anordnung auf der linken Seite sparte ein wenig Kabel. In der Materialknappheit der Nachkriegszeit war dies eine willkommene Einsparmöglichkeit. Sie hat sich bis heute gehalten.

DANKSAGUNG

Dieses Buch wäre ohne den wesentlichen redaktionellen Beitrag von Rémy Dessarts nicht entstanden. Ihm sei meine Dankbarkeit versichert.

Mein Dank gilt auch denjenigen, die sich an der Schreib- und Ermittlungsarbeit beteiligt haben:
François Genthial
Patrick Meney
Victor Demiaux

An Persönlichkeiten aus der Welt der Autos, die einen Artikel beisteuerten:
Jean Alesi, ehemaliger F1-Pilot
Oliver Blume, Vorstandsvorsitzender der Volkswagen AG
Luc Chatel, Präsident der Platform Automotive (PFA)
Stefano Domenicali, Generaldirektor der Formel 1
Luc Donckerwolke, Vorsitzender der Hyundai Motor Group
Jim Farley, Generaldirektor von Ford
Jacky Ickx, ehemaliger Rennfahrer
Jean-Michel Jarre, Komponist
Maurice Lévy, ehemaliger Vorsitzender von Publicis
Frédéric Mazzella, Vorsitzender und Gründer von BlaBlaCar
Florent Menegaux, Präsident der Michelin-Gruppe
Richard Mille, Gründer von Richard Mille
Michèle Mouton, ehemalige Rallyefahrerin
Hildegard Müller, Präsidentin des Verbandes der Automobilindustrie (VDA)
Sundar Pichai, Geschäftsführer von Google
Wolfgang Porsche, Vorsitzender des Aufsichtsrats von Porsche
Jean Todt, Sondergesandter des UNO-Generalsekretärs
Makoto Uchida, Generaldirektor von Nissan

An meine Kollegen bei Renault, die ihr Fachwissen und ihre Beiträge eingebracht haben:
Nicolas Fremau, Ahmed Ketfi-Cherif und Antoine Vignon
Gilles Le Borgne
Thierry Charvet
Denis Le Vot
Laurens van den Acker
Luc Julia
Jean-Philippe Bahuaud
Robert Lassartesses
Virginie Sauvet-Goichon
Patrick Bastard
Catherine Gros

MATRA
sports